Software Design plus

1日1問、半年以内に習得

シェル・ワンライナー160本ノック

上田 隆一　山田 泰宏　田代 勝也
中村 壮一　今泉 光之　上杉 尚史［著］

技術評論社

●本書をお読みになる前に

・本書は、技術評論社発行の雑誌『Software Design』の2017年1月号の第1特集「シェル30本ノック」と、2017年9月号〜2020年4月号に掲載された連載記事「シェル芸人からの挑戦状」を再編集した書籍です。
・本書に記載された内容は、情報の提供のみを目的としています。したがって、本書を用いた運用は、必ずお客様自身の責任と判断によって行ってください。これらの情報の運用の結果について、技術評論社および著者はいかなる責任も負いません。
・本書記載の情報は、2021年8月現在のものを掲載していますので、ご利用時には、変更されている場合もあります。
・また、ソフトウェアに関する記述は、特に断わりのないかぎり、2021年8月現在での最新バージョンをもとにしています。ソフトウェアはバージョンアップされる場合があり、本書での説明とは機能内容や画面図などが異なってしまうこともあり得ます。本書ご購入の前に、必ずバージョン番号をご確認ください。

以上の注意事項をご承諾いただいたうえで、本書をご利用願います。これらの注意事項をお読みいただかずに、お問い合わせいただいても、技術評論社および著者は対処しかねます。あらかじめ、ご承知おきください。

はじめに

本書の企画意図

本書は、IT月刊誌『Software Design』での連載「**シェル芸人からの挑戦状**」や、その前後にあったシェルワンライナー特集をまとめて書籍にしたものです。「シェル芸人からの挑戦状」は、毎回、連載陣がシェルのワンライナーの問題を何問か出題し、解説するという決まったフォーマットで2年半続きました。出題された問題は160問になり、おそらくいったんまとめて残す作業をしないと、書籍何冊分にもなってしまうだろうということで、本書の企画があがりました。

CLI（コマンドラインインターフェース）でシェルにコマンドを打つという行為は、人によってはなるべく避けたいものかもしれません。しかし、一部の人から廃れる廃れると言われながら、やはり便利なので、なかなか廃れていません。Gitを使いこなしているような学生は、CLIでブランチを行き来してプログラミングしていますし、互いにSlackなどのチャットツールにコマンドを貼り付けるということも、ごく自然にやっています。このようなとき、最低限のコマンドの知識がない人とやりとりするのは、正直時間がかかります。使える人からすると、使えない人には使えるようになってほしいなあと思うことは、とくに懐古主義でもなんでもありません。

ただ、コマンドを使いこなすようになるためには、それなりに時間がかかりますし、ストレスも感じることでしょう。そこで筆者らは、Unix系OS（LinuxやMacなど。現在はWindowsのWSLも）のシェル上でワンライナーのコマンドを駆使することに「**シェル芸**[注1]」というゆるい名前を付けて、「小さくて、役立つ問題、あるいはおもしろい問題」を作って勉強会を開催しています[注2]。「シェル芸人からの挑戦状」でも、雑誌という形態で同様の試みをしてきました。

冒頭で述べたとおり、本書は、この連載のまとめです。ただ、出題した問題を再掲載するのみではなく、難易度順やテーマ別に並べ替えることで、順に読んだ人が、「こういうときにはこういうコマンドが出てくる」というような規則性をなんとなく感じられるようにしました。また、問題や解説にも、説明の流れに合わせて大幅に手を加えてあります。「連載の段階で全問を解いてしまった」という方も、「1つも解けなかった」という方も、その中間の方も、本書を読むことで、シェルのワンライナーというものを俯瞰（ふかん）していただけると考えています。

本書の構成

本書は3部構成で9章に分かれており、章内ではひたすら問題の出題と解説が繰り返されています。問題は練習問題と本番の問題に分かれています。練習問題は、ほとんどが読んでいけば解けるようになっています。一方、本番の問題は連載においてノーヒントで出題されたものです。なるべく練習問題が伏線になるようにしましたが、基本的にはヒントなしで解くことになります。ワンライナーも含め、プログラミン

注1　シェル芸の定義：https://b.ueda.tech/?page=01434
注2　https://b.ueda.tech/?page=00684

グの上達には調査能力も重要ですので、練習問題に盛り込めなかったことは、インターネットやほかの文献で調査しながら取り組んでいただければと考えています。

本書の内容を説明します。まず、第1部では、Linuxとシェルの操作に慣れるための問題を解いていきます。第1部は第1章と第2章で構成されています。第1章では、Linux環境を整え、コマンドとファイルの操作に慣れていきます。第2章では、シェルの文法や機能について問題を解いていきます。

第2部では、データを自由自在に変換するためのコマンドの組み合わせを考えていきます。第3章では、文章中の文字の調査や変換を扱います。第4章では、文章ではなく、表計算ソフトで扱うような表形式のデータや、JSON、CSVなどでフォーマットされたデータを扱います。また、厄介な日付のデータについても問題を解きます。第5章では、バイナリレベルまで踏み込んで文字をハンドリングします。第6章では第2部の仕上げとして、パズルのような問題に挑戦し、組み合わせの発想が身についているかどうかを確認します。

第3部では、システム管理など、具体的な作業を例題にした問題を扱います。このパートでは、テキスト、バイナリ処理の知識だけではなく、OSやネットワークの知識も必要となります。おもにワンライナーを文章の編集やデータの集計に使うのであれば、このパートの問題はできなくてもあまり気にしないでください。第7章ではLinuxのOSとしての機能に踏み込んでいきます。第8章は、ソースコードを入力対象として、プログラミング中にちょっと調べたり小細工したりするためのワンライナーを考えます。第9章では、Webサイトからのスクレイピングや、その他通信に関係する問題を解きます。

問題の性質（本書はハウツー本ではありません）

本番の問題の中には仕事にすぐ使えそうなものもありますが、パズル的であったり抽象度が高かったりで実用上の意義がさっぱりわからない、お遊びのようなものもあります。ここではっきり言っておきたいのですが、**お遊びのような問題のほうが実用的な問題よりも重要**です。本書は便利なハウツー本とみなせないこともありませんが、むしろ執筆陣の意図としては、不遜（ふそん）かもしれませんが、**読者の脳みそを直接強化**する本を目指しています。問題を解くときに実用を意識してしまうと、自身の能力を棚に上げて「何に使えるんだろう」という利益に意識がいきますが、パズルや抽象的な問題の場合には、自身の能力や知識に意識が集中します。私たちは数や図形に対する感覚を養うために、小学校から人によっては大学までの長い期間、社会で何の役に立つのかわからない算数や数学の問題を解いてきました。ただ、直接役に立たない問題でもそれを解いた経験があると、たとえば伝染病がどのように広がっていくか、収束するか、などという現実的な問題に対する予測が直感でできるようになります。その直感は数学の知識や経験に基づいており、単なる当てずっぽうではありません。ワンライナーおよびプログラミングに関して、これをもう一度やってみようというのが本書の意図です。この経験や知識は、実務で問題に出くわしたときに、ハウツー本を見ないでさっさと解決できる力になります。

また、お遊びのような問題を出す意図を別の切り口で説明すると、ワンライナーで片付けられそうな問題というのは、細かい変化形を入れると無限に存在します。したがって、何か業務にそのまま使えそうな問題と解答が本書に出てきても、それを丸暗記するだけでは変化に対応できません。対応するにはワンライナーを自由自在に組み替えられる本人のスキルが必要です。「単純なコマンドを組み合わせることで無限に仕事ができる」ことがもともとのUnixのパイプラインの設計思想ですので（参考文献［1］）、問題が実用的かどうかよりも組み合わせる要素と組み合わせ方を意識することが大切です。パズルや抽象的な問題は、何か重要なことについて「これできますか？　知っていますか？」と問いかける意図から作られるものが多いので、レアだけどたまに出くわす重要な組み合わせや、組み合わせ方の元となるような考え方が豊富に含まれています。

問題を解いていくにあたって

Webサイト上での情報提供や質問の受付

本書を読み進める際は、次の本書の情報提供リポジトリ[注3]をこまめにご確認ください。

・https://github.com/shellgei/shellgei160

訂正や補足はこのページか、このページからリンクされているサイトに掲載されます。問題で使われるファイルも、このサイトの下（以下の①のURL）に置いてあります。ダウンロードの方法は、追って説明します。

本書について質問がある場合は、極力、このサイトのissuesページ（以下の②のURL）をご利用ください。これで質問がパブリックに共有され、ほかの読者にも役立ちます。ほか、軽い質問についてはTwitterに書いても良いかと思います。（本書に関わった人に限らず）誰かが反応するはずです。電子メールやその他個人的な連絡方法での質問は、GitHubやTwitterと異なり共有できないのでご遠慮ください。

また、本書の内容に限らず、シェル上でワンライナーを書くときに有用な一般的な情報は、シェル芸に関する情報（以下③のURL）に掲載してあります。Linuxの環境の準備や、さらなる発展的な内容については、こちらをご覧ください。

①問題で使われるファイルの置き場所
https://github.com/shellgei/shellgei160/tree/master/qdata
②質問などのためのissuesページのURL
https://github.com/shellgei/shellgei160/issues
③シェル芸に関する情報のURL
https://shellgei.github.io/info/

解答の環境依存について

ワンライナーは、そのときに使っている環境で使えれば良いという性質のもので、保存して使い回すものではありません。そのため、本書は、解答として提示したワンライナーの移植性[注4]については気にしない方針をとっています。移植性を気にしながらワンライナーを書いてしまうと、無駄に長くなってしまって、おそらく問題に対する解答例としては逆に不適切になってしまいます。

一方、この方針だと、少しの環境の差異で解答例が思ったとおりに動かず、読者のみなさんが困る場合が発生します。このような事態をなるべく減らす責任は執筆陣にありますが、一方で、先ほども書きましたとおりワンライナーは丸暗記するものではありません。そして執筆陣のミッションは、最終的に読者自身で

注3　「リポジトリ」は、ここでは「情報の置き場所」くらいの理解でかまいません。
注4　移植性：ソフトウェアが（決められた範囲の）どのようなセッティングのコンピュータ上でも正しく動作すること。

ワンライナーを考案できるようにすることです。ワンライナーが思うように動かない場合は、とりあえず解説を読んで考え方だけおさえて次の問題に行って、あとでまた戻ってきて自分で解けるか試すのが良いでしょう。

もちろん、解答は指定した環境（Ubuntu 20.04 LTS）で動作確認してありますので、初めての方は安心ください。ただ、同じUbuntu 20.04 LTSであっても、コマンドのバージョンの違いやディレクトリ構成、コマンドが使う設定ファイルや辞書ファイルの違い、そして将来のアップデートによって、解答例のワンライナーで所定の出力が得られない場合が生じることをご了承ください。実は先述のURL①のqdataのとなりにあるanswerに、解答例と別解が記録されています。解答例を変更しなければならない場合（あるいは、おもしろい別解を新たに考えついたときも）、こちらのファイルで対応します（プルリクエスト大歓迎です）。

問題の解答・別解のURL
https://github.com/shellgei/shellgei160/tree/master/answer

編者、執筆者、出題者、解答者

連載や本書は、多くの参加者がSlackに集まってできあがったものです。とくに役割を明確に決めたわけではないのですが、最終的に次のような布陣で本書ができあがりました。まずは、連載時に解説を直接書いていたメンバーから紹介します。このメンバーが本書の著者となっており、本書の内容に直接責任を負います。

上田 隆一（うえだ りゅういち） Twitter @ryuichiueda

「シェル芸」という言葉を作った人。本業はプログラミングの得意（自称）なロボット工学の研究者。ロボットサッカーの競技者で某国立大の教員だったが、現場経験がないとプログラミングは語れないと思って（あと、大学がいろいろ面倒くさいと思って）研究を中断し、4年半、ロボットとは無関係の企業システムを手がける企業に勤務。現在は千葉工業大学の教員。企業時代から執筆活動を始めてシェル芸と本業両方で著書多数。GitHub（https://github.com/ryuichiueda）では自作のシェルやBash製のCMS、ワンライナー用のPythonラッパーであるopy、その他ロボット用のプログラムを公開している。

山田 泰宏（やまだ やすひろ） Twitter @grethlen

シェル芸のコミュニティでは「ぐれさん」の愛称で呼ばれているIT技術者。海外から本書の執筆に参加。GitHub（https://github.com/greymd）ではojichatの作者として知られるほか、tmuxのペイン分割を楽にするtmux-xpanes、本書でも利用されているteipやCureutilsなど有用なCLIツールをメンテナンスしている。

田代 勝也（たしろ かつや） Twitter @papiron

プログラミング挫折経験ありの福岡在住IT系エンジニア。プログラミングの練習は、Rubyのpryなど REPL環境で対話的に試行錯誤するのが好き。システムのさまざまな調査やデータ処理など、シェル芸を武器に日々格闘しつつもKOされる事多し？

中村 壮一（なかむら そういち） Twitter @kunst1080

シェル芸勉強会の大阪サテライトの発起人。Web系エンジニアのような何か。最近はVR空間内でビジュアルプログラミングをするのにハマりつつある。

今泉 光之（いまいずみ みつゆき） Twitter @bsdhack

古き良きUnixライフが好きなおじさん（本人談）。

上杉 尚史（うえすぎ なおふみ） Twitter @blacknon

都内のセキュリティ企業に勤務している人。ターミナルのプロンプトが独特。昔は家にサーバラック（24U）がいた。たまにブログ（https://orebibou.com）も書いている。GitHub（https://github.com/blacknon）ではTUIのGo言語製sshクライアントなど、仕事で使えそうなツールを公開している。

連載では、問題ごとに1人解説の担当者がついて、記事を書いていました。本書では、各問題の冒頭に、連載時の担当者の名前が「解説者」として記載されています。ただ、書籍として一貫性を持たせるため、解説者が書いた文を別のメンバーが編者としていろいろ手を入れています。この編集作業は8.2節までを上田、8.3節以降を山田と上田がおもに担当しました。もし本書の内容に関する質問、議論については、解説者のほか、編者も巻き込んでいただければ幸いです。

また、問題作成者や解答者として、次の方々にも参加いただきました。

ebanさん Twitter @eban

使えるものは何でも使うあまりこだわりのないおじさん（本人談）。

青木 裕哉（あおき ゆうや）さん

連載当時、千葉工業大学大学院未来ロボティクス専攻の大学院生だった。Vimをコマンドとして使うと便利と言ってはばからないため、シェル芸界隈では「Vimシェル芸の人」と恐れられている。現在は大手電機メーカー勤務。

ほか、数問だけですが石井久治さん（Twitter @hisaharu）、りゅうちてつやさん（Twitter @ryuchi）も解答者として参加されています。問題作成者や解答者も、問題の冒頭に名前が入っています。また、別解についても解答者の名前が入っていますので、もし何か（建設的な）問い合わせ事項があればTwitterでつっついてみてください。

謝辞

上記のメンバーに加え、本書には直接関わってはいませんが、シェル芸勉強会で午前の部の講師をよくお引き受けいただいている鳥海秀一さんが解答者になっている問題もあります。これらの解答は、鳥海さんがシェル芸勉強会で披露した技を問題に応用したものです。普段からのご指導と併せて、感謝申し上げます。

はじめに

第1章冒頭で紹介するwebsh (https://websh.jiro4989.com) は、(本人はいつも「初参加だ」と主張していますが) シェル芸勉強会の常連である次郎さん (Twitter @jiro_saburomaru) が作って運営しているものです。いつも界隈を盛り上げてくださり、ありがとうございます。

そして、連載から本書まで、編集、とりまとめは技術評論社の吉岡高弘さんが担当されました。内容についての的確な指摘はもちろん、何かとふざけたい執筆陣を制御していただきました。事務的には、大勢の執筆者がいて、しかもメインの4人が (時期のずれはありますが) 川崎、ダブリン、福岡、大阪と住んでいるところがバラバラというたいへん面倒くさい状況で、お手数をおかけしました。

目次

第1部

シェルとコマンドに親しむ

第1章

Linux環境

本章では問題を解いていくための環境を整え、その後、徐々にLinux環境やコマンドに慣れていきます。1.1節では環境を準備します。1.2節では、準備した環境でコマンドを打ち込むための端末やシェルを使ってみます。また、コマンドとファイルの使い方の基本を確認します。1.3節では、基礎中の基礎となるコマンドやイディオムをおさえます。

上記の節までは練習問題しかありませんが、1.4節以降では本番の問題が出題されます。1.4節ではファイルの操作に関する問題、1.5節では、既出のコマンドで解ける初歩的な問題で、本章を理解したか確認します。

1.1 環境を準備する

まず問題を解くための環境を整えましょう。OS（オペレーティングシステム）の一種であるLinuxを使えるようにします。ただ、この準備については細かい手順を書いてもすぐ変わってしまいます。そして、初めてLinuxを触る人には新しい概念が山のように出てきてしまい、心が折れてしまう恐れがありますので、本書内ではセットアップの方法は扱わないことにしました。その代わり、環境の準備方法のほか、セットアップしないで本書の問題を試す方法を「https://shellgei.github.io/info/」に掲載しました。

このサイトで説明した方法の中で最も簡単なものは、**図1.1**のようなWebサイトを使うというものです。自前で環境を準備するのは、ここでコマンドの使い方やLinuxの挙動になれてからでも遅くありません。

図1.1 Webサイトwebsh（https://websh.jiro4989.com/）

一方、ハードウェアに関係する問題を解くには、PCにインストールしたLinuxが必要となります。Linuxには多くの種類(**ディストリビューション**と呼ばれる)が存在しますが、本書では**Ubuntu 20.04 LTS**で解答の動作確認をしています。とくに現在Linuxを利用しているわけでなければ、Ubuntu 20.04 LTSのデスクトップ版[注1]をインストールしたPCの準備をお願いいたします。OSを入れ替えても良いPCの準備が難しい場合には、Raspberry Pi[注2]、クラウド環境、仮想マシンなどでUbuntuのデスクトップ版やサーバ版を利用する手もあります。これらの環境の準備方法も、「https://shellgei.github.io/info/」でなるべく説明します。

また、本書の問題の解答は「UTF-8を用いる日本語環境(`ja_JP.UTF-8`)」で動作確認されています。この環境でない場合、一部の解答例が動作しないことがあります。言語環境の設定については、練習1.2.gの補足で扱います。

1.2 端末、シェル、コマンド、ファイルの関係を理解する

環境の準備ができたら、さっそくいくつか練習問題を解いてみましょう。コマンドを使うにあたって、知っておかなければならない最低限の問題を作ってみました。「問題→解答」という構成になっているため、問題文には説明もなく専門用語が出てきますが、あとで解説します。また、時間に余裕のある人は、問題の解き方や意味がわからない場合、まずはご自身で調査してみて、あとで解説を読むことをお勧めします。そうすることで、多角的な理解が得られます。

練習1.2.a 端末を使う

最初の練習問題は、我々がこれから使う道具に関するものです。

練習問題 (出題、解答、解説:上田)

「端末」を開いてください。端末を開くと、図1.2(左)のように画面の中に`$`が表示され、その横に字を入力できることがわかります。そこで、図1.2(右)のように`echo $0`と入力して、出力に`bash`と出力されることを確認してください。もし`bash`ではないものが出てきた場合は、前節に戻って環境の準備方法を確認しましょう。

図1.2 端末の利用例

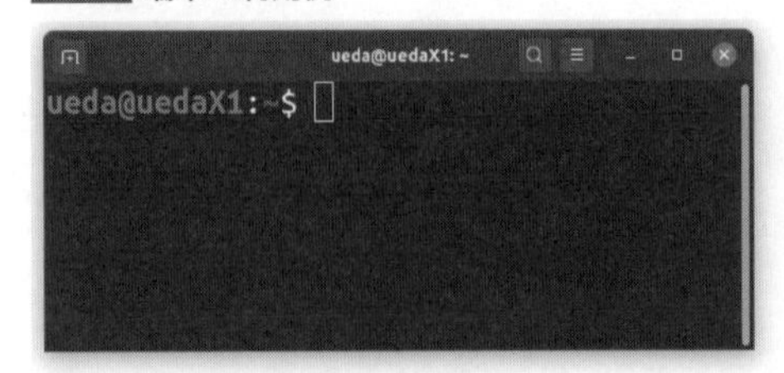

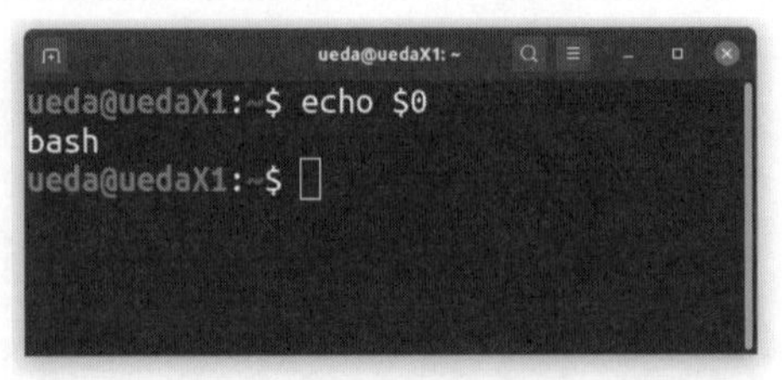

注1 「https://jp.ubuntu.com/download」からの入手をお勧めします。
注2 https://ubuntu.com/download/raspberry-pi

解答

Ubuntu Desktopの場合は、キーボードの[Ctrl]と[Alt]と[T]キーを同時に押す[注3]と「端末」が立ち上がります。マウスを使うなら、Dock（デスクトップでアイコンの並んでいる縦長の領域）からアプリボタン（9個のドットが田の字に並んでいるアイコン）を押し、出てきた検索窓に「terminal」と入力すると、「端末」のアイコンが出てくるのでそれをクリックします。すると、問題文の**図1.2（左）**のような画面が開き、「$」の横に縦長の長方形がチカチカ点滅します。ここにecho $0と入力して[Enter]キーを押します。問題のように正しく入力できていれば、次の行にbashと表示され[注4]、再び$とチカチカ点滅する長方形が表示されます。

$マークは**プロンプト**と呼ばれ、ユーザーからの要求を受け付けられる状態であることを教えるためのものです。長方形は**カーソル**と呼ばれ、字がどこに書き込まれるかを示すものです。

ユーザーからの要求はecho $0のような文字列で受け付けられます。このような文字列は**コマンド**と呼ばれます。プロンプトを出してコマンドを受け取っているのは端末自体ではなく、その中で動いている**シェル**というソフトウェアです。bashの文字列は、このシェルの名前です。英語ではBashと表記し、日本語では「バッシュ」と発音します。本書のタイトルにもあるように、シェルは本書での最重要ツールですので、今後詳しく説明していきます。現段階では、我々はシェルとしてBashを使っているということだけおさえておきましょう。ほかにもさまざまな種類のシェルが存在するのですが、ほかのシェルだと、以降のコマンドがうまく動かない可能性があります。

補足（端末）

端末（英語ではterminal）という単語は、一般的にはどこか遠くにあるコンピュータとデータをやりとりするための機械のことを指します。コンビニに置いてあるチケットを発券する箱型の装置や銀行ATMなどが端末です。

我々の扱うタイプの端末は、昔は（今も一部では）機械式だったのですが、今はソフトウェアになっています。役割を知るには機械式の端末のほうがわかりやすいので**図1.3**に示します。

図1.3 （左）テレタイプ社ASR-33。（右）DEC VT100 terminal[注5]

注3 以後、[Ctrl]＋[Alt]＋[T]というように、同時に押すことを「＋」で表現します。

注4 環境によっては-bashと表示されます。

注5 左の写真は「https://commons.wikimedia.org/wiki/File:ASR-33_2.jpg」からCC-BY 2.0に基づいて転載。Attribution: Marcin Wichary from San Francisco, U.S.A., CC BY 2.0, via Wikimedia Commons.　右の写真は「https://commons.wikimedia.org/wiki/File:DEC_VT100_terminal.jpg」からCC-BY 2.0に基づいて転載。Attribution: Jason Scott, CC BY 2.0, via Wikimedia Commons. CC-BY 2.0のコモンズ証：「https://creativecommons.org/licenses/by/2.0」

左のASR-33は、キーボードの後ろにタイプライタが付いたもので、後ろから線が出ていてどこかにあるコンピュータとつながっています。このような端末は、**テレタイプ端末**という名前で呼ばれます。キーボードからコマンドを入力すると、コンピュータで動いている**シェル**がそれを受け取り、コンピュータに仕事をさせ、その結果を返します。そして、タイプライタから結果が印字された紙が出てきます。コンピュータに詳しくなくても、おそらくこの一連の流れは理解できるのではないかと思います。**本書で扱う問題のほとんどは、基本的にこのしくみだけを使ったものです。**

もう少しハイテクな端末として、**図1.3（右）**のように、紙の代わりにモニタに結果を出力するものもありました。パソコンに見えますが、これ自体は字を送受信するだけのものです。

さらに先に時代が進むと現在のように1人1台PCを持っているようになったのですが、たまに遠くに置いてあるコンピュータを使いたいという需要は残りました。また、遠くに置いてあるコンピュータも手元のPCも操作方法を同じにしたいという要求も当然あります。こうなると、「字を送受信するだけ」なら別にハードウェアはいらず、ソフトウェアでもかまいません。そこで、ソフトウェアの端末が登場します。このソフトウェアの名称は「端末エミュレータ（terminal emulator）」で、問題文で示した**図1.2**のような見た目を持っています。キーボードは手元のPCと共用で、返ってきた字はウィンドウの中に表示されます。ウィンドウの中だけを見たら、**図1.3（右）**の端末が表示するものと何も違いはありません。

端末エミュレータは、通常は自身が動いている手元のPCとつながっています。ただし、「通常は」と書いたとおり、端末エミュレータはたまたま手元のPCで動いているだけで、手元のPCとは本来は独立した存在です。したがって、別のコンピュータに接続することもできます。

先ほども言いましたが、基本的に本書で扱う内容のほとんどは、機械式の端末の時代のように、「コンピュータに字を送って、字で結果を送ってもらう」ものです。ちなみに、その方法はVT100という**図1.3（右）**の端末で使われた方式を踏襲しています。

練習1.2.b コマンドの止め方

さっそく端末とシェルを何かに使ってみましょう……と言いたいところですが、たまに端末が何も返事をしなくなるときがあるので、パニックにならないようにその回避方法について練習しておきましょう。

練習問題（出題、解答、解説：上田）

何かコマンドを端末に打ち込んで Enter を押すと、コマンドが仕事をしている間はプロンプトが消え、次のコマンドを打ち込んでも即座に実行することができなくなります。次の小問1、2について、指示にしたがってプロンプトを消して、再度プロンプトを表示させてみましょう。小問1のsleepは、右に指定された数字の秒数の間止まっているだけのコマンドです。小問2のbcは、計算をするためのコマンドです。

```
1  ――― 小問1 ―――
2  $ sleep 10000000
3    （プロンプトが出てこなくなる）
4    （CtrlとCのキーを同時に押すとプロンプトが戻る）
5
6  ――― 小問2 ―――
```

```
7   $ bc
8   bc 1.07.1
9   Copyright 1991-1994, 1997, (..略..) , 2012-2017 Free Software Foundation, Inc.
10  This is free software with ABSOLUTELY NO WARRANTY.
11  For details type `warranty'.
12    (プロンプトが出てこなくなる)
13    (CtrlとDのキーを同時に押すとプロンプトが戻る)
```

解答

うまく復帰できたでしょうか。コマンドはシェルから呼び出されると何か仕事をして、仕事を終えるとシェルに結果を伝えて消え去ります。その後、シェルはユーザーの次の入力を待つ状態に戻り、プロンプトを表示します。このしくみは1960年代終わりに開発された**Unix**というOSやその子孫、そしてUnixと同様に動作する（互換の）OSで共通しています。これらのOS群は、まとめて**Unix系OS**と呼ばれます。LinuxはUnixの直接の子孫ではなく、「Unix互換のOS」に含まれます。

小問1、2は、どちらもコマンドが終わらなくなる場合をあえて作ったものです。ユーザーは上記のように[Ctrl]＋[C]、[Ctrl]＋[D]などのキー操作で、これらを終わらせることができます。[Ctrl]＋[C]は、コマンドが終わらなくなったときに強制終了するために非常によく使う（乱用する）操作ですので、今のうちに覚えましょう。[Ctrl]＋[D]は、コマンドがユーザーからの操作を受け付けて待ちの状態になったときに、もう入力がないことを知らせる操作です。たとえば小問2の操作は、**bc**がキーボードから計算式が入力されることを待っている状態を解除するという意味を持ちます（試しに**bc**を再起動して**1+1**などと入力してみましょう）。このような状態の場合、[Ctrl]＋[C]が効かないことがあります。今の時点では、「[Ctrl]＋[C]が効かなかったら[Ctrl]＋[D]を試す」くらいに考えておいても十分です。

補足（困ったら止める・終わらせる・閉じる）

「[Ctrl]＋[C]でコマンドを止めると、何かコンピュータが不安定になるのではないか」と不安になるかもしれませんが、よほどのことがない限り、コマンド自体やLinuxがきれいに後始末をしてくれるので乱用して大丈夫です。また、キーボードで何も操作を受け付けなくなったら、端末の画面を「×」ボタンで閉じても止まります。

練習1.2.c 1＋1の計算

これでプログラムが暴走しても止められるようになりましたので、端末とシェルを何かに使ってみましょう。頻出する簡単な用途として、電卓として使う練習問題を1つ示します。

練習問題 （出題、解答、解説：上田）

次のように、echo **'1+1'** と端末に入力すると、1+1と表示されます[注6]。

```
1  $ echo '1+1'
2  1+1
```

これを、次のように「|」と入力して、その後ろの「答え」の部分に何かを書くと1＋1が計算できて、2が返ってきます。「答え」の中には何が入るでしょうか（前問を参考にしましょう）。

```
1  $ echo '1+1' | 答え
2  2
```

解答

「答え」の中には前問に出てきた「bc」が入ります。

```
1  $ echo '1+1' | bc
2  2
```

bcは前問で説明したとおり、計算をするためのコマンドです。

echo **'1+1'** | bcの解釈を説明していきます。echoコマンドの役割は、echoの右側に書いた字をそのまま返すというもので、たとえば出題のときのようにecho **'1+1'** と書けば、1+1が画面に出力されます。図1.3（左）の昔の端末を使うと、1+1がタイプライタで打たれて紙に出てきます。

ただ、解答では1+1は画面に出力されず、echoとbcの間にある「|」によってbcに渡されています。この縦棒は、**パイプ**と呼ばれるもので、「左側のコマンドの出力を右側のコマンドに渡す」という働きをします。端末はechoの出力をパイプに横取りされます。その代わり、bcの右側にはパイプがないので、bcの結果である2を出力します。

パイプは、2つのコマンドを連携して仕事をさせる働きをします。コマンドはたいてい、単純な働きしかしませんが、パイプなどで組み合わされると、無限の種類の仕事をこなせるようになります。本書で目指すことは、このようなコマンドの組み合わせを早く思いつけるようになることです。

別解

基本、bcを使えば良い問題ですが、トリッキーな別解を示します。これは、同じ1+1の計算でもさまざまなコマンドが考えられるという例で、まだ理解する必要はありません。そして、コマンドを新たにインストールしないと動かないものもあります。おもしろいのはperlやrubyなど、プログラミング言語に関するコマンドも、パイプで入力を受けられることです。

注6　'と`を間違えやすいので補足します。7のキーにある「'」が「シングルクォート」、@のキーにある「`」は「バッククォート」です。似ていてもたいていのプログラミング言語では働きが違うので注意しましょう。なお、2のキーにある「"」は「ダブルクォート」です。

```
1  別解1(田代) $ echo '1+1' | sed 's/.*/echo $((&))/' | bash
2  別解2(田代) $ echo '1+1' | sed 's/^/puts /' | ruby
3  別解3(田代) $ echo '1+1' | tr + ' ' | numsum -r
4  別解4(田代) $ echo '1+1' | sed 's/./& /g' | xargs expr
5  別解5(田代) $ echo '1+1' | sed 's/./& /g' | sed 's/^/expr /e'
6  別解6(eban) $ echo '1+1' | perl -ple '$_=eval'
7  別解7(eban) $ echo '1+1' | bash -c 'echo $(($(cat)))'
8  別解8(eban) $ echo '1+1' | grep -o 1 | wc -l
9  別解9(りゅうち) $ echo '1+1' | perl -e '{printf "%d\n", eval(<STDIN>)}'
```

補足（コマンド、ワンライナー、パイプライン、コマンドライン）

コマンドという言葉は文脈に応じて少しあいまいに使われます。bcやechoはコマンドですが、echo $0も練習1.2.aでコマンドだと説明しましたし、この問題のecho '1+1' | bcもコマンドと呼べます。1単語のものは「コマンドとして用いられるソフトウェア」、2単語以上のものは「シェルの受け付ける命令（＝コマンド）」という意味合いで「コマンド」と呼ばれると解釈できるでしょうか。また、シェルへの入力ということで、「コマンド入力」と表現することもできます。

ただし、コマンドを2つ以上組み合わせたものはあまりコマンドとは呼ばれず、一般的には**ワンライナー**と呼ばれます。また、パイプにコマンドがつながったものを指して、**パイプライン**と呼ぶこともあります。コマンドが1つでも文字数が極めて多くなる場合、ワンライナーと呼ばれることもあります。打ち込んだ1行分の命令を**コマンドライン**と呼ぶこともあります。

練習1.2.d ファイルへの保存

前の練習問題では端末に計算結果を出力しましたが、実用では、計算結果をどこかに記録しておきたいことがあります。Linuxを搭載したコンピュータに限らず、多くのコンピュータではデータを**ファイル**という単位で記録します。たとえば、Microsoft Wordの文章ならファイルには**怪文書.docx**というような名前が付いています。これはWindowsやMacなどを使っていればみなさんご存じですね。

では、端末でファイルを作るにはどうしたら良いのか、というのが次の問題です。

練習問題（出題、解答、解説：上田）

次のワンライナー中の「記号」の部分を埋めて、前問の結果を「a」という名前のファイルに保存してください。ヒントですが、矢印っぽい形の記号（ただし矢印ではない）が1文字入ります。

```
1  $ echo '1+1' | bc 記号 a
2  ―― ↓ファイルaの中身を確認 ――
3  $ cat 'a'
```

aに結果が入っていることは、上のコードの3行目のようにcatコマンドで確認できます[注7]。

注7　webshやシェル芸botなどで試すときは、echo '1+1' ……のワンライナーの次の行にcat 'a'と記述して実行します。

解答

bcの結果をaというファイルに保存するときは、次のように > aと書き足します。

```
1  $ echo '1+1' | bc > a
2  ―― ↓確認 ――
3  $ cat 'a'
4  2
```

aの中身の確認に使ったcatは、指定したファイルの中身をそのまま出力するコマンドです。

記号「>」は、パイプと同様、端末の画面に出てくるべきコマンドの出力を別の対象に切り替えます。このような切り替えは、**リダイレクト**と呼ばれます。>は、コマンドからの出力を端末からファイルにリダイレクトするもので、「出力のリダイレクト記号」あるいは単に「リダイレクト記号」と呼ばれます。

補足1（引数）

echo '1+1'やcat 'a'の'1+1'や'a'は、コマンドの**引数**（ひきすう）と呼ばれます。引数には、1+1のような単なる文字列や、aのようなファイル名などが書けます。引数に対する挙動は、コマンドによって違います。今のところ、引数はシングルクォート（'）で囲っていますが、多くの場合、echo 1+1、cat aなどと、囲わなくて済みます。以後、不要な場合は囲みを省略することがあります。

補足2（ls）

現状でどんなファイルが存在しているかは、lsで調査できます。さらにls -lと入力すると詳しいファイルの情報を見ることができます（補足1のとおり、-lは'-l'とも書けます）。

```
1  $ ls
2  a            テンプレート  ドキュメント  ピクチャ      公開
3  ダウンロード  デスクトップ  ビデオ        ミュージック
4  $ ls -l
5  合計 36
6  -rw-r--r-- 1 ueda ueda    2  4月  2 10:58 a
7  drwxr-xr-x 2 ueda ueda 4096  3月 31 10:07 ダウンロード
8  drwxr-xr-x 2 ueda ueda 4096  3月 31 10:07 テンプレート
9  (..略..)
```

ls -lの出力の詳細についてはおいおい説明していきます。ここでは、後ろの4列の情報の読み方だけ説明しておきます。たとえば6行目の後ろの4列は、「4月2日10:58にaが作成（あるいは変更）された」と読めるということをおさえておきましょう。

練習1.2.e ファイルとディレクトリの操作

続いて、ファイルを整理するための練習問題を解きましょう。

練習問題（出題、解答、解説：上田）

Desktop版のUbuntuを使っている場合は、次のコマンドを実行してください。

```
1  $ nautilus
2  ↑nauまで入力し「Tab」キーを押すとその後の文字列は補完してくれる
```

図1.4のように「ファイル」というアプリケーション（以後、Nautilusと呼びます）が立ち上がり、その中にファイルaのあることが確認できます。

Nautilusをマウスなどで操作し、フォルダtmpを作ってその中にファイルaを移動してください。次に、Nautilusでフォルダtmpを消してください。

これが終わったら、またaというファイルを端末で作り、今度は端末上で同じ操作をしてください。

図1.4 「ファイル」アプリケーション

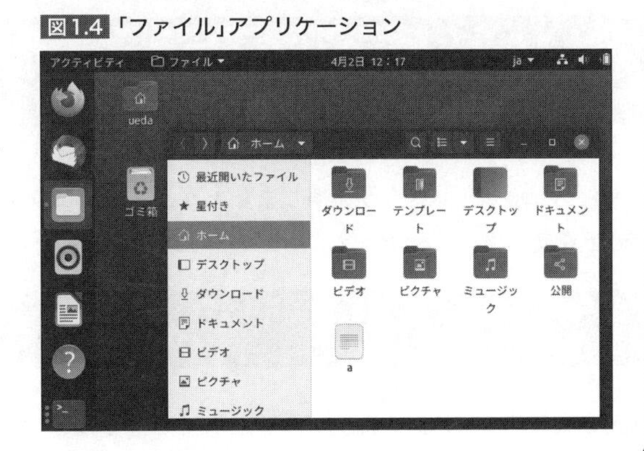

解答

Nautilusでの操作は直感的で、何かしたければ右クリックするとメニューが出てきて、「フォルダを作る」「ゴミ箱へ移動する」などの操作ができます。ファイルはマウスでドラッグすると移動できます。Windowsでのファイル操作とほぼ同じです。

次に端末での操作方法を説明します。基本的にはマウスの操作をコマンドに置き換えるだけなので、やり方を覚えれば難しくありません。まず、再びファイルaを作りましょう。もうファイルの中のデータはなんでもいいので、こんな感じでいいですね。

```
1  $ echo あいうえお > a
```

次に、tmpというフォルダを作りましょう。といっても「フォルダ」という言葉は比喩であって、Linuxなどでは、**ディレクトリ**[注8]と言ったほうがより正確です。作り方は、

```
1  $ mkdir tmp
```

です。lsしてtmpができていることを確認しましょう。

```
1  $ ls -l
2  合計 40
3  -rw-r--r-- 1 ueda ueda    2  4月  2 14:07 a
4  drwxr-xr-x 2 ueda ueda 4096  4月  2 14:07 tmp
5  (..略..)
```

注8　英語のdirectoryには「住所録」という意味があるようです。ファイルの在処が記録された台帳というイメージでしょうか。

tmpの行の一番左端に「**d**」とありますが、これは**tmp**がディレクトリであることを表しています。ファイル**a**の行の一番左側は「**-**」ですが、これは（普通の）ファイルを表しています。

次に、**a**を**tmp**の中に入れましょう。**mv**というコマンドを使います。

```
1  $ mv a tmp/   ←一番後ろの「/」はあってもなくても大丈夫
```

うまくいっているかどうかは、**ls -l tmp/**で確認できます。

```
1  $ ls -l tmp/   ←このコマンドで、tmp/の中の一覧を見ることが可能
2  合計 4
3  -rw-r--r-- 1 ueda ueda 2  4月  2 14:07 a
```

今度は**tmp**ディレクトリを消しましょう。基本的にファイルを消すときは**rm**、ディレクトリを消すときは**rmdir**を使います。**rmdir**はディレクトリが空でないと使えないので、次のような手順を踏みます。

```
1  $ rm tmp/a
2  $ rmdir tmp/
```

tmp/aは「ディレクトリ**tmp**の下[注9]にあるファイル**a**」という意味を持ちます。このように**/**（スラッシュ）などでファイルの場所を示したものは**ファイルパス**と呼ばれます。また、単に**パス**と呼ばれることもありますが、パスと表記されている場合はコマンドの置き場所を示したり、ディレクトリの場所を示したりと、少し概念が広くなります[注10]。ちなみにパス（path）の意味は、「経路」です。

以上でファイルとディレクトリの操作方法を一通り説明しました。しかし、初めての方は慣れるまで時間がかかるうえにストレスを感じることもあるので、Nautilusを使っても良いと思います。慣れてきたら、逆にNautilusを使うほうがまどろっこしくてストレスになってくるので、自然の成り行きに任せましょう。

補足1（パス）

パスについてもう少し解説しておきます。先ほどの**tmp/a**の説明は少し雑で、「**今いるディレクトリの下にあるtmp/a**」と言うとより正確です。「今いるディレクトリ」は**カレントディレクトリ**あるいは**ワーキングディレクトリ**と呼ばれます。

カレントディレクトリがどこかを調べるときには、**pwd**（print working directory）というコマンドを使います。

```
1  $ pwd
2  /home/ueda
```

この例では、カレントディレクトリのパスは**/home/ueda**であるということになります。

cdというコマンドを使うと、ディレクトリを移動することができます。たとえば、先ほどの**tmp**を消す作業は次のような操作でも可能です。

注9　tmpをフォルダだと考えると「tmpの中にあるファイルa」という表現がしっくりきますが、ディレクトリとして考える場合は、スラッシュの右側にあるファイルやディレクトリを「下にある」あるいは「配下にある」などと表現します。あとで「上」が出てきますが、これはスラッシュの左側のディレクトリを指します。

注10　といってもコマンドやディレクトリもファイルの一種なので本質的には違いはありません。

```
1  $ cd tmp/          ←tmpの中に移動
2  $ pwd
3  /home/ueda/tmp     ←カレントディレクトリが変わる
4  $ rm a             ←ファイルaを消す
5  $ cd ..            ←「1つ上のディレクトリ」に移動
6  $ pwd
7  /home/ueda         ←元のディレクトリに帰っている
8  $ rmdir tmp
```

慣れるまでに少し時間がかかるものの、考え方的には難しくありません。5行目の`..`はパスの表現方法のひとつで、1つ上のディレクトリを意味します。2つ上なら`../..`です。カレントディレクトリは`.`です。

カレントディレクトリと同じく重要な用語に、**ホームディレクトリ**という用語があります。cdを使うまで、我々はとくにディレクトリを移動していませんが、このように移動していない状態でカレントディレクトリになるディレクトリをホームディレクトリと言います。これまでの例では、/home/uedaがホームディレクトリということになります。ホームディレクトリには、「cd」あるいは「cd ~」で移動できます。「~」は、ホームディレクトリを表す記号です。

また、**ルートディレクトリ**（略して**ルート**）という用語もあります。これは、一番上のディレクトリのことを指します。パスは/です。/home/uedaのように/で始まるパスは、カレントディレクトリと関係なく、ルートディレクトリからの場所を表します。このようなパスは、一意に場所がきまるので**絶対パス**と呼ばれます。それに対して頭に/のない`./tmp/a`（`tmp/a`と同じ）や`../..`は、カレントディレクトリからの相対的なパスを表し、**相対パス**と呼ばれます。

補足2（nautilusコマンド）

nautilusはGUI[注11]ツールですが、同時にコマンドでもあります。

```
1  $ nautilus ディレクトリ名
```

で、指定したディレクトリを開くことができます。

練習1.2.f ファイルのパーミッション

ファイルやディレクトリの操作に少し慣れてくると、ミスしてOSの挙動に関わる重要なファイルを消したり移動したりという事故を必ず起こすようになります。事故はゼロにはできませんが、Linuxをはじめ Unix系OSにはファイルを保護するための、**パーミッション**（日本語で「許可」の意味）と呼ばれる機能があります。パーミッションの操作に関する練習問題を解きましょう。

注11　GUIはGraphical User Interfaceの略で、マウスなどで操作しやすいようにボタンなどのコントローラを絵で提示する方式のユーザーインターフェースのことを指します。本書で扱っている端末のようにコマンドで操作するものは、「はじめに」で既出ですがCLI（Command Line Interface）と呼ばれます。

練習問題（出題、解答、解説：上田）

ファイルaを再び作り、次のように操作してください。

```
1  $ chmod -r a
2  ―― ↓読めなくなる ――
3  $ cat a
4  cat: a: 許可がありません
```

aの内容が読めなくなることがわかります。これを読めるようにchmodで再び読めるようにしましょう。-rの代わりに何を指定すれば良いでしょうか（とんちの問題になっています）。

同様にchmod -w aと入力すると、たとえばecho 1 > aなどと実行してもaの内容を変更できなくなります。これを再度変更できるようにしてみましょう。

解答

解答の前にパーミッションについて説明します。ファイルやディレクトリには、すべてに「誰のどんな操作を受け付けるのかを表したフラグ[注12]」が設定されています。前問の**ls -l**の結果をもう一度見てみると、1列目に**-rw-r--r--**などの記号があります。

```
1  $ ls -l
2  合計 36
3  -rw-r--r-- 1 ueda ueda    2  4月  2 10:58 a
4  drwxr-xr-x 2 ueda ueda 4096  3月 31 10:07 ダウンロード
5  drwxr-xr-x 2 ueda ueda 4096  3月 31 10:07 テンプレート
6  (..略..)
```

これがそのフラグで、その時点でのファイルに対するパーミッションの設定を示します。2文字目以降の**r**、**w**、**x**がそれぞれ「読み（read）、書き（write）、実行（execute）できること」を示します。できない場合には、それぞれの文字の箇所に**-**が入っています。「実行できる」というのは、ファイルのパーミッションの場合、中のデータをプログラムとして実行できることを指します。**rwx**の組は3つありますが、先頭の3つが「ファイルの**所有者**」のものです。次の3つが「ファイルの**所有グループ**」で、最後の3つが「所有者、所有グループ以外」のパーミッションに対応します。所有者と所有グループは、それぞれ**ls -l**の3列目（上の例では**ueda**という**ユーザー**）、4列目（上の例では**ueda**という**グループ**）で確認できます。

ユーザーという言葉は、コンピュータが認識する作業者やファイルの所有者を指します。ユーザーには個別にログインする権利（**アカウント**）が与えられ、そこに名前（**ユーザー名**）やホームディレクトリなどが設定されます。自分がどのユーザーとして作業しているのかは、**whoami**で確認できます。

```
1  $ whoami
2  ueda  ←筆者の場合はueda
```

注12　flag：旗。プログラムやソフトウェアで設定を記憶しておく変数のことを指しますが、ここではON、OFFのスイッチと考えたほうが簡単に理解できます。

前置きが長くなりましたが解答を示します。まず、読めなくなったaを読めるようにするには、chmodに+rを付けます。下の例では省略しますが、ls -l aと実行してパーミッションを確認しながら試してみましょう。

```
1  $ echo 1+1 | bc > a
2  ―― ↓読めなくする ――
3  $ chmod -r a
4  $ cat a
5  cat: a: 許可がありません
6  ―― ↓読めるようにする ――
7  $ chmod +r a
8  $ cat a
9  2
```

-rと+rのマイナス、プラス記号がそれぞれ不許可、許可に対応します。

変更できなくしたaを変更可能にするときは、+wを指定します。wは書き込みに関するパーミッションを表します。

```
1  ―― ↓変更できなくする ――
2  $ chmod -w a
3  $ echo 1 > a
4  bash: a: 許可がありません
5  ―― ↓変更できるようにする ――
6  $ chmod +w a
7  $ echo 1 > a
8  $ cat a
9  1
```

補足1（複数のフラグの同時設定）

読み書きの操作を同時に行うこともできます。

```
1  ―― ↓読み込み、書き込みを不能に ――
2  $ chmod -rw a
3  ―― ↓読み込み、書き込みを可能に ――
4  $ chmod +rw a
```

さらに、8進数で所有者、所有グループ、所有グループ以外のパーミッションをすべて指定することもできます。次の例では、6＝110でrw-、4＝100でr--、0＝000で---と指定しています。8進数については、練習5.1.aで扱います。

```
1  $ chmod 640 a
2  $ ls -l a
3  -rw-r----- 1 ueda ueda 0  5月  2 14:50 a
```

補足2（オプション）

ls -lの-lやchmod -rの-rなど、-（あるいは--）で始まる引数は、引数の中でもとくに**オプション**と呼ばれます。オプションには、してほしい操作をchmod -rのように指定する役割、あるいはコマンドの挙動を少し変える役割があります。コマンドによっては+rや、アルファベット1字など、-を使わないオプションも存在します。

補足3 (rootユーザーとsudo)

パーミッションを超えた操作が必要なときは、sudoというコマンドを使います。sudoは、root (ルート) という特別なユーザーでコマンドを実行します。whoamiで確認しましょう。

```
1  $ sudo whoami  ←実行したいコマンドの頭にsudoを付ける
2  root
```

rootユーザーは、「スーパーユーザー」と呼ばれることもあります。

rootユーザーでファイルを編集したり削除したりするときには、システムを壊す可能性があるので慎重に作業しましょう。また、それよりは危険ではありませんが、不用意にsudoでホームディレクトリにファイルを作ってしまうと、あとからファイルの所有者を変更しなければならず、地味に面倒になります。

rootでいくつもコマンドを実行したい場合、何度もsudoを付けるのは面倒です。その場合は、sudo -sを用いて完全にrootユーザーになります。

```
1  ——— この、rootが所有者のファイルに書き込みたい（書き込んでも安全なファイル）———
2  $ ls -l /proc/sys/vm/drop_caches
3  --w------- 1 root root 0 10月 27 17:31 /proc/sys/vm/drop_caches
4  ——— echoをrootで実行しても、リダイレクトはrootで機能しないので書き込めない ———
5  $ sudo echo 1 > /proc/sys/vm/drop_caches
6  bash: /proc/sys/vm/drop_caches: 許可がありません
7  ——— sudo -sで完全にrootになる ———
8  $ sudo -s
9  [sudo] ueda のパスワード:
10 #          ←Ubuntuのbashでは、rootになるとプロンプトは#になる
11 # echo 1 > /proc/sys/vm/drop_caches  ←今度は書き込める
12 # exit  ←作業が終わったら危険なのですぐexitというコマンドで脱出
13 $          ←プロンプトが戻る
```

また、rootのパスワードを設定することが必要なのでUbuntuでは利用をお勧めしませんが、suというコマンドも使われます。ほかの環境では使われますので、名前だけでも覚えておくと良いでしょう。

練習1.2.g コマンドの調査

このパート最後の練習として、「man」の使い方を覚えましょう。

練習問題 （出題、解答、解説：上田）

たいていのシステムのホームディレクトリには、名前がドット「.」で始まるファイルやディレクトリがあります。これらのファイル、ディレクトリは隠しファイル、隠しディレクトリ扱いで、lsと実行しても出てきません。lsで隠しファイルやディレクトリを出現させるためには、あるオプションを使います。

そのオプションは何でしょうか。次のコマンドでマニュアルが表示されるので調べて使ってみましょう。マニュアルが表示されたらjキーで下、kキーで上にスクロールできます。また、早く下にスクロールしたければスペースキーを押します。用が済んだらqキーで終了させてください。

```
1  $ man ls
```

解答

manはマニュアルコマンドで、問題にあるように引数に調べたいコマンドなどの名前を指定して使います。man lsでlsのマニュアルを見ると、次のような記述があります。

```
17        -a, --all
18               do not ignore entries starting with .
```

ということで、隠しファイルはls -aで表示されます。

```
1  $ ls -a
2  .              .mozc                      テンプレート
3  ..             .profile                   デスクトップ
4  (..略..)
```

manは、書籍のように章分けされています。コマンドはたいていのものが1章に書いてあるので、manを使うときに、man 1 lsと章番号を明示することができます。

章番号は省略できますが、同じ名前のものが複数の章に存在し、後ろの章のほうを見たい場合には、明示しないといけません。たとえばC言語の関数のprintfのマニュアルを見る場合はman 3 printfと3章を明示的に指定する必要があります。1章にコマンドのprintfのマニュアルが存在するからです。

補足（環境とmanの日本語化）

ところで、先ほどのman lsは英語で書かれていましたが、日本語のマニュアルも存在します。次のようにインストールできます。

```
1  $ sudo apt update
2  $ sudo apt install manpages-ja
3  $ sudo apt install manpages-ja-dev
```

さらに、日本語マニュアルを表示するには、日本語を使う設定にしないといけません。本書の1.1節で日本語環境を想定すると言いましたので、ここで設定しておきましょう。次のようにコマンドを実行します。

```
1  $ sudo apt install language-pack-ja
2  $ sudo update-locale LANG=ja_JP.UTF-8
3  （これで端末を立ち上げ直す）
4  $ man ls  ←マニュアルが日本語になっていることを確認すること
```

本書ではmanの内容に触れるときは、原則日本語の記述を優先します。

別解

ワンライナーに慣れてくると、たとえばこのように該当部分だけ抜き出せるようになります。grepは検索に用いられるコマンドです。

```
1  $ man ls | grep -A 1 '^  *-a'  ←^のうしろは2個の半角スペース
2         -a, --all
3                do not ignore entries starting with .
```

grepの引数「^ *-a」は「先頭からスペースが1個以上続き、そのあとに-aという文字列が来る」という意味の**正規表現**です。正規表現は、このように^や*などの記号を使って文字の並び方の法則性を表現したものです。grepは、この正規表現に適合する（一般的には「マッチする」と表現します）文字列を含む行を出力します。オプション-A 1は、「マッチした行のあとの1行も出力する」という指示です。正規表現はワンライナーではよく用いられますので、以後の問題で少しずつ慣れていきます。

1.3 頻出コマンドを覚える

本節では、ワンライナーでよく用いられるコマンドの使い方をおさえておきます。文字を置換するためのsed、検索するためのgrep、汎用的で自在な処理をプログラムできるawk、データの並び替えや重複の削除を行うためのsortとuniq、コマンドを呼び出すためのコマンドであるxargs、コマンドとしてのbashの基本的な使い方をおさえます。

練習1.3.a sedによる置換の練習

本書の問題には、入力した文字列を別の文字列に置き換える（**置換**する）操作が頻出します。文字列の置換にはsedというコマンドを頻繁に使います。

練習問題（出題、解答、解説：上田）

次の小問1～5について、「文字列1」「文字列2」に適切な文字列を指定して、所定の出力を得てください。「文字列1」が置換したい対象の文字列、「文字列2」が置換後の文字列です。

```
1  小問1 $ echo クロロエチルエチルエーテル | sed 's/文字列1/文字列2/'
2  クロロメチルエチルエーテル
3  小問2 $ echo クロロエチルエチルエーテル | sed 's/文字列1/文字列2/'
4  クロロエチルメチルエーテル
```

```
5  小問3 $ echo クロロメチルメチルエーテル | sed 's/文字列1/文字列2/g'
6  クロロエチルエチルエーテル
7  小問4 $ echo クロロエチルエーテル | sed 's/文字列1/文字列2/'
8  クロロエチルエチルエーテル
9  小問5 $ echo クロロメチルエチルエーテル | sed -E 's/文字列1/文字列2/'
10 クロロエチルメチルエーテル
```

この問題は「文字列1」にechoの引数、「文字列2」に出力を書けば必ず解けますので、短くする方法を予想しながら解いてみましょう。

解答

解答を示します。

```
1  小問1 $ echo クロロエチルエチルエーテル | sed 's/エ/メ/'
2  クロロメチルエチルエーテル
3  小問2 $ echo クロロエチルエチルエーテル | sed 's/エチルエ/エチルメ/'
4  クロロエチルメチルエーテル
5  小問3 $ echo クロロメチルメチルエーテル | sed 's/メ/エ/g'
6  クロロエチルエチルエーテル
7  小問4 $ echo クロロエチルエーテル | sed 's/エチル/&&/'
8  クロロエチルエチルエーテル
9  小問5 $ echo クロロメチルエチルエーテル | sed -E 's/(メチル)(エチル)/\2\1/'
10 クロロエチルメチルエーテル
```

小問1は最初の「エチル」を「メチル」に変えるという問題です。これは、上の解答のように**sed 's/エ/メ/'**と書くと実現できます。引数の意味ですが、**s**が「文字の置換を行う」で、最初の**//**に挟まれた部分が置換対象の文字列、あとの**//**に挟まれた部分が置換後の文字列です。この引数が与えられた**sed**は、入力されたデータを行ごとにスキャンして、最初に発見した置換対象の文字列を置換します。

小問2は「エチルエチル」の後ろの「エチル」を「メ」に変えてくれという問題です。少し頭をひねる必要がありますが、解答のとおり、検索する文字列を長くしてやると解けます。

小問3は「メ」をすべて「エ」に変えるという問題です。各行1つだけでなく、すべての検索対象の文字列を置換したいときは、解答のように後ろに**g**を付けます。

小問4の解答は**sed 's/エチル/エチルエチル/'**でも良いのですが、少し凝って「**&**」を使いました。この**&**は、検索対象の文字を再利用したいときに使います。この場合は**&**は「エチル」を指すので、**&&**で「エチルエチル」となります。

小問5の解答例も、**&**とは別の方法で検索対象を再利用しています。検索対象の文字列を括弧で囲むと順番に番号が与えられ、置換後の文字列のところで**\1**、**\2**、……と呼び出すことができます。「**\数字**」や、このような文字列の再利用機能は**後方参照**と呼ばれます。**sed**に付けた**-E**オプションは「拡張正規表現を使う」という宣言なのですが、拡張正規表現が何なのかは、あとの問題で少しずつ説明します。解答例では**-E**がないと、

```
1  $ echo クロロメチルエチルエーテル | sed 's/\(メチル\)\(エチル\)/\2\1/'
2  クロロエチルメチルエーテル
```

と、括弧に余計な記号（エスケープ文字。問題1で説明します）を付けないといけなくて煩雑という理由で-Eを付けています。

sed -Eはsed -rと書いてもかまいません。sed -Eが推奨されていますが、執筆陣はsed -rで慣れている人が多いので、以後のワンライナーに登場するかもしれません。

別解

小問5の別解を示します。

```
1  小問5別解 $ echo クロロメチルエチルエーテル | sed -E 's/(メ..)(...)/\2\1/'
2  クロロエチルメチルエーテル
```

この解では、正規表現の利用によって入力が手抜きされています。「.」が「任意の1文字」を意味し、メ.....で、「最初がメでそのあとに何か5文字続く文字列」という意味になります。echoからの入力では「メチルエチル」がこの正規表現にマッチするので、それを3文字ずつ括弧で囲んで置換後の文字列を作っています。

練習1.3.b grepによる検索の練習

今度は、grepを使った検索の基礎をおさえます。前問の別解で出てきた正規表現を利用します。

練習問題 （出題、解答、解説：上田）

seq 100と端末に入力すると、1から100までの数字が出力されます。

```
1  $ seq 100
2  1
3  2
4  3
5  (..略..)
6  99
7  100
```

この出力について、grepというコマンドを適用した例を示します。xargsは、出力を横に並べるために使用しています。

```
1  例1 $ seq 100 | grep "0" | xargs
2  10 20 30 40 50 60 70 80 90 100
3  例2 $ seq 100 | grep "^8" | xargs
4  8 80 81 82 83 84 85 86 87 88 89
5  例3 $ seq 100 | grep "8$" | xargs
6  8 18 28 38 48 58 68 78 88 98
7  例4 $ seq 100 | grep "8." | xargs
8  80 81 82 83 84 85 86 87 88 89
```

```
9  例5 $ seq 100 | grep "^10*$" | xargs
10 1 10 100
11 例6 $ seq 100 | grep "[02468]$" | xargs
12 2 4 6 8 10 12 (..略..) 96 98 100
13 例7 $ seq 100 | grep "[^02468]$" | xargs
14 1 3 5 7 9 11 (..略..) 95 97 99
15 例8 $ seq 100 | grep -E "^(.)\1$" | xargs
16 11 22 33 44 55 66 77 88 99
```

各例について、grepに指定した正規表現の意味を、出力を手がかりに考えてみましょう。

解答

例1は grep の一番簡単な使い方を確認するものです。引数に指定した 0 が1文字でもある行はすべて出力されます。

例2からは、単に検索する文字を指定するだけでなく、特別な記号を使っています。例2の正規表現は「行の先頭が8」ということを意味しています。例3の正規表現は逆に、「行末が8」を意味します。これらの ^、$ は、それぞれ ^ や $ をそのまま表すわけではなく、特殊な意味を持っています。このような文字は**メタ文字**と呼ばれます。前問の sed で使った & もメタ文字です。

例4では、8の付く2桁以上の数字が出力されています。単に grep 8 とすると1桁の8が検索に引っかかってしまうため、8. として、「8＋何か1文字」という正規表現を指定しています。前問別解にも登場しましたが、「.」が、「何か1文字」を表すメタ文字です。

例5の正規表現は「1で始まり、あとは0が0個以上続いて行末に達する」を意味します。「0個以上の文字」は正規表現では * を使って表します。0* が「0が0個以上」を表します。

例6、例7ではそれぞれ偶数、奇数が出力されています。例6で使われている正規表現の意味は「0、2、4、6、8のいずれかで行末が終わる」です。[] は、中に書いた字のどれか1字を表す記号です。したがって [02468] と書くと、「0、2、4、6、8のどれか1文字」を表すことになります。一方、[^02468] のように角括弧の先頭に ^ を置くと、中に書いた以外の文字を表す正規表現になります。

例8の出力はゾロ目です。この正規表現では後方参照（⇒練習1.3.a）を正規表現中で再利用しています。前問の sed と同様、^(.) で先頭の1文字に1番の番号が付いて、\1 で再度指定できるようになります。したがって (.)\1 が「同じ文字が2個続いた文字列」となり、^ と $ で挟むことでゾロ目を指定できます。

例8には grep に -E オプションが付いていますが、これは sed -E と同じで、拡張正規表現の使用を示します。例7までは**基本正規表現**という範囲の正規表現を使ってきたのですが、例8のような表現は、基本の範疇にはない（エスケープすれば使えるのですが、面倒です）ので -E が必要となります。基本／拡張の違いについては、練習3.1.cで詳しく取り上げます。

練習1.3.c grepによる検索＆切り出しの練習

今度は grep の応用として、検索した文字列に対し、その文字列が含まれる行ではなく、文字列そのものを出力する方法をおさえておきましょう。この操作もよく出てきます。

練習問題（出題、解答、解説：上田）

次のワンライナーについて、「正規表現」の部分を埋めて、出力のように田が後ろに付く名前だけを残してください。

```
1  $ echo 中村 山田 田代 上田 | grep -o 正規表現
2  山田
3  上田
```

-o は、正規表現に合う（「マッチする」と表現されます）部分だけを出力するオプションです。

解答

このechoからの入力の場合、次の正規表現で上田、山田を切り出せます。

```
1  $ echo 中村 山田 田代 上田 | grep -o "[^ ]田"  ←^のうしろは1個の半角スペース
2  山田
3  上田
```

ここで使った正規表現は「スペースでない1文字の後ろに田が付く」という意味を持ちます。

grep -oの-oがないと、次のようにそのまま入力された1行が出てくるので、grepの意味がなくなります。

```
1  $ echo 中村 山田 田代 上田 | grep "[^ ]田"
2  中村 山田 田代 上田
```

補足（grepのバージョン）

この-oは、Ubuntuなどの多くのLinuxにインストールされているGNU Grep、MacやBSD系のUnixにインストールされているgrep（BSD grep）のバージョン2.5以降で利用できます。それより古いBSD grepにはありません。あとで出てくるシェルスクリプト（シェルに実行させたいコマンドをファイルに順番に書いたもの）でgrepを利用する場合、「-oがない場合にも対応したい」ということで-oのようなオプションを避ける場合があります。しかし、ワンライナーはその場限りですので使用を避ける理由はよほどのことがない限りありません。

別解

補足を受けてgrep -oを使わない方法を挙げておきます。途端に難しくなります。

```
1  別解1 $ echo 中村 山田 田代 上田 | sed 's/[^ ][^ 田]//g'
2   山田  上田
3  別解2 $ echo 中村 山田 田代 上田 | tr ' ' '\n' | grep '田$'  ←改行を入れてから-oなしでgrep
4  山田
5  上田
```

別解1のsedの引数にある正規表現`[^ ][^ 田]`の意味は、「スペースでない文字＋スペースでも田でもない文字」です。置換後の文字がないので、この場合、マッチした文字列は削除されます。

別解2で使ったtrはsedよりも原始的な置換コマンドで、「tr 文字1 文字2」で「文字1」を「文字2」に置き換えます。別解のtrではスペースを改行に置換していますが、改行文字を直接引数に書けないので[注13]、代わりに\nというメタ文字で改行文字を指定しています。「文字1」と「文字2」に同じ数だけ文字を並べておくと、

```
1  $ echo abc | tr ac bq  ←aをb、cをqに置換
2  bbq
```

というように一度に多くの文字を置換できます。trで日本語を置換しようとすると文字化けすることがあ

注13　おそらく書けないこともなさそうなのですが、無理に書く必要もないので実験はやめておきます。

りますが、この理由については第5章の内容を理解するとわかります。

練習1.3.d awkによる検索と計算の練習

今度はawkを使います。awkはgrepにプログラム機能を付けたものと理解すると素直に使えるようになります。

AWKはプログラミング言語で、コードを処理するためのコマンドのawkにはさまざまな亜種があります。本書で使うのはGNU Awk (gawk) です。問題を解く前に、次のコマンドを実行し、gawkをインストールしてください。

```
1  $ sudo apt install gawk
```

gawkをインストールすると、awkと書いてもgawkが呼び出されるようになります。

練習問題 (出題、解答、解説：上田)

seq 5の出力の後ろにパイプでawkをつなげ、''の間のヒントに合わせてコードを書き、所定の出力を得てください。「C言語のように」とありますが、なじみがない場合は（答えずに解答の解説に進むか）JavaScriptやJava、C++などの言語を思い浮かべてください。

```
1   小問1 $ seq 5 | awk '/正規表現/'
2   2
3   4
4   小問2 $ seq 5 | awk 'C言語のような条件式で偶数を抽出'  ←ヒント：読み込んだ数は$1という変数に入る
5   2
6   4
7   小問3 $ seq 5 | awk '小問1または2の答え{C言語のようにprintfで処理を書く}'
8   2 偶数
9   4 偶数
10  小問4 $ seq 5 | awk '条件{処理}条件{処理}'
11  1 奇数
12  2 偶数
13  3 奇数
14  4 偶数
15  5 奇数
16  小問5 $ seq 5 | awk 'BEGIN{a=0}条件{処理}条件{処理}{処理}END{処理}'
17  1 奇数
18  2 偶数
19  3 奇数
20  4 偶数
21  5 奇数
22  合計 15
```

解答

小問1は、awkをgrepの代わりに使ってみるという問題です。問題に書いたヒントのように、awk '/正規表現/'でgrep '正規表現'と同じ意味になります。5までしか数字がないので、短い正規表現で済ませたければ、次のように入力すれば良いでしょう。

```
1  小問1 $ seq 5 | awk '/[24]/'
2  2
3  4
```

小問2は、入力した文字列を数字として検索する方法を試すもので、これはgrepにはない便利な機能となります。問題中のヒントを素直に解釈すると、

```
1  小問2 $ seq 5 | awk '$1%2==0'
2  2
3  4
```

という答えになります。$1は「読み込んだ行の1列目の文字列（あるいは数字）」を意味します。2列以上の入力がある場合には、$2、$3、……という変数が使えます。1つ重要な用語として、AWKでもそれ以外の言語でも、データのn列目を「第n**フィールド**」と呼ぶことがあります。$1は「第1フィールドを表す変数」ということになります。

小問3は、「検索にマッチした行に処理を加える」という処理の例題です。ヒントに出したようにprintfが使え、

```
1  小問3 $ seq 5 | awk '$1%2==0{printf("%s 偶数\n",$1)}'
2  2 偶数
3  4 偶数
```

となります。

C/C++になじみのない人のために、printfの引数の%s 偶数\nについて説明をしておきます。%sは、printfの2番めの引数に書いた変数$1の値を入れる場所を表しています。%記号は、**出力フォーマット指定子**と呼ばれます。%sは「文字列」を表しますが、この場合は%d（整数）でも良いでしょう。ほかの出力フォーマット指定子はman awkで調べられます。\nは改行を表します。

小問3には次のような別解があります。

```
1  小問3別解1 $ seq 5 | awk '$1%2==0{print($1,"偶数")}'
2  小問3別解2 $ seq 5 | awk '$1%2==0{print $1,"偶数"}'
```

これらは、awkのprintを使った解で、別解2のほうがawkを使うときには自然な書き方になります。printの後ろにカンマ区切りで変数や文字列を並べると、間にスペース、末尾に改行を入れてくれます。文字列は""（ダブルクォート）で囲みます。

小問4は、2組以上の条件と処理を書く方法に関する出題です。AWK[注14]では、条件を**パターン**、処理を

注14　コマンドのawkではなくプログラミング言語としてのAWKは、このように大文字で表記します。また、gawk --versionの出力ではGNU Awkと記述されています。

アクションと呼びます。また、パターンとアクションの組を**ルール**と呼びます。ルールは2つ以上並べることができ、解答は次のようになります。

```
1  小問4  $ seq 5 | awk '$1%2==0{print $1,"偶数"}$1%2{print $1,"奇数"}'
2  1 奇数
3  2 偶数
4  3 奇数
5  4 偶数
6  5 奇数
```

2つめのルールは**$1%2==1**と書いても良いのですが、AWKではC言語と同じく非ゼロの値は真を指すので**==1**を省略しています。

小問5も複数のパターンを書く問題です。次が答えになります。

```
1  小問5  $ seq 5 | awk 'BEGIN{a=0}$1%2==0{print $1,"偶数"}$1%2{print $1,"奇数"}{a+=$1}END{print "合計",a}'
2  1 奇数
3  2 偶数
4  3 奇数
5  4 偶数
6  5 奇数
7  合計 15
```

BEGIN、ENDはそれぞれ**BEGINパターン**、**ENDパターン**と呼ばれるもので、それぞれ「awkが1行目の処理を始める前」「awkが最終行の処理を終えた後」という状況にマッチします。ですので、事前、事後にawkにやってほしい処理をこれらのパターンとともに書くことになります。この解答のBEGINパターンでは、変数aを0に初期化しており、ENDパターンでは各行の数字の合計が入ったaをprintしています。

解答の4番めのルール**{a+=$1}**には、パターンがありません。この場合、アクションは全行に適用されることになります。このアクションは、数字をaに足し込むという処理です。

AWKでは変数を宣言せずにいきなり使うことができます。したがって、小問5ではBEGINパターンを省略できます。

```
1  小問5別解1  $ seq 5 | awk '$1%2==0{print $1,"偶数"}$1%2{print $1,"奇数"}{a+=$1}END{print "合計",a}'
```

aは初めて**{a+=$1}**が実行される直前に、整数0に初期化されます。変数は最初にどんなものが代入されるかに応じて文字列、整数、小数に初期化されます。

■補足（AWKとawkについて）

問題の前に少し説明しましたが、awkにはさまざまな亜種があります。本書で想定しているのは、この問題冒頭でインストールしたGNU Awk（gawk）です。ほかに、nawk、mawk、そしてオリジナルのawkなどがあります。

注意しなければならない点として、Linuxの場合、単にawkとコマンドを実行したとき、たいていはオリジナルのawkではない上記のどれか（あるいは上記以外のAWKの処理コマンド）が呼ばれることです。本書ではgawkを使いますので、次のようにawkでGNU Awkが呼ばれることを確認しておきましょう。

```
1  $ awk --version
2  GNU Awk 5.0.1, API: 2.0 (GNU MPFR 4.0.2, GNU MP 6.2.0)
3  Copyright (C) 1989, 1991-2019 Free Software Foundation.
4  (..略..)
```

AWKはプログラミング言語ですので、まじめに**awk**の使い方を解説していると1冊の本になってしまうため、あとは問題を解きながら補足していきます。AWKの書籍には参考文献[2、3、4]があり、とくに[4]はワンライナーで使うことを想定して書かれています。本書の問題を解く前にAWKを極めてしまいたい人のためには、[4]をお勧めしておきます。

練習1.3.e sortとuniqによる集計

データの中に何がいくつ存在するか集計する問題を解いてみます。このような集計には「**sort**で並び替えて**uniq**で数える」という王道パターンがあります。**uniq**には、**-c**というオプションを付けます。

練習問題（出題、解答、解説：上田）

seq 5の出力の後ろにパイプでワンライナーをつなげ、次のような出力を得てください。ワンライナー中では、awk、sort、uniqをパイプで組み合わせて使います。

```
1  $ seq 5 | ワンライナー
2  奇数 3
3  偶数 2
```

解答

まず**awk**を使い、各行を「偶数」「奇数」という文字列に変換しましょう。

```
1  $ seq 5 | awk '{print $1%2 ? "奇数":"偶数"}'
2  奇数
3  偶数
4  奇数
5  偶数
6  奇数
```

前問のように**seq 5 | awk '$1%2{print "奇数"}$1%2==0{print "偶数"}'**と書いても良いのですが、ここでは「**条件 ? 条件が正の場合の値 : 条件が偽の場合の値**」と記述することで条件に応じた値が使える**三項演算子**注15を使いました。三項演算子を使ったコードは読みにくいという人もいるのですが、短く書けるのでワンライナーではよく使われます。

あとは数を数えていけば良いのですが、少し回りくどいことをします。まず**sort**（ソート。「並び替える」という意味）で行を並び替えます。

注15　条件と2つの値の3つの項があるので「三項演算子」と呼ばれるのですが、この用語は機能のことに言及していない不思議な用語です。ちなみに「+」や「-」などの算術記号は、両側の2つの項を処理するので「二項演算子」です。

```
1  $ seq 5 | awk '{print $1%2 ? "奇数":"偶数"}' | sort
2  奇数
3  奇数
4  奇数
5  偶数
6  偶数
```

sortは、入力された行をソート（並び替え）するためのコマンドで、ファイルの中の行を**辞書順**（平たく言うとabc順）[注16]に並べます。上の出力のように、これで「偶数」と「奇数」がひとかたまりになって出力されます。

次に、**uniq -c**でカウントします。

```
1  $ seq 5 | awk '{print $1%2 ? "奇数":"偶数"}' | sort | uniq -c
2        3 奇数
3        2 偶数
```

uniqは、「ユニーク」という名前のとおり、重複する行を消すコマンドです。ただし、消したい行は**sort**の出力のように連続して並んでいる必要があります。**-c**オプションは、上の出力のように、同じ行がいくつ連続で存在しているかを数えるときに使います。

以上で偶数と奇数の個数がカウントできましたが、問題で指定された出力のように整形するために、**awk**をつなげてこれを解答とします。

```
1  $ seq 5 | awk '{print $1%2 ? "奇数":"偶数"}' | sort | uniq -c | awk '{print $2,$1}'
2  奇数 3
3  偶数 2
```

今までのAWKのコードでは**$1**しか出てきませんでしたが、2列目を表す**$2**を使いました。

補足1（なぜわざわざソートするのか）

sort抜きで**uniq**を使うと、次のような出力になってしまいます。

```
1  $ seq 5 | awk '{print $1%2 ? "奇数":"偶数"}' | uniq -c | awk '{print $2,$1}'
2  奇数 1
3  偶数 1
4  奇数 1
5  偶数 1
6  奇数 1
```

なぜデータが並んでいないと**uniq**がちゃんと数えてくれないのかという疑問は、コマンドというものの使い方を考えるうえで重要です。もし、データが並んでいないことを前提に**uniq**のプログラムを書くと、おそらくデータが並んでいることを前提としたプログラムよりも複雑で遅くなるでしょう。逆に言えば、データの並びがそろっている、あるいは**sort**の使用を前提とすれば、**uniq**は簡素で速い実装にできます。どっ

注16　文字列は辞書と同じく左側から比較されます。各記号や漢字なども順序が決まっており、sortに通すと決められた順序に並びます。ただ、日本語の文字の順序は環境によって変わるので、覚えることは現実的ではありません。

ちがいいか、というのはおそらくちゃんと議論しないと決められない話ですが、伝統的なコマンドは、後者の「機能を絞る」方針で作られます。議論は参考文献[5、6]に委ねます。

補足2（sortのオプション）

sortの重要なオプションに、-nと-kがあります。-nは数字順のソート、-kは列を指定してのソートのためのオプションです。解答で得られた出力に対して、数字の小さいほうから上に出力する例を示します。

```
1  ――― sort -k2,2nをパイプで接続 ―――
2  $ seq 5 | awk '{print $1%2 ? "奇数":"偶数"}' | sort | uniq -c | awk '{print $2,$1}' | sort -k2,2n
3  偶数 2
4  奇数 3
```

-k2,2で「2列目から2列目を基準にソートする」という意味になります。後ろに付いているnは、この列の範囲に-nを適用するという意味です。

実は上の例ではnがなくても出力は変わりません。しかし、たとえば次の例では、-nがないと順序が変わります。

```
1  ――― seqで出す数字を19個に変更 ―――
2  $ seq 19 | awk '{print $1%2 ? "奇数":"偶数"}' | sort | uniq -c | awk '{print $2,$1}' | sort -k2,2n
3  偶数 9   ←nを付けると数字の小さい9の行が上に
4  奇数 10
5  $ seq 19 | awk '{print $1%2 ? "奇数":"偶数"}' | sort | uniq -c | awk '{print $2,$1}' | sort -k2,2
6  奇数 10   ←nを付けないと、文字列として辞書順の早い10の行が上に
7  偶数 9
```

-nのない辞書順の比較では、左から文字列が比較されるため、10と9の比較では、最初に1と9の比較になってしまい、10が先ということになります。

別解

awkを使うと、sort＋uniqを使わなくて済みます。

```
1  $ seq 5 | awk '{print $1%2 ? "奇数":"偶数"}' | awk '{a[$1]++}END{for(k in a)print k,a[k]}'
2  奇数 3
3  偶数 2
```

ただ、こう書くよりはsort＋uniqを使うほうが楽でしょう[注17]。

この練習問題のテーマはAWKではありませんが、上の別解には重要な新規事項があるので説明しておきます。a[]はAWKの**連想配列**です[注18]。a[数字] = 値、a["文字列"] = 値で、数字や文字列をキーにして値を記憶することができます。キーとは、値を引き出すための鍵のことです。

a[$1]では入力の1列目がキーに指定されているので、連想配列aにはa["偶数"]、a["奇数"]という要素ができることになります。a["偶数"]、a["奇数"]には++（値を1増やす）という演算子が付いているので暗黙のうちに値が0に初期化され、すぐ++で1になり、その後、行が入力されるごとにa["偶数"]、a["

注17　行数が多く、出現する文字列の種類が少ないときは、こう書いたほうが早く処理が終わることがあります。
注18　念のために書いておくと、aは連想配列の名前なので、変数の名前として適切なら何でもかまいません。

奇数"]のどちらかが1増えることになります。これで、どんな行がいくつあったかを数えることができます。

ENDパターンでの処理では、**for(<u>キー</u> in <u>連想配列</u>)**という形式のfor文が使われています。これで、**a**の要素のキーが1つずつ取り出されます。そして、for文で**print k,a[k]**が実行されることで、キーと個数が出力されます。

補足の補足ですが、for文にはもうひとつ、C言語と同じような書き方があり、以後、どこかで登場します。

```
1  $ awk 'BEGIN{for(i=1;i<=3;i++)print i}'
2  1
3  2
4  3
```

練習1.3.f xargsによる一括処理

xargsは、練習1.3.bで出力を横に並べるコマンドとして出てきましたが、本来は、「コマンドに引数を渡して実行してもらう」という働きをします。ワンライナーでよく使うので、ここでおさえておきます。

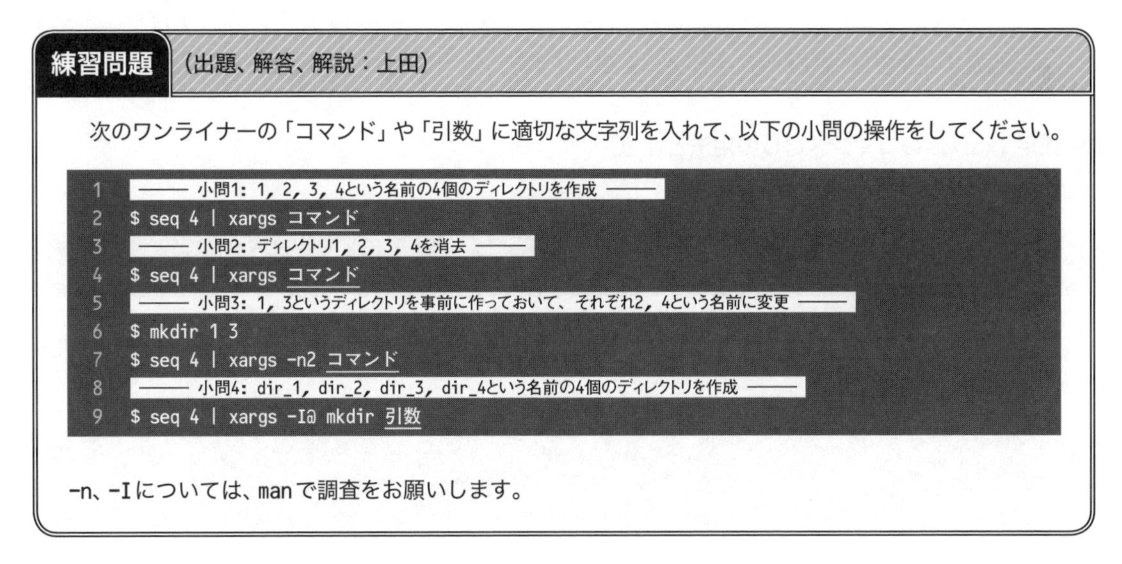

練習問題 (出題、解答、解説:上田)

次のワンライナーの「コマンド」や「引数」に適切な文字列を入れて、以下の小問の操作をしてください。

```
1  ―― 小問1: 1, 2, 3, 4という名前の4個のディレクトリを作成 ――
2  $ seq 4 | xargs コマンド
3  ―― 小問2: ディレクトリ1, 2, 3, 4を消去 ――
4  $ seq 4 | xargs コマンド
5  ―― 小問3: 1, 3というディレクトリを事前に作っておいて、それぞれ2, 4という名前に変更 ――
6  $ mkdir 1 3
7  $ seq 4 | xargs -n2 コマンド
8  ―― 小問4: dir_1, dir_2, dir_3, dir_4という名前の4個のディレクトリを作成 ――
9  $ seq 4 | xargs -I@ mkdir 引数
```

-n、-Iについては、manで調査をお願いします。

解答

小問1と2の解答は次のようになります。

```
1  ―― 小問1: 作成 ――
2  $ seq 4 | xargs mkdir
3  ↓確認
4  $ ls -d ?   ←「?」で1文字のファイルやディレクトリを指す
5  1 2 3 4
6  ―― 小問2: 消去 ――
7  $ seq 4 | xargs rmdir
8  (確認は省略)
```

パイプを通って**1**から**4**までの数字が**xargs**に渡り、**xargs**はそれらを右に書かれたコマンドに、**入力ではなく引数として**渡します。つまり、**mkdir 1 2 3 4**や**rmdir 1 2 3 4**が実行され、ディレクトリが作成、あるいは消去されます。

次に小問3の解答を示します。

```
1  $ mkdir 1 3
2  $ seq 4 | xargs -n2 mv
3  $ ls -d 2 4
4  2  4
```

xargs -n個数で、「入力された文字列を指定した個数ずつコマンドに渡す」という意味になります。この解答では、mv 1 2とmv 3 4が実行されることになります。

最後に小問4の解答です。

```
1  $ seq 4 | xargs -I@ mkdir dir_@
2  $ ls -d dir_*  ←dir_*でdir_1〜dir_4が列挙できる（2.3節で説明）
3  dir_1  dir_2  dir_3  dir_4
```

この解答では、dir_@の@のところにxargsが受け取った文字列を1つずつ入れ、mkdirを実行します。-Iの後ろに指定する文字は、@でなくてもかまいません。

補足（xargsのコマンドなしの用法と注意）

grepの練習問題でも出てきた、

```
1  $ seq 10 | xargs
2  1 2 3 4 5 6 7 8 9 10
```

というような使い方は、「コマンドを指定されなかったときはechoを実行する」というxargsの挙動を利用したものです。これを応用すると、

```
1  $ seq 10 | xargs -n5
2  1 2 3 4 5
3  6 7 8 9 10
```

というように文字列を決められた列数で横に並べることができます。

この使い方は本書によく出てきますが、実は1つ問題があります。たとえば次のように-e 1 2 3という文字列を作ります。

```
1  $ awk 'BEGIN{print "-e 1 2 3"}'
2  -e 1 2 3
```

これをxargsに通すと、最初の文字列-eが消えます。

```
1  $ awk 'BEGIN{print "-e 1 2 3"}' | xargs
2  1 2 3
```

これは-eがechoのオプションとして解釈されるからです。echo -e 1 2 3というコマンドが実行され、

オプションの-eは出力されず、1 2 3だけ出力されるということになります。

この現象があるので、むやみにxargsを使うことは、実行する処理の安全性の点ではあまり良いことではありません。処理速度の面でも問題になることがあります。一方で即興性という点ではxargsは強力ですので、xargsを使うときは状況に応じた判断が必要となります。

練習1.3.g bashによるメタプログラミング

練習の最後は、今使っているシェルのプログラムbashをコマンドとして使うというものです。bashは、コマンドを並べた命令をパイプから受け取ることができます。

練習問題 (出題、解答、解説：上田)

次のワンライナーの「コード」の部分にAWKのコードを書いて、seq 4の出力から、odd_1、odd_3と、even_2、even_4というディレクトリを作ってください。awkで2つ以上の文字列を空白なしで連結して出力するときは、「print "odd_" $1」のように文字列や変数をカンマなしで並べます（空白がなくても可）。

```
1  $ seq 4 | awk 'コード' | bash
```

注意：seq 4 | awk 'コード'で出力を確認してから、bashをパイプでつなげましょう。

解答

まずawkで、実行したいコマンドを文字列として出力します。

```
1  $ seq 4 | awk '{print "mkdir " ($1%2 ? "odd_" : "even_") $1}'
2  mkdir odd_1
3  mkdir even_2
4  mkdir odd_3
5  mkdir even_4
```

ここでは三項演算子（⇒練習1.3.e）を使いましたが、ベタに書いても問題ありません。この例では三項演算子の部分が括弧で囲まれています。これは、この部分が"mkdir "や$1とくっつかないようにするためです。

上で得られた出力はコマンドの並んだものになっています。これをbashに入力すると実行してくれます。これが解答です。

```
1  $ seq 4 | awk '{print "mkdir " ($1%2 ? "odd_" : "even_") $1}' | bash
2  ↓確認
3  $ ls -d odd_* even_*
4  even_2  even_4  odd_1  odd_3
```

別解

これまでAWKの条件分岐としてパターンと三項演算子が出てきましたが、if文も使えます。if文を使った別解を示します。

```
1 別解 $ seq 4 | awk '{if($1%2){a="odd_"}else{a="even_"};print "mkdir " a $1}' | bash
```

if文の構文は、CやC++のものと同じです。

この別解のAWKのコードでは、if文と**print**の文が続けて書かれています。**print**の前にあるように、AWKの文と文は**;**（セミコロン）で仕切ります。一番後ろの文にはセミコロンは不要です。

補足1（シェルスクリプト）

bashは、パイプからだけでなく、ファイルでもコマンドを書いたものを受け付けます。例を示します。ディレクトリ**odd_**……、**even_**……はあらかじめ消しておきましょう。

```
1 ―― ↓ワンライナーの出力をファイルaに保存 ――
2 $ seq 4 | awk '{print "mkdir " ($1%2 ? "odd_" : "even_") $1}' > a
3 ―― ↓aをBashに実行してもらう ――
4 $ bash ./a
5 ―― ↓確認 ――
6 $ ls -d odd_* even_*
7 even_2  even_4  odd_1  odd_3
```

この**a**のように、シェルにやってもらいたいことを順番に書いたファイルは、**シェルスクリプト**と呼ばれます。

補足2（シバン）

もう1点、補足をしておくと、たとえば**a**をコマンドのように使いたいという場合、1行目に次のように書きます。

```
1 #!/bin/bash      ←この1行を書く
2                  ←この行は見やすくするための空行
3 mkdir odd_1
4 mkdir even_2
5 mkdir odd_3
6 mkdir even_4
```

これで、**a**を実行できるように**chmod +x**でパーミッション（⇒練習1.2.f）を与え、**./a**とパスを指定すると、シェルスクリプトが実行できます。

```
1 $ chmod +x a
2 $ ./a
3 （実行結果の確認は省略。ディレクトリがすでにあるとエラーが出る）
```

この1行目は「**シバン**（shebang）」と呼ばれるもので、**#!スクリプト言語のコマンドの絶対パス**という形式で記述します。シバンを書いておくと、OSが絶対パスにあるコマンドを呼び出し、そのコマンドが2行目以降を読み込むように手配してくれます。

1.4 ファイルを操作する

本節では、今まで出てきたコマンドを使って、ファイルに関する実用的な問題を4問解いてみます。中級の問題もあって最初にしてはそこそこの難易度ですが、前節の練習で出てきたコマンドを組み合わせると解けるので、あえて出題します。辛ければ無理せず1.5節に進んでください。

練習1.4.a GitHubからリポジトリをクローン

問題に入る前に1つ準備があります。これからの問題のいくつかでは、あらかじめ出題者が用意したファイルを使います。それらのファイルをインターネット上からダウンロードしましょう。

練習問題 (出題、解答、解説：上田)

適当なディレクトリで次のコマンドを入力すると、インターネット上から問題で使われるファイルがダウンロードされ、shellgei160というディレクトリに入ります。

```
1  $ sudo apt install git  ←gitというコマンドがない場合インストール
2  $ git clone https://github.com/shellgei/shellgei160
3  ―― ↓ダウンロードされたか確認 ――
4  $ ls shellgei160/
5  LICENSE  README.md  qdata
```

このディレクトリshellgei160から、次の問題に使うfiles.txtを探しましょう。探すときは、まずfindというコマンドを入力すると便利です。

```
1  $ find shellgei160/  ←gitを実行したときと同じディレクトリで実行のこと
2  shellgei160/         ←存在するファイルやディレクトリがすべて列挙される
3  shellgei160/qdata
4  (..略..)
```

このあとにパイプでコマンドをつないでfiles.txtのパスを表示してください。

解答

たとえば次のようにgrepをつなぐことで、出力したいパスを絞り込むことができます。

```
1  $ find shellgei160/ | grep files
2  shellgei160/qdata/1/files.txt
```

ほかにfilesという名前がつくファイルがなく、1つに絞れたので、これで正解となります。

shellgei160の内容を説明しておきます。qdataが問題で使うファイルを置くディレクトリです。その下には「1」のように、問題番号と対応する名前のディレクトリがあります。また、練習問題に使うファイルはqdata/practiceにまとめて置いてあります。

補足(GitとGitHub)

ダウンロードに使ったgitは、バージョン管理システムGitを使うためのコマンドです。バージョン管理システムは、プログラムや文章を書くときに、変更履歴を残していくためのしくみです。詳しくは8.3節で扱いますが、プログラムや文章を書く人は早いうちに使えるようになるとたいへん便利です。

また、URLに指定した「https://github.com/shellgei/shellgei160」をブラウザで指定すると、GitHubというサイトが開き、shellgei160の中身を閲覧できます。GitHubはGitで管理しているデータ(リポジトリ)を預かってくれるサイトです。こちらもコードや執筆物の管理に非常に便利なサービスです[注19]。本書に関する質問はGitHub上のリポジトリshellgei160下の「issue」のページ[注20]で受け付けていますので、早めの利用をお勧めします。

問題1 ファイル名の検索

では、160問あるうちの最初の問題に取り組みましょう。練習問題と比べると急激に難易度が高くなったような気がしますが、これまでの説明にヒントがありますので、あせらずゆっくり取り組んでみてください。解説も1文1文じっくり読むことをお勧めします。まずは検索の問題です。何かしらの目的で作ったファイル名のリストから、特定の**拡張子**を持ったファイル名を抽出する問題です。拡張子とは**書類.docx**のdocxのように、ファイルの種類を識別するためにファイル名の後ろに付ける文字列です。

問題 (初級★　出題、解答、解説：山田)

ファイル名の一覧を記載したリスト1.1のファイル(files.txt)から、「.exe」の拡張子を持つファイルだけを抜き出してください。腕に自信のある人は、grepを使う解以外にいくつも方法を考えてみてください。

リスト1.1 files.txt

```
1  test.txt
2  test.exe
3  画面仕様書_v2.0.xls
4  画面仕様書.xls.exe
5  secret file.md
6  画面仕様書_改訂版.xlsx
7  画面仕様書_最新バージョン.xls
8  README.md
9  秘密のファイル.exe.jpeg
10 LICENSE
11 execution.sh
12 packman_exe
13 重要書類.doc
```

解答

正規表現を使い、.exeが文字列の最後にくるものだけを抜き出しましょう。

```
1  $ grep '\.exe$' files.txt
2  test.exe
3  画面仕様書.xls.exe
```

注19　同様のサービスにはGitLabやBitbucketなどがあります。

注20　「https://github.com/shellgei/shellgei160/issues」。「New issue」というボタンを押すと質問を書き込めます(仕様はいずれ変わるかもしれません)。GitHubのアカウントが必要です。

練習1.3.bの例4で出てきたように、ドット「.」は正規表現では「任意の1文字と一致する」メタ文字です。ここでは「.」そのものを検索したいので、\.のように頭に「\」(バックスラッシュ)を付けて区別します。このようにメタ文字から脱却する処理は、**エスケープ**と呼ばれます。また、バックスラッシュのように前に付ける文字は、**エスケープ文字**と呼ばれます。正規表現の最後にある$も既出で、終端を表すメタ文字です。

別解

筆者(山田)はあまり上記のgrep 正規表現 ファイルという使い方はせず、癖でcatコマンドでいったん端末にファイルの内容を表示して、そのあとでgrepをパイプでつなぐことが多いです。

```
1  別解1(山田) $ cat files.txt | grep '\.exe$'
2  test.exe
3  画面仕様書.xls.exe
```

catの分だけコンピュータの負荷は増えますが、この問題の処理の場合は負荷がごくわずかなので、自身の考えに沿ってコマンドを並べていけば良いでしょう。長いワンライナーを書くときは、1つずつ動作確認をしてはパイプでコマンドをつなげていきます。↑キーを押すと以前に実行したコマンドがプロンプトの横に表示されるので、その後ろにさらにワンライナーをつなげていきます。

grepを使った方法以外には、sed、awk、perlを使ったものが考えられます。

```
1  別解2(山田) $ cat files.txt | sed -n '/\.exe$/p'
2  別解3(山田) $ cat files.txt | awk '/\.exe$/'
3  別解4(山田) $ cat files.txt | perl -ne '/\.exe$/ and print'
```

別解2のsedの-nは各行を自動的に出力しない、というオプションです。このあとに、/正規表現/pと書くと、正規表現にマッチする行だけ出力してくれます。別解3は、練習1.3.dのおさらいです。別解4で使ったPerlについては練習3.1.aで扱います。

行の抽出だけをするのであれば、無理にgrep以外のコマンドを使う必要はありません。しかし、パターンにマッチした行にプラスアルファで何かをしたいとき、別解2〜4に何かを付け加えると便利なことがあるので、覚えておいて損はありません。

問題2 画像ファイルの一括変換

次の問題は実用性が高く、身につけると半日かかる仕事が数分で終わるということが起こります。画像の変換には、ImageMagickのconvertというコマンドを使います。ImageMagickは画像処理関係のコマンドやライブラリをそろえたソフトウェアスイートです。Ubuntuではsudo apt install imagemagickでインストールできます。

問題 （初級★ 出題、解答：山田 解説：上田）

2/imgディレクトリ以下にある次のPNG形式の画像を、convertですべてJPEG形式に変換してください。

```
1 $ ls *.png
2 10_black.png      20_brown.png  30_brown.png  40_green.png  50_blue.png   60_grey.png
3 11_steelblue.png  21_red.png    31_brown.png  41_grey.png   51_black.png  6_steelblue.png
4 (..略..)
```

拡張子.pngも.jpgに変えてください。できる人は、なるべく処理が短い時間で済むようにしてください。

ちなみに上記のls *.pngは、カレントディレクトリにおいて、拡張子が.pngのファイルを列挙する方法です。練習2.3.bで詳しく扱います。また、lsにパイプをつなぐと、出力が横並びでなく縦1列に出力されます。解答でご利用ください。

convertは、引数のファイル名の拡張子で何から何に変換するかを判断します（PNG形式からJPEG形式への変換の例：convert a.png b.jpg）。

解答

ImageMagickをインストールしたら、img内で試しに次のように画像を1つ、JPEGに変換してみましょう[注21]。問題文の最後の例のようにコマンドを書いて実行します。

```
1 ↓imgディレクトリ内で以下を実行
2 $ convert 10_black.png 10_black.jpg
3 ↓確認（デスクトップで画像ファイルを開いて確認しても良い）
4 $ file 10_black.jpg
5 10_black.jpg: JPEG image data, JFIF standard 1.01, aspect ratio, density 1x1, segment length 16,
  baseline, precision 8, 1024x1024, components 3
```

ファイルの確認に使ったfileは、この例のようにファイルの種類を特定してくれるコマンドです。

さて、この処理をimg内のPNGファイルに一括適用してみましょう。sedでPNGファイルの名前から拡張子を取り除き、次のようにxargs（⇒練習1.3.f）に入力します。

```
1 ―― ↓実行 ――
2 $ ls *.png | sed 's/\.png$//' | xargs -I@ convert @.png @.jpg
3 ―― ↓確認（JPGファイルができている）――
4 $ ls *.jpg
5 10_black.jpg      1_purple.jpg  29_steelblue.jpg  38_black.jpg   47_black.jpg   56_orange.jpg
6 (..略..)
7 ―― ↓処理時間の計測 ――
8 $ time ls *.png | sed 's/\.png$//' | xargs -I@ convert @.png @.jpg
9 real    0m1.563s
10 user   0m1.170s
11 sys    0m0.511s
```

注21　連載で出題したときはPDFへの変換だったのですが、ImageMagickのセキュリティ上の問題から、本書執筆時点では、設定ファイルを編集しないとPDFへは変換できなくなっています。

拡張子がsedで除去されたファイル名はxargs -Iで@の中に1つずつ入れられ、xargsで指定されたコマンドconvert @.png @.jpgで処理されます。

コマンドやワンライナーの処理時間を計測するときは、前のコードの9行目のように、最初のコマンドの左にtimeというコマンドを付け足します注22。real、user、sysという3種類の時間が出力されていますが、この問題では一番上のrealが重要です。realは「実際にかかった時間」です。問題文には「なるべく処理が短い時間で済むように」とありますので、realの時間を短くしてみましょう。たとえば次のような方法があります。これを正解とします。

```
1  $ time ls *.png | sed 's/\.png$//' | xargs -P2 -I@ convert @.png @.jpg
2  real    0m0.825s
3  user    0m1.242s
4  sys     0m0.514s
```

manに書いてあるのですが、xargsで-Pというオプションを使うと、コマンドを並列実行することができます。上の例では-P2と付けてconvertを2つずつ実行する指示をxargsに与えており、マシンにCPUが2個あれば、たいていはこれで高速化されます。もっとCPUがあれば、-Pの数を増やすとさらに高速化が期待できます。

補足（ページキャッシュ）

ただし、思ったほど差が出ないことがあります。通常、一度読み書きしたファイルの内容はメモリの上に一時保管され、次に読み書きするときに高速に処理できます。このしくみや一時保管されたデータは**ページキャッシュ**、あるいは文脈でわかる場合は単に**キャッシュ**と呼ばれます。ページキャッシュのない状態でファイルを扱うと、どんなにCPUが速くてもHDD（Hard Disk Drive）やSSD（Solid State Drive）などの速度で処理が頭打ちになることがあります。問題123補足2で実験します。

別解

nprocというコマンドを使うと、平行で走らせられる処理の数が調べられます。これを使った別解を示します。nprocの数が大きければ、-P2の代わりに次のように-P$(nproc)と書くとさらに高速化できる場合があります。

```
1  別解1(山田) $ time ls *.png | sed 's/\.png$//' | xargs -P$(nproc) -I@ convert @.png @.jpg
2  real    0m0.413s
3  user    0m1.725s
4  sys     0m0.638s
5  ――― 参考：試した環境でのnprocの出力 ―――
6  $ nproc
7  8
```

$(コマンド)という書き方は、**コマンド置換**と呼ばれます。この書き方でコマンドの出力を、引数の文字列に変換できます。本書ではコマンド置換を練習2.2.eで説明するのですが、便利なので、それ以前に出題される問題の別解に頻出します。今の時点で使い方の理解をお願いします。

さらに別解を2つ示します。

注22 timeはlsに付いているので、lsが始まって終わるまでの時間を計測しています。パイプにつながったコマンドは右側のコマンドが終わるのを待つので、lsの時間を計測すれば、ワンライナー全体の時間を計測できます。

```
1 別解2(山田) $ mogrify -format jpg *.png
2 別解3(山田) $ time parallel 'convert {} {.}.jpg' ::: *.png
3 (..略..)
4 real    0m4.658s
5 user    0m7.384s
6 sys     0m1.004s
```

別解2はImageMagickにある`mogrify`コマンドを使った例です。`mogrify`を使うと、このように`xargs`なしでファイルを一括処理できます。

別解3は、`xargs`の代わりにGNU parallelを使ったものです。`sudo apt install parallel`でインストールできます。`parallel`に「処理 ::: 操作対象1 操作対象2 ……」。と引数を渡すと、`parallel`は操作対象に対して処理を並列に実行します。この例では`convert {} {.}.jpg`が処理の内容になりますが、`{}`と`{.}`は、それぞれファイル名と、ファイル名から拡張子を除去したものとなります。

問題3 ファイル名の一括変更

もうひとつ、前問と似たような問題を出題します。もっと多くのファイルに対して、一括処理をしてみましょう。

問題 (中級★★ 出題:上田 解答:山田 解説:中村)

次のようにコマンドを実行します(環境によっては数分かかることがあります)注23。

```
1 $ mkdir ./tmp
2 $ cd ./tmp
3 $ seq 1000000 | xargs -P2 touch
```

処理が終わると、1から`1000000`までの数字を名前とするファイルが100万個作成されます。ファイルの確認には、`ls`コマンドだと時間がかかるので、次のように`find`を使いましょう。

```
1 $ find
2 .
3 ./473655
4 ./473661
5 ./473665
6 (..略..)
7 $ find | wc -l    ←wcというコマンドでfindの出力の行数をカウント
8 1000001           ←100万のファイル+カレントディレクトリ
```

これら1や19などのファイル名の頭に`0`を付けて、ファイル名を7桁にそろえてください。たとえば、1を`0000001`に、19を`0000019`に変更します。

解答

練習問題をふまえると、変換リストを作って`xargs -n2 mv`に入力する方法が素直ですが、別の方法も示

注23 初心者の人は、100など少ない数で試してください。

したいので、それは別解に後回しにします。以後の問題でも、これまで紹介していない方法で短く解けるものが解答にきて、既出の方法で泥臭く解いたものが別解に回ることがあります。どちらが優れているということではないので、自分の解いた方法、あるいは気に入った方法が本解答だと思っていただいて大丈夫です。

次に示すのは、ファイル名変更のために機能を特化したコマンドrenameを使った解答例です。renameコマンドはsudo apt install renameでインストールできます。

```
1  $ time ls -U | xargs -P2 rename 's/^/0000000/;s/0*([0-9]{7})/$1/'
2  real     3m21.334s  ←あとでオプションを変えて時間を比較してみてください
3  user     0m17.632s
4  sys      1m15.352s
```

timeで時間を測っていますが、これは削除してもかまいません。

この解答では、まず対象のファイルを列挙するためにls -Uを使っています。lsはファイル一覧をソートして出力するため、今回のようにファイル数が多いときは時間がかかってしまいます。このような場合、-Uオプションを付けることによってソートを省略し、処理時間を短縮できます[注24]。

次のxargsでは、前問と同様、-P2で並列処理をしています。xargsで実行するrenameは、sedのような表記（正確にはプログラム言語Perlの表記、正規表現）でファイル名を変更するコマンドです。変更ルール前半のs/^/0000000/では、いったんファイル名の先頭に一律で7個のゼロ（0000000）を付与しています。そして、次のs/0*([0-9]{7})/$1/で後ろ7桁の数字を抽出しています。[0-9]{7}が数字7個の並びという意味を持つ正規表現で、ここだけ後方参照$1（sedの\1に相当）で残し、その前に付けた余計な0（正規表現で0*）を除去しています。これによって、先頭に0を付与した7桁の名前にリネームできます。

後始末

作成したファイルは次のコマンドで、並列処理で削除することができます。

```
1  $ ls -U | xargs -P2 rm
```

もしくは、ディレクトリごと削除することもできます。ただし、rm -rfの際は、間違って別のディレクトリを消さないように十分に注意してください。引数のディレクトリ名を確認してから実行しましょう。

```
1  ↓ファイルをディレクトリごと削除（注意!）
2  $ cd ..
3  $ rm -rf tmp
```

別解

renameを使わず、リネーム前後のファイル名を作成してからmvに渡す方法をとる別解を2つ示します。まず1つめは、awkでリネーム前後のファイル名を作成しておき、xargsでmvコマンドに渡す別解です。

```
1  別解1（上田） $ time find . | sed 's;^\./;;' | grep -v ^\\.$ | grep -v ^0 | awk '{print $1,sprintf("%07
   d",$1)}' | xargs -n2 -P2 mv
2  mv: '1000000' と '1000000' は同じファイルです  ←エラーが出る。1000000はmvの必要がないので問題なし
```

注24　ただし、環境によってはls -U（あるいはls -f）でも出力が遅くなることがあるようです。その場合はfindを使うと良いでしょう。また逆に、ハイエンドな環境ではlsでもあっという間に終わることがあります。

```
3
4  real    11m37.660s
5  user    0m14.636s
6  sys     2m6.336s
```

sedでは、正規表現内にスラッシュ(/)があるので、これまでのs///ではなく、s;;;というようにセミコロンを区切り文字に使っています注25。sedではほかに、@や_などの文字を区切り文字に使えます。grepに付けた-vは、マッチした行ではなく、マッチしなかった行を出力するというオプションです。awkのsprintfは、文字列をフォーマットして返す関数です。xargs -n2 mvは、練習1.3.fで出てきました。

次の別解は、lsもrenameも使わず、seqで出力した数字からリネーム処理の文字列を作成して実行する別解です。

```
1  別解2(山田) $ time seq -w 1000000 | awk '{print $1,$1}' | sed 's/^0*/mv /' | xargs -P2 -I@ sh -c @
2  mv: '1000000' と '1000000' は同じファイルです
3
4  real    16m18.293s
5  user    0m15.904s
6  sys     1m48.540s
```

sedまででmv 1 0000001のようなコマンドを作成し、それをシェルのコマンドであるsh（後述）に渡して実行しています。seqの-wは、終わりの数に桁数を合わせて出力される整数の頭をゼロ埋めするためのオプションです。ゼロ埋めされた0000001のような文字列を、awkで2列にコピーして、sedで1列目のゼロ埋めを消してmvコマンドを頭に付けています。最後のxargs ……は単にshと書いても動作しますが、ここでは並列化のためにxargsからshを呼び出しています。

shはbashの先祖のシェルを指します。この別解の場合、shをbashに置き換えても動作します。bash -c、sh -cで、引数にシェルスクリプトを直接渡して実行することができます。一般にbashよりshのほうが機能が少なく軽快に動くため、この別解ではshを使っています。ただし、bashでもそれほど遅くはなりません。実験をお願いします。

補足（sh）

もう少しshについて正確に説明しておくと、shというコマンド名は、もともとは世界で最初に実装されたシェルや、その後のいくつかの黎明期のシェルに与えられていました。また、shは、どの環境でも共通して動くPOSIXシェル注26を指すこともあります。bash以外でも動作するシェルスクリプトを書きたい場合、bashではなくshで動くものを書くことが必要な条件となります注27。

一方、上記のようにshは何か特定のシェルを指すわけではなく、環境によって何を指すのかは違います。Ubuntuの場合、dashというシェルがshの役割を担っています。それは次のように確認できます。

```
1  $ ls -l /bin/sh
2  lrwxrwxrwx 1 root root 4  1月  9 02:20 /bin/sh -> dash
```

注25 このようなときにスラッシュを区切り文字に使いたい場合は、正規表現内のスラッシュを「\/」とエスケープします。
注26 POSIXシェルという実物があるわけではなく、仕様として存在します。
注27 十分な条件ではないことが悩ましいのですが、本書では深入りしません。

/bin/sh -> dashというのは、/bin/shが、同じ/bin/にあるdashの**シンボリックリンク**（Windowsでいうショートカット）になっているという意味です。

問題4 特定のファイルの削除

本節最後に、ファイルの中身を見て操作方法を判断する問題を解きましょう。

問題（初級★　出題：上田　解答：山田、田代、上田　解説：田代）

次のように、ファイルの中に数字を1つ書き込んだファイルを100万個作ります[注28]。

```
1  $ mkdir ./tmp
2  $ cd ./tmp
3  $ seq 1000000 | sed 's/^/echo $RANDOM > /' | bash
```

この処理ではRANDOMというBashの変数が使われており[注29]、各ファイルの中には、0～32767のうちの1つの整数がランダムに記述されます。

これらのファイルの中から、10という数字が書かれているファイルを削除してください。

解答

まず、grepでファイルの中の数字が10のファイルを見つけましょう。今まで出てきたコマンドの組み合わせを使う場合、ls -U | xargs grep ……などが考えられますが、解答ではディレクトリの中のファイルを再帰的に読み込むgrepの-Rオプションを使ってみます。

まず、次のコマンドで削除対象のファイルが列挙できます。

```
1  $ grep -l '^10$' -R
2  663356
3  910339
4  541761
5  24634
6  (..略..)
```

この例では-Rのほかに-lというオプションも使っています。このオプションは、検索結果を表示せずにファイル名だけを出力してほしいときに使います。上で出力されたファイルに10と書かれているか確認したいときは、-lを付けずに実行してみてください。

あとはファイルリストをxargsに渡してrmで削除すれば完成です。

```
1  $ grep -l '^10$' -R | xargs rm
```

補足（処理の高速化）

grepの部分をさらに高速化をするには、問題2で解説されたxargsの並列化オプションが利用できます。

注28　この問題も、初心者の人は1000などファイル数を少なくして、どれかのファイルに10と書き込んで試してみてください。
注29　シェルの変数については第2章で扱います。

```
1  $ time seq 1000000 | xargs -P2 grep '^10$' -l
2  24634
3  3863
4  72505
5  91627
6  137538
7  (..略..)
```

この別解では、ファイル名を**ls**や**find**ではなく、**seq**で作って、**xargs**でまとめて**grep**の引数にしています。また、**-P2**で、2つの**grep**が同時に走るようにしています。

一点注意ですが、この別解では複数走る**grep**が端末に文字を同時に出そうとします。このとき、1行の文字列が長いと、出力が混ざる可能性があります。今回のように1行の長さが短く、**ラインバッファ**というバッファ[注30]に収まる場合には混ざらないのですが、よほど確信がなければとりにくい手段ではあります。ただ、雑にやっても良い場合はこの別解のようにやっても良いでしょう。

grepの部分を並列化する別の例として、デフォルトで並列処理をしてくれる**rg**（ripgrep）[注31]というコマンドを使う方法を示します。

```
1  $ time rg -l '^10$' | xargs rm
```

rgコマンドはデフォルトでカレントディレクトリ内のファイルすべてを検索します。**grep**と同様に**-l**オプションが利用可能です。**rg**のインストール方法については、「https://github.com/BurntSushi/ripgrep#installation」を参照してください。

手元の環境で、**grep**（並列化なし）と**rg**の速度比較をしてみました。

```
1  $ time grep -l '^10$' -R
2  (..略..)
3  real    0m4.533s
4  user    0m1.111s
5  sys     0m3.416s
6  
7  $ time rg -l '^10$'
8  (..略..)
9  real    0m1.516s
10 user    0m3.989s
11 sys     0m7.101s
```

このように3倍程度、高速化できました。ただし、ページキャッシュ（⇒問題2補足）の状況で、結果は変わります。

注30　何かデータを受け渡しするときに、ある程度の量のデータをためて、あるタイミングで一度に渡すしくみをバッファと言います。本書では、単に「バッファ」と言った場合はラインバッファを指します。

注31　https://github.com/BurntSushi/ripgrep

1.5 もっとawkとsedに慣れる

さらに、awkとsedを駆使する問題をいくつか解いて本章の仕上げとしましょう。この2つのコマンド（とくにawk）は、覚えておくとほかの多くのコマンドの代用になります。ですので、コマンドの覚え方の1つとして、「まずはawkに慣れ、awkでプログラムするのが面倒になったらショートカットのようにコマンドを覚える」という方法も考えられます。

問題5 設定ファイルからの情報抽出

まず、簡単ながらも実用的な問題を解いてみましょう。**設定ファイル**から必要な情報を抽出する問題で、自身でLinuxのコンピュータを管理している場合、調査でよく使うことになる操作です。設定ファイルとは、Linuxで動くソフトウェアが利用するファイルで、ソフトウェアの挙動を決めるパラメータや情報がテキストで記述されています。おもに/etcディレクトリの下に存在します。

問 題 （初級★　出題、解答：上田　解説：中村）

ファイルntp.conf[注32]について、poolの項目（1列目にpoolと書かれている行）にあるサーバの名前を抽出してみましょう。サーバというのはネットワーク上で何かサービスを提供するコンピュータや機器のことです。ネットワーク上のサーバには、たとえばwww.yahoo.comやb.ueda.techなどの名前が付いています。この名前は、FQDN（Fully Qualified Domain Name、完全修飾ドメイン名）と呼ばれます。

解答

まず、問題文にあるように、1列目にpoolと書かれている行を抽出してみましょう。

```
1  $ cat ntp.conf | awk '$1=="pool"'
2  pool 0.ubuntu.pool.ntp.org iburst
3  pool 1.ubuntu.pool.ntp.org iburst
4  pool 2.ubuntu.pool.ntp.org iburst
5  pool 3.ubuntu.pool.ntp.org iburst
6  pool ntp.ubuntu.com
```

これで、2列目にあるサーバの名前を抽出すれば良いということになります。解答例を示します。

```
1  $ cat ntp.conf | awk '$1=="pool"' | awk '{print $2}'
2  0.ubuntu.pool.ntp.org
3  1.ubuntu.pool.ntp.org
4  2.ubuntu.pool.ntp.org
5  3.ubuntu.pool.ntp.org
6  ntp.ubuntu.com
```

注32　これはNTPという時計の時刻合わせサービスの設定ファイルで、かつては多くのLinuxマシンの/etcディレクトリ下にあるファイルでした。ただし、Ubuntu 20.04では時刻合わせの方式が変わったため、デフォルトでは存在していません。shellgei160リポジトリのqdata/5にあるものをご使用ください。

最初のawkのパターンに{print $2}とアクションを付けても良いのですが、この解答では別のawkにアクションを書きました。ntp.confは小さなファイルで速度や効率を気にする必要はないので、awk1つですべて済ますかそうしないかは、自身の入力のしやすさを優先して考えれば良いでしょう。

問題6 端末に模様を描く

次は一転、遊びのような問題を解いてみます。AWKのfor文などを駆使して解いてみましょう。

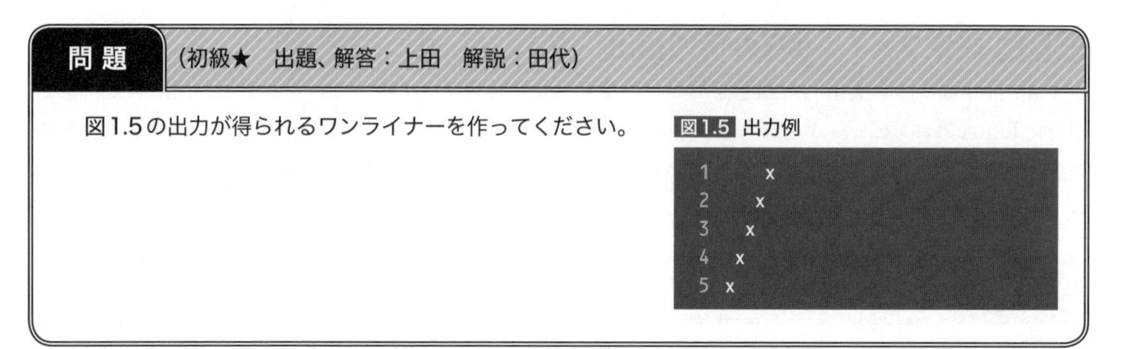

問題 （初級★　出題、解答：上田　解説：田代）

図1.5の出力が得られるワンライナーを作ってください。

図1.5 出力例

```
1     x
2    x
3   x
4  x
5 x
```

解答

この問題には別解を多く考えることができますが、1つ、素直なものを示します。

```
1  $ seq 5 | awk '{for(i=1;i<$1;i++){printf " "};print "x"}' | tac
2  （図1.5の出力例）
```

seqで1から5まで数字を出力し、awkでその数字だけ空白（半角スペース）を出力して、最後tacというコマンドで出力をひっくり返しています。練習1.3.dの練習問題で示したように、awkで文字を出力するときはprintとprintfを用いますが、この解答例では改行を入れる、入れないで使い分けています。awkのfor文については、練習1.3.eで出てきました。

別解

非常に多くの別解が考えられます。

```
1  別解1(上田) $ echo -e "    x\n   x\n  x\n x\nx"
2  別解2(上田) $ seq 5 | awk '{a++;for(i=5;i>a;i--){printf " "};print "x"}'
3  別解3(上田) $ seq 5 | awk '{for(i=5;i>NR;i--){printf " "};print "x"}'
4  別解4(田代) $ seq 5 -1 1 | awk '{for(i=1;i<$1;i++){printf " "};print "x"}'
```

別解1はechoだけで解答したもので、別にこれでもかまいません。echo -eで、echoが改行のメタ文字\nを認識できるようになり、出力を改行できるようになります。

tacが思い浮かばなければ、別解2、3のような解答で良いでしょう。別解2ではa++でaが行ごとに1、2、3、4、5と加算されていくので、それとfor文を使って空白の数を決めます。別解3では、行番号が入るawkの変数NRを使っています。

別解4では、seqの機能を使ってtacを避けています。seqに3つ引数を渡し、2番めの引数に負の数を指定すると数を減らしていくことができます。

さらに、コマンドのprintf、awkのprintfで出力をフォーマットする方法を使った別解をそれぞれ示します。

```
1  別解5(eban)  $ printf "%*s\n" 5 x 4 x 3 x 2 x 1 x
2  別解6(田代)  $ seq 5 -1 1 | awk '{printf "%*s\n",$1,"x"}'
```

いずれのprintfも、C言語のprintfと同様、文字列をフォーマットして出力します。上の別解では、%*s\nという、少し複雑なフォーマットの指定があります。これを理解するには、次の出力を見ると良いでしょう。

```
1  $ printf "%5s\n" a bb ccc
2      a
3     bb
4    ccc
```

この例では、引数のa、bb、cccに、%5s\nが繰り返し適用されています。%数字sで、文字列の長さが指定した数になるように、左へ余白が入ります。今度は、次のような使い方も見てみましょう。

```
1  $ printf "%*s\n" 5 x
2      x
```

この例では、%5sを%*sと書き換え、数字(5)を引数で与えています。この2つの使い方をふまえて、別解5、6を見ると、左の余白の長さと出力したい文字を5セット、引数で渡していると解釈できます。

もっとトリッキーな別解を示します。

```
1  別解7(中村)  $ seq 4 -1 0 | awk '{print 10^$1"x"}' | tr -d 1 | tr 0 ' '
```

この別解のawkは、10^$1でseqから出力される4から0までの数字で10のべき乗を計算して、次のような文字列を出力しています。

```
1  $ seq 4 -1 0 | awk '{print 10^$1"x"}'
2  10000x
3  1000x
4  100x
5  10x
6  1x
```

別解7は、この出力からtr -d 1で1を除去、tr 0 ' 'で0を空白に変えて出力を得ています。

sedのラベル機能を利用した別解8、別解8と同じアイデアをawkで実装した別解9を示します。

```
1  別解8(eban)  $ echo '    x' | sed ':a;p;s/ //;ta;d'  ←'    x'中の半角スペースは4個
2  別解9(田代)  $ echo '    x' | awk '{print;while (sub(/ /,"",$0))print}'  ←同上
```

別解8では、sedの引数に;区切りでいくつも命令(sedのコマンド)が並べられています。これらの命令は、echoから入ってきた「   x」という1行に対して適用されます。最初の命令にある:aがラベルと言われるもので、4番めのtaは「前の命令が成功したらラベルaに戻れ」という意味です。2番め、3番めの命令はそれぞれ「printしろ」「空白を1つ削除」なので、空白の削除が成功する限り、加工された「   x」が出力

されるということになり、正解の出力が得られます。最後の命令dは、残った文字列を削除します。これがないとxが6行目にもう1個出力されてしまいます。sedは読み込んだ行を加工して出力という動作をするので、加工され尽くして残ったxが自動で出力されてしまうからです。

別解9のawkのsub関数は変換した文字数を返します。また、$0は読み込んだ各行の1行全体が入る変数です。sub(/ /,"",$0)で空白1文字の削除に成功すると1を返します。awkのwhileは0以外の数値を真とみなすので、読み込んだ「　　x」から空白がなくなるまで繰り返し処理します。

問題7 消費税

また実用的な用途に戻り、今度は表計算の問題を解いてみましょう。表計算は4.1節でも扱いますが、その先取りです。計算にはいくつかのプロセスがありますが、ワンライナーの場合、各プロセスをパイプで区切り、途中の出力をチェックしながらデータを加工すると見通しがよくなります。

問題　(初級★　出題：上田　解答：田代　解説：山田)

2019年10月に消費税率が10%に上がりましたが、食料品は一部税率が8%に据え置かれました。これをふまえて、kakeibo.txtファイル（リスト1.2）の3列目の金額（税抜き）に消費税を加え、すべて足し合わせてください。1列目は商品を購入した日付です。2列目は商品名ですが、8%に据え置かれる食料品には「*」印が付いています。消費税は各商品個別に計算し、端数は切り捨てることにします。切り捨てには、awkのintという関数が使えます。

リスト1.2 kakeibo.txt

```
1 20190901 ゼロカップ大関 10000
2 20190902 *キャベツ二郎 130
3 20191105 外食 13000
4 20191106 ストロングワン 13000
5 20191106 *ねるねるねるねる 30
6 20190912 外食 13000
```

解答

まず、各行に消費税率の列を追加することを目標にしてみます。awkにtaxという変数を用意し、その値を列として追加します。仮置きで1.1（税率10%の計算に使う数値）を入れてみます。

```
1 $ cat kakeibo.txt | awk '{tax=1.1; print $0,tax}'
2 20190901 ゼロカップ大関 10000 1.1
3 20190902 *キャベツ二郎 130 1.1
4 (..略..)
```

$0は「行全体」を表す変数で、前問の最後の別解でも使いました。この問題の場合は、（面倒ですが）$1,$2,$3と書いても良いでしょう。

このまま3列目と4列目を計算すると、「*」が付いている食料品の税率が10%になってしまいますね。そこで、次の条件の場合にはtaxを1.08にし、それ以外の場合は1.1にしてみます。

- 日付が2019年10月以前、あるいは
- 商品名の先頭に「*」が存在

1列目の日付の比較は不等号、2列目の*の検出は正規表現と比較するための~演算子で可能です。また、これらの条件は、C言語のように|| (or演算子) で結合できます。条件を作り、三項演算子 (⇒練習1.3.e) と組み合わせると、次のようになります。

```
1  $ cat kakeibo.txt | awk '{tax = ($1<"20191001"||$2~"^*") ? 1.08 : 1.1;print $0,tax}'
2  20190901 ゼロカップ大関 10000 1.08
3  20190902 *キャベツ二郎 130 1.08
4  20191105 外食 13000 1.1
5  20191106 ストロングワン 13000 1.1
6  20191106 *ねるねるねるねる 30 1.08
7  20190912 外食 13000 1.08
```

比較**$1<"20191001"**は**$1<20191001**でもかまいません。前者は文字列としての比較、後者は数値としての比較となります。文字列としての比較の場合、辞書の先に書いてある文字列が後に書いてあるほうより小さいとみなされます。**$2~"^*"**は、これまで正規表現を使うときに使った**/ /**を使い、**$2~/^*/**と書いても大丈夫です。**^***の*****はエスケープされていませんが、直前の**^**が文字ではないのでアスタリスクと解釈されます。

その後、出力された3列目 (値段) と4列目 (税率) を掛け算し、各商品の税込みの値段を出力します。端数は**int**関数を使うと切り捨てることができます。

```
1  $ cat kakeibo.txt | awk '{tax=($1<"20191001"||$2~"^*") ? 1.08 : 1.1; print $0,tax}' | awk '{print
   int($3*$4)}'
2  10800
3  140
4  14300
5  14300
6  32
7  14040
```

あとはこのすべての値を合計するだけですね。さらに**awk**を使っても良いのですが、**numsum**コマンド[注33]という、入力された数値の合計値を求めるコマンドを使ってみます。このようによく必要に迫られる処理は、その処理をしてくれるコマンドを覚えておくと普段の作業を効率化できます。最終的な解答は以下になります。

```
1  $ cat kakeibo.txt | awk '{tax=($1<"20191001"||$2~"^*") ? 1.08 : 1.1; print $0,tax}' | awk '{print
   int($3*$4)}' | numsum
2  53612
```

別解

ほぼ既出の内容で作った別解を示します。

```
1  別解（上田） $ cat kakeibo.txt | awk '{tax=1.1}$1<"20191001"{tax=1.08}/ \*/{tax=1.08}{print $3*tax}' |
    sed 's/\..*//' | awk '{a+=$1}END{print a}'
2  53612
```

最初の**awk**ではデフォルトで**tax**を1.1に設定し、あとは日付のチェックと「*」のチェックを別のルールで

注33 Ubuntu 20.04では**sudo apt install num-utils**でインストールできます。

行っています。/ */は、空白のあとに「*」がある行にマッチします。小数点以下の切り捨ては、sedで「.」以後の文字列を削除することで実現しています。

問題8 ログの集計

次は、**ログファイル**の集計に挑戦します。OSにおけるログファイルとは、OSの動作履歴を記録したファイルで、おもに/var/logディレクトリの下に作られます。ログファイルに書かれた記録は**ログ**と呼ばれます。

問題（初級★　出題、解答、解説：上田）

access.log（リスト1.3）について、午前と午後のそれぞれの行数を求めてください。

リスト1.3 access.log

```
1 183.YY.129.XX - - [07/Nov/2017:22:37:38 +0900]
2 192.Y.220.XXX - - [08/Nov/2017:02:17:16 +0900]
3 66.YYY.79.XXX - - [07/Nov/2017:14:42:48 +0900]
4 ::1 - - [07/Nov/2017:13:37:54 +0900]
5 133.YY.23.XX - - [07/Nov/2017:09:41:48 +0900]
```

解答

コロン（:）の位置を手がかりにうまく時間のところを切り出せると良いのですが、コロンの数を前から数えるとデータの4行目の「::1」に阻まれます。ここでは、後ろから切り出す作戦をとります。

```
1 $ awk -F: '{print $(NF-2)}' access.log
2 22
3 02
4 14
5 13
6 09
```

awkの-Fオプションは、列の区切り文字を空白やタブから変更するためのもので、ここでは区切り文字にコロンを指定しています。そして、awk中のプログラムのprint $(NF-2)で、「(列数−2) 列目」が出力され、年月日時分秒から時間が抽出できます。NFが各行の列数（Number of FieldsでNF）です。また、この$(NF-2)のように、列数は$(式)あるいは$変数というように、式や変数で動的に指定することができます。

あとは時間を午前、午後に置き換え、練習1.3.eで練習したsort＋uniqでカウントすると集計できます。

```
1 $ awk -F: '{print $(NF-2)}' access.log | awk '$1<"12"{print "午前"} $1>="12"{print "午後"}' | sort |
  uniq -c
2 3 午後
3 2 午前
```

別解

-FやNFを使わないでgrep -oとsedで切り出す例を示します。

```
1  別解1(上田) $ cat access.log | grep -o '..:..:.. +0900' | sed 's/:.*//' | awk '{print $1<"12"?"午前":
   "午後"}'| sort | uniq -c
2        3 午後
3        2 午前
```

これでも良いのですが、列の位置情報を使っていないので、データによってはgrep -oで時刻でないものを抽出してしまうことがあるかもしれないということに留意する必要があります。

次の別解2は、dateコマンドを利用したものです。sed -rはsed -Eと同じです（⇒練習1.3.a）。

```
1  別解2(eban、上田改) $ sed -r 's@.*\[|\]|/@@g;s/:/ /' access.log | date -f- +%p | sort | uniq -c
2        3 午後
3        2 午前
```

この別解では、まず最初のsedで、access.logから時刻を切り出して加工しています。

```
1  $ sed -r 's@.*\[|\]|/@@g;s/:/ /' access.log
2  07Nov2017 22:37:38 +0900
3  08Nov2017 02:17:16 +0900
4  07Nov2017 14:42:48 +0900
5  07Nov2017 13:37:54 +0900
6  07Nov2017 09:41:48 +0900
```

このsedには2つの命令が;で仕切られて並べられています。前半の命令s@.*\[|\]|/@@gはかなりややこしいのですが、「[以前の文字列」と「]」と「/」を削除するという意味です。読み解くには、

- 区切り文字に、s/<u>置換前</u>/<u>置換後</u>/gでなく、s@<u>置換前</u>@<u>置換後</u>@gというように@を使用（⇒問題3別解）
- |は拡張正規表現におけるOR記号
- [と]は正規表現で使う記号なのでエスケープが必要

ということを理解する必要があります。

sedの後ろのdateは、次のように午前か午後かを判別します。あとの補足で詳細を説明します。

```
1  $ sed -r 's@.*\[|\]|/@@g;s/:/ /' access.log | date -f- +%p
2  午後
3  午前
4  午後
5  午後
6  午前
```

これにsort＋uniqによる集計処理を加えると、別解2になります。

補足（date）

dateコマンドはオプションなしの場合、

```
1 $ date
2 2020年  5月 30日 土曜日 14:02:50 JST
```

というように日付を出力するコマンドですが、別解2のように**+%p**とフォーマット指定子を指定すると、

```
1 $ date +%p
2 午後
```

というように、出力を変えることができます。よく使われるフォーマット指定子には%Y、%m、%d、%H、%M、%Sがあり、たとえば次のようにすると、

```
1 $ date "+%Y%m%d %H%M%S"
2 20200530 142253
```

というように、年月日、時分秒がそれぞれ8桁、6桁で出力されます。

date -fの**-f**は、今の時刻を扱うのではなく、ファイルから時刻を読み込むことを表すオプションです。そして、**date -f-**と**-f**に**-**を付けると、ファイルではなくパイプからデータを受け入れることになります。入力する時刻は1つだけでなく、行に分けていくつも入力することができますので、別解2では、5行分の時刻の午前午後が判別されています。

問題9 ログの抽出

もう1問、ログを扱ってみます。今度は、ログから条件にあう行を抽出する問題です。ちなみに、この問題と前問のログは、いずれもApacheというWebサーバ[注34]のログを想定したものです。

問題 （中級★★　出題、解答、解説：山田）

log_range.log（リスト1.4）より、2016年12月24日21時台の最初のログから、2016年12月25日3時台の最初のログまでを出力してください。なお、最低でも1時間に1回は、何かしらのログが存在するとします。

リスト1.4 log_range.log

```
1 192.168.60.74 - - [01/Dec/2016 00:20:09] "GET / HTTP/1.0" 200 5855
2 192.168.49.206 - - [01/Dec/2016 01:04:29] "GET / HTTP/1.0" 200 1518
3 192.168.93.125 - - [01/Dec/2016 02:21:15] "GET / HTTP/1.0" 200 8931
4 (..略..)
5 192.168.113.126 - - [29/Dec/2016 23:22:10] "GET / HTTP/1.0" 200 9948
```

解答

既出の方法で解く方法は別解にまわして、ここは新しい方法を使った解答を示します。問題1別解で**sed -n '/正規表現/p'**という方法が出てきましたが、**sed -n '/正規表現1/,/正規表現2/p'**と記述すると、「正

注34 Webサイトを配信するためのソフトウェアで、おもな仕事はWebブラウザから要求されたページを、ブラウザに送信することです。何か要求があるたびに、問題で扱っているようなログを残します。

規表現1」にマッチする行から、「正規表現2」にマッチする行までを抽出できます。たとえば、1、2、3、4、0、1、2、3、4、0という数字の並びを縦に出力して、sedで2と4にマッチする行の間を抽出するという例を示します。

```
1  $ seq 10 | awk '{print $1%5}' | xargs
2  1 2 3 4 0 1 2 3 4 0  ←本来は縦に出力（行数節約のためxargsで横に出力）
3  $ seq 10 | awk '{print $1%5}' | sed -n '/2/,/4/p'  ←2にマッチする行から4にマッチする行まで出力
4  2
5  3
6  4
7  2  ←正規表現1にマッチすると再度出力
8  3
9  4
```

これを問題に適用するには、次のように日付の開始のパターンと終了のパターンを指定してあげれば良いですね。次のワンライナーが、解答となります。

```
1  $ cat log_range.log | sed -n '/24\/Dec\/2016 21:..:../,/25\/Dec\/2016 03:..:../p'
2  192.168.77.248 - - [24/Dec/2016 21:12:20] "GET / HTTP/1.0" 200 4294
3  192.168.152.143 - - [24/Dec/2016 22:06:19] "GET / HTTP/1.0" 200 7255
4  (..略..)
5  192.168.110.169 - - [25/Dec/2016 03:06:54] "GET / HTTP/1.0" 200 3461
```

スラッシュ「/」はエスケープされて\/となっています。

別解

次のように、AWKのパターンでも同様のことが可能です。

```
1  awk '/開始パターン/,/終了パターン/'
2  別解1(山田)  $ cat log_range.log | awk '/24\/Dec\/2016 21:..:../,/25\/Dec\/2016 03:..:../'
```

また、AWKの場合、文字列の大小比較（⇒問題7）でも抽出できます。これは既出の方法と言えます。

```
1  別解2(上田)  $ cat log_range.log | awk '$4" "$5>="[24/Dec/2016 21:00:00]" && $4" "$5<"[25/Dec/2016 03:59:60]" && a == 0;$4" "$5>"[25/Dec/2016 02:59:60]"{a++}'
```

`$4" "$5`は、4列目と空白1つと5列目をそのまま連結した文字列となります（⇒練習1.3.g）。`a == 0`以降は、3時台のデータを2行以上出力しないための細工です。

問題10 見出しの記法の変換

最後に置換の問題を2問解いて、本章の締めくくりにします。まずは比較的簡単なものから出題します。

問題 （初級★　出題：山田　解答、解説：上田）

Markdown（マークダウン）という形式で記述されたテキストファイルheadings.md（リスト1.5）があります。Markdownは、テキストファイルに文章を書くときに、見出しや箇条書きに目印の記号を入れる（マークアップする）ためのルールを定めたものですが、さまざまな亜種があります。headings.mdはAtxという形式で記述されています。Atx形式において、#や##は見出しを表します。

この見出しを図1.6の出力例のように、Markdownの別の形式（Setext形式）の見出しに変換してください。

リスト1.5 headings.md

```
1  # AAA
2
3  これはAAAです
4
5  # BBB
6
7  これはBBBです。
8  楽しいですね。
9
10 ## CCC
11
12 これはCCCCです
13
14 ## DDD
15
16 これはDDDです
```

図1.6 出力例

```
1  AAA
2  ===
3
4  これはAAAです
5
6  BBB
7  ===
8
9  これはBBBです。
10 楽しいですね。
11
12 CCC
13 ---
14
15 これはCCCCです
16
17 DDD
18 ---
19
20 これはDDDです
```

解答

sedを使って変換してみましょう。解答は次のようになります。

```
1  $ cat headings.md | sed -r 's/^## +(.*)/\1\n---/' | sed -r 's/^# +(.*)/\1\n===/'
2  （図1.6の出力例が得られる）
```

最初のsedで見出しの##を---に変換し、あとのsedで見出しの#を===に変換しています。検索対象の正規表現^## +(.*)、^# +(.*)は、「行頭が見出しの記号##あるいは#で始まり、1個以上の半角スペースがそれに続き、見出しに相当する文字列が0文字以上存在する」というものです。あとで参照するために見出しに相当する文字列が()で囲まれています。置換後の文字列\1\n---、\1\n===は、見出しの文字列\1のあとに改行と---あるいは===を加えるというものです。正規表現「 +」は、これまで出てきた*を使って、「 *」（半角スペース2個とアスタリスク）と書いても構いません。+は拡張正規表現の記号なので、この解答のように-rあるいは-Eが必要です。練習3.1.cで説明します。

別解

Pandocというソフトウェアを使った別解を示します。pandocは、sudo apt install pandocでインストールできます。

```
1 別解（山田、上田） $ pandoc headings.md -f markdown+hard_line_breaks -t markdown+hard_line_breaks
```

Pandocは、Markdownなどをほかの形式に変換／逆変換できるライブラリ、コマンド（コマンドとしてはpandoc）で、多くのWebシステムで利用されています。この別解はMarkdownをMarkdownに変換すると、見出しだけ形式が変換されることを利用したものです。Markdown、Pandocについては練習3.2.dであらためて扱います。

問題11 議事録の整理

今度は、置換しながら改行をとるという、少し難しい問題を出題します。

問題 （初級★　出題：山田　解答：青木　解説：田代）

議事録の殴り書きgijiroku.txt（リスト1.6）があります。殴り書きですが、発言者の名前が2文字のひらがな、発言内容が次の行に1行と、規則正しく記載されています。発言の間は空行で区切ってあります。これを、リスト1.7の出力例のように整形してください。

リスト1.6 gijiroku.txt

```
1  すず
2  あばばあばば
3
4  さと
5  あばばばばばばば！
6
7  やま
8  びっくりするほどユートピア！びっくりするほどユートピア！
9
10 すず
11 うひょひょひょwwwwwやまwwやまwww
12
13 さと
14 ひょおお？ひょおお？？？
15
16 すず
17 それでは会議を終わります
```

リスト1.7 出力例

```
1  鈴木:あばばあばば
2
3  佐藤:あばばばばばばば！
4
5  山田:びっくりするほどユートピア！びっくりするほどユートピア！
6
7  鈴木:うひょひょひょwwwwwやまwwやまwww
8
9  佐藤:ひょおお？ひょおお？？？
10
11 鈴木:それでは会議を終わります
```

解答

この問題は次の手順で解けます。

①発言内容を発言者名の後ろへ移動

②発言者名をひらがなから漢字へ変換
③発言者名と発言内容の間をコロン (:) で区切る

これらの操作をxargsとsedで順番に行う解答例を示します。

```
1  $ cat gijiroku.txt | xargs -n2 | sed 's/^すず/鈴木/;s/^さと/佐藤/;s/^やま/山田/;s/ /:/;s/$/\n/'
```

①の処理は、xargsで行っています。

```
1  $ cat gijiroku.txt | xargs -n2
2  すず あばばあばば
3  さと あばばばばばば！
4  (..略..)
```

-n2オプションで、文字列を2つずつ並べて出力しています。xargsはコマンドを指定しないとechoを呼び出すので（⇒練習1.3.f補足）、このように名前と発言の2列のリストを作れます。

②の処理は、sedの最初の3個の命令で実装されています。

```
1  $ cat gijiroku.txt | xargs -n2 | sed 's/^すず/鈴木/;s/^さと/佐藤/;s/^やま/山田/'
2  鈴木 あばばあばば
3  佐藤 あばばばばばば！
4  (..略..)
```

参加者は3人と少ないので、地道に1名ずつ変換する処理を記載しています。

さらに、③の処理をsedの命令に加えると解答例になります。sedで空白をコロンに変換する命令、各行の後ろに改行を入れる命令を加えます。

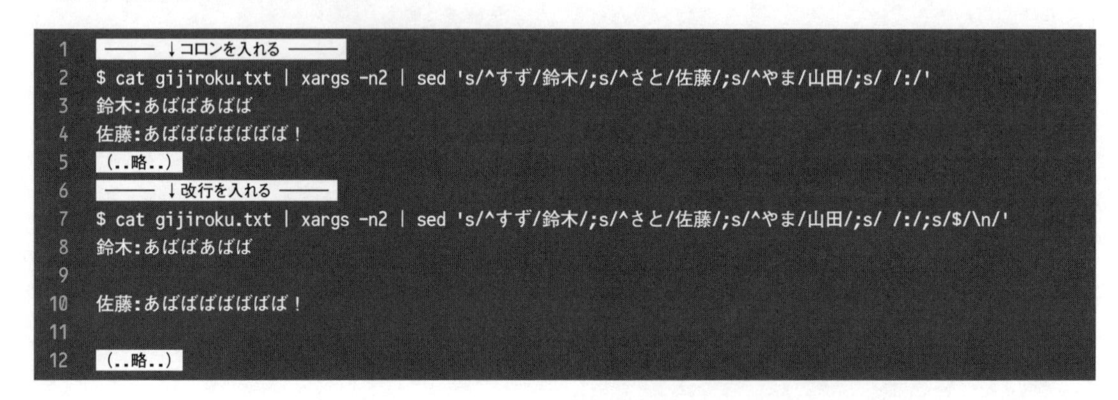

```
1  ——— ↓コロンを入れる ———
2  $ cat gijiroku.txt | xargs -n2 | sed 's/^すず/鈴木/;s/^さと/佐藤/;s/^やま/山田/;s/ /:/'
3  鈴木:あばばあばば
4  佐藤:あばばばばばば！
5  (..略..)
6  ——— ↓改行を入れる ———
7  $ cat gijiroku.txt | xargs -n2 | sed 's/^すず/鈴木/;s/^さと/佐藤/;s/^やま/山田/;s/ /:/;s/$/\n/'
8  鈴木:あばばあばば
9  
10 佐藤:あばばばばばば！
11 
12 (..略..)
```

第2章

シェルの基本

シェルは、コマンドを受け付けてコンピュータに仕事をさせるソフトウェアであると第1章で説明しましたが、同時にプログラミング言語としての側面を有します。本章では、bashの文法への理解を深めることで、より自由にワンライナーが書けるようになることを目指します。

本章ではまず、2.1節で標準入出力とシェルの文法の基礎をおさえます。2.2節ではシェルの操作対象となるプロセスについて理解を深めます。2.3節ではブレース展開とファイルグロブの使い方を練習します。2.4節ではシグナルを扱います。2.5節はその他細かいBashの機能に関する問題をノーヒントで解きます。

今の各節の説明で出てきたように、プログラミング言語としてのシェルは、C/C++やPythonなどのプログラミング言語とは異なるものを扱います。世の中には「シェルの文法はクセがある」と言って嫌う人が多いという認識でいますが、扱う対象が異なるので、クセではなくて根本的に違うものと考えたほうが良いでしょう。C/C++やPython、あるいはAWKで作ったプログラムは「コマンド」とみなせますが、シェルはそれを組み合わせるものなので、役割の階層が違います。PerlやPython、Rubyなどをシェルのように使うこともできますが、それでも「コマンドaの結果をファイルbに流し込む」を、なんの前置きもなくa>bと3文字で書けるのはシェルだけです。

逆にシェルでも、外部のソフトウェアを呼び出さず、ファイルも使わずにプログラムを書くことができます。ただ、本来の役割とは違う使い方なので、上で挙げた普通のプログラミング言語のようには書けません。本章を読み進めるときは、このことを強く意識して読み進めると、先入観なく素直にシェルの文法を理解できると思います。

2.1 変数と制御構文、コマンドの入出力操作を把握する

この節ではプログラミング言語としてのBashについて、基本的な機能をおさえます。多くのプログラミング言語では、基本というと変数と制御構文程度のことを指しますが、シェルの場合、それにパイプやリダイレクトも加わります。むしろ、パイプやリダイレクトのついでに変数と制御構文があると考えても良いくらいです。それをふまえて、文法を確認していきましょう。

練習2.1.a 標準入出力・標準エラー出力

まずは、これまでなんとなく使ってきた「入力」「出力」という言葉について掘り下げます。

練習問題（出題、解答、解説：上田）

今までコマンドの出力をファイルに保存するときは、リダイレクト記号>を使ってきましたが、これは次のように1>とも書けます。

```
1  ─── lsの出力をファイルaに書き出す ───
2  ls 1> a
```

また、コマンドにファイルの中身を入力するときは、catとパイプを使う方法や、コマンドの引数にファイル名を指定する方法のほかに、入力のリダイレクト記号<を使う方法があります。<は、0<と書くこともできます。

```
1  ─── ファイルaの行数をカウント（wc -lは問題3で使用）───
2  $ wc -l < a
3  212
4  ─── 0<と書いても良い ───
5  $ wc -l 0< a
6  212
```

これをふまえ、sedと実行したときに出てくるsedの説明文を、aというファイルに保存してください。

```
1  ─── 下の行の「記号」を考えましょう ───
2  $ sed 記号 a
3  ─── aにsedの説明文が入っていることを確認 ───
4  $ head -n 3 a ←headはファイルの先頭を出力するコマンド。-nで行数を指定
5  使用法: sed [OPTION]... {script-only-if-no-other-script} [input-file]...
6
7    -n, --quiet, --silent
```

解答

次のように普通の>を使うと、sedの出力はファイルへリダイレクトされず、端末の画面に出てきてしまいます。

```
1  $ sed > a  ←ファイルにsedの説明文が保存されない!!!!
2  使用法: sed [OPTION]... {script-only-if-no-other-script} [input-file]...
3  (..略..)
4  $ wc -l a
5  0 a        ←0行。つまり保存されていない
```

aに保存するには、0<、1>があるなら2>があるだろうということで、次のようにします。

```
1  $ sed 2> a
2  $ wc -l a
3  41 a
```

多くのコマンドは、そのコマンドが別のコマンドに渡すべきデータ（sedなら置換の結果など）と、そう

でないデータ（sedなら説明文）を区別しています。しっかりとした作りのコマンドは[注1]、渡すべきデータを**標準出力**、渡さないほうが良いデータを**標準エラー出力**から出します。この2つ、普段はどちらも端末の画面につながっていますが、リダイレクトやパイプで一方（通常は標準出力）がファイルや別のコマンドに振り向けられると、一方しか画面に出てこなくなります。sed > aで文字がファイルに行かないで画面から出てくるのは、こういうしくみが働いているからです。

また、コマンドがデータを読む口は、**標準入力**と呼ばれます。標準入力は、デフォルトでは端末（キーボード）につながっています。次の例は、catにキーボードからの字を読ませる実験です。

```
1  $ cat
2  abc        ←キーボードから入力
3  abc        ←catが出力した文字列
4  def        ←キーボードから入力
5  def        ←catが出力した文字列
6  （終了するときはCtrl+Dで）
7  ―― この機能を使うとファイルに文字を記述できる ――
8  $ cat > a
9  あいうえお    ←キーボードから入力
10 かきくけこ    ←キーボードから入力（その後Ctrl+D）
11 $ cat a      ←aに入力が記録される
12 あいうえお
13 かきくけこ
```

解答では2>と命令することで、標準エラー出力をファイルにリダイレクトしました。問題や解答にある0<、1>、2>の数字は、**ファイル記述子**（**ファイルディスクリプタ**、file descriptor）というもので、コマンドの入出力先がどこかを管理するための番号です。0、1、2はそれぞれ標準入力、標準出力、標準エラー出力を表します。また、コマンドが独自にファイルを開いてデータを読み書きするときには、3以上の番号がファイルへの接続のために割り当てられます。

補足（標準エラー出力のパイプ渡し）

ちなみに、sedの説明文をコマンドに渡したいときは、次のようにします。

```
1  $ sed 2>&1 | wc -l   ←sedの説明文の行数を直接wcでカウント（出力は省略。wc -l aと同じく41と出る）
2  $ sed |& wc -l       ←これでも良い
3  $ sed |& less        ←sedの説明文をlessで眺める（出力は省略）
```

最初の例で使っているn>&mは、n番を今m番がつながっている（参照している）先に振り向ける、という意味です。2番めの例の|&は、標準出力も標準エラー出力もまとめて右のコマンドに渡すためのパイプです。3番めの例は、長いsedの出力をlessで読む例です。lessの操作方法は、ほとんどの環境でmanと同じで、パイプで受けたデータを上下して読むことができます。このように出力を溜めてユーザーがゆっくり読めるようにするコマンドは、**ページャ**と呼ばれます。

注1　「しっかりとした作りのコマンド」というのは自分用に適当に作るコマンドではなく、grepなどのメジャーなコマンドという意味です。しかし、zipなど、エラーメッセージを標準出力から出してしまうメジャーなコマンドも存在します。

練習2.1.b シェルと変数

次に変数の基礎をおさえます。Bashの変数を定義するときは、端末で

```
1  $ a=ほげほげ
```

というように、「**変数名=値となる文字列**」と記述します。また、変数の値を使いたいときは、コマンドを入力する際、使いたい位置に「**$変数名**」、あるいは「**${変数名}**」と書くと値の文字列に置き換わってくれます。

練習問題 (出題、解答、解説：上田)

上記をふまえて、Bashが持っている変数SHELLの値を端末上に出力してください。

解答

echoの引数として与えると良いですね。

```
1  $ echo $SHELL
2  /bin/bash
```

シェルの変数は単なる文字列なので、理解するためには型などの難しい概念を知る必要はありません。上の例では、コマンド(echo)が実行される前に、$SHELLが文字列に入れ替わると知っていれば十分です。変数SHELLには、「/bin/bash」という文字列(Bashのプログラムのパス)が入っているので、解答例の出力は/bin/bashとなっています。

補足(=の前後に空白を入れてはいけません)

今の説明で、「コマンドが実行される前に変数が文字列に入れ替わる」と書きました。変数を文字列にしているのはシェルであって、echoでないことは留意しておきましょう。

また、変数を定義するときは

```
1  $ a = ほげほげ
```

と書いてはダメで、イコールの左右どちらにも空白を置くことはできません。このダメな例をじっと見て考えるとわかると思いますが、シェルはこれを「『a』がコマンドで『=』と『ほげほげ』が引数」と解釈します。これは、本章冒頭で書いた「シェルはプログラミング言語だがコマンドとファイル操作のためのもの(なので変数を使うときは少し面倒くさい)」の一例ともとれます。

別解

Bashには変数をコマンドに入力するための<<<というリダイレクト(**ヒアストリング**)が用意されています。これを使うと、

```
1  $ cat <<< $SHELL
2  /bin/bash
```

という別解が得られます。

練習2.1.c 文字列の連結と置換

次は文字列の操作をおさえましょう。man bashの「パラメータの展開」(英語のmanでは「Parameter Expansion」)という項に、変数の部分文字列の抽出や置換の方法が記述されていますので、必要ならば調査して解答をお願いします。

練習問題 (出題、解答、解説：上田)

次の小問4問について、「?」と「文字列」の部分を埋めてください。1つの?は英数字1文字に相当します。Bashの文字列の連結、部分文字列の抽出、代入、置換などの機能を使います。

```
1  ——— 準備 ———
2  $ a=私は
3  $ b=俳優よ
4  ——— 以後、a、bは書き換わったものをそのまま使うこと ———
5  小問1 $ c=$?$? ; echo $c
6  私は俳優よ
7  小問2 $ a+=$? ; echo $a
8  私は俳優よ
9  小問3 $ b=${a:0:1}${a:?:?} ; echo $b
10 私俳優
11 小問4 $ c=${a/文字列/文字列} ; echo $c
12 私は排骨麺よ
```

ちなみに上のコードの5、7、9、11行で使っているセミコロン(;)は、この場合、改行と同じ意味を持ちます。同じ行に続けてecho ……と書くために使っています。

解答

小問1の解答を示します。それぞれa、bを?に入れます。

```
1  $ c=$a$b ; echo $c
2  私は俳優よ
```

このように、文字列を連結したいときは変数を並べます。Bashの変数の値は単に文字列に置き換わるだけなので、abと単に書けば「私は」と「俳優よ」がくっつきます。

小問2の解答は次のようになります。

```
1  $ a+=$b ; echo $a
2  私は俳優よ
```

変数+=文字列で、変数に文字列を追加できます。

小問3のコードの${a:0:1}は、「aの（0から数えて）0文字目から1文字」という意味になります。「俳優」を取り出したければ（0から数えて）2文字目から2文字を指定すれば良いので、解答は次のようになります。

```
1  $ b=${a:0:1}${a:2:2} ; echo $b
2  私俳優
```

${変数名:開始文字位置:長さ}で、変数から部分文字列を取り出すことができます。日本語環境の場合は、この解答のように日本語も扱えます。

小問4の解答は、次のようになります。

```
1  $ c=${a/俳優/排骨麺} ; echo $c
2  私は排骨麺よ
```

${変数名/置換対象文字列/置換後の文字列}**で、解答のように文字列を置換できます。このように${}内で変数の名前の後ろに操作を記述する書き方は、変数展開**（parameter expansion）と呼ばれます。

練習2.1.d 変数を使った計算

前々問でBashの変数は単なる文字列と書きましたが、計算をしようと思えば一時的に文字列を数字として扱うことができます。計算方法の基本をおさえましょう。Bashでは、$(( ))の中に計算式を書くと計算ができます。この記号は**算術式展開**と呼ばれます。算術式展開で使える演算子はman bashの「**算術式評価**」（英語のmanでは「ARITHMETIC EVALUATION」）の項目にあります。括弧の中の変数に$を付ける必要はありません。これをふまえて次の練習問題を解いてみましょう。

練習問題 （出題、解答、解説：上田）

図2.1の3行目の「コード」の部分を埋めて、4行目の出力を実現しましょう。「コード」の中で数字を使わないでください。

図2.1 変数を使った計算

```
1  $ a=6
2  $ b=2
3  $ echo コード
4  8 -4 12 3 128
```

解答

次のように計算します。

```
1  $ echo $((a+b)) $((b-a)) $((a*b)) $((a/b)) $((b<<a))
2  8 -4 12 3 128
```

最初の4個の計算が四則演算です。乗算はほかの多くの言語と同じく*で表現します。また、割り算については小数点以下が切り捨てになります。算術式展開で扱えるのは、整数のみです。

5個目の計算は練習問題としては難し過ぎますが、プログラミング言語らしい演算の例として出題しました。<<はビットシフトの演算子です。2進数で2は10なので、b<<aで右側に0が6個加わり、2進数で

10000000、つまり128となります。2進数については、練習5.1.aで詳しく扱います。$(( ))で使える演算子にはほかにAND、ORなどさまざまなものがあります。

別解

算術式展開の中では、変数に$を付けても計算できます[注2]。

```
1  別解1  $ echo $(($a+$b)) $(($b-$a)) $(($a*$b)) $(($a/$b)) $(($b<<$a))
2  8 -4 12 3 128
```

あとで$1や$2のように、数字を名前に持つBashの変数（位置パラメータ。練習2.1.gで説明）が登場しますが、これらを算術式展開で使うときに$をとると数と解釈されてしまうので、この場合は$1や$2のまま、$を付けて計算します。

また、これは推奨されない書き方で将来なくなるかもしれませんが、$[ ]という書き方もできます。

```
1  別解2  $ echo $[a+b] $[b-a] $[a*b] $[a/b] $[b<<a]
2  8 -4 12 3 128
```

この書き方は、**コードゴルフ**[注3]など、極限までコードを短く書く必要がある場合に利用されます。

練習2.1.e クォートと変数

前章では（これからもですが）awkを使う際、引数に与えるAWKのコードをシングルクォート（''）で囲んで**クォート**していました。このクォートには、次の2つの役割があります。

- {print 1+1}のように空白の入った引数を、ひとつにまとめて引き渡し（{printと1+1}の2つの引数として渡さない）
- $1などのAWKの変数が、シェルの変数として解釈されることを防止

本書であとから出てくるANSI-C Quotingなどの特殊な場合を除き、Bashは''でクォートされた文字列に何も手を加えません。grep、sedの引数も、同様の理由からシングルクォートで囲っていたわけです。

一方これでは、引数にBashの変数を使いたいときにクォートしてはいけないことになってしまいます。これでは困ることがあるため、Bashにはダブルクォート（""）で引数を囲むクォートも用意されています。ダブルクォートによるクォートの場合、変数やコマンド置換などは解釈されます。

少し話は変わりますが、シェルスクリプトにおいては、変数を使うときに、ダブルクォートでその変数を囲うかどうかでシェルスクリプトの挙動が変わってしまうことがあります。また、これも必要になることがあるのですが、練習2.1.bの冒頭で触れたように、${変数名}と、{}で変数名を囲う表記が用意されています。

注2　正確には、$の付いた変数が先に文字列に置き換わってから、算術式展開が行われます。
注3　ゴルフのようになるべく少ない文字数で目的の結果を得る競技です。

練習問題 (出題、解答、解説：上田)

上記をふまえて、次のコマンドの実行結果(出力や挙動)を予想してみましょう。

```
1  ――― 準備 ―――
2  $ p=pen
3  $ re=""   ←変数reの文字列は長さ0の空文字字になります。
4  ――― ここから問題 ―――
5  小問1 $ echo $p "$p" '$p'
6  小問2 $ echo "This is a $p." 'That is a $p.'
7  小問3 $ echo "This is a ${p}cil." That is a "$p"cil. "That was a $pcil."
8  小問4-1 $ grep "$re" /etc/passwd
9  小問4-2 $ grep $re /etc/passwd
```

解答

小問1は、シングルクォートとダブルクォートの違いを確認する問題です。実行すると次のようになります。

```
1  $ echo $p "$p" '$p'
2  pen pen $p
```

シングルクォートで囲った**'$p'**だけ、**$p**が文字列として出力されます。小問2も同様で、出力は次のようになります。

```
1  $ echo "This is a $p." 'That is a $p.'
2  This is a pen. That is a $p.
```

小問3は変数を使うときに単純に**$変数名**と書いてはいけない場合の例です。出力は次のようになります。

```
1  $ echo "This is a ${p}cil." That is a "$p"cil. "That was a $pcil."
2  This is a pencil. That is a pencil. That was a .
```

予想はある程度ついたと思いますが、3番めの文**That was a $pcil.**について、Bashは**pcil**が変数だと解釈します。**pcil**という変数は(もしかしたら定義されているかもしれませんが)定義していないので、Bashはこれを空文字に置き換えます。つまり、**$pcil**の部分を消去します。

これを防ぐためには、1つめの**This is a ${p}cil.**のように、**${変数名}**という表記を使います。変数の直後に文字があっても、たとえば「**$p.**」や「**$pです**」など、変数名に使えない文字の場合は**{}**を使う必要はないのですが、コードをシェルスクリプトとして残す場合は、囲っておいたほうが視覚的にわかりやすくて良いでしょう。また、2番めの文のように**"$p"cil**と変数をダブルクォートでクォートする方法もあります。ただ、こうするくらいなら最初の文のように全体をクォートしたほうが良いでしょう。

小問4-1は、**grep "" /etc/passwd**が実行されます。検索語が空文字になり、この場合は**/etc/passwd**の全行が検索にヒットして出力されます。

```
1  $ re="" ; grep "$re" /etc/passwd
2  root:x:0:0:root:/root:/bin/bash
3  daemon:x:1:1:daemon:/usr/sbin:/usr/sbin/nologin
4  (..略..)
```

小問4-2のほうはバグの原因になりがちな書き方で、**$re**がクォートされていないので、**grep /etc/passwd**という意味になってしまい、実行すると止まります注4。

```
1  $ re="" ; grep $re /etc/passwd
2
3  (止まってしまう。Ctrl+C、あるいはCtrl+Dで終了できる)
```

したがって、小問4-1と小問4-2では変数のクォートの有無で挙動が変わってしまったことになります。シェルスクリプトを書くときは、空文字対策として、変数はなるべくダブルクォートで囲っておくことをお勧めします。

練習2.1.f Bashの配列と連想配列

今度はBashの**配列**と**連想配列**を使ってみます。シェルは標準入力でデータを扱うため、配列や連想配列を使用する場面はあまりありません。ややこしいわりに本書ではほとんど出てこないので読み飛ばしてもかまいませんが、余裕があれば、使用に迫られたときに慌てないように、おさえておきましょう。

練習問題 (出題、解答、解説:上田)

Bashの配列を初期化するときは、配列名=()の括弧内に文字列を並べます。たとえば次の例は、いくつかのBashの変数を配列aにセットする例です。

```
1  $ a=( "$SHELL" "$LANG" "$USER" )  ←空文字かもしれないのでクォートをしましょう
```

また、連想配列を使うときは、次のようにdeclare -Aで作り、awkの連想配列同様、名前[キー]=値で値をセットします。

```
1  $ declare -A b  ←bという連想配列を作る
2  $ b["SHELL"]="$SHELL"
3  $ b["LANG"]="$LANG"
4  $ b["USER"]="$USER"
```

この配列a、連想配列bについて、次の小問4問の出力をそれぞれ実現するときに、どう書けば良いか考えてみましょう。?を別の1文字、あるいは文字列に置き換えます。変数にあらかじめセットされている値は環境によって違う可能性がありますので、出力は自身の環境にあわせて読み替えをお願いします。

```
1  小問1 $ echo ${?[?]}  ←a、b両方で考えてみましょう
2  ja_JP.UTF-8
```

注4 /etc/passwdが検索語になって、キーボードからの入力を待つ、という挙動になります。試しに/etc/passwdaaaaaaなどと入力してみると、検索語にマッチして入力した行が出力されます。

```
3   小問2 $ echo ${?[?]}
4   /bin/bash ja_JP.UTF-8 ueda
5   ↑a、bの内容をすべて列挙（bは出力される値の順番が変わることがある）
6   小問3 $ echo ${#?[?]}
7   3                              ←要素数を出力（こちらもa、b両方で）
8   小問4 $ echo ${!b[?]}
9   SHELL USER LANG                ←bのキーをすべて出力
```

解答

小問1は特定の要素の文字列を配列や連想配列から取り出す問題です。それぞれ、次のように取り出します。

```
1  $ echo ${a[1]}
2  ja_JP.UTF-8
3  $ echo ${b["LANG"]}
4  ja_JP.UTF-8
```

配列に入っている要素の順番は0から数えます。そのため、2番めの要素を取り出すには**[1]**とインデックスを指定します。連想配列については、**awk**とまったく同じでキーの文字列を指定します。

awkとの違いは、解答例のように変数名とインデックス、キーを**{}**で囲まなければならないことです。これがないと、次のような出力になってしまいます。

```
1  $ echo $a[1]
2  /bin/bash[1]        ←要素の先頭+[1]という出力になる
3  $ echo $b["LANG"]
4  [LANG]              ←空文字列、[、クォートされたLANG、]と解釈される
```

小問2は要素をすべて出力する問題で、次のように**[@]**あるいは**[*]**を使います。

```
1  $ echo ${a[@]}
2  /bin/bash ja_JP.UTF-8 ueda
3  $ echo ${a[*]}
4  /bin/bash ja_JP.UTF-8 ueda
5  $ echo ${b[@]}
6  /bin/bash ueda ja_JP.UTF-8
7  $ echo ${b[*]}
8  /bin/bash ueda ja_JP.UTF-8
```

[@]と**[*]**の違いについてはあとで補足します。

小問3、4の解答はこうなります。小問2同様、**[*]**を使ってもかまいませんが、例は省略します。

```
1  ―― 小問3 ――
2  $ echo ${#a[@]}
3  3
4  $ echo ${#b[@]}
5  3
6  ―― 小問4 ――
7  $ echo ${!b[@]}
8  SHELL USER LANG
```

補足1（変数の値の長さの取得）

配列と連想配列に対しては`${#変数名}`は要素数を表しますが、変数に対しては、文字列の長さを表します。例を示します。

```
1  $ c=abc
2  $ echo ${#c}
3  3
4  $ d=南無阿弥陀仏
5  $ echo ${#d}
6  6  ←日本語にも対応
```

補足2（[@]と[*]の違い）

`[@]`、`[*]`は、使い方によってまったく同じに解釈される場合とそうでない場合があります。例を示します。

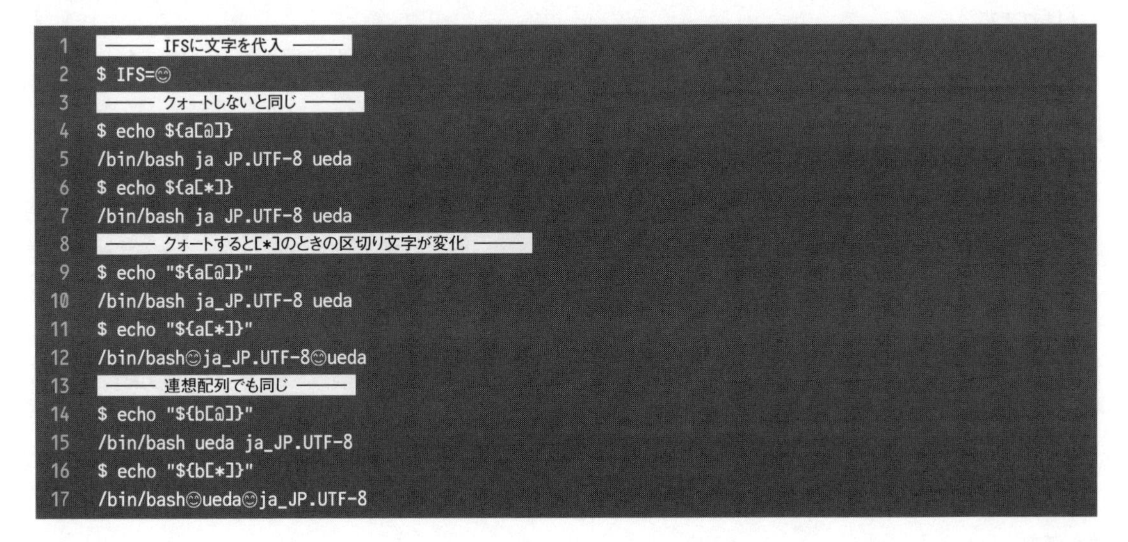

```
1  ——— IFSに文字を代入 ———
2  $ IFS=😊
3  ——— クォートしないと同じ ———
4  $ echo ${a[@]}
5  /bin/bash ja JP.UTF-8 ueda
6  $ echo ${a[*]}
7  /bin/bash ja JP.UTF-8 ueda
8  ——— クォートすると[*]のときの区切り文字が変化 ———
9  $ echo "${a[@]}"
10 /bin/bash ja_JP.UTF-8 ueda
11 $ echo "${a[*]}"
12 /bin/bash😊ja_JP.UTF-8😊ueda
13 ——— 連想配列でも同じ ———
14 $ echo "${b[@]}"
15 /bin/bash ueda ja_JP.UTF-8
16 $ echo "${b[*]}"
17 /bin/bash😊ueda😊ja_JP.UTF-8
```

この解釈ですが、`[*]`が使われ、かつ`${}`全体がクォートされている場合、Bashは配列や連想配列の全要素をつなげて1つの文字列に置き換えます。このとき、Bashの`IFS`（Internal Field Separator、内部フィールド区切り文字）という、引数の区切り文字を変えるときに使う変数をセットしておくと、置き換えの値が`IFS`（の最初の1文字）でつながったものになります。

`[@]`、`[*]`の違いは、（`IFS`と関係なく）for文で配列や連想配列を使ったときにも見られます。for文は次の問題で扱いますので、そのときにまた補足します。

練習2.1.g 繰り返しと終了ステータス

次は繰り返し処理の記述方法です。for文とwhile文を使ってみます。

練習問題 (出題、解答、解説：上田)

小問1：次のようにsetというコマンドを使うと、Bashの$1、$2、……という変数に値をセットできます。

```
1  $ set aa bb cc    ←今使っているBashに引数を3個登録
2  $ echo $2         ←$2を使い、2番めの値を出力してみる
3  bb
```

$数字あるいは${数字}（数字が2桁以上なら必ず${数字}）という変数はBashの位置パラメータと呼ばれます。

3個の値のセットを確認できたら、次のワンライナーの「コマンド」の部分を埋めて、それらを縦に出力してみてください。

```
1  $ for x in "$1" "$2" "$3" ; do コマンド ; done    ←セミコロン（;）は改行と同じ意味
2  aa
3  bb
4  cc
```

小問2：また、次のようにwhileを使い、「コマンド」を埋めてseq 3の出力を横に出力してみてください。

```
1  $ seq 3 | while read x ; do コマンド ; done
2  1 2 3
3  （注意：改行が入らないので3の後ろにプロンプトが来ます）
```

解答

小問1はxがfor文の中で使える変数であることを気づくかどうかという問題になっており、解答は次のようになります。

```
1  $ for x in "$1" "$2" "$3" ; do echo $x ; done
2  aa
3  bb
4  cc
```

Bashのfor文は基本的に、この解答例のようにBashの変数や文字列を次々に処理するときに使います。

小問2もxが変数として使えるとわかれば、それほど難しくはありません。printfでxの値を改行なしで出力する解答例を示します。

```
1  $ seq 3 | while read x ; do printf "%s " $x ; done
2  1 2 3
```

while文では、whileの右側に**コマンドを記述します**。コマンドが正常に処理される間、do …… done

の部分が実行されます。上の解答例の場合、`while`で見ているのは`read`の処理の成否です。`read`は標準入力から1行ずつ文字列を読み込み、変数にセットするという働きをします。`seq`の出力は3行で終わりなので、4行目で`read`は文字列を読めず、エラーを返します。それにより、while文が終了します。

補足1（終了ステータスとPIPESTATUS）

`while`が「コマンドの成否」をどう把握したかを説明します。コマンドは、自身がどのように終了したかを**終了ステータス**によってシェルに伝えます。シェルは、次のコマンドが実行されるまで、終了ステータスを記憶しています。`while`は、この終了ステータスで`do`のループを実行するかやめるかを判断します。

終了ステータスは、シェルの変数`$?`を通じて確認できます。たとえば、`grep`の終了ステータスは、次のように確認できます。

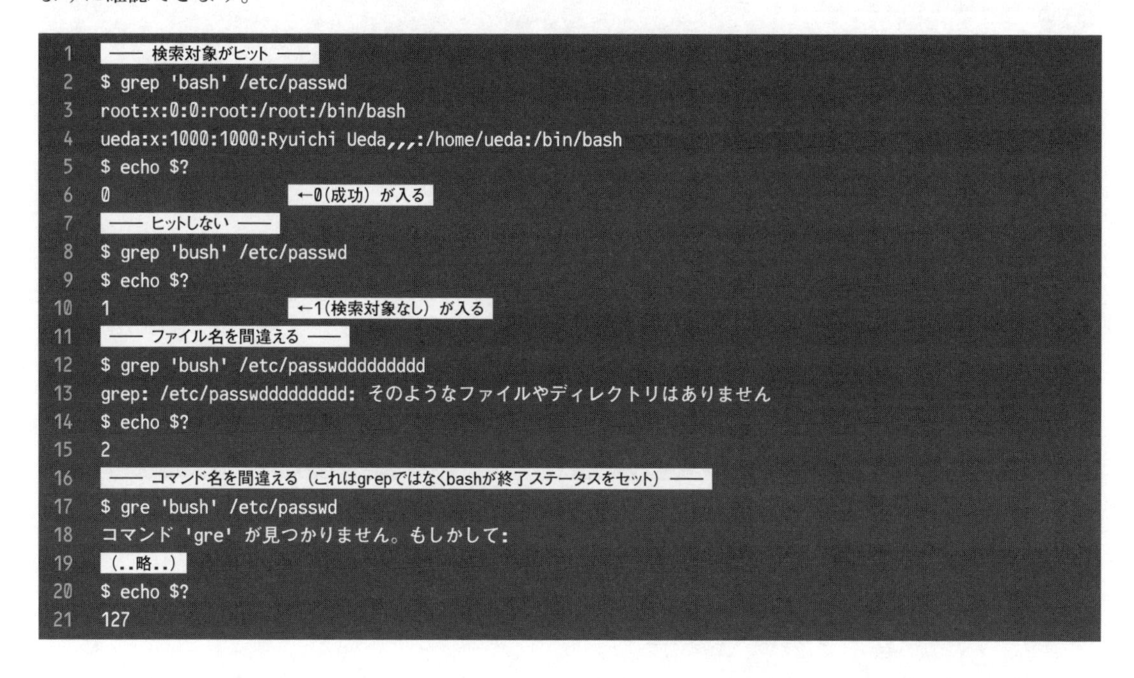

```
 1  ── 検索対象がヒット ──
 2  $ grep 'bash' /etc/passwd
 3  root:x:0:0:root:/root:/bin/bash
 4  ueda:x:1000:1000:Ryuichi Ueda,,,:/home/ueda:/bin/bash
 5  $ echo $?
 6  0                          ←0（成功）が入る
 7  ── ヒットしない ──
 8  $ grep 'bush' /etc/passwd
 9  $ echo $?
10  1                          ←1（検索対象なし）が入る
11  ── ファイル名を間違える ──
12  $ grep 'bush' /etc/passwddddddddd
13  grep: /etc/passwddddddddd: そのようなファイルやディレクトリはありません
14  $ echo $?
15  2
16  ── コマンド名を間違える（これはgrepではなくbashが終了ステータスをセット）──
17  $ gre 'bush' /etc/passwd
18  コマンド 'gre' が見つかりません。もしかして:
19  (..略..)
20  $ echo $?
21  127
```

終了ステータスの各数字の意味は、各コマンドの`man`で調べることができます[注5]。ただし、上の最後の例のようにコマンドを呼び出せなかった場合には、コマンドではなくBashが終了ステータス127をセットします。また、128以上の終了ステータスの場合には、128を引くと、異常終了の原因となった**シグナル**を特定することができます。シグナルについては、2.4節で扱います。

また、パイプでコマンドが複数つながっている場合、`$?`で確認できるのは最後のコマンドの終了ステータスのみです。これだと何かと不都合ですので、Bashは配列`PIPESTATUS`にパイプラインすべての終了ステータスを記録します。例を示します。

注5　英語のmanの場合、「EXIT STATUS」の欄にあります。

```
1  $ cat /etc/passwd | grep hoge
2  $ echo ${PIPESTATUS[@]}
3  0 1   ←catが成功、grepが失敗（何もマッチせず）
```

補足2（位置パラメータの役割）

$1などの位置パラメータは、おもにシェルスクリプトで引数を受け取るときに用いられます。

```
1   ――― 次のようなシェルスクリプトを書く ―――
2   $ cat hoge
3   #!/bin/bash
4   
5   echo "$0"
6   echo "$1" "$2" "$3"
7   ――― 実行権限を与える ―――
8   $ chmod +x hoge
9   ――― 3つ引数を与えて実行 ―――
10  $ ./hoge aaa bbb ccc
11  ./hoge          ←$0にはhogeを実行したときに与えた文字列./hogeが入る
12  aaa bbb ccc     ←$1、$2、$3には./hogeの右に与えた文字列が入る
```

別解

出題したのは穴埋め問題でしたが、それにとらわれず別解を考えてみます。まず、**"$1" "$2" "$3"**は、**$@**でまとめることができます。

```
1  小問1別解1  $ for x in "$@" ; do echo $x ; done
2  aa
3  bb
4  cc
```

問題では難しくならないようにベタに**$1**から**$3**まで並べましたが、シェルスクリプトでは**$@**を使ったほうが良いでしょう。

似た変数に**$***というものもあります。この変数は、**$1**以後の引数を1つの文字列にまとめて持っています。これをクォートなしで用いると、別解となります。

```
1  小問1別解2  $ for x in $* ; do echo $x ; done
2  aa
3  bb
4  cc
```

$*をクォートすると、**for x in "aa bb cc"**という解釈になります。そのため、次の例は別解にはなりません。

```
1  $ for x in "$*" ; do echo $x ; done
2  aa bb cc
```

$@**と**$*の違いは、前問の補足で説明した**[@]**と**[*]**の関係と同様に説明できます。前問の最後で予告したとおり、**[@]**と**[*]**で挙動が変わる例を示しておきます。

```
1  $ a=(aa bb cc)
2  ──── クォートあり[@] ────
3  $ for x in "${a[@]}" ; do echo $x ; done
4  aa
5  bb
6  cc
7  ──── クォートあり[*]（1つの文字列とみなされる）────
8  $ for x in "${a[*]}" ; do echo $x ; done
9  aa bb cc
10 ──── クォートなし[*] ────
11 $ for x in ${a[*]} ; do echo $x ; done
12 aa
13 bb
14 cc
```

練習2.1.h 条件分岐

次は、if文などでシェルに条件分岐させる方法について確認しましょう。

練習問題（出題、解答、解説：上田）

前問の終了ステータスの話をふまえ、次のワンライナーの「条件」の部分を埋めて、if文を完成させてください。変数aに2文字以上入ることは想定しなくてかまいません。

```
1  $ a=0   ←数字か文字を1文字入れる
2  $ if 条件 ; then echo 偶数 ; elif 条件 ; then echo 奇数 ; else echo その他 ; fi
```

elifは「else if」を意味し、fiはif文の終わりを示します。if、else、thenは、それぞれ「もし〜なら」「そうでないなら」「それなら」という意味です。

解答

「条件」には、ワンライナーをそのまま書くことができます。

```
1  $ a=0
2  $ if echo $a | grep '[02468]$' ; then echo 偶数 ; elif echo $a | grep '[13579]$' ; then echo 奇数 ;
   else echo その他 ; fi
3  0
4  偶数
5  $ a=1
6  $ if （..略..）   ←「↑」キーを押して2行目のif文を再実行
7  1
8  奇数
9  $ a=x
10 $ if （..略..）
11 その他
```

ifの部分でもelifの部分でも、echoとgrepが実行されていますが、パイプにつながった最後のコマンド（grep）の終了ステータスが条件分岐で使われます。終了ステータスが0ならばthen以下が実行されます。

■補足（if文の性質とテストコマンド）

ワンライナーだと構文がわかりにくいので、同じ動きをするシェルスクリプトを**リスト2.1**に示します。

リスト2.1 if.bash

```
1 #!/bin/bash
2 
3 if grep '[02468]$' <<< "$1" ; then
4     echo 偶数
5 elif grep '[13579]$' <<< "$1" ; then
6     echo 奇数
7 else
8     echo その他
9 fi
```

ifのあとが**echo**と**grep**のワンライナーだと構造がわかりにくいので、このシェルスクリプトではヒアストリング（**<<<**⇒練習2.1.b）を用いています。また、3、5行目で、**$a**の代わりに位置パラメータ**$1**を用いています（前問の補足2を参照のこと）。

以上をふまえて、このシェルスクリプト**if.bash**を眺めると、Bashにおけるif文は、while文同様、終了ステータスによって分岐するものとわかります。単に2つの値を比較するようなif文とは性質が異なります。

一方、シェルスクリプトで単に2つの値を比べたいときもありますが、これには「**[**」というコマンド（名前は**テストコマンド**）を使います。

```
1  ―― 数字の大小の比較 ――
2  $ a=0
3  $ [ 10 -gt "$a" ]   ←gt: 不等号の「>」(greater than)
4  $ echo $?
5  0
6  ―― 文字列の比較 ――
7  $ a="Yes we can!"
8  $ [ "$a" = "No we cannot!" ]
9  $ echo $?
10 1
11 ―― testという名前でも使える ――
12 $ a=0
13 $ test 10 -gt "$a"
14 $ echo $?
15 0
16 ―― ファイルに関する調査も可能 ――
17 $ [ -e /etc/passwd ] ; echo $?   ←/etc/passwdが存在するかどうか
18 0
```

この「**[**」をif文で使うと、**if [……]**となってC言語のif文っぽくなりますが、if文はコマンドとともに使うという原則が見えにくくなるので考えものです。そして、C言語に似ているからと言って、**if**と**[]**をスペースなしでくっつけては当然いけません。テストコマンドについては、**man test**あるいは**man [**で調べることができます。

別解

穴埋めにとらわれず別解を考えてみます。とくに事情がなければ、シェルでif文を書くくらいなら別の方法を使ったほうが短くきれいに書けます。次の例はawkで同じ機能を実装したものです。

```
1 ——— 3項演算子を組み合わせ ———
2 別解1 $ echo $a | awk '{print /[0-9]/ ? ($1%2 ? "奇数" : "偶数") : "その他"}'
3 ——— exit文を使って偶数or奇数の場合に処理を終える ———
4 別解2 $ echo 2 | awk '/[0-9]/{print $1%2 ? "奇数" : "偶数"; exit}{print "その他"}'
```

別解2のawk中のexit[注6]は、即座にawkを終了させます。

また、if文ではなく、&&（AND演算子）と||（OR演算子）を使う方法もあります。

```
1 別解3 $ bash -c "grep '[02468]' <<< $a && echo 偶数" || bash -c "grep '[13579]' <<< $a && echo 奇数"
   || echo その他
2 ——— aが空文字だとうまく動かないことに注意 ———
```

bash -cは、引数で与えたシェルのコマンドを実行します（⇒問題3別解2）。**bash**の終了ステータスは、最後に実行されたコマンドのものになります。**&&**は左側のコマンドが成功したら（終了ステータス0を返したら）右側のコマンドを実行します。**||**は左側のコマンドが成功したら（終了ステータス0を返したら）、以後のコマンドは実行しません。このしかけで、**grep**が終了ステータス0を出したら**echo**が実行され、**echo**の終了ステータス0が**bash**の終了ステータスになり、そこで処理が止まります。

さらに、コマンドをグループ化する**()**を使うと、別解3は次のように書き直せます。

```
1 別解4 $ ( grep '[02468]' <<< "$a" && echo 偶数 ) || ( grep '[13579]' <<< "$a" && echo 奇数 ) || echo
   その他
```

()でまとまったコマンドのかたまりは、**複合コマンド**と呼ばれます。また、**()**は**bash -c**と同様、別の**bash**を立ち上げて中のコマンドを実行するので、**サブシェル**と呼ばれることがあります。

問題12 変数の読み込み

本節はここからが本番です。変数（引数）や制御構文の問題を解いていきます。

問題（初級★　出題、解答、解説：山田）

factorというコマンドがあります。これは数字を素因数分解するコマンドで、標準入力からでも、引数からでも数字を受け取って動作をします（それぞれ下のコードの例1と例2）。また、引数と標準入力で数字を渡そうとすると、factorは引数を優先します（例3）。

```
1 例1 $ echo 63 | factor      ←標準入力で受け付け
2 63: 3 3 7
3 例2 $ factor 63            ←引数で受け付け
4 63: 3 3 7
```

注6　右側に**exit 1**のように終了ステータスを書けます。関数ではなく、文（exit文）として扱われます。

```
5  例3 $ echo 63 | factor 43  ←標準入力、引数両方で数字をfactorに渡そうとする
6  43: 43                     ←引数が優先される
```

そこで、factorと同様に標準入力と引数を扱うシェルスクリプトdouble.bashを作ってみてください。double.bashの挙動は次の箇条書きのとおりとします。標準入力からは、read 変数名（⇒練習2.1.g）で変数に数字をセットできます。

- 標準入力あるいは引数から数字を受け取ったら、数字を2倍にして表示する
- 標準入力と引数両方があった場合、引数を優先する

以下は、出力例となります。

```
1  $ bash double.bash 5
2  10
3  $ echo 3 | bash double.bash
4  6
5  $ echo 3 | bash double.bash 5
6  10
```

解答

リスト2.2に解答例のシェルスクリプトを示します。

リスト2.2 double.bash

```
1 #!/bin/bash
2 
3 if [ "$1" = "" ] ; then
4     read n
5 else
6     n="$1"
7 fi
8 
9 echo $((n*2))
```

このdouble.bashは、引数がないと$1が空文字扱いになることを利用して、if文を使って実装したものです。

3行目のif文で$1と空文字""を比較し、もし空文字と一致した場合には、4行目のreadを実行します。4行目のread nは、パイプから読んだ1行をnにセットします。もし一致しなかった場合には、代わりに6行目で通常の代入文でnに$1の内容が代入されます。

最終行では、echoコマンドで答えを出力しようとしています。変数nに数字が入っているはずなので、算術式展開（⇒練習2.1.d）を使って2倍にしています。

別解

解答を短くした別解2つ（double2.bash（リスト2.3）、double3.bash（リスト2.4））を示します。double2.bashはif文の代わりにOR演算子を使ったものです。double3.bashはBashの機能を使ってさらに短くし

たものです。

リスト2.3 double2.bash

```
1 #!/bin/bash
2 [ "$1" = "" ] && read n || n="$1"
3 echo $((n*2))
```

リスト2.4 double3.bash

```
1 #!/bin/bash
2 num=${1:-$(cat)}
3 echo $(($num * 2))
```

double3.bashの${1:-$(cat)}は、${変数名:-文字列}というBashの書き方と、コマンド置換（問題2別解）の$(cat)を組み合わせたものです。${変数名:-文字列}で、もし変数の値が空文字だった場合、「:-」の後ろの文字列で置き換わります。この記述は**変数展開**と呼ばれます。また、$(cat)のcatには何も入力されるものが記述されていませんが、シェルスクリプトの先頭にこのようにコマンドを書いておくと、シェルスクリプトへ入力された文字列が、そのままコマンドに入力されます。これで、$1が空文字の場合、標準入力から読み込まれた文字列が変数numにセットされます。

変数展開には、ほかにも:=、:?、:+などさまざまな種類があります。こちらについてはBashのmanに詳しくまとまっています。興味のある方はman bashコマンドを実行したあとに、これらの記号に関する記述を検索してみてください。

最後に限界まで短くした別解（リスト2.5）を示します。

リスト2.5 double4.bash

```
1 echo $[${1:-$(cat)}*2]
```

この別解にはシバンすらありませんが、Bashの場合は、シバンなしのスクリプトはBashで実行するようです。また、廃止されるかもしれない算術式展開の書き方$[ ]（⇒練習2.1.d別解2）を使っています。

問題13 存在しないファイルの初期化

次も条件分岐の問題ですが、前問と同様、条件分岐を使わないで解くこともできます。

問題　（初級★　出題：上田　解答：田代　解説：上田）

通常、存在しないファイルをcatすると、次のようにエラーが出ます。

```
1 $ cat unfile
2 cat: unfile: そのようなファイルやディレクトリはありません
3 $ echo $?
4 1 ←エラーになる
```

そのため、シェルスクリプトで存在するかどうかわからないファイルを何回も参照したいときは、空のファイルをあらかじめ作っておくと、いちいちチェックせずに済みます。touchはファイルの時刻関連の記録であるタイムスタンプを編集するコマンドですが、よく空ファイルの作成にも使われます。

```
1 $ touch unfile ←なければ空のファイルができる
```

```
2  $ cat unfile
3  $ echo $?
4  0                ←エラーにならない
```

ただし、この方法を使うと、unfileが存在した場合にtouchコマンドにより、ファイルの最終更新日時（ls -lで確認できる日時）が変わってしまいます。ファイルがあった場合は日時を変えず、かつ存在しないファイルを読んでもcatがエラーを出さないようにするにはどうすれば良いでしょうか。

解答

テストコマンドとOR演算子を使った解答を示します。

```
1  $ [ -e unfile ] || touch unfile
```

テストコマンドの**-e**は練習2.1.h補足で使ったように、ファイルの有無を調べるオプションです。これで、**unfile**が存在しなければ、OR（||）の右側の**touch unfile**が実行されます。**unfile**が存在すれば、**touch**は実行されません。

別解

この操作は次のようにもっと短くできます。

```
1  $ cat <> unfile
```

実験してみましょう。まずは**unfile**が存在しない場合、次のようになります。

```
1  $ ls unfile
2  ls: 'unfile' にアクセスできません: そのようなファイルやディレクトリはありません
3  $ cat <> unfile   ←解答のコマンドを実行
4  $ echo $?
5  0                 ←catは成功
6  $ ls unfile
7  unfile            ←unfileができている
```

unfileが存在する場合も示します。次のように**cat**の前後で更新日時は変更されません。

```
1  $ echo a > unfile
2  $ ls --full-time unfile
3  -rw-r--r-- 1 ueda ueda 2 2019-02-03 16:37:28.950427101 +0900 unfile
4  $ cat <> unfile
5  a
6  $ ls --full-time unfile
7  -rw-r--r-- 1 ueda ueda 2 2019-02-03 16:37:28.950427101 +0900 unfile
```

解答の肝はリダイレクト記号の**<>**ですが、これは「読み書きモードでファイルを開く」という意味になります。使われるのはコマンドの標準入力（0番のファイル記述子）です。こうすると**cat**は標準入力にも何かを出力できるようになりますが、実際には何も出力しないので、unfileが存在すれば、これはcat < unfileと同じです。一方、unfileが存在しない場合、Bashはcatからの書き出しに備えて空のunfileを準備します。これはcat > unfileの挙動と同じです。したがって、cat <> unfileだけで、unfileが存在すれば読み込み、存在しなければ作る、という操作が実現できます。

問題14 さまざまなループ

次は繰り返しの制御構文の問題です。ただし、必ずしもBashの機能を使う必要はありません。

問題 (初級★　出題、解答、解説：田代)

端末で羊を100匹、1秒ごとに数えて表示する方法をたくさん考えてみましょう。図2.2のような出力を1秒ごとに1行ずつ出力します。シェルスクリプトにしてもかまいません。

図2.2 出力例

```
1 羊が1匹
2 羊が2匹
3 (..略..)
4 羊が99匹
5 羊が100匹
```

解答

まず思いつくのは、whileやforなどBashの制御構文を使う方法でしょうか。シェルスクリプトで書いた例を**リスト2.6**に示します[注7]。

リスト2.6 sheep.bash

```
1 #!/bin/bash
2 n=1
3 while [ $n -le 100 ]
4 do
5     echo "羊が$n匹"
6     n=$((n + 1))
7     sleep 1
8 done
```

これを、次のように実行すると羊が1秒ずつ出てきます。

```
1  $ chmod +x sheep.bash
2  $ ./sheep.bash
```

リスト2.6の2行目で変数nに文字列1をセットしています。あえて文字列と書きましたが、これは数字として扱い、while文の中の6行目で1ずつ値を増やしています。練習2.1.gで説明したとおり、whileはコマンドを引数にとり、引数のコマンドが正常終了する限り繰り返します。コマンドとして指定した[$n -le 100]は、「変数nが100以下 (less than or equal)」のときに終了ステータス0を返します。

注7　リスト2.6のようにdoを次の行に書く流儀と、while …… ; doと1行にまとめる流儀があります。

シェルスクリプトsheep.bashの内容をワンライナーで書くと、次のようになります。

```
1  $ n=1;while [ $n -le 100 ]; do echo "羊が$n匹"; n=$((n + 1)); sleep 1; done
```

別解

この問題には別解がたくさんあります。まず、seqで1から100までの数字を作ってwhile文を使う方法を示します。

```
1  別解1 $ seq 100 | while read n; do echo '羊が'$n'匹'; sleep 1; done
```

次にfor文を使った例を2つ示します。

```
1  別解2 $ for n in $(seq 100); do echo 羊が$n匹; sleep 1; done
2  別解3 $ for n in {1..100}; do echo 羊が$n匹; sleep 1; done
```

別解2はコマンド置換（⇒問題2別解）を用いて1から100をfor文にセットしています。別解3はBashの**シーケンス式**[注8]という機能を使っています。{1..100}で1から100までの数字に置き換えてくれます。

また、for文をC言語ふうに次のように書くこともできます。

```
1  別解4 $ for ((n=1; n<=100; n++)); do echo 羊が$n匹 ; sleep 1; done
```

さらに、Bashのループを使わない別解も示します。

```
1  別解5 $ seq 1 100 | xargs -I@ bash -c 'echo 羊が@匹; sleep 1'
2  別解6 $ seq -f 'echo 羊が%g匹; sleep 1' 100 | bash
```

別解5はxargsとbashを組み合わせて使っています。別解6はseqの-fオプションを使った例です。seq -fを使うと、引数で与えた文字列の中に数字を順に埋め込んで出力できます。これを利用してシェルスクリプトを作り、bashに入力して実行してもらっています。

問題15 文字種の変換

本節最後に、Bashの文字列操作に関する問題を解きます。man bashで調査しながら取り組んでみましょう。

問題（中級★★　出題：eban　解答、解説：今泉）

次の「ワンライナー」にワンライナーを入れて、所定の出力を実現してください。ただし、sedやtrを使わず、Bashの文字列の操作機能だけを利用してください。パイプからBashの変数に文字列を取り込む方法がわからない場合は、変数に文字列を代入してから考えてもかまいません。

```
1  小問1 $ echo I am a perfect human | ワンライナー
2  I AM A PERFECT HUMAN
3  小問2 $ echo pen-pineapple-apple-pen | ワンライナー
4  Pen-Pineapple-Apple-Pen
```

注8　シーケンス式は**ブレース展開**の一種です。ブレース展開については2.3節で扱います。

■解答

まず、パイプから変数に文字を取り込んでみましょう。このようにするとBashの変数にパイプからの文字列が取り込めます。

```
1  ――― whileを使うと読める ―――
2  $ echo I am a perfect human | while read a ; do echo $a ; done
3  I am a perfect human
4  ――― bashコマンドを使っても良い ―――
5  $ echo I am a perfect human | bash -c 'read a ; echo $a'
6  I am a perfect human
7  ――― サブシェルでも良い ―――
8  $ echo I am a perfect human | ( read a ; echo $a )
9  I am a perfect human
```

パイプの後ろは独立したコマンド、あるいはサブシェルでないといけないという理由で、上のような書き方をしなければなりません。なぜ

```
1  echo I am a perfect human | read a
```

ではいけないのか、という話は、次節でします。

サブシェルを使った小問1の解答例を示します。

```
1  $ echo I am a perfect human | (read a; echo ${a^^})
2  I AM A PERFECT HUMAN
```

`while`や`bash -c`を使う場合でも、`echo $a`を`echo ${a^^}`と書き直すと別解となります。

上の解答例では練習2.1.cで出てきた変数展開の機能を利用しています。`${変数名^^}`は、すべての文字を大文字に変換してくれるので、これだけですべて大文字にすることができます。

小問2の解答例は次のようになります。

```
1  $ echo pen-pineapple-apple-pen | (IFS=-; read -a w; echo "${w[*]^}")
2  Pen-Pineapple-Apple-Pen
```

`IFS`は練習2.1.fの補足2で出てきた、区切り文字を変えるための変数です。使用例を示します。

```
1  $ echo 1,2,3 | while read a b c ; do echo $a ; done
2  1,2,3
3  $ IFS=,
4  $ echo 1,2,3 | while read a b c ; do echo $a $b $c ; done
5  1 2 3
```

1行目の`read a b c`は、1行の文字列を空白区切りでそれぞれ変数`a`、`b`、`c`にセットするという意味ですが、`1,2,3`は区切られた文字列ではないので、`a`にだけ`1,2,3`がセットされます。これを3行目のように`IFS`に`,`をセットすると、`a`、`b`、`c`それぞれに`1`、`2`、`3`がセットされるようになります。

解答例では「`IFS=-`」と区切り文字にハイフンを指定していますので、入力されたデータは`pen`、`pineapple`、`apple`、`pen`に区切られます。その次の`read -a w`は、配列`w`に文字列を読み込むという意味です。

したがって、wにこれらの単語が順番にセットされます。

解答例の最後の部分echo "${w[*]^}"の${変数名^}は、単語の先頭の文字を大文字に変換します。配列に対して変数展開を実施すると、配列の要素それぞれに適用されます。そのため、すべての単語がキャピタライズされて（先頭の文字を大文字にされて）出力されます。これで、解答例のように意図した挙動が得られます。

ちなみに、w[*]ではなくw[@]を使うと、区切りが空白になって出力されます（⇒練習2.1.f補足2）。

```
1  $ echo pen-pineapple-apple-pen | (IFS=-; read -a w; echo "${w[@]^}")
2  Pen Pineapple Apple Pen
```

2.2 プロセスを意識してシェルを操作する

本節では少しOSのしくみまで踏み込み、**プロセス**について基本をおさえます。シェルはプロセスとファイルをあやつるためのものです。普段目に触れやすいファイルに比べてプロセスは目立ちませんが、ある程度知識を持っておくと、自在にシェルスクリプトやワンライナーを書けるようになります。

練習2.2.a プロセスを知る

コマンドやプログラムは、**プロセス**という単位でOSに管理されています。各プロセスには固有の番号が付けられます。この番号には、**プロセス番号**、**プロセスID**、**PID**などの名前が付いています。いま端末で使っているプロセスと、各プロセスのPIDは、psというコマンドで観察できます。端末でpsを実行すると、たいていの場合、次のようにヘッダ1行とbash、psのプロセスの情報が表示されます。

```
1  $ ps
2      PID TTY          TIME CMD
3   276533 pts/11   00:00:00 bash   ←端末で使っているbash
4   285510 pts/11   00:00:00 ps     ←この出力をしているps自身
```

ヘッダにあるように、1列目が各プロセスのPIDです。プロセスの名前は4列目のCMDにあります。

練習問題（出題、解答、解説：上田）

図2.3のワンライナーを実行し、すぐあとでpsを実行します。&についてはあとで説明します。ここでは、sleepが終わる前に端末が使えるようにするための記号とだけ覚えておきましょう。

このpsの出力に対してsort、uniq、wc、awkなどを使い、sleepのPIDが互いに違うことを示すワンライナーを書いてみましょう。どのような出力にするかはお任せします。

図2.3 PIDの確認

```
1  $ sleep 100 | sleep 100 | sleep 100 | sleep 100 | sleep 100 &
2  [1] 292869
3  $ ps
4      PID TTY          TIME CMD
5   292830 pts/8    00:00:00 bash
6   292865 pts/8    00:00:00 sleep
7   292866 pts/8    00:00:00 sleep
8   292867 pts/8    00:00:00 sleep
9   292868 pts/8    00:00:00 sleep
10  292869 pts/8    00:00:00 sleep
11  292884 pts/8    00:00:00 ps
```

解答

次のようにすればsleepのPIDの種類が集計され、5種類あるので「5」と出力されます。

```
1  $ ps | awk '$4=="sleep"{print $1}' | sort -u | wc -l
2  5
```

とりあえず「sleepが5個」という情報を使って良いのなら、これを解答として良いでしょう。psの次のawkは、psの出力の4列目がsleepの行だけを出力します。次のsort -uでは（ありえませんが）同じPIDがあれば削除されます。-uは、sortだけでsort | uniqを実現するためのオプションです。そして、最後のwc -lで行数がカウントされます。

また、いくつsleepがあるかわからない前提の場合、次のようにawkの連想配列を使う方法があります。

```
1  $ ps | awk '$4=="sleep"{a[$1]="";b++}END{print length(a),b}'
2  5 5
```

このawkの最初のルールでは、sleepの行について、aという変数にPIDをキーにして空文字をセットし、bで行数をカウントしています。そしてENDでaの要素数とsleepの行数を出力しています。aはPIDの重複があると要素数が減りますが、この出力では減っていないので、PIDは互いに異なっていたとわかります。awkのlengthは、文字列や連想配列の長さを調べるための関数です。

補足（バックグラウンドジョブ）

問題で使った&は、**バックグラウンド**で**ジョブ**を実行するための記号です。ジョブというのは、1個以上のコマンドが組み合わさった処理をシェルが管理するための単位で、問題文の場合はワンライナーで連結された5個のsleepが、ひとかたまりのジョブとして扱われます。ジョブの後ろに&を付けると、ユーザーはそのジョブが終わる前に次のコマンドを実行できます。このとき、ジョブはユーザーが端末で別のことをしている間に裏で動き、**バックグラウンドジョブ**と呼ばれる状態になります。

図2.3の2行目にある[1]は、ジョブのIDで、**ジョブ番号**と呼ばれます。このIDを使うと、fg 1でバックグラウンドに行ったジョブを表（**フォアグラウンド**）に呼び戻すことができます。

```
1  $ fg 1  ←1番めのジョブをフォアグラウンドに
2  sleep 100 | sleep 100 | sleep 100 | sleep 100 | sleep 100  ←ジョブが表示される
3  (コマンド実行中の状態になって端末が使えなくなる)
```

また、フォアグラウンドのジョブはCtrl＋Zで一時停止して、bgでバックグラウンドで再開させることができます。

```
1  $ sleep 100 | sleep 100 | sleep 100
2  ^Z        ←Ctrl+Zで止める
3  [1]+  停止                    sleep 100 | sleep 100 | sleep 100
4  $ bg 1  ←bgで再開
5  [1]+ sleep 100 | sleep 100 | sleep 100 &
```

練習2.2.b プロセスの親子関係を知る

プロセスには親子関係があります。たとえばこれまで「シェルはユーザーの入力したコマンドを実行する」というような説明をしてきましたが、この場合、シェルのプロセスが親、コマンドのプロセスが子、ということになります。

pstreeというコマンドを使うと、プロセスの親子関係を表示することができます。次の例は、あるデスクトップPCでpstreeを実行した例です[注9]。

```
1  $ pstree -T | head -n 7
2  systemd-+-ModemManager
3          |-NetworkManager
4          |-accounts-daemon
5          |-acpid
6          |-atd
7          |-avahi-daemon---avahi-daemon
8          |-bluetoothd
```

これを見ると、systemdというプロセスが現在動いていて、その子供としてModemManager、NetworkManager、……などの多くのプロセスが動いていることがわかります。また、systemdの子のavahi-daemonは、さらに自分の子としてavahi-daemonを持っていることもわかります。

練習問題 (出題、解答、解説：上田)

これをふまえて、前問と同様

```
1  $ sleep 100 | sleep 100 | sleep 100 | sleep 100 | sleep 100 &
```

を実行し、pstree -Tの出力から、今使っているbashと、その下の子供のプロセスの部分を抽出してみてください。関係のない行が混入しても、当該の部分が目視できれば良いこととします。grep -A行数を使うと、検索した行から指定した行数だけ、下の行も出力できます。

注9　-Tというオプションが付いていますが、これはプロセスだけを表示するためのオプションです。プロセスのほかに「スレッド」というものが動いていますが、本書では説明を割愛します。

解答

bashが1つだけしか実行されておらず、特段の事情（バックグラウンドで別のジョブが実行されているなど）がなければbashの下の2行を出力すれば、当該部分が収まるはずです。次の例は2行より少し多めにして、下の5行の出力を指示した場合です。

```
1  $ pstree -T | grep -A5 bash
2          |         |-gnome-terminal--+-bash
3          |         |                 |-bash---vi
4          |         |                 `-bash-+-grep
5          |         |                        |-pstree
6          |         |                        `-5*[sleep]
7          |         |-goa-daemon
8          |         |-goa-identity-se
9          |         |-gsd-a11y-settin
```

上の出力のうち、4〜6行目が当該の部分です。5*[sleep]が5個のsleepで、ほかに今実行したpstree、grepも確認できます。pstree、grep、5個のsleepはすべて兄弟と言えます。

余談ですが、この出力からは筆者（上田）がbashを3つ立ち上げていて、その1つでviというソフトウェア[注10]を使っていることがわかります。bashの上には端末エミュレータgnome-terminalというプロセスがあるので、bashの親は端末エミュレータということになります。

補足（ps --forest）

ps --forestを使うと、psの出力に親子関係の情報を加えることができます。

```
1  $ ps --forest
2      PID TTY          TIME CMD
3    55292 pts/1    00:00:00 bash
4    76935 pts/1    00:00:00  \_ sleep
5    76936 pts/1    00:00:00  \_ sleep
6    76937 pts/1    00:00:00  \_ sleep
7    76938 pts/1    00:00:00  \_ sleep
8    76939 pts/1    00:00:00  \_ sleep
9    76950 pts/1    00:00:00  \_ ps
```

練習2.2.c ビルトインコマンドと外部コマンドを意識する

今までの問題で出てきたsleepなどのコマンドは、実体としてのファイルがあります。多くのLinuxの環境では/bin/ディレクトリ下にsleepというファイルがあり、/bin/sleepという指定でもコマンドは使えます。

```
1  $ /bin/sleep 100
```

このようなコマンドは「**外部コマンド**」と呼ばれます。

一方で、実体となるファイルがマシン上のどこにも存在しないコマンドもあります。たとえば、cdやset、readコマンドなどはその例です。これらは「**ビルトインコマンド**」（あるいは組み込みコマンド）と呼

注10　viはテキストエディタ（以後は単に「エディタ」と表記）の一種で、テキストファイルを人間が読んだり書いたりするソフトウェアです。知らない場合は、「Windowsの『メモ帳』と同じもの」という理解で大丈夫です。

ばれ、シェルの機能として、シェルに直接プログラムされています。

コマンドのうちのいくつかは、外部コマンドとビルトインコマンドの両方が用意されています。たとえばechoはそのうちの1つです。ただ、echoはビルトインでも外部コマンドでもどちらも機能上大きな差はありません。では、ビルトインコマンドを使うメリットは何でしょうか？　次の問題で確かめてみましょう。

練習問題（出題、解答、解説：山田）

次の2つのfor文は、それぞれ外部コマンドのechoとビルトインコマンドのechoを1,000回実行するものです。echoの結果は/dev/nullファイル（補足3で後述）にリダイレクトされるため、標準出力には何も表示されません。

```
1  $ for i in {1..1000}; do /bin/echo "$i" >/dev/null;done
2  $ for i in {1..1000}; do builtin echo "$i" >/dev/null;done
```

builtinは、ビルトインコマンドの使用を明示的に指示したいときに使うコマンド[注11]です。

上記をそれぞれ実行したとき、どちらのほうが完了までに時間がかかるでしょうか？　問題2でも使ったtimeコマンドで時間を計測してみましょう。

解答

両者を比較した結果は以下になります。

```
1  $ time for i in {1..1000}; do /bin/echo "$i" >/dev/null;done
2  real    0m1.194s
3  user    0m0.793s
4  sys     0m0.514s
5  $ time for i in {1..1000}; do builtin echo "$i" >/dev/null;done
6  real    0m0.016s
7  user    0m0.009s
8  sys     0m0.007s
```

筆者（山田）の環境では外部コマンドを使った例は1秒以上かかるのに対し、ビルトインコマンドの例は0.02秒も要しませんでした。ビルトインコマンドのほうが圧倒的に速い結果となりました。

この現象は、今までの練習問題で扱ってきたプロセスと深く関連があります。外部コマンドは、実行されるたびに新しいプロセスとして生成されます。この際にOSが必要なメモリ領域を確保したり、プロセスの一覧表（プロセステーブル）を書き換えたりと、諸々の処理をします。一方でビルトインコマンドは、Bashのプログラム（C言語のコード）中に実装されているので、Bashがビルトインコマンドを呼び出すコストは、あるプログラムが自分の関数を呼び出すときのコストと同じです。これは、プロセスの生成と比べると大幅に軽い処理です。そのため、上の例ではビルトインコマンドの呼び出しのほうが高速に終了したわけです。この実験については、7.3節でも扱います。

注11　builtin自身もビルトインコマンドです。

補足1(ビルトインコマンドの役割)

ビルトインコマンドには動作の速さのほかに、シェルさえ動けば必ず使えるという利点があります。外部コマンドには環境によって存在しないものや、あとからインストールが必要なものがあるので、外部コマンドを含んだスクリプトを書いて複数の環境で実行する際には注意が必要です。一方で、ビルトインコマンドはシェルが動作する環境であれば確実に利用できるため、ポータビリティ[注12]の向上が期待できます。

また、ビルトインコマンドの中には、シェルが状態を覚えておかないといけない処理(ステートフルな処理)を担うものが多くあります。たとえばcdが使われたらシェルはカレントディレクトリを変更しなければなりませんが、もしcdが外部コマンドだと、どこに移動したかの情報を外のプロセスからもらわなければならなくなります。

補足2(外部コマンドとビルトインコマンド)

whichやtype、あるいはcommand -vといったコマンドを利用すると、外部コマンドとビルトインコマンドを見分けることができます。例を示します。

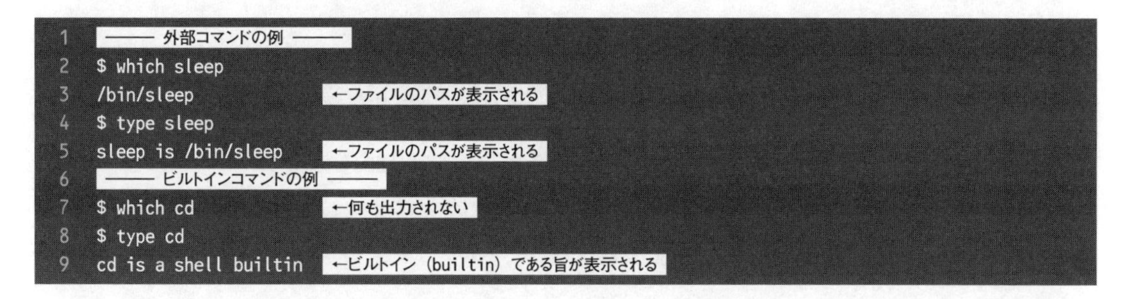

```
1  ―― 外部コマンドの例 ――
2  $ which sleep
3  /bin/sleep                ←ファイルのパスが表示される
4  $ type sleep
5  sleep is /bin/sleep       ←ファイルのパスが表示される
6  ―― ビルトインコマンドの例 ――
7  $ which cd                ←何も出力されない
8  $ type cd
9  cd is a shell builtin     ←ビルトイン(builtin)である旨が表示される
```

ただし、外部とビルトインの両方が存在するコマンドの場合、whichとtypeでどちらが調査されているのか紛らわしいことがあるので注意が必要です。例を示します。

```
1  $ which echo
2  /bin/echo                 ←whichでは外部コマンドのファイルのパスが表示される
3  $ type echo
4  echo is a shell builtin   ←typeではビルトインである旨が表示される
```

補足3(/dev/null)

問題で利用した/dev/nullは、「ビットバケツ」や「デブヌル」と呼ばれる特殊なファイルで、入力された文字をそのまま捨てます。たとえば、次のように、無限に文字列を出力するコマンドをリダイレクトしても、巨大なファイルができることはありません。

```
1  $ seq inf > /dev/null     ←seq infは1から順に無限に整数を出力
```

/dev/nullは、コマンドの標準出力や標準エラー出力のどちらか(あるいは両方)を端末で見たくない場合や、この問題のようにベンチマークのときに利用されます。ベンチマークで利用されるのは、出力を捨てることでファイルに書いたり端末に字を出したりという処理がなくなり、プログラム自体の処理時間を計

注12 「可搬性」を意味します。別の多くの環境で、修正なしで動作できるプログラムに対して「ポータビリティが高い」などと表現します。

測できるようになるからです。

練習2.2.d サブシェルを使う

サブシェルはこれまでも使ってきましたが、今度はプロセスを意識して挙動を理解しましょう。

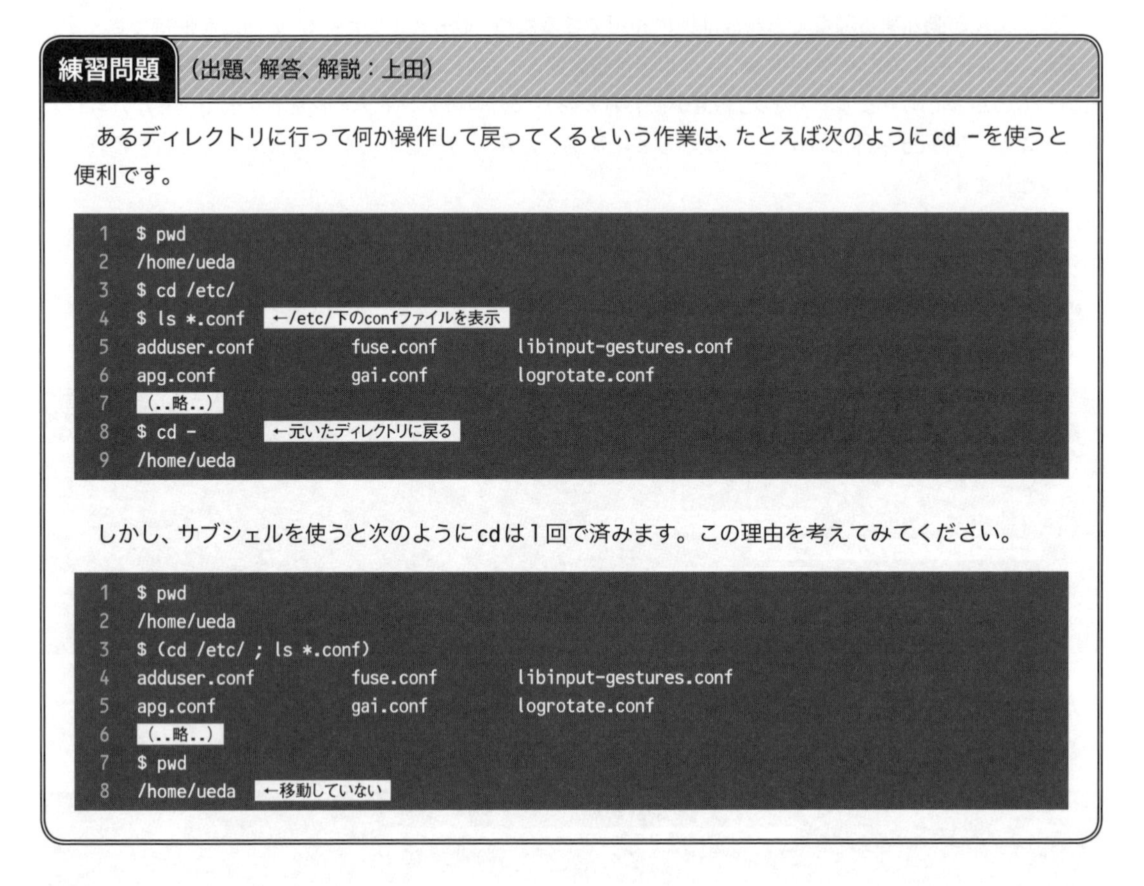

練習問題（出題、解答、解説：上田）

あるディレクトリに行って何か操作して戻ってくるという作業は、たとえば次のようにcd -を使うと便利です。

```
1  $ pwd
2  /home/ueda
3  $ cd /etc/
4  $ ls *.conf        ←/etc/下のconfファイルを表示
5  adduser.conf          fuse.conf        libinput-gestures.conf
6  apg.conf              gai.conf         logrotate.conf
7  (..略..)
8  $ cd -             ←元いたディレクトリに戻る
9  /home/ueda
```

しかし、サブシェルを使うと次のようにcdは1回で済みます。この理由を考えてみてください。

```
1  $ pwd
2  /home/ueda
3  $ (cd /etc/ ; ls *.conf)
4  adduser.conf          fuse.conf        libinput-gestures.conf
5  apg.conf              gai.conf         logrotate.conf
6  (..略..)
7  $ pwd
8  /home/ueda     ←移動していない
```

解答

答え方としては、「サブシェルが、端末で動いているBashとは別のプロセスとして動くから」という例が考えられます。問題の下のコード3行目の**cd /etc/**はサブシェルのプロセスのBashにおいてカレントディレクトリを変えるという操作になるので、今操作しているシェルのカレントディレクトリは元のままです。したがって、サブシェルが終わって次の操作をしようとしたときに、カレントディレクトリが変わっているということはなく、この操作では**cd**が一度で済むということになります。

練習2.2.e コマンド置換とプロセス置換を使う

今度はこれまで使ってきたコマンド置換をおさらいして、さらに、似た機能である**プロセス置換**を利用してみましょう。これらは、コマンドの標準入出力をBashの文字列や引数、ファイルのように扱うための変換に使われます。

練習問題（出題、解答、解説：上田）

revというコマンドを使うと、次のように入力の各行を反転して出力できます。

```
1  $ echo おじさん | rev
2  んさじお
```

これをふまえて、次の「コマンド」の部分を埋めて、所定の出力を得ましょう。

```
1  準備 $ a=きたうらわ
2  小問1 $ echo ${a}を逆さにすると$(コマンド)
3  きたうらわを逆さにするとわらうたき
4  小問2 $ cat <(コマンド) <(echo を逆さにすると) <(コマンド)
5  きたうらわ
6  を逆さにすると
7  わらうたき
```

小問2の<()はプロセス置換するための記法です。<()全体がファイル名のように扱われ、括弧内のコマンドの出力が、そのファイルの内容のように扱われます。

解答

小問1の解答例を示します。

```
1  $ a=きたうらわ
2  $ echo ${a}を逆さにすると$(echo $a | rev)
3  きたうらわを逆さにするとわらうたき
```

$()**の中に書いたコマンドの出力がBashに渡り、**$()全体が文字列に置き換わります。コマンド置換はこれまで何回か使ってきました。

小問2の解答例は出題の際の解説のとおり、次のようになります。

```
1  $ cat <(echo $a) <(echo を逆さにすると) <(echo $a | rev)
2  きたうらわ
3  を逆さにすると
4  わらうたき
```

catは引数にファイル名が複数並ぶと、それらの中身を順番に出力しますが、この解答例ではファイル名のところに**<()**が3個並んでいます。これらがそれぞれファイル扱いされて、括弧内のコマンドの出力が順番に**cat**を通って端末に出てきます。プロセス置換のしくみに関しては、練習7.2.bであらためて扱います。

問題16 変数のローカル化

ここからが本節の本番です。最初に、変数のスコープ（コードの中で参照できる有効範囲）に関する問題を出題します。シェルの動作に詳しくないと、変数のスコープがとても奇妙に感じてしまう例です。

問題 （中級★★ 出題：上田 解答、解説：中村）

```
1  $ n="XYZ";for i in {A..C}; do n+=$i;echo $n;done;echo $n
2  XYZA
3  XYZAB
4  XYZABC
5  XYZABC
```

上に示したワンライナーに少しだけ加筆して、次のように、最後のecho $nがXYZと出力されるようにしてください。つまり、for 〜 doneが、最後のecho $nに影響を与えないようにしてください。

```
1  $ 解答のワンライナー
2  XYZA
3  XYZAB
4  XYZABC
5  XYZ
```

{A..C}はシーケンス式（⇒問題14別解3）を使った記述で、A B Cと展開されます。問題14のときは数字を列挙しましたが、ここではアルファベットの列挙に使っています。

解答

練習2.1.hと練習2.2.dでサブシェルについて触れましたが、Bashはfor文を処理するときに、サブシェルで処理する場合と、そうしない場合とがあります。サブシェルが生成される場合、変数はサブシェルに渡りますが、サブシェルは別のプログラムなので、中で変数を変更しても、もとのシェルにはそれが伝わりません。シェルの変数のスコープは、おもにこのしくみで決まります。

加筆前のワンライナーのfor文ではサブシェルはできません。そのため、for内の変更はそのままあとの処理に反映されます。これを回避するため、for内をサブシェルで実行するように加筆すると解答となります。簡単にサブシェルを作るには、次のようにfor〜doneを丸括弧でくくります。これを解答とします。

```
1  $ n="XYZ";(for i in {A..C};do n+=$i;echo $n;done);echo $n
2  XYZA
3  XYZAB
4  XYZABC
5  XYZ  ←for内の変更がなかったことになっている
```

別解

括弧なしでfor文がサブシェルで実行されるようにしてみましょう。for文にパイプをつなぐと、データを流すしくみの都合上、for文がサブシェルで実行されます。

```
1  別解1(上田)  $ n="XYZ";for i in {A..C};do n+=$i;echo $n;done|cat;echo $n
2  別解2(上田)  $ n="XYZ";w|for i in {A..C};do n+=$i;echo $n;done;echo $n
3  (出力は省略)
```

別解1では、**for〜done**にパイプで**cat**コマンドをつなげることで、暗黙的にサブシェルを生成しています。別解2は、**w**というコマンドをfor文につなげてfor文をサブシェルに降格(?)させています。**w**の出力自体は何にも使われません。

パイプは、異なるプロセス間でのデータの受け渡し方法(**プロセス間通信**)の1つです。両側のコマンドが互いに別のプロセスで動かないと、パイプは機能しません。このような事情から、for文やwhile文にパイプがつながっている場合、Bashはfor文、while文を別のプロセスで実行します。

ただ、これらの別解のように意味のないコマンドをパイプで接続するわけにはいかないので、サブシェルを明示的に使用したい場合は最初の解答のように括弧を使うほうが読みやすくてお勧めです。今回は文字を連結するだけの単純な処理でしたが、たとえばシェルスクリプトを書いている中などで、同様に思ったように変数が書き換わらない、あるいは書き換わってしまったというケースは実際に起こりそうです。そういった場合に今の知識があれば、すぐに問題に気づけるでしょう。この知識は、単なるシェルのトリビアではなく、Linuxのしくみに関係したものなので重要です。

補足1 (fork-exec)

「サブシェルが生成される場合、変数はサブシェルに渡りますが、」と説明しましたが、別のプロセスなのにどうして渡すことができるのでしょうか? 実は、シェルはサブシェルを立ち上げるときに、自分自身を完全にコピーします。この瞬間、まったく同じ内容のプロセスが走ることになりますが、すぐ直後に自身が親なのか子なのかを判断して、子の場合はサブシェルとして実行すべき内容を実行することになり、親の場合はサブシェルの実行結果を待つことになります(待たないこともあります)。また、親は子の終了ステータスを受け取ることができます。このしくみを知っていると、親と子が同じ変数(のコピー)を持っているのは当然だと思えるでしょう。

シェルに限らず、LinuxやUnixで動くプログラムを書くときは、**fork(フォーク)**というしくみで簡単にプロセスを分身させることができます。フォークしたプロセスはコピーなので、変数のほか、プロセスの外との入出力先の情報もコピーされます。

フォークというしくみがあるので、プロセスには練習2.2.bで説明したように親子関係ができます。ただ、単にフォークしただけでは、「**bash**の子は**bash**」という状況しか起こらず、「**bash**の子に**sleep**がぶら下がる」という、練習2.2.bのようなことが起こりません。

そこでもうひとつ、**exec**[注13]というしくみがあります。execは、あるプログラムから別のプログラムにプロセスが化けるしくみです。シェルからは、「**exec 化けたいコマンド**」で簡単にexecを実行できます。たとえば次のように実験すると、**bash**が同じPIDで**sleep**に化けることが確認できます。

```
1  ―― バックグラウンドでbashを立ち上げて、その中でsleep 10したあとに、exec sleep 100する ――
2  $ bash -c 'sleep 10 && exec sleep 100' &
3  [1] 44115
```

注13 エグゼクと読みます。フォークと違ってexecはあまりカタカナでは表記されないようです。また、フォークもexecと対になるときはforkと書かれます。

```
4  ──── すぐにpsすると、bashの親子ができているのがわかる（子はsleep 10実行中）────
5  $ ps --forest
6     PID TTY          TIME CMD
7   21943 pts/4    00:00:00 bash
8   44115 pts/4    00:00:00  \_ bash
9   44116 pts/4    00:00:00  |   \_ sleep
10  44125 pts/4    00:00:00  \_ ps
11 ──── 10秒たってからpsすると、子供だったbashがsleepに化けている ────
12 $ ps --forest
13    PID TTY          TIME CMD
14  21943 pts/4    00:00:00 bash
15  44115 pts/4    00:00:00  \_ sleep  ←PID44115のプロセスがbashからsleepに変化
16  44194 pts/4    00:00:00  \_ ps
```

bash -c ……のPIDは44115ですが、10秒たって**exec sleep 100**すると、同じPIDで**sleep**が動いている状態になります。これで、「親が**bash**なのに子が**sleep**」という状況が起こり得るようになります。また、**ps**の出力からは直接見えませんが、**bash -c**のプロセスも、**bash -c**の中で最初に実行した**sleep 10**のプロセスも、元のシェルがフォークして瞬時にexecされてできたものです。

これをふまえると「シェルがコマンドを呼び出す」というのはかなり省略した表現で、「シェルがforkして、子のシェルが瞬時にexecしてコマンドになる」と書いたほうがより正確です。この、コマンドを立ち上げるしくみは、forkとexecをセットにして、**fork-exec**と呼ばれます。

補足2（fork-execの際のファイル、変数の引き継ぎ）

execしても、子のコマンドはforkで親から得たファイル記述子をそのまま受け継ぎます。そのため、親が端末で字を出力していれば、子も端末に字を出力することができます。一方、変数については、execのあと、**環境変数**というタイプの変数のみが子に残ります。環境変数はシステムやシェル内でコマンドの振る舞いを変えるために用いられる変数です。次の例は、環境変数**LANG**（練習1.2.g補足のコマンド中に登場）で**date**の振る舞いを変える例です。

```
1  $ echo $LANG
2  ja_JP.UTF-8                 ←日本語の環境
3  $ date
4  2020年 11月 13日 金曜日 10:38:18 JST
5  $ LANG=C                    ←LANGの値を変える
6  $ date
7  Fri Nov 13 10:38:23 JST 2020  ←英語になる
8  $ LANG=ja_JP.UTF-8          ←元に戻しましょう
```

シェル内には環境変数と、そうでない変数が混在しています。「そうでない変数」は**シェル変数**と呼ばれます。

環境変数を親から子へ引き継ぐしくみは、OSがプロセスをいちいち作って入出力先を選んで……とやるよりも手続きが簡単で、OSを簡潔に保つうえで非常にスマートな方法と言えます。

ただし、メモリのコピーが発生するため、親のプロセスが巨大だと、フォークのたびにメモリや時間を食うことになります。練習2.2.cは、実はこの実験になっています。また、Bashの**man**には、「bashは大き過ぎるし、遅過ぎます」という記述があります。

補足3（システムコール）

forkやexecをプログラミング言語で利用するときは、**システムコール**を利用します。システムコールはOSが用意しており、プロセスがOSの機能を利用するときに呼び出します。C/C++でプログラムを書く場合、システムコールはたとえばforkの場合、普通の関数のように`fork()`、あるいは`clone()`と記述して呼び出すことができます。この呼び出しのことは「システムコールの発行」と表現されます。また、システムコールのマニュアルは`man`の2章に記述されており、`man 2 fork`、`man 2 clone`などと実行すると閲覧できます。execについてはLinuxの場合、`execve`、`execveat`というシステムコールが存在します。システムコールについては、7.3節で扱います。

問題17 コマンドが使えないときのコピー

次は、外部コマンドが使えなくなったときにデータを救出する問題です。Bashの機能だけで外部コマンドの代替機能を実現しましょう。

問題 （中級★★　出題、解答、解説：上田）

トラブルで`cat`や`cp`などの外部コマンドがいっさい使えない状況に陥りました。Bashのビルトインコマンドや機能だけで`/etc/passwd`を`~/a`にコピーしてください。

解答

Bashのループを使う方法が素直です。

```
1  $ while read ln ; do echo $ln ; done < /etc/passwd > ~/a
```

`/etc/passwd`から1行ごとに変数`ln`に読み込んで、それを`echo`で出力しています。Bashでは、このようにループ全体に対してリダイレクト操作をすることができます。

別解

`/etc/passwd`の場合は行頭に空白がないので前述の解答例でもいいのですが、もし行頭に空白があると`read ln`の段階で消えてしまいます。行頭の空白を残したい場合は、次のようにもっと文法的に攻めた書き方で実現できます。

```
1  別解（eban） $ echo "$(</etc/passwd)" > ~/a
```

この別解はBashのコマンド置換を利用した例で、すっきりと記述できています。`$(<ファイル)`はコマンド置換の拡張的な機能で、これを使うとファイルの中身を引数に置き換えられます。

問題18 シェルのビルトインだけでの集計

前問から引き続き、外部コマンドなしでファイルを扱う問題を出題します。今度は集計です。

問題 （上級★★★　出題：今泉　解答：上田　解説：今泉）

/etc/passwdには、各ユーザーのログインシェルが記録されています。ログインシェルとはシステムにログインしたときに最初に起動されるシェルです。次の例のように、/etc/passwdはコロン区切りのデータで、1列目にユーザー、7列目にログインシェルが記録されています。

```
1  $ head -n 3 /etc/passwd
2  root:x:0:0:root:/root:/bin/bash
3  daemon:x:1:1:daemon:/usr/sbin:/usr/sbin/nologin
4  bin:x:2:2:bin:/bin:/usr/sbin/nologin
```

これをふまえて、/etc/passwdに記述されている各シェルの数を集計してみましょう。集計には、外部のコマンドをいっさい用いず、Bashのビルトインコマンドや機能だけを用いてください。ログインシェルとして/sbin/nologinなどシェルでないものを指定してある場合もありますが、出力するかどうかは自由とします。

解答

解答は次のようになります。

```
1  $ declare -A x ; IFS=: ; while read {a..g} ; do x[$g]+=.  ; done < /etc/passwd ; for s in ${!x[@]} ;
   do echo $s ${#x[$s]}; done ; unset x
2  /bin/bash 2
3  /bin/false 6
4  /usr/sbin/nologin 38
5  /bin/sync 1
```

Bashの機能をふんだんに利用しているので少し難しく感じますが、左側から読み解いていきましょう。

while文の前の**declare -A x**と**IFS=:**は、それぞれ**x**という連想配列を作る処理（⇒練習2.1.f）、シェルの入力行をフィールドに区切るセパレータを**/etc/passwd**にあわせてコロン（**:**）にする処理です（⇒問題15）。

while文の冒頭に移りましょう。**read {a..g}**とありますが、これは**read a b c d e f g**として解釈されます。**{a..g}**はシーケンス式（⇒問題16）です。**/etc/passwd**の各行は**IFS=:**の作用でコロン区切りのデータとして**read**で扱われるので、コロンで区切られた1列目から7列目までの文字列が各変数にセットされます。

次の**do**で実行している**x[$g]+=.**の左辺**x[$g]**は、連想配列**x**の変数**g**の値（ログインシェルの名前）をキーにする要素を指します。これに、**+=.**で「**.**」を1つ連結しています。この処理で、この要素には、対応するログインシェルの数だけ「**.**」が入ります。たとえば、**x["/bin/bash"]**には、**/bin/bash**が5個だとすると「**.....**」という値が入ります。

for文では、**x**の各キーを**${!x[@]}**で取り出し、変数**s**にセットしています。そして、**do**の中で、**s**と**x[$s]**の文字列長**${#x[$s]}**（⇒練習2.1.f補足1）を出力しています。これでどのシェルがいくつあったか、端末に表示されます。

最後のunset xは、使用した連想配列xを消去するためのコマンドです。これを忘れた場合、このワンライナーを2回以上実行すると結果が変わってしまいます。

別解

/etc/passwdのログインシェルは、たまに空欄になっていることがあり、解答例だとエラーを起こすことがあります。次の別解1は、もう少し慎重な処理になるように、解答に加筆したものです。

```
1  別解1(上田)  $ declare -A x ; IFS=: ; while read {a..g} ; do [[ "$g" = "" ]] || x[$g]+=. ; done </etc/
   passwd ; for s in ${!x[@]} ; do echo $s ${#x[$s]} ; done ; unset x
```

x[$g]+=.の処理を[["$g" = ""]]でガードしています。[[ ]]はテストコマンドの[ ]と似ていて機能はほぼ同じです。しかし、typeというコマンドを利用して調べると、

```
1  $ type [[
2  [[ はシェルの予約語です
3  $ type [
4  [ はシェル組み込み関数です
```

という違いがわかります。[は外部コマンドにも存在するので、ここでは[[を使いました。

リスト2.7の別解2は連想配列を使わないで、while文とcase文を利用して集計したものです。この例ではnologin注14とbashの数だけを数えています。ワンライナーだと長いのでシェルスクリプトの形式で示しています。

リスト2.7 別解2(今泉)

```
1  IFS=:
2  while read id p u g e d shell
3  do
4      case ${shell} in
5          */nologin )
6              nologin=$((${nologin} + 1));;
7          */bash )
8              bash=$((${bash} + 1));;
9      esac
10 done < /etc/passwd
11 echo "nologin: " ${nologin}
12 echo "bash:    " ${bash}
```

caseはこの例のように、場合分けに使いたい変数をcase〜esacの間に書き、5、7行目のようにパターン)で場合分けして書きます。各条件で実行したい処理の終わりは;;で示します。

パターンのcase文の*/bashは、変数shellの値が「任意の文字列/bash」のときにマッチします。*/nologinも同様です。この、「*」は**ワイルドカード**の一種です。ワイルドカードについては次節で扱います。

注14 ユーザーには、人のために用意されたものではなく、ある特定のプログラムを走らせるためのものが存在しますが、仮にそのようなユーザーが端末からシェルを使おうとしたときに、メッセージを出してお断りするためのコマンドです。

問題19 シェルの機能を利用したファイルの上書き

次の問題は、Bashのニッチな機能に関するものです。

問題 (上級★★★　出題、解答：上田　解説：山田)

cardnoファイル(リスト2.8)には、クレジットカード番号が1つだけ入っています。このファイルの数字の頭8桁を、Bashで外部コマンドも変数も使わずに、図2.4の出力例のように「x」でマスクして上書きしてください。

リスト2.8 cardno

```
1  1234-5678-9012-3456
```

図2.4 出力例

```
1  $ 解答のワンライナー
2  $ cat cardno
3  xxxx-xxxx-9012-3456
```

解答

次のように1<>を使うと、シンプルに処理を記述できます。

```
1  $ printf xxxx-xxxx 1<> cardno
```

上記コマンドを実行すると、cardnoは図2.4の3行目のように書き換わります。

この解答で利用されている<>は問題13でも出てきました。manページの<>の説明には、

```
1  $ man bash
2  (..略..)
3      読み書きのためのファイル・ディスクリプターのオープン
4          リダイレクト演算子
5
6                [n]<>word
7  (..略..)
```

というように<>の前に番号を置くことができるとあります。番号を記述すると、読み書きに使うファイルディスクリプタ(⇒練習2.1.a)(以下、FDと表記)の番号を指定することができます。

解答例の1<> cardnoは「cardnoを1番のFDの入力元と出力先に割り当てよ」という意味になります。1番は標準出力(⇒練習2.1.a)です。標準出力の先をファイルにリダイレクトするときは通常>を使いますが、これだと次のように、元のcardnoのデータが消えてしまいます。1>を使っても同じです。

```
1  $ printf xxxx-xxxx > cardno
2  $ cat cardno
3  xxxx-xxxx
```

一方、1<>という記述ではファイルの内容が全消去はされませんでした。これはなぜでしょうか？　この理由は、<>がファイルを「入」出力のために利用するオプションなので、ファイルが入力に備えて消去されないからです。このようなBashの挙動から、ファイルの内容が消えずに、入力のあった分だけ上書きされ

る結果になったわけです。

このときのOSの挙動は、解析用のコマンドを使うと調べることができます。練習7.3.aでさらに調査をしてみます。

別解

変数を使った例も紹介しておきます。

```
1 別解1(山田) $ IFS=-;a=($(<cardno));echo xxxx-xxxx-${a[2]}-${a[3]} > cardno
2 別解2(上田) $ a=$(<cardno);echo xxxx-xxxx-${a:10} > cardno
3 別解3(上田) $ ( read a ; echo xxxx-xxxx-${a:10} > cardno ) < cardno
```

別解1はこれまで出てきた**IFS**と**$(<)**、Bashの配列を組み合わせたものです。**IFS**にハイフンを設定して、配列**a**にハイフンで区切られた4個の要素として数字を読み込み、マスクした文字列を作って**cardno**に出力しています。

別解2では変数に**cardno**の中身をセットして、部分文字列を使ってマスクした文字列を作っています。別解3はサブシェル内で標準入力から**cardno**の中身を呼び出し、**read a**で変数に代入してから部分文字列を使ってマスクした文字列を作って**cardno**に戻しています。一見、同じファイルに対して同時に入出力しておりファイルの中身が消えそう[注15]ですが、**read a**が出力の準備前に終わっているので大丈夫です。

補足（<>の使いみち）

<>はこの問題で紹介したように、ファイルの一部だけを上書きする用途で活用できます。また、Bashには**/dev/tcp**という、ネットワーク通信に使える擬似的なファイル名があります。このファイル名に**<>**でFDを割り当てれば、シェル上の入出力の操作でデータの送受信ができます。**/dev/tcp**については本書の第7章、ネットワークについては第9章で説明します。

```
1  ↓5番のFDをTCP通信に使う
2  $ exec 5<> /dev/tcp/example.com/80
3  ↓5番のFDに対してリクエストを送る
4  $ printf "GET / HTTP/1.0\\nHost: example.com\\n\\n" >&5
5  ↓レスポンスの内容をcatで取得
6  $ cat <&5
7  HTTP/1.0 200 OK
8  Accept-Ranges: bytes
9  （以下、レスポンスが端末に出力される）
10 ↓5番のFDを閉じる
11 $ exec 5>&-
```

注15 たとえば何かデータの入ったファイルaに対し、cat < a > aとするとaが空になります。aの中身の入力前に、出力に備えてaが空にされるからです。

2.3 ブレース展開とファイルグロブを使いこなす

次に、ファイルを扱うときによく使う、ブレース展開とファイルグロブについておさえます。

練習2.3.a ブレース展開

問題14別解3では、`{1..100}`をfor文に与えることで`1`から`100`までの数字を生成しました。また、問題16でも`{A..C}`で`A`から`C`までの文字を生成しました。これらは「シーケンス式」であると説明しましたが、シーケンス式は、Bashの**ブレース展開**という記述方式に属します。ブレース展開にはほかに、文字列の組み合わせを生成する書き方があります。シーケンス式や文字列の組み合わせの練習をしましょう。

練習問題 (出題、解答、解説：上田)

ブレース展開には、シーケンス式に加え、次のようにカンマを並べて組み合わせを作る書き方があります。

```
1  $ echo {山,上}田
2  山田 上田
3  $ echo {山,上}{田,本}
4  山田 山本 上田 上本
```

これをふまえ、各小問について、所定の出力が得られるようにechoの「引数」を考えてください。

```
1  小問1 $ echo 引数
2  1.txt 1.bash 2.txt 2.bash 3.txt 3.bash 4.txt 4.bash 5.txt 5.bash
3  小問2 $ echo 引数
4  2.txt 2.bash 4.txt 4.bash 6.txt 6.bash 8.txt 8.bash 10.txt 10.bash
5  小問3 $ echo 引数
6  山田 山 上田 上
```

解答

小問1の出力は`{1..5}`と`{.txt,.bash}`を組わせることで生成できます。

```
1  小問1 $ echo {1..5}{.txt,.bash}
2  1.txt 1.bash 2.txt 2.bash 3.txt 3.bash 4.txt 4.bash 5.txt 5.bash
```

次のようにピリオドを括弧から出しても大丈夫です。

```
1  小問1別解 $ echo {1..5}.{txt,bash}
2  1.txt 1.bash 2.txt 2.bash 3.txt 3.bash 4.txt 4.bash 5.txt 5.bash
```

小問2については、`{2,4,6,8,10}`と数字を並べても良いのですが、次のように書くと(そんなに文字数は変わりませんが)面倒ではありません。

```
1  小問2 $ echo {2..10..2}{.txt,.bash}
2  2.txt 2.bash 4.txt 4.bash 6.txt 6.bash 8.txt 8.bash 10.txt 10.bash
```

{2..10..2}というシーケンス式で、2から10までの数字を2個ごとに出力してくれます。

小問3の出力は、ブレース展開内の文字列の1つを空にすると実現できます。

```
1  小問3 $ echo {山,上}{田,}
2  山田 山 上田 上
```

練習2.3.b ワイルドカードとファイルグロブ

次は複数のファイルを一挙に指定する方法をおさえます。問題2において、ディレクトリ内のPNGファイルを列挙するために、ls *.pngというコマンドを使いました。この「*」は「0文字以上の文字列」を意味する**ワイルドカード**と呼ばれる記号の1つです。正規表現に使われる「*」と似ていますが、少し違います[注16]。ワイルドカードにはほかに、任意の1文字を表す「?」や、内側に書いた文字のいずれかを表す[]があります。また、*.pngのような文字列は**グロブ**と呼ばれます。グロブは正規表現に似ていますが、記号の使い方が異なることと、ディレクトリ名やファイル名のみが対象になることが違います。

練習問題 （出題、解答、解説：上田）

次のようにファイルをたくさん作り、そのうち2つを削除します。

```
1  $ mkdir tmp
2  $ cd tmp
3  $ touch {1..100}.{txt,bash}
4  $ rm 5.txt 25.bash
```

次の各小問について、所定の出力が得られるようにlsの「引数」を考えてください。なるべくブレース展開よりもワイルドカードを使うようにしてください。lsの出力は端末の幅によって変わるので、横1列である必要はありません。

```
1  小問1 $ ls 引数
2  1.txt  2.txt  3.txt  4.txt  6.txt  7.txt  8.txt  9.txt
3     ↑1桁の番号のtxtファイル
4  小問2 $ ls 引数
5  15.bash  15.txt  25.txt  65.bash  65.txt
6     ↑10の位が1, 2, 6のいずれかで1の位が5のファイル
7  小問3 $ ls 引数
8  1.bash  1.txt  3.bash  3.txt  4.bash  4.txt  5.bash  6.bash  6.txt  7.bash  7.txt  8.bash  8.txt
9     ↑ 2, 9の付かない1桁の数字を持つファイル
```

解答

小問1は、「?」を使うと簡単に表現ができます。

注16 正規表現の場合は .* ですね。

```
1  $ ls ?.txt
2  1.txt  2.txt  3.txt  4.txt  6.txt  7.txt  8.txt  9.txt
```

なお、5.txtを消してしまったため、{1..9}を使うとエラーが出てしまいます。

```
1  $ ls {1..9}.txt
2  ls: '5.txt' にアクセスできません: そのようなファイルやディレクトリはありません
3  1.txt  2.txt  3.txt  4.txt  6.txt  7.txt  8.txt  9.txt
```

ブレース展開はファイルの列挙によく用いられますが、単に文字列を生成するだけでファイルの有無については面倒を見てくれません。一方、ワイルドカードは常にディレクトリの中の状態に左右されます。

小問2の出力は、次のように[]と*を組み合わせると得られます。

```
1  $ ls [126]5.*
2  15.bash  15.txt  25.txt  65.bash  65.txt
```

小問3については、「2、9以外」というのを[1345678]と書いても良いのですが、[]の中の先頭に否定の「!」あるいは「^」を置くと、「括弧内の文字を含まない1文字」という意味になります。また、2345678を2-8と略記できます。解答として、それぞれの使用例を示します。

```
1  $ ls [!29].*
2  1.bash  1.txt  3.bash  3.txt  4.bash  4.txt  5.bash  6.bash  6.txt  7.bash  7.txt  8.bash  8.txt
3  ── 次の2つも正解（出力は省略）──
4  $ ls [^29].*
5  $ ls [13-8].*
```

問題20 lsの出力をシェルの機能で

では、これまで習得したBashの文法とファイルグロブの機能を使って問題を解いてみましょう。

問題（初級★　出題、解答：中村　解説：上田）

あなたはうっかり/binを削除してしまい、主要なコマンドが利用できなくなってしまいました。調査のために、ファイルリストを表示したいのですが、lsコマンドが使えません。lsなどの外部コマンドを使わずに、/usr直下にあるファイルとディレクトリ（たいていの環境ではディレクトリのみ）の一覧を図2.5のように縦に表示してください。シェル（Bash）は端末を閉じない限り生きていることとします。単に問題の難易度を上げるための制約ですが、フルパスでは（/usr/binなどとは）出力しないで、図2.5のようにディレクトリ名のみを出力してください。

図2.5 出力例

```
1  bin
2  games
3  include
4  lib
5  local
6  sbin
7  share
8  src
```

解答

次のように実行すると、リストが縦に並んで出てきます。

```
1  $ for i in $(cd /usr;echo *); do echo $i ; done
```

この解答例では、まずコマンド置換**$()**の中で**cd /usr**によって**/usr**内に移動し、その中で**echo ***を実行しています。**$()**内を実行してみましょう。

```
1  $ cd /usr;echo *
2  bin games include lib local sbin share src
```

問題では、これを縦に出力せよ、と言っているので悩みどころですが、解答ではfor文（⇒練習2.1.g）に食わせて1つずつ**echo**することで、この出力を実現しています。

念のため、**cd**と**echo**がビルトインコマンドかどうかを調べておきましょう。**type**で調査できます（⇒練習2.2.c補足2）。

```
1  $ type cd
2  cd はシェル組み込み関数です
3  $ type echo
4  echo はシェル組み込み関数です
5  ―― ついでにforも調査（doもdoneも同様に「予約語」です。）――
6  $ type for
7  for はシェルの予約語です
```

練習2.2.cでは**builtin echo**と実行してビルトインコマンドのほうの**echo**を呼び出しましたが、ただ**echo**と実行した場合、ビルトインコマンドが優先されます。

別解

シェルの文字列処理の機能を使った解答を示します。

```
1  別解1(上田) $ for f in /usr/* ; do echo ${f##*/} ; done
2  別解2(上田) $ a=(/usr/*); echo -e ${a[@]/\/usr\//\\n} (echo -e ⇒問題6別解1)
```

別解1のfor文では、**/usr/***が**/usr/bin/ /usr/games** ……と展開されて、各絶対パスが**f**に代入されます。そして、シェルの**${変数名##除去したい文字列}**という機能を使って、絶対パスからディレクトリの部分を除去して出力します。別解2は、Bashの配列を作り、Bashの文字列の置換（⇒練習2.1.c）を使って**/usr/**を改行に置換して出力しています。別解2の出力には、一番上に余計な空行が入ります。

問題21 条件がややこしいファイルの一覧の作成

次は、Bashの機能を使うと解決が楽になるという問題です。

問題 （初級★　出題、解答、解説：上田）

図2.6にあるようなディレクトリツリー（リポジトリにあります）から、

- dir_a直下のファイル
- dir_b直下のファイル（直下にあるfile_1とfile_2のみ）
- dir_c内のファイルすべて（dir_cの子、孫のディレクトリのファイルを含む）

の一覧を作って、パスを辞書順にソートしてください。出力のイメージを図2.7に示します。

図2.7 出力例

```
1 $ 解答のワンライナー
2 dir_a/file_1
3 dir_a/file_2
4 dir_b/file_1
5 dir_b/file_2
6 dir_c/dir_b/dir_a/file_1
7 dir_c/dir_b/file_1
8 dir_c/dir_b/file_2
```

図2.6 ディレクトリ例

```
1 $ sudo apt install tree
2  ↑treeがない場合、インストール
3 $ LANG=C tree
4 .
5 |-- dir_a
6 |   |-- file_1
7 |   `-- file_2
8 |-- dir_b
9 |   |-- dir_a
10 |   |   `-- file_1
11 |   |-- dir_c
12 |   |   |-- file_1
13 |   |   `-- file_2
14 |   |-- file_1
15 |   `-- file_2
16 `-- dir_c
17     `-- dir_b
18         |-- dir_a
19         |   `-- file_1
20         |-- file_1
21         `-- file_2
22
23 7 directories, 10 files
```

解答

まず、グロブを使わない方法を示します。find -type fで、カレントディレクトリのファイルの一覧を出力することができます。

```
1 $ find -type f
2 ./dir_c/dir_b/file_2
3 (..略..)
4 ./dir_b/dir_c/file_2
5 ./dir_b/dir_c/file_1
6 ./dir_b/dir_a/file_1
7 ./dir_b/file_1
```

次に、dir_bの下のディレクトリ（dir_a、dir_c）の名前がパスに入っているものを除外します。grep -vを使うと検索条件を反転させることができるので、dir_b/dという検索語を用意して、それを含まない行を出力します。さらに、sortにつなげると辞書順にソートされて目的の出力が得られます。解答例を示

します。

```
1  $ find -type f | grep -v "\./dir_b/d" | sort
2  ./dir_a/file_1
3  ./dir_a/file_2
4  ./dir_b/file_1
5  ./dir_b/file_2
6  ./dir_c/dir_b/dir_a/file_1
7  ./dir_c/dir_b/file_1
8  ./dir_c/dir_b/file_2
```

別解

Bashのglobstarという機能を使うと、もっと簡単に問題文をコマンドに落とし込めます。次のように実行すると、dir_cの下だけ、子、孫のディレクトリのファイル一覧が出力されます。パスは辞書順にソートされます。

```
1  $ shopt -s globstar  ←globstarを有効にする
2  $ echo dir_a/* dir_b/* dir_c/**
3  dir_a/file_1 dir_a/file_2 dir_b/dir_a dir_b/dir_c dir_b/file_1 dir_b/file_2 dir_c/ dir_c/dir_b dir_c/
   dir_b/dir_a dir_c/dir_b/dir_a/file_1 dir_c/dir_b/file_1 dir_c/dir_b/file_2
```

「**」がglobstarの機能を使うときの記号です。その前に使ったshoptはBashの拡張機能をセットするときに使うコマンドです。あとは出力を縦にして、ディレクトリを指すパスを消す作業があります。次の例はechoのあとにgrep -oをつなげて、この作業を同時に行う例です。

```
1  $ shopt -s globstar
2  別解（上田） $ echo dir_a/* dir_b/* dir_c/** | grep -o "[^ ]*[0-9]"
3  （図2.7の出力例が得られる）
```

grepの正規表現には少々手抜きが入っており、ディレクトリ名がアルファベットで終わり、ファイル名が数字で終わるという、この問題でしか当てはまらない性質を利用しています。

補足（一時的な環境変数の変更）

問題にあったLANG=C treeの構文（環境変数=値 コマンド）は、環境変数を一時的に変えてコマンドに渡すときに使われるものです。dateで例を示します。

```
1  $ echo $LANG
2  ja_JP.UTF-8
3  $ LANG=C date                    ←dateだけLANG=Cで実行
4  Fri Nov 13 11:02:15 JST 2020     ←英語で表示される
5  $ echo $LANG
6  ja_JP.UTF-8                      ←元のLANGは変化しない
```

問題22 ダミーのFQDNの生成

最後に、一見シェルとは関係ない問題を出して、本節の締めとします。なお、ダミーデータの生成については8.2節、ネットワークに関する知識については第9章であらためて扱います。

問題 (中級★★ 出題、解答：上田 解説：山田)

リスト2.9のように、なるべくそれっぽいFQDN (⇒問題5) のリストを作ってください。100個程度ランダムにFQDNができれば十分としますが、できる人はより多種多様なFQDNを生成してください。

リスト2.9 FQDNの例

```
1 yabai.shellgei.co.jp
2 ojisan.happy.com
3 usankusai.singularity.tech
4 (..略..)
```

解答

本節で練習したブレース展開が頭に浮かぶと、すぐ終わらせられる問題です。たとえば次のように実行すると、3つの{}内に並べた語句の全組み合わせが出力されます。

```
1 $ echo {A,B,C}.{A,B,C}.{jp,com,tech,org,net}
2 A.A.jp A.A.com (..略..) C.C.org C.C.net
```

この例では、最後のブレースの中にcomやjpなど、URLでよく見る単語を付けました。これでほかのブレースに適当に単語を入れると、FQDNっぽくなります。ちなみにcomやjp、govなどFQDNの一番後ろに付いている単語は**TLD** (Top Level Domain、トップレベルドメイン) と呼ばれます。これらFQDNのルールについては、第9章でネットワークの問題を解く際に説明することにします。

ただ、これだとexample.jpのような3単語でないFQDNが作れません。これは、ブレースの中で何も文字列を書かずに空の項目 (カンマ (,) のみ) を記載して可能となります。

```
1 ↓{A,B,C}から{A,B,C,}に変更
2 $ echo {A,B,C,}.{A,B,C}.{jp,com,tech,org,net}
3 (..略..) .C.tech .C.org .C.net
```

このように、.C.techのような2単語のFQDNが生成できます。余計なドット (.) はあとで削除します。

ここまでの内容をふまえてFQDNを作っていきましょう。ブレース展開で出力される結果は半角スペース区切りなので、trで改行に変換し、各行に結果が出るようにします。加えて、A、B、Cではなく、それっぽい単語に置き換え、さらにTLDも増やします。

```
1 $ echo {mail,blog,eng,www,help,sub,ns,}.{robotics,ojisan,yamada,ueda,nakamura,tashiro,blacknon}.{co.
  jp,com,tech,org,jp,go.jp,com.tw,asia} | tr ' ' '\n'
2 mail.robotics.co.jp
3 (..略..)
4 .blacknon.asia
```

問題では100種類程度ランダムに出力するという条件を記載していました。出力結果をランダムに並べ

替えるためには、意外にもsortコマンドが使えます[注17]。-Rオプションで、入力された各行がランダムに並び替えられます。その後、headコマンドで100行取り出します。

```
1  $ echo {mail,blog,eng,www,help,sub,ns,}.{robotics,ojisan,yamada,ueda,nakamura,tashiro,blacknon}.{co.
   jp,com,tech,org,jp,go.jp,com.tw,asia} | tr ' ' '\n' | sort -R | head -n 100
2  (出力は省略)
```

最後に行頭のドットをsedで除けば解答となります。

```
1  $ echo {mail,blog,eng,www,help,sub,ns,}.{robotics,ojisan,yamada,ueda,nakamura,tashiro,blacknon}.{co.
   jp,com,tech,org,jp,go.jp,com.tw,asia} | tr ' ' '\n' | sort -R | head -n 100 | sed 's/^\.//'
2  (..略..)
3  blacknon.go.jp
4  ns.tashiro.go.jp
5  (..略..)
```

別解

別解として、一部のLinuxにデフォルトで存在する/usr/share/dict/wordsという英単語を含んだファイルを使った解答を紹介します。本来はスペルチェックの用途などに利用されますが、このようなダミーデータ生成にも便利です。

```
1  別解1(上杉) $ seq -f 'echo $(grep -E "^[a-z]+$" /usr/share/dict/words|shuf -n1).$(shuf -n1 -e {com,
   org,{co.,}jp,net}) # %g' 100 | bash
2  別解2(eban) $ printf '%s\n' www mail ns mx log radius ap | join -j9 -t. - <(cat /usr/share/dict/words
    | sed '/[^a-z]/d') | join -j9 -t. - <(printf '%s\n' com org info co jp ac jp) | sed s/..//
```

別解1では、seq -fを使って、echo $(wordsファイルから1単語選ぶ).$(com, org, co.jp, jp, netから1つ選ぶ)というコマンドを100個作り、bashに実行させています。shufは入力されたデータの行をランダムに並び替え（シャッフル）するコマンドで、shuf -n1で、シャッフルしたうえで1つ選ぶ、つまりランダムで1行選ぶという意味になります。また、shuf -n1 -eとすると、引数から1つ選ぶ意味になります。別解2のjoinの使い方については、練習6.1.cで説明します。

2.4 シグナルを理解してあやつる

練習1.2.bでは、Ctrl＋Cなどの操作でコマンドを止めましたが、これには**シグナル**というしくみが使われています。シグナルは、プロセス間通信のためのしくみの1つです。本節では、シグナルについて基本をおさえます。

注17　別解に出てくるshufも使えます。こちらを使う場合はオプションは不要です。

練習2.4.a シグナルの操作

まず、プログラムが暴走したときにお世話になる、killというコマンドについて練習しましょう。

練習問題 (出題、解答、解説：上田)

次のようにsleepをバックグラウンド (⇒練習2.2.a補足) で動かします。バックグラウンドジョブを走らせると、ジョブ番号とプロセスID (PID) が1つ表示されます注18。

```
1  $ sleep 1000 &
2  [1] 18973  ←ジョブ番号とPID
```

次のように実行すると、このプロセスを止めることができます。引数には何が入るでしょうか。推測してやってみましょう。

```
1  $ kill 引数  ←引数は1つだけに限定する
```

解答

どのプロセスを止めたいかを識別しなければならないので、引数にはPIDが入ります。

```
1  $ kill 18973
2  $  ←もう一度Enterを押す
3  [1]+  Terminated              sleep 1000
```

また、次のようにジョブ番号を使っても止まります。

```
1  ――― 再度sleepを立ち上げておきましょう ―――
2  $ kill %1
3  $
4  [1]+  Terminated              sleep 1000
```

補足 (シグナル)

killは、**シグナル**を送信するためのコマンドです。killを使うと、どの端末からでも特定のプロセスに向けてシグナルを送ることができます。そのため、ある端末でプログラムが暴走して、端末が操作を受け付けなくなった場合などに、ほかの端末から暴走を止めるというように使うことができます。

練習1.2.bで使った Ctrl + C も、シグナルを送信します。ただ、シグナルにはいろいろ種類があり、Ctrl + C を使うと、この問題で送ったものとは違う種類のシグナルが送られます。シグナルの種類については、次の練習問題で扱います。

注18　2つ以上のコマンドをパイプでつなげて実行しても、1つだけPIDが表示されます。

練習2.4.b シグナルの種類

シグナルは単にプロセスを終了させるためのものだけではなく、いくつかの種類があり、用途に応じて使い分けされます。また、プロセスを終了させるシグナルだけでも、いくつもの種類があります。次は、シグナルを受ける側の視点で、シグナルの種類に関して学習します。

練習問題 （出題、解答、解説：上田）

リスト2.10のようなnotrap.bashというシェルスクリプトを書いて実行すると、Ctrl＋Cでも、別の端末からkillしてもシェルスクリプトを止めることができます[注19]。

リスト2.10 notrap.bash

```
1 #!/bin/bash
2 echo $$         ←自身のPIDを表示
3 sleep 10000     ←このスクリプトを終わらせないためにsleep
```

コメントにあるように、$$は自身のPIDを保持しているシェルの変数です。

リスト2.11に示すtrap.bashは、notrap.bashにtrapというビルトインコマンドをしかけたもので、実行するとCtrl＋Cが効かなくなります。

リスト2.11 trap.bash

```
1 #!/bin/bash
2 trap '' 2  ←trapをしかける
3 echo $$
4 sleep 10000
```

trapは、このシェルスクリプトがシグナルを受け取ったときに実行する手続きをセットするコマンドで、この例では、''で何もしないことを指定しています。この場合、その後ろに書いた「2番という番号を持つシグナル」は無視されます。

trap.bashの2を別の番号に変更し、「kill プロセス番号」で落とせなくしてみましょう（Ctrl＋Cでは落とせるようにしてかまいません）。シグナルの番号については、man killとkill -lで調べることができます。

解答

シグナルには種類があるということなので、killにプロセス番号を指定するとどんなシグナルが送られるのか調べてみましょう。man killを実行すると、書式のところで次の記述を見つけることができます。

```
1 $ man kill
2 (..略..)
3        kill pid ...              リストされた全てのプロセスにSIGTERMを送る
4 (..略..)
```

注19 中で実行されているsleepも止まります。

ここから、killで送られるシグナルは、SIGTERMというものだとわかります。

次に、kill -lしてみましょう[注20]。

```
1  $ kill -l
2   1) SIGHUP       2) SIGINT       3) SIGQUIT      4) SIGILL       5) SIGTRAP
3   6) SIGABRT      7) SIGBUS       8) SIGFPE       9) SIGKILL     10) SIGUSR1
4  11) SIGSEGV     12) SIGUSR2     13) SIGPIPE     14) SIGALRM     15) SIGTERM
5  (..略..)
```

このように、SIG……が番号とともに出力されます。SIGTERMの番号は、15番だとわかります。

これをふまえて、**リスト2.12**のans.bashのように2を15に変更すると、killで止まらないのではないかと推測できます。

リスト2.12 ans.bash

```
1 #!/bin/bash
2 trap '' 15
3 echo $$
4 sleep 10000
```

次のように端末を2つ使って実験すると、確かに止まらないことを確認できます。

```
1  端末1 $ ./ans.bash
2  55199
3
4  端末2 $ kill 55199
5  ―― これで端末1を確認してもスクリプトが止まっていない ――
6  ―― 止めるときは端末1でCtrl+Cしましょう ――
```

補足1（シグナルの種類）

Ctrl + C で送信されるシグナルは2番のSIGINTです。SIGINTのINTはinterruption（さえぎり、割り込み）を意味します[注21]。

SIGINT、SIGTERMのほかにsleepが止まるシグナルとしては、SIGHUP（hungup。端末との通信が途絶えるという意味）、SIGKILL（文字どおり、物騒ですが「殺す」という意味）などがあります。また、あまり使いませんが、ほかのいくつかのシグナルでも止まります。シグナルを指定して送るときは、**kill -シグナル名 プロセス番号**でできます。SIGHUPとSIGKILLを送ってみましょう。

```
1  ―― SIGHUP ――
2  $ sleep 1000 &
3  [1] 58571
4  $ kill -HUP 58571
5  [1]+  Hangup                  sleep 1000
6  ―― SIGKILL ――
7  $ sleep 1000 &
```

注20　trap -lでも同じ出力が得られます。

注21　筆者（上田）の周辺では「シグイント」と読む人が多いです。

```
 8  [1] 58874
 9  $ kill -KILL 58874
10  [1]+  強制終了              sleep 1000
```

trapでシェルスクリプトにしかけたとおり、シグナルを受け取るプログラム側は、シグナルに対する挙動を決めることができます。ただし、SIGKILLだけは、プログラム側からは制御できません。このシグナルがプロセスに向けられると、そのプロセスは外から消去されます。したがって、何をしてもプログラムが止まらないときの最終手段に使われます。最終手段と言っても、自分の作業用PCであれば、反応しなくなったGUIアプリを落とすために使う機会はそれなりにありますし、それが直接OSを不安定にすることはほとんどありません。ただし、何の準備もなしに突然プロセスを終わらせるので、ファイルへの書き出しが途中で止まるなどの現象が発生します[注22]。

補足2（killでのシグナルの指定方法）

シグナルを指定してkillを使うときは、-s シグナル名と書いても-シグナル名と書いてもかまいません。また、シグナルは番号で指定する方法と名前で指定する方法があります。次の4通りの書き方はすべて同じことを表しています。

```
1  $ kill -1 1234
2  $ kill -SIGHUP 1234
3  $ kill -s 1 1234
4  $ kill -s SIGHUP 1234
```

問題23 別のシェルにシグナルを飛ばす

ここから本節の本番です。最初に出すのは、端末が言うことを聞かないというイライラした状況を冷静に回避するための問題です。

問題（初級★　出題、解答、解説：中村）

端末で（多くの場合誤って）Ctrl＋Sを押すと、操作中のシェルが出力を止めて、固まっているように見える状態（以後「ロック状態」と呼びます）になります。これを解除するにはCtrl＋Qを押します（やってみましょう）。

これと同じような挙動はシグナルでも実現できます。図2.8のようにコマンドを実行しても、ロック状態になります。ただし、Ctrl＋Sのときと異なり、killで止めてしまうと、Ctrl＋Qでロック状態を解除できなくなります。

シグナルに関して調査のうえ、別の端末を開いてコマンドを実行し、元の端末のロック状態を解除してください。

図2.8 ロック状態を発生させる

```
1  $ echo $$
2  5249
3  $ kill -s 19 $$
```

注22　ほかのシグナルを使っても、後始末の処理が実装されていないプログラムでは起こります。

解答

問題文のところで発行した19番のシグナルはSIGSTOPです。kill -l (⇒練習2.4.b) で次のように調べられます。

```
1  $ kill -l | grep 19
2  16) SIGSTKFLT    17) SIGCHLD    18) SIGCONT    19) SIGSTOP    20) SIGTSTP
```

シェルのロック状態を解除するには、Ctrl + Qと同じ働きをするシグナルを特定すれば良さそうです。このシグナルについてはWebで調査できますが、ここでは結論だけ言うと、18番のSIGCONTがそのシグナルです。上のkill -lの出力で、SIGSTOPの前にあります。勘の良い人ならstopの前にcont (continue) とあれば、これではないかとあたりを付けることができるかもしれません。

SIGCONTとわかれば、次のコマンドで端末の入力不可能な状態を解除できます。

```
1  $ kill -s SIGCONT 5249
```

別解

プロセスIDを使わず、pkillを使う別解を示します。

```
1  別解(田代) $ pkill -SIGCONT bash
```

pkillは、プロセス名からシェルのプロセスを特定し、SIGCONTを発行します。停止していないシェルに対してSIGCONTシグナルを送ったとしても問題が発生することはないため、プロセスIDを調べるのが面倒ならば、こちらの方法のほうがお手軽かもしれません。

問題24 exit時にファイルを消す

次は、異常終了時でもきっちり後始末をするシェルスクリプトを書くための知識を問う問題です。方法を知らない場合には調査が必要です。

問題 (中級★★ 出題、解答:上田 解説:中村)

今操作している端末を閉じたときに、自身のホーム下のtmpディレクトリのファイルを消すしかけをワンライナーで仕込んでください。tmpやその下にあるディレクトリを消す必要はありません。

解答

trap (⇒練習2.4.b) を使います。trapでは発生したシグナルに応じて処理を実行させることができますが、EXITを指定することでターミナル終了時の処理を仕込めます。実はEXITはシグナルではありませんが、trapの引数としてはシグナルと同様に扱えます。EXITを使った解答が次のものになります。

```
1  $ trap 'rm ~/tmp/*' EXIT
```

今は端末上で試しましたが、このtrapをシェルスクリプトのシバン (⇒練習1.3.g補足2) の下あたりに書いておくと注23、シグナルを受けて異常終了するときに、シェルスクリプトが後始末をするようになります。ただし、SIGKILLで止められたときは働きません。

別解

また、sshでログインしたときなど、使用しているシェルがログインシェル（⇒問題18）の場合、trapを使わなくても、Bashの設定ファイルである~/.bash_logoutにログアウト時の処理を仕込めます。

```
1  $ echo 'rm ~/tmp/*' >> ~/.bash_logout
```

>>は、ファイルの内容を消さずに追記するためのリダイレクト記号です。サーバ管理などをしている人にとっては、この方法のほうが身近かもしれません。trap EXITは端末で使うより、シェルスクリプトで利用すると便利です。~/.bash_logoutをもとに戻す方法は、p.110の注25を参考にしてください。

問題25 pipefail時の困りごと

次もシェルスクリプトを書くときの知識の問題です。こちらも調査が必要かもしれませんが、パイプの左右のコマンドの動きを頭の中でシミュレーションすると、何を問われているのか理解できるかもしれません。

問題（中級★★　出題：上田　解答：山田　解説：田代）

リスト2.13のBashのスクリプトは、標準入力から入ってきたデータをソートして、上位10位までのデータを出力するためのものです。2行目のset -oはBashの設定を変更するためのコマンドです。ここで設定されているpipefailは、パイプにつながったコマンドのどれかが終了ステータス1以上を返したときに、その場でスクリプトを止める設定です。このスクリプトは、間違いを出力しないように慎重に書かれていることがうかがえます。

しかし、このスクリプトには1つ問題があり、標準入力から多くの行数を読み込むと、7行目のecho以下が実行されないことがあります。たとえば次のように使うと、何も出力されません（出力が得られる場合には、seqの数字を多くしてみましょう）。

```
1  $ seq 100000 | ./pipefail.bash
```

そこで、5行目のsort | head > ……の部分を変更して、出力が得られるようにしてください。

リスト2.13 pipefail.bash

```
1 #!/bin/bash -e
2 set -o pipefail
3 trap 'rm .tmp.top10' EXIT
4 
5 sort | head > .tmp.top10
6 
7 echo "+++++TOP 10+++++"
8 cat .tmp.top10
```

解答

7行目のecho以下の行が実行されない原因は、5行目でsortの終了ステータスが0以外になり、pipefailでシェルが終了してしまうためです。パイプラインのコマンドの終了ステータスはPIPESTATUSに入っているので（⇒練習2.1.g補足1）、次のように確認できます。

注23　rm ~/tmp/*の部分についてはこのままコピー＆ペーストではなく、消してはいけないファイルを消さないように気をつけて考える必要があります。

```
1  $ seq 100000 | sort | head >/dev/null; echo ${PIPESTATUS[@]}
2  0 141 0
```

sortが141というエラーを出力しています。このように大きな番号のエラーの場合、128を引くとシグナルの値に対応します（⇒練習2.1.g補足1）。この場合、141－128＝13番のSIGPIPEがエラーの原因と特定できます。

SIGPIPEは、パイプにつながったコマンドが何かパイプに書き込もうとしたとき、パイプがなくなっていると発生します。今の例では、headは10行出力したら終わってしまうため、その前のsortの書き込み先がなくなって、エラーが出て、スクリプトが止まったのでした。

SIGPIPEは起こっても問題ないことが多いのですが、pipefailとの併用でこのような問題が起こります。pipefailを使い、SIGPIPEを防ぐには、次のようにORを使う解答が考えられます。

```
1  sort | head > .tmp.top10 || true
```

ORにつながっていると、そこでの終了ステータスはORで使われると判断され、スクリプトは止まりません。

ただ、この書き方では、OR記号がsortではなくheadのほうのエラーだけに反応しないかということが心配です。しかし、端末で次のように実験すると、パイプの左側のコマンドのエラーにも反応することがわかります。true、falseは、それぞれ終了ステータス0と1を返すだけのコマンドです。

```
1  $ false | true || echo FALSE
2  （何も出力されない）  ←falseコマンドの終了ステータスが無視される
3  $ set -o pipefail
4  $ false | true || echo FALSE
5  FALSE                 ←無視されない
```

OR記号を使う場合、SIGPIPE以外のエラーも検出できなくなるので、注意が必要です。

別解

headの代わりにsedコマンドで代用した解答例を示します。sed -n '1,10p'で、「1～10行目を出力する」という意味になります（-nについては⇒問題1別解2）。

```
1  ――― 別解（田代）―――
2  sort | sed -n '1,10p' > .tmp.top10
```

このsedは、11行目以降もパイプから文字を読み込むため、SIGPIPEは発生しません。また、OR記号を使う場合と異なり、SIGPIPE以外のエラーもチェックできます。ただ、headのほうが処理を打ち切る分早く終わりますし、また、なんでもかんでもエラー処理を手堅く書くことが正義とも限りません。headを使うことやset -o pipefailを使わないことも検討したほうがいいでしょう。

問題26 18時を過ぎたら帰りましょう

本節の仕上げとして、シグナルを利用していたずらをしかけてみます。ノーヒントでお送りします。

問題（上級★★★ 出題、解答、解説：上田）

会社のマシンで18時から深夜4時までにコマンドを実行すると、「早く帰れ」とメッセージが出るようにbashの設定ファイル（~/.bashrc）にワンライナーを記述してください。（システムを壊さないように注意してください）。~/.bashrcはシェルスクリプトで、設定を書いておくとBashが立ち上がるときに読み込まれます。

解答

これは、子供のプロセスが終了したときに、親のプロセスが受け取るSIGCHLDを使う問題として出題しました。たとえば、端末で次のように実行しておくと、

```
1  $ trap 'echo Il offre sa confiance et son amour.' SIGCHLD
```

何か外部コマンドが呼ばれるたびに、Il offresa confiance et son amour.と出力されるようになります。

```
1  $ date
2  2019年 3月 9日 土曜日 16:38:45 JST
3  Il offre sa confiance et son amour.
```

この方法、ビルトインコマンドには反応しないので片手落ちかもしれませんが、これを使って解答を作ったものを示します。次のワンライナーを.bashrcの一番下に記述します。

```
1  trap 'h=$(date +%-H);[ "$h" -ge 18 -o "$h" -lt 3 ] && echo 早く帰れ' SIGCHLD
```

''の間にワンライナーが書かれており、trapの引数に与えられています。このワンライナーは、date +%-Hでゼロ埋めせずに時間を出力し、テストコマンド（[）で大小判定をして、条件を満たせば「早く帰れ」と出力するというものです。

これで、新たに立ち上げた端末で注24午後6時を過ぎて何かコマンドを実行すると、次のように出力されます。

```
1  $ date
2  2019年 3月 10日 日曜日 18:12:51 JST
3  早く帰れ
4  早く帰れ
5  早く帰れ
```

trapでdateや[を呼んでいるからか、「早く帰れ」がいくつも出てくるウザい状況になります。また、なぜかは特定できませんでしたが、コマンドを呼ぶたびに一度に出力される「早く帰れ」が増えていきます。また、タブ補完しようとすると、いちいちtrapが反応してしまいます。これもたいへんウザいです。

注24 新たに立ち上げないと.bashrcの内容が読み込まれません。既存の端末に読み込ませたい場合には、source ~/.bashrcで読み込めます。sourceは、シェルスクリプトを（サブシェルで実行するのではなく）操作しているシェルに読み込んで実行するためのコマンドです。

無限ループになることはないようですが、もしそうなったら、端末を閉じ、新たに端末を開いて、trap '' SIGCHLDと実行したあと、.bashrcから当該の行を削除してください[注25]。

補足1（trapが反応する範囲）

あとは余談ですが、ビルトインコマンドに反応しないことを確認しておきましょう。

```
1  $ trap 'echo Il offre sa confiance et son amour.' SIGCHLD
2  ──── echoはビルトインコマンドなので無反応 ────
3  $ echo セシール
4  セシール
5  ──── 外部のechoを呼ぶと反応 ────
6  $ /bin/echo セシール
7  セシール
8  Il offre sa confiance et son amour.
```

逆に、サブシェルには反応します。サブシェルは独立したプロセスだからです。

```
1  ──── for文をパイプにつなぐとサブシェルで動作 ────
2  $ for i in セシール スシロール ; do echo $i ; done | cat
3  セシール
4  スシロール
5  Il offre sa confiance et son amour. ←（6行目と逆かもしれませんが）サブシェルのプロセスに反応
6  Il offre sa confiance et son amour. ←catのプロセスに反応
7  ──── 単独のfor文はサブシェルで動かない（→問題16）────
8  $ for i in セシール スシロール ; do echo $i ; done
9  セシール
10 スシロール
```

補足2（いたずらその2）

trapと[Ctrl]＋[C]で少し遊んでみましょう。たとえば次のコマンドを入力すると、[Ctrl]＋[C]を入力した際に楽しげなアスキーアートが表示されるようになります。cowsayはsudo apt install cowsayでインストールできます。

```
1  $ trap 'echo;cowsay 残念！牛ちゃんでした！ ' SIGINT
2  $ ^C  ←Ctrl+Cを入力してみる
3   ________________________
4  < 残念！牛ちゃんでした！ >
5   ------------------------
6          \   ^__^
7           \  (oo)\_______
8              (__)\       )\/\
9                  ||----w |
10                 ||     ||
```

ターミナルで[Ctrl]＋[C]を入力するとSIGINTが発行されるため、cowsayが発動します。これを仕込んでおくと、

注25　ファイルの編集方法がわからない場合は、gedit ~/.bashrcと端末で実行しましょう。GUIのエディタが立ち上がりますので、これで当該の行を消して保存します。

人によってはCtrl＋Cを乱用していることに気づくと思います。

2.5 シェルやコマンドを扱う際の微妙な挙動や機能に触れる

これまで、シェルを使ううえでおさえておきたい機能を扱ってきました。ただ、とくにBashのような多機能なシェルの場合、これまでの内容どころか本1冊では済まないくらいの細かいルールや機能を持っています。普段、これらを使いこなす必要はあまりありませんが、ここぞというときに調べて使わなければならないこともあります。本節では、普段意識しないようなシェルの細かい機能に関する問題を集めてみました。調査能力が大事ということで、ノーヒントで出題します。

問題27 引数を変えてコマンドを再実行

問題 （中級★★　出題：上田　解答：上田、山田　解説：中村）

図2.9のようなコマンドで、時刻を3秒周期で監視しています。これを一度止めて、再度1秒周期にして再実行したいと考えています。Ctrl＋Cでこの処理を止めたあと、次のプロンプトで何かコマンドを入力してEnterを押すことで、1秒周期に変更して再実行してください。`while sleep 1 ; do date ; done`と直接実行することや矢印キー、そのほかCtrlやAltなどを使った特殊なキーの操作は禁止です。

図2.9 時刻を3秒周期で監視

```
1 $ while sleep 3 ; do date ; done
2 2020年 10月 28日 水曜日 20:42:07 JST
3 2020年 10月 28日 水曜日 20:42:10 JST
4 (..略..)
```

解答

Bashには**ヒストリ置換**という機能があり、これを使うと以前に実行したコマンドの一部を置換して再実行できます。次のように入力すると、`sleep`コマンドの引数の`3`を`1`に置換できます。

```
1  $ while sleep 3 ; do date ; done          ←3秒おきの表示
2  2020年 10月 28日 水曜日 20:43:39 JST
3  2020年 10月 28日 水曜日 20:43:42 JST
4  2020年 10月 28日 水曜日 20:43:45 JST
5  ^C                                         ←Ctrl+Cで止める
6  $ !!:s/3/1/                                ←これが解答
7  while sleep 1 ; do date ; done             ←実行するコマンドが表示される
8  2020年 10月 28日 水曜日 20:43:55 JST
9  2020年 10月 28日 水曜日 20:43:56 JST      ←1秒ごとの表示に変化
10 2020年 10月 28日 水曜日 20:43:57 JST
```

`!!`は「直前のコマンド」を指します。これに続けて`:s/`置換前の文字列`/`置換後の文字列`/`と入力すると、文字を置換して実行できます。

別解

直前のコマンドを置換する場合は**簡易置換**といって、「**^置換前の文字列^置換後の文字列**」のような書き方でも置換できます。

```
1  別解1(山田)  $ ^3^1
```

bashのビルトインコマンド**fc**を使っても、次のように同様のことができます。

```
1  別解2(山田)  $ fc -s 3=1
```

fcは履歴を編集するためのコマンドで、**-s 置換前の文字列=置換後の文字列**で、直前のコマンドを置換して実行することができます。

さらに、次のように3番めの引数にコマンドの先頭の文字列を指定して、マッチする直近のコマンドを呼び出すことができます。

```
1   $ while sleep 3 ; do date ; done
2   2020年 10月 28日 水曜日 20:52:45 JST
3   2020年 10月 28日 水曜日 20:52:48 JST
4   ^C
5   $ echo 眠い          ←途中にechoを挟んでみる
6   眠い
7   $ fc -s 3=1 while   ←whileから始まる直近のコマンドラインを指定して変換
8   while sleep 1 ; do date ; done
9   2020年 10月 28日 水曜日 20:52:59 JST
10  2020年 10月 28日 水曜日 20:53:00 JST
11  (..略..)
```

fcコマンドやヒストリ置換にはほかにも機能がたくさんありますので、**man fc**で調べてみることをお勧めします。

補足 (watch)

問題のように周期的にコマンドを実行したいときには、**watch**というコマンドが使えます[注26]。

```
1  $ watch date
2  ――― 画面が切り替わる ―――
3  Every 2.0s: date                          uedacentre: Wed Oct 28 20:56:40 2020
4
5  2020年 10月 28日 水曜日 20:56:40 JST
6  ――― 止めるときはCtrl+C ―――
```

注26 この(**date**を時計にする)用途の場合、時計が2つ出てきてしまうので、**watch :**などで良いかもしれません。**:**は何もしないコマンドです。

問題28 変な名前のディレクトリの扱い

問題　(初級★　出題：上田　解答：今泉　解説：上田)

本問題は誤った解答で実行すると、システムが使えなくなる恐れがあります。試す場合は、仮想マシンなど壊れても問題ない環境で行ってください。

次のように、何かの拍子に「~」と「-Rf」というディレクトリを作ってしまいました(リポジトリに再現してあります)。

```
1  $ ls
2  -Rf important_dir ~
```

この2つのディレクトリを消去してください。ただし、ほかのディレクトリ(上の例の場合、important_dir)は消さないでください。それぞれのディレクトリには、中にファイルがあります。先に注意しておきますが、「rm -Rf ~」は間違いです。けっして実行しないでください!

解答

次のように、カレントディレクトリ下のディレクトリであることを明示して

```
1  $ rm -Rf ./~
2  $ rm -Rf ./-Rf
```

と./を頭に付けると無事に処理できます。

「-Rf」を消そうとして

```
1  $ rm -Rf
```

と実行した場合は消す対象を指定していないので何も起こりませんが、オプションの意味を知っていると背筋が寒くなります。-Rf(-rfでも良い)は、「ディレクトリ下も再帰的に(-R)、強制的(-f)に削除」というrmのオプションです。

一方、「~」を消そうとして

```
1  $ rm -Rf ~   !!!試さないでください!!!
```

とやってしまうと、「~」はBashがホームディクトリと解釈するので(⇒練習1.2.e補足1)、ホーム下が空になって事故になります。

~などのメタ文字について、特別な意味を打ち消してそのまま使いたい場合は、次のようにバックスラッシュ「\」でエスケープするか、もしくはクォートする(「'」や「"」で囲む)必要があります。

```
1  $ echo ~
2  /home/bsdhack
3  $ echo \~
```

```
4  ~
5  $ echo '~'
6  ~
```

別解

多くのコマンドでは、`--`という特別な引数でオプションが打ち止めとみなされます。次のように実行すると、2つめの「`-Rf`」は`rm`がオプションではなくディレクトリとみなして消します。

```
1  ―― 注意:「~」には使えません。「~」はコマンドではなくシェルがホームディレクトリに変換するからです ――
2  別解(上田) $ rm -Rf -- -Rf
```

補足(変な名前のディレクトリの作り方)

ディレクトリ「`-Rf`」と「`~`」を作って、中にファイルを置く方法を示します。

```
1  $ mkdir -- '-Rf' '~'
2  $ echo aaa > ./-Rf/aaa
3  $ echo bbb > ./~/bbb
```

問題29 シェルスクリプトのエラーチェック

問題 (中級★★ 出題:山田 解答:eban 解説:山田)

fb.bash(リスト2.14)は、FizzBuzz注27を出力してから、自分自身を削除するという動作をするシェルスクリプトです。

これを実行すると、ファイルの削除は正常に実行されます。しかし、FizzBuzzは出力されません。

```
1  $ bash fb.bash
2  fb.bash: line 6: syntax error in conditional expression
3  ↑エラーだけが表示される
4  $ ls
5  ↑fb.Bash自体は削除されている
```

実はこのスクリプトには構文エラーが含まれており、正しく動作しません。ただ、実行するとスクリプトが消えてしまうので、このスクリプトを実行せず、何行目にエラーが含まれているかを特定したいのですが、どうすれば良いでしょうか。次のようにエラーの行番号を出力してください。

```
1  $ 解答のワンライナー
2  6        ←6行目のエラーを示す
3  $ ls
4  fb.bash  ←ファイル削除などは実行されていない
```

リスト2.14 fb.bash

```
1  #!/bin/bash
2  set -e
3  rm -f "$0"
4  for i in {1..100}; do
5    printf "%d " "$i"
6    if [[ $(( i % 3 )) == 0 ]; then
7      printf "%s" "Fizz"
8    fi
9    ! (( i % 5 )) && printf "%s" "Buzz"
10   echo
11 done
```

注27 1から順に数字を言っていき、3、5、15の倍数のときに数字を言わずにそれぞれFizz、Buzz、FizzBuzzと言い換える遊びです。プログラムの例題によく使われます。

解答

この問題は、構文エラーを実行せずに検知する、いわゆる「静的コード解析」の問題です。ちなみにこの問題で検知したい構文エラーは、6行目に存在します。**sed**を使って6行目を確認してみましょう。

```
1  $ cat fb.bash | sed -n 6p
2    if [[ $(( i % 3 )) == 0 ]; then   ←[[と対の]]の]が1つ抜けている
```

sed -n 6pで「6行目を出力」という意味になります（⇒問題25別解）。

まずは、Bashの標準機能のみで解いてみましょう。**man bash**で、Bashのオプションを注意深く眺めてみると、**-n**という、「何のコマンドも実行しない」オプションの存在がさり気なく紹介されています。

```
   1  $ man bash
   2  (..略..)
3419    -n    コマンドを読み込みますが実行はしません。これを使うとシェルスクリプトの文法エラーをチェックでき
3420          ます。このオプションは対話的シェルでは無視されます。
3421  (..略..)
```

たとえば、**-n**オプションを付けたBashコマンドにシェルスクリプトを標準入力として渡しても、何もコマンドは実行されません。当然のごとく、何の出力も得られません。

```
1  $ echo 'echo hello' | bash
2  hello
3  $ echo 'echo hello' | bash -n
4  (何の出力されない)
```

一見すると何の役にも立たなそうですが、コマンドに与えるシェルスクリプト自体は解析してくれます。そのため、次のように**if**や**while**などの制御構文のエラーチェックに利用できます。

```
1  ↓while文から「do」を除いて実行
2  $ echo 'while true; echo hoge ;done' | bash -n
3  bash: line 1: syntax error near unexpected t
```

ということで、**fb.bash**を**-n**オプションを付けて実行すると、下記のように標準エラー出力にメッセージが表示されます。

```
1  $ bash -n fb.bash
2  fb.bash: line 6: syntax error in conditional expression fb.bash: line 6: syntax error near `;'
3  fb.bash: line 6: `  if [[ $(( i % 3 )) == 0 ]; then'
```

もうこれで目的は達成していますが、問題で言われたように出力を行番号だけにしてみましょう。方法はいろいろ考えられますが、少し凝ったものをここでは示します。**bash**の標準エラー出力を**|&**（⇒練習2.1.a補足）で**awk**に渡し、行番号を切り出し、ついでに2回以上同じ行番号を出力しないように細工したものです。

```
1  $ bash -n fb.bash |& awk -F'[: ]' '!a[$4]++{print $4}'
2  6
```

-Fで（⇒問題8）コロン（:）とスペースを列の区切り文字に指定すると、4列目に行番号が入るので、アクションではそれを出力しています。パターンの!a[$4]++はuniqの役割を果たします。同じ行番号が出現するとa[$4]は1以上になってパターンが偽になるので、同じ行番号は1回しか出力されなくなります。

補足1（bash -nの限界）

-nオプションは、Bash自体の制御構文とは関連のない部分、たとえば個別のコマンドに関連する誤りなどは指摘してくれませんのでご注意ください。

```
1  ↓echoを誤ってechと書いても何も発生しない
2  $ echo 'ech hello' | bash -n
```

補足2（削除されるファイルの挙動）

fb.bashは、3行目で自分自身をrmしていますが、4行目以下は実行されます。これは、Bashが先にスクリプトを読み込むからではなく、ファイルの実体が削除されていないから起こります。次の2つのスクリプトrm.bash、shred.bashを実行して比較するとわかります。shredは、ファイルの中身をぐちゃぐちゃにして復元できなくするためのコマンドで、--removeでファイルを完全に消し去ります。

```
1  $ cat rm.bash
2  rm "$0"
3  echo 消えてないよ
4  $ cat shred.bash
5  shred --remove "$0"
6  echo 消えたよ
```

実行してみましょう。

```
1  $ chmod +x *.bash
2  $ ./rm.bash
3  消えてないよ          ←rmあとのechoが実行される
4  $ ./shred.bash
5  （何も表示されない。つまり2個目のechoが実行されない）
```

この理由については、問題103補足1で解説します。

別解

シェルスクリプトの静的コード解析をしてくれる、shellcheck注28を使った解答も紹介します。

```
1  $ shellcheck -f gcc fb.bash | cut -d: -f2
2  6
```

注28　https://www.shellcheck.net/

問題30 前方一致する変数名

問題 （中級★★ 出題、解答、解説：田代）

今使っているシェルが持っている、BASHで始まる変数の一覧を表示してみましょう。できれば外部コマンドを使わずにやってみましょう。

解答

解答を示します。

```
1  $ echo ${!BASH*}
2  BASH BASHOPTS BASHPID BASH_ALIASES (..略..) BASH_VERSION
```

${!hoge*}という表記は、hogeで始まる（前方一致する）変数のリストに置き換わります。

別解

別解を3個示します。あとの補足のように、表示される変数に少し違いが出てきます。

```
1  別解1(田代) $ set | while read s;do [[ "${s:0:4}" = 'BASH' ]] && echo ${s%%=*}; done
2  別解2(中村) $ set | grep ^BASH | awk -F'=' '{print $1}'
3  別解3(山田) $ LANG=C man bash | grep -o 'BASH[_A-Z]*' | sort -u
```

別解1、2のようにビルトインコマンド**set**を使うと、変数と値のセットが出力されます[注29]。

```
1  $ set | head -n 3
2  BASH=/usr/bin/bash
3  BASHOPTS=checkwinsize:cmdhist:complete_fullquote (..略..)
4  BASH_ALIASES=()
```

別解1はこの出力をwhile文で毎行変数**s**に読み込み、**s**の値の先頭が**BASH**であれば、**=**以下を切り取って出力しています。切り取りには**${変数名%%文字列}**という構文を使っています。別解1の場合、**=***（イコール以降の任意の文字列）が削除されます。別解2は外部コマンドを使って同じ処理を記述しています。

別解3は**man**の記述を活用したものです。ただし、実際に定義されている以外の変数も表示されます。

補足（参照されると**set**で表示されるようになる変数）

解答の方法と**set**を使う方法では、出力される変数に違いが出ます。**diff**というコマンドを使って比較してみましょう。

```
1  ――― ${!BASH*}にはsetで出てこない変数が含まれている ―――
2  $ set | grep ^BASH | awk -F'=' '{print $1}' | sort | diff <(echo ${!BASH*} | xargs -n 1 | sort) -
3  3d2
4  < BASHPID
```

注29 関数も出力されます。

```
5  7d5
6  < BASH_ARGV0
7  9d6
8  < BASH_COMMAND
9  14d10
10 < BASH_SUBSHELL
```

これらの変数は参照されると**set**で出力されるようになります。**BASHPID**という変数で例を示します。

```
1  $ set | grep BASHPID ←最初はない
2  $ echo $BASHPID      ←参照
3  11700
4  $ set | grep BASHPID ←生成される
5  BASHPID=11700
```

diffは、「**diff** <u>ファイル1</u> <u>ファイル2</u>」で、2つのファイルを比較して異なる行を出力します。先ほどの用例では、プロセス置換（「**<()**」）と標準入力（「**-**」）をファイル扱いして比較しています。

第2部

発想力を鍛える

第3章

文章と文字の扱い

本章ではテキストの変換や編集の技を身につけていきます。Linuxのシステムの話はほとんどなく、ユーザーとしてシェルやコマンドを使い倒していきます。

3.1節では文字の検索や変換、そのほか加工に慣れるために遊びのような問題を解きます。Perl、Ruby、Pythonのワンライナーについても練習します。3.2節では文章を検索、操作対象として、より実用的な問題を解きます。

3.1 テキストの扱いを遊んで理解する

本節では実用性は考えず、テキストの検索、加工に関するパズルを解いてみましょう。おそらく、ワンライナーを使わないプログラマーの場合、本節で扱うようなテキスト処理に対しては自分の慣れ親しんだプログラミング言語を使うはずで、それはそれでまったく問題ありません。ただ、コマンドをうまく組み合わせると、すごく単純なワンライナーで終わってしまうことがあります。また、そういう経験があると、仕事で書くプログラムにも幅が出るので、ぜひおさえておきましょう。

練習3.1.a Perl、Rubyワンライナー

本節の問題はこれまで本書で出てきたコマンドの知識と調査能力で乗り切っていただきたいので練習問題は不要なのですが、ないと味気ないのでPerl、Rubyのワンライナーで遊んでみます。これができるとたいていの問題はPerl、Rubyに備わった強力なライブラリを駆使して力ずくで解くことができます。実際に何か仕事をしているときに片手間にコードを書くときは、とにかくその仕事が進めばそれでいいので、とくにシェルによるコマンドの組み合わせにこだわる必要はありません。Perl、Rubyか、あるいは次の練習問題で扱うPythonあたりの「十徳ナイフ」を1つ持っておくと良いでしょう[注1]。もちろん、コマンドの組み合わせも覚えるともっと楽に早く仕事ができます。

注1　もちろんどれか1つでかまいませんが、複数を知っていると、ある問題に対して得意な言語を選択できます。ただ、もちろん学習コストがそれなりにかかりますので無理はしないほうが良いです。

練習問題 (出題、解答、解説：上田)

「コード」の部分を埋めてワンライナーを完成させてください。Perlのバージョンは5系のみ、Rubyのバージョンは2.7以降とします。ヒントを書いておきますと、小問1については、sedと同じです。小問2はPerlの配列の扱いを知らないと解答できないので無理はしないでください。小問3は小問2を参考にしましょう。putsは、文字列を出力します。

```
1  小問1 $ echo -e "オトン オカン オカン\nオカン オトン オカン" | perl -C -Mutf8 -pe コード
2  オトン オカン あかん
3  オカン オトン あかん
4  小問2 $ echo -e "オトン オカン オカン\nオカン オトン オカン" | perl -anle '$F[2]="あかん";コード'
5  オトン オカン あかん
6  オカン オトン あかん
7  小問3 $ echo -e "オトン オカン オカン\nオカン オトン オカン" | ruby -ane 'コード;puts $F.join(" ")'
8  オトン オカン あかん
9  オカン オトン あかん
```

解答

小問1は、perlをsedの代わりに使う方法で、この問題の「コード」の部分には、次のようにsedでもそのまま使える置換の命令が入ります。

```
1  小問1 $ echo -e "オトン オカン オカン\nオカン オトン オカン" | perl -C -Mutf8 -pe 's/...$/あかん/'
2  オトン オカン あかん
3  オカン オトン あかん
```

-pオプションは、sedのように各行を読み込んで、加工後の文字列を自動で出力するためのものです。**-e**は、次の引数に記述されたPerlのコードを実行するためのオプションです。grepとsedにも同じ働きをする**-e**が存在しますが、2つ以上コードを書かない限りは省略できます。Perlの場合、**-e**は省略できず、順番にも気をつける(**-ep**などとしない)必要があります。**-C -Mutf8**というオプションについては、補足2で説明します。

小問2は、perlをawkのように1行をフィールド(列)に分割して処理する方法として出題しました。解答については次のようになります。

```
1  小問2 $ echo -e "オトン オカン オカン\nオカン オトン オカン" | perl -anle '$F[2]="あかん";print "@F"'
2  オトン オカン あかん
3  オカン オトン あかん
```

-nは、ファイルあるいは標準入力の内容を1行ずつ読む(内部的にはループ文を実行する)オプションです。そして、**-n**に併せて**-a**オプションを指定すると、1行が空白区切りでFという配列に入ります。各要素にアクセスするときは**$F[2]**などと参照し、配列の内容を出力するときは、**print "@配列名"**と表記します。AWKと異なり、フィールドの番号は0番からになります。**-l**は、AWKのように入力から改行を除去して、出力の際に改行を入れるというオプションです。この問題の場合、**-l**オプションなしだと**print "@F"**の後ろに改行が入らないので、改行を入れるために利用しています。

小問3は、RubyとPerlの類似性の例として出題しました。「コード」には、小問2の前半のコードがそのまま入ります。

```
1  小問3 $ echo -e "オトン オカン オカン\nオカン オトン オカン" | ruby -ane '$F[2]="あかん";puts $F.join(" ")'
2  オトン オカン あかん
3  オカン オトン あかん
```

オプションの**-a**、**-n**、**-e**は、それぞれ**perl**のものとまったく意味が同じです。**-an**で各行が分割されて配列**F**にセットされます。フィールド番号も**perl**と同じく0番から始まります。

補足1（$_）

Perl、Rubyには、**F**のほか、**-n**オプション使用の際に読み込んだ文字列が格納される**$_**という変数があり、これもよくワンライナーで用いられます。使用例を示します。

```
1  $ seq 3 | perl -lne 'print $_*2'
2  2
3  4
4  6
5  $ seq 3 | ruby -ne 'puts $_.to_i*2'
6   ↑補足: 文字列として数字が読み込まれるのでto_iメソッドで変換
7  2
8  4
9  6
```

コメント中の**メソッド**という用語については、ここでは細かい説明を避けます。**$_.to_i**のように、変数（この場合は**$_**）に適用できる関数と考えると、本書では十分です。

補足2（Perlの文字化け）

Perlで日本語を使うときには、小問1のように、**-C -Mutf8**というオプションが必要になることがあります。たとえば次のように「オ」以外の文字を消すつもりで正規表現を書くと、文字化けなどが起こります[注2]。

```
1  $ echo -e "オトン オカン オカン\nオカン オトン オカン" | perl -pe 's/[^オ]//g'
2  オ??オ??オ??オ??オ??オ??
```

こうなるのは、**perl**が「オ」や別のカタカナを日本語の文字として認識できないことが原因です。この原因を理解するには第5章を待たなければなりませんので、とりあえずこのような場合は、次のように**-Mutf8**と**-C**を付けましょう。この例では、改行を入れるために**-l**も付けています。

```
1  $ echo -e "オトン オカン オカン\nオカン オトン オカン" | perl -Mutf8 -C -lpe 's/[^オ]//g'
2  オオオ
3  オオオ
```

注2　環境によっては想定した文字が表示されないなど、別の状況になる場合もあります。

このように日本語が扱えるようになりました。-Cが「標準入出力されるデータをUTF-8の文字列注3として扱う」、-Mutf8が「utf8という名前のモジュールを使う」という意味になります。

Perl、Rubyは極めて多機能で、ワンライナーでもその恩恵を受けることができます。AWK同様にすべての機能を紹介しようとすると1冊の本になってしまいますので、PerlやRubyが解答に出てきたときにその都度説明します。Perlのワンライナーにおける使い方を、具体例を交えて説明した書籍[7]をお勧めしておきます。

別解

Rubyのワンライナーをさらに便利にするためのrbというコマンドがあります注4。rbを使った小問1の別解を示します。sub(/正規表現/, "置換後の文字列")は、標準入力から読み込んだ行に対して置換するRubyのメソッドです。

```
1  小問1別解 $ echo -e "オトン オカン オカン\nオカン オトン オカン" | rb -l 'sub(/...$/,"あかん")'
2  オトン オカン あかん
3  オカン オトン あかん
```

練習3.1.b Pythonワンライナー

次に、おそらく書籍ではほとんど扱われたことがないであろう、Pythonのワンライナーに挑戦してみましょう。Pythonを知っている人がワンライナーに手を出すきっかけを作ろうという意図で出題します。Perl、Rubyの使い手は、わざわざPythonでワンライナーを書く必要ありません。ただ、あの「インデントにうるさい」Pythonでも、やり方を覚えると、案外システマチックにワンライナーを書くことができます。

練習問題 (出題、解答、解説：上田)

「コード」の部分を埋めてPythonのワンライナーを完成させてください。Pythonのバージョンは3.7以降とします。ヒントを書いておきますと、問題のワンライナーにはいずれも[…… for a in sys.stdin]という表現があります。この表現で、標準入力から1行ずつ文字列が読まれて、変数aにセットされています。

```
1  小問1 $ seq 3 | python3 -c 'import sys;[コード for a in sys.stdin ]'
2  2
3  4
4  6
5  小問2 $ seq 3 | python3 -c 'コード;[コード for a in sys.stdin ]'  ←平方根を出力してください
6  1.0
7  1.4142135623730951
8  1.7320508075688772
9  小問3 $ seq 3 | python3 -c 'import sys;[コード for a in sys.stdin ]'
10 番号:1
11 番号:2
12 番号:3
```

注3　正確ではないですが、今の段階では「日本語」という認識で大丈夫です。

注4　リポジトリは「https://github.com/thisredone/rb」。解説は「https://yhara.jp/2018/12/21/rb-command」などにあります。

解答

小問1の解答例を示します。

```
1 $ seq 3 | python3 -c 'import sys;[print(int(a)*2) for a in sys.stdin ]'
2 2
3 4
4 6
```

「コード」の中に入れたのは、print(int(a)*2)でした。int(a)で文字列aが整数と解釈され、それに2がかけられてprintされて注5標準出力から出てきます。

小問2の解答は次のようになります。

```
1 $ seq 3 | python3 -c 'import sys, math;[print(math.sqrt(int(a))) for a in sys.stdin ]'
2 1.0
3 1.4142135623730951
4 1.7320508075688772
```

import sys, mathでsysのほかにmathというPythonのモジュールを読み込み、[]内でmath.sqrtを使って平方根を求めます。

小問3は、番号:という文字列をaにくっつけるだけですが、aの後ろには改行がくっついているので、strip(あるいはrstrip)を使って改行を除去する必要があります。

```
1 $ seq 3 | python3 -c 'import sys;[print("番号:" + a.strip()) for a in sys.stdin ]'
2 番号:1
3 番号:2
4 番号:3
```

別解

[…… for a in sys.stdin]は、Pythonのリスト内包表記と呼ばれる構文を使ったものです。y = [加工内容 for 変数名 in x]で、リストxから要素を1つずつ取り出して変数と結び付けて加工し、新たなリストyを作ることができます。Pythonのリストについては、ほかの書籍(たとえば[8]など)を参照願います。

これをふまえると、たとえば小問1は次のように処理を分けて書いても良いことがわかります。

```
1 小問1別解1(上田) $ seq 3 | python3 -c 'import sys;b=[a for a in sys.stdin];c=[int(a) for a in b];
  [print(a*2) for a in c]'
2 2
3 4
4 6
```

Pythonでは文を改行して書くことが一般的ですが、;で文をつなげられるので、ワンライナーでもリスト内包表記や、その他必要な処理をいくらでも連鎖できます。

注5　2系のPythonの場合はエラーになります。

補足（Pythonのワンライナー用ラッパー）

また、一般的ではありませんが、前問のrbに触発されて筆者（上田）が作った、Pythonワンライナー用のコマンドopy注6というものがあります。これを使うと、小問1〜3の解答は次のように簡単になります。

```
1   小問1 $ seq 3 | opy '[F1*2]'   ←F1に1列目の数字がセットされる（整数へ自動変換される）
2   2
3   4
4   6
5   小問2 $ seq 3 | opy '[math.sqrt(F1)]'   ←リスト内ではモジュールを自動で読み込み可能
6   1.0
7   1.4142135623730951
8   1.7320508075688772
9   小問3 $ seq 3 | opy -s '["番号:"+ F1]'   ←-sは数字に自動変換しないためのオプション
10  番号:1
11  番号:2
12  番号:3
```

入力については、各行が自動的にFというリストに入ります。さらに各列がF1、F2、……という変数に入ります。出力は、リスト[]の中に要素を並べておくと、空白区切りで出力してくれます。

opyは（一般的でないので良くないとは思いつつ）以後の別解で何回か使ってしまったので、使用例をいくつか示しておきます。例1は入力データの1、3列目を出力する方法を示しています。例2はリストを使わない出力方法、例3はAWKのようにパターンとアクションでルールを構成する方法です。

```
1   例1 $ echo オトン オカン あかん | opy '[F1,F3]'
2   オトン あかん
3   例2 $ echo オトン オカン あかん | opy '{print(F1,F2);print(F3)}'
4   オトン オカン
5   あかん
6   例3 $ echo オトン オカン あかん | xargs -n 1 | opy 'NR%2:{print(F1,end="")};END:[]'
7   オトンあかん
8   ↑奇数行の1列目を改行なしで出力し、ENDパターンで空のリストを指定することで、末尾に1つ改行を挿入
9   ↓例3の処理をAWKで書いたもの
10  $ echo オトン オカン あかん | xargs -n 1 | awk 'NR%2{printf $1}END{print ""}'
11  オトンあかん
```

注6　https://github.com/ryuichiueda/opy

練習3.1.c 正規表現の種類

ここではあらためて正規表現についておさえておきましょう。日本語のman grepには、次のような記述があります。

```
274  grepは、「基本」正規表現（BRE）、「拡張」正規表現（ERE）、「Perlの」正規表現（PCRE）という3種類の正規表現文法を
275  扱うことができます。
```

grepの場合、BRE、ERE、PCREはそれぞれ-G、-E、-Pで使うことができます。オプションなしの場合はBREが適用されるので、-Gは通常省略されます。

この3つの違いについて意識して、次の練習問題（というよりはクイズ）を考えてみましょう。BRE、ERE、PCREについての具体的な説明はまだなので、当てずっぽうでもかまいません。

練習問題（出題、解答：上田　解説：上田、山田）

次の小問1～7について、入出力の整合性をとるためには、引数に書いた-?の部分に-G、-E、-Pのどれを指定すると良いでしょうか。-G、-E、-Pのうち複数が正解（たとえば-Eと-Pのどちらでも正解）になる問題もあります。

```
1  小問1 $ echo '(bash|nologin)' | grep -? '^(bash|nologin)$'
2  (bash|nologin)
3  小問2 $ echo 'ああああああ！！' | grep -? '！{2}'
4  ああああああ！！
5  小問3 $ echo 処す?処す? | grep -o -? '処す?'
6  処す?
7  処す?
8  小問4 $ echo C/C++ | grep -o -? C.+
9  C/C++
10 小問5 $ echo 36 | grep  -? '\d'
11 36
12 小問6 $ echo とまとまとまと | grep -o -? 'と(?=まと)' | uniq -c
13       3 と
14 小問7 $ echo 123abcあいう-45deえお | grep -? '(\d+\w+[あ-お]+)-\g<1>'
15 123abcあいう-45deえお
```

補足ですが、小問6のワンライナーは、echoした文字列の中に、いくつ「とまと」が含まれるかカウントしています。

解答

小問1は、次のようにBREを使うとマッチします。-E、-Pではマッチしません。

```
1  $ echo '(bash|nologin)' | grep -G '^(bash|nologin)$'
2  (bash|nologin)
3  ――― 念のために書いておくと、-Gは不要です ―――
4  $ echo '(bash|nologin)' | grep '^(bash|nologin)$'
5  (bash|nologin)
6  ――― ほかではマッチせず ―――
```

```
7  $ echo '(bash|nologin)' | grep -E '^(bash|nologin)$'
8  $ echo '(bash|nologin)' | grep -P '^(bash|nologin)$'
```

BREの場合、(bash|nologin)はそのまま文字列(bash|nologin)を表しますが、ERE、PCREの場合、「bashあるいはnologin」を表します。|がOR記号で、()は後方参照を利用する際に出てきた、グループ化のための記号です。

小問2は、-Eと-Pでマッチします。

```
1  $ echo 'ああああああ！！' | grep -E '！{2}'   ←-Pでも良い
2  ああああああ！！
```

ERE、PCREの場合、{数字}で直前の文字の繰り返し回数を表します。また、繰り返し回数の範囲も指定でき、「m個以上n個以下」は{n,m}、「m個以上」は{m,}と表します[注7]。BREの場合、{2}は単なる文字列として扱われます。ただし、\{2\}とエスケープすれば、この機能がBREでも使えます。

小問3の正解は-Gです。-E、-Pの場合、?が出力から抜けます。

```
1  小問3 $ echo 処す?処す? | grep -o -G '処す?'
2  処す?
3  処す?
4  ――― -Eの場合（-Pも同じ）―――
5  $ echo 処す?処す? | grep -o -E '処す?'
6  処す
7  処す
```

ERE、PCREの場合、?は「直前の文字が0個か1個存在する」という意味になるので、文字列中の?に反応しなくなります。たとえば次のように「処す?処?」という文字列を入力すると、「処」だけにもマッチします。

```
1  $ echo 処す?処? | grep -o -E '処す?'
2  処す
3  処
```

小問4は、-E、-Pで指定の出力になります。

```
1  小問4 $ echo C/C++ | grep -o -E C.+   ←-Pでも良い
2  C/C++
3  ――― -Gの場合はこうなる ―――
4  $ echo C/C++ | grep -o -G C.+
5  C++
```

BREの場合、C.+は「Cと何か1文字と+」を表します。一方、ERE、PCREの場合、+は、「直前の文字の1文字以上の繰り返し」を意味する記号です。したがって、C.+は、「Cの後ろに文字が1文字以上存在する」という意味になり、/C++の部分が.+にマッチして、入力した文字列がそのまま出力されます。

小問5は、-Pのみでマッチします。

注7　GNU Grep（⇒練習1.3.c）のEREでは「n個以下」を{,n}と表せます。PCREのライブラリ（本書で利用したバージョン8.39）では対応していないようです。　https://github.com/shellgei/shellgei160/issues/7
ライブラリのバージョン確認方法については問題128で触れます。

```
1  $ echo 36 | grep  -P '\d'
2  36
```

Perl、Ruby、Pythonなどのモダンな言語の正規表現では、\dで数字を表すなど、メタ文字が充実しています。BRE、EREの場合、

```
1  $ echo 36 | grep '[0-9]'
2  36
```

と書かなければならず、入力するのが少し面倒です。ただし、メタ文字の種類が多いと、使うときに思い出すのがたいへんなので、トレードオフだとも言えます。

小問6のワンライナー中の**grep**は、「と」の後ろに「まと」が続く場合に「と」だけ出力するというものです。小問5と同じく、これも**-P**のみで出力が得られます。

```
1  $ echo とまとまとまと | grep -o -P 'と(?=まと)' | uniq -c
2        3 と
```

と(?=まと)は、「と」の後ろに「まと」が付いているかどうかを聞く書き方で、PCREの**ルックアラウンドアサーション**という方法を使ったものです。この機能は、正規表現の前や後に条件を付けて、マッチする条件を制限するものです。

この方法は、**先読み**、**後読み**とも呼ばれます。**(?=まと)**は、マッチさせる対象の、その先の文字を読んでいるので「先読み」です。先読み、後読みの語感からわかるかもしれませんが、正規表現の前後をカンニングしているだけです。したがって、上のワンライナーでは「まと」の部分がマッチさせる対象にならないので、**grep**は「と」だけ出力します。また、「まと」の部分は再び検索の対象となります。したがって、最初の「と」が出力されたあと、検索は「まとまとまと」に対して行われ、今度は2文字目の「と」が出力されます。単純に「**grep -o とまと**」とすると、最初の「とまと」と、後ろの「とまと」の2つしか出力されません。

小問7は、PCREやRubyで使える**部分式呼び出し**注8の例で、答えのオプションは**-P**となります。なお、この記法は使えない環境もある点にご注意ください注9。

```
1  $ echo 123abcあいう-45deえお | grep -P '(\d+\w+[あ-お]+)-\g<1>'
2  123abcあいう-45deえお
3  $ echo 123abcあいう-45deえお | grep -P '(\d+\w+[あ-お]+)-(?1)'   ←\g<1>は(?1)とも書ける
4  123abcあいう-45deえお
```

\g<1>、あるいは**(?1)**というのは、**\d+\w+[あ-お]+**という正規表現注10の使い回しです。**1**は、「1番めにマッチした正規表現」という意味で、**\d+\w+[あ-お]+**がそれに相当します。この例題の場合は、まず**\d+\w+[あ-お]+**が**123abcあいう**にマッチします。このワンライナーの意図では、ハイフンの後ろにも同じ条件の文字列が来てほしいのですが、また**\d+\w+[あ-お]+**と書くのは面倒くさいです。ということで、**\g<1>**あるいは**(?1)**と書いて繰り返しを避けています。

注8　Rubyなどで内部的に利用されている正規表現エンジンの鬼車で最初に導入されたことが知られています（https://github.com/kkos/oniguruma/）。

注9　比較的最近のバージョンで鬼車が使われているRubyやPHP、PCREという正規表現ライブラリが使われたGNU grepの**-P**オプションで使えます。ややこしいことに現時点でPerl（v5.30.0）ではこの表現は使えません。

注10　数字1文字以上（**\d+**）、アルファベット1文字以上（**\w+**）、あいうえおいずれかの文字1文字以上の繰り返し（**[あ-お]+**）、という意味です。

練習3.1.d Perlを使った置換

前問のようにgrepではBRE、ERE、PCREの3種類の正規表現が使えましたが、残念ながらsedではPCREが使えません。置換でもPCREが使えると強力ですので、ここでは「PCREの親」であるPerlを使って置換する方法をおさえましょう。

練習問題 （出題、解答、解説：上田）

小問1、2について、「コード」の部分を埋めて、指定の出力を実現してみましょう。小問1のperlでは、前問で出てきたルックアラウンドアサーションを用います。(?!ヨ)で、後ろに「ヨ」が付かないことを確認できます。小問2のperlでは、まだ解説していませんが最短一致という方法を用います。また、これらの問題ではperlに-C -Mutf8オプション（⇒練習3.1.a補足2）を付けるとsedの解答と同じコードが使えますが、あえて付けていませんのでご注意ください。

```
1  ── 小問1（「タワー」と「スカイツリー」の前の「東京」を「山本」に）──
2  $ echo 東京タワー東京ヨワー東京スカイツリー東京ヨワイツリー | sed -E コード
3  山本タワー東京ヨワー山本スカイツリー東京ヨワイツリー
4  $ echo 東京タワー東京ヨワー東京スカイツリー東京ヨワイツリー | perl -pe コード
5  山本タワー東京ヨワー山本スカイツリー東京ヨワイツリー
6  
7  ── 小問2（東京タワーを削除。「東京から始まりーで終わる文字列」を正規表現で表して削除してください）──
8  $ echo 東京タワー東京ヨワー東京スカイツリー東京ヨワイツリー | sed -E コード
9  東京ヨワー東京スカイツリー東京ヨワイツリー
10 $ echo 東京タワー東京ヨワー東京スカイツリー東京ヨワイツリー | perl -pe コード
11 東京ヨワー東京スカイツリー東京ヨワイツリー
```

解答

小問1は、それぞれ次のコードが解答例となります。

```
1  $ echo 東京タワー東京ヨワー東京スカイツリー東京ヨワイツリー | sed -E 's/東京([^ヨ])/山本\1/g'
2  山本タワー東京ヨワー山本スカイツリー東京ヨワイツリー
3  $ echo 東京タワー東京ヨワー東京スカイツリー東京ヨワイツリー | perl -pe 's/東京(?!ヨ)/山本/g'
4  山本タワー東京ヨワー山本スカイツリー東京ヨワイツリー
```

sedの場合、\1で[^ヨ]に該当する文字を参照しなければなりませんが、perlでルックアラウンドアサーションを使うと、()内の文字列はマッチする文字列に含まれないので、その必要はなくなります。

小問2の解答例は、次のようになります。

```
1  $ echo 東京タワー東京ヨワー東京スカイツリー東京ヨワイツリー | sed -E 's/東京[^ー]*ー//'
2  東京ヨワー東京スカイツリー東京ヨワイツリー
3  $ echo 東京タワー東京ヨワー東京スカイツリー東京ヨワイツリー | perl -pe 's/東京.*?ー//'
4  東京ヨワー東京スカイツリー東京ヨワイツリー
```

perlの正規表現にある?の使い方は、これまでに説明した「前の文字が0文字か1文字」を指示する使い方とは異なります。

?のない正規表現「**東京.*ー**」を考えると、これは「東京」と「ー」の間に0文字以上の字がある文字列ということになります。そのような文字列は「東京タワー東京ヨワー東京スカイツリー東京ヨワイツリー」の中にいくつも存在します(例:「東京タワー」「東京タワー東京ヨワー」など)。この場合、**sed**も**perl**も、最も長いものを選びます。このような選び方は**最長一致**と呼ばれます。例を示します。

```
1  $ echo 東京タワー東京ヨワー東京スカイツリー東京ヨワイツリー | perl -pe 's/東京.*ー//'
2                    ←入力した文字列全体がマッチするので何も出力されない
```

一方、**.***の後ろに**?**を付けると、一番左側の一番短いものに一致します。そのため、解答例のように一番左の「**東京タワー**」だけが削除されます。この一致のさせ方は**(最左)最短一致**と呼ばれます。

「最左」というのは、次の例でわかります。

```
1  ↓正規表現の最後に$を入れる
2  $ echo 東京タワー東京ヨワー東京スカイツリー東京ヨワイツリー | perl -pe 's/東京.*?ー$//'
3                    ←入力した文字列全体がマッチするので何も出力されない
```

まず左端の「東京」が正規表現の「**東京**」と一致するので、そこから一番最後の「ー」まで含む文字列がマッチし、入力した文字列がすべて削除されます。最左でなければ、最後の「東京ヨワイツリー」だけが削除されたはずです。

問題31 大文字への変換

ここからが本節の本番です。まずは置換の簡単な問題から始めましょう。大文字への変換はBashの変数展開(⇒問題15)でも扱いましたが、今度はBashにこだわる必要はありません。

問題 (初級★　出題:上田　解答:青木　解説:上田)

リスト3.1の**iampen.txt**のテキストについて、**<strong>**と**</strong>**で囲まれた部分のアルファベットを大文字にしてください。

リスト3.1 iampen.txt

```
1 This is <strong>a pen</strong>. I am a pen.
2 <pre>Are you pen?</pre> <strong>Yes</strong>, I am.
```

解答

iampen.txtのテキストのように**<strong>**と**</strong>**が同じ行にあり、各行にそれぞれ一度ずつしか出てこない場合は次のように変換できます。

```
1  $ sed -r 's/(<strong>)([^<]+)/\1\U\2/' iampen.txt
2  This is <strong>A PEN</strong>. I am a pen.
3  <pre>Are you pen?</pre> <strong>YES</strong>, I am.
```

sedの正規表現の部分では、**\1**に**<strong>**、**\2**に**</strong>**より前の文字列(**<**ではない1文字以上の文字列)が入ります。

置換後の文字列には**\1\U\2**と指定しており、**\2**の前に**\U**という記号が付いています。これは、**\2**の内容を大文字にするときのメタ文字です。これで、**<strong>**と**</strong>**の間の文字列が大文字に変換されます。

別解

別解を2つ示します。

```
1 別解1(上田) $ cat iampen.txt | perl -pe 's/(?<=<strong>)[^<]+/\U$&/'
2 別解2(青木) $ vim -es iampen.txt +'let @a="vitUN"|norm /<strong>\zs[^<]\+^M9@a' +'%p|q!'
```

別解1はPerlでルックアラウンドアサーションの後読み**(?<=)**を使ったものです。**<strong>**の後ろの「**<**でない文字が連なった文字列」に対して、大文字への変換が適用されます。

別解2はエディタのVimをワンライナーに使ったものです注11。一点注意ですが、解答中の**^M**は文字の**^M**ではなく、キーボードからCtrl＋V、Ctrl＋Mで入力します。

以下、Vimを普段使わない場合は読み飛ばして大丈夫です。Vimをコマンドラインで使うときは、普段Vimで入力しているコマンドを**+''**のシングルクォートの中に入力します。**+''**は10個まで使えます。また、**vim**に**-es**というオプションを与えます。**-e**は「exモード」にするオプションで、Vimで普段、**:**の後ろに入力しているコマンドが使えるようになります。また、**-s**はサイレントモードで起動するオプションです。

コマンドの**@a="vitUN"**は、「ビジュアルモードにして検索した文字を選択し、大文字にして次の検索に移る」という命令を、**@a**に代入しています。その次の**norm**が「ノーマルモードに戻る」で、**/**が検索で、**<strong>\zs[^<]+**が検索のための正規表現です。**\zs**はPerlの後読みと同じような働きをします。その次のCtrl＋V、Ctrl＋Mで入力した**^M**がキーボードでEnterを押す操作を表し、**9@a**が9回**@a**の操作を繰り返すという意味です。**norm**の前の**|**は、処理を分けて書くためのセパレータです。9回という回数は適当です。最後の**+'%p|q!'**は、変換後のファイルの内容を標準出力に出し、ファイルを上書きせずに閉じる、という操作です。

問題32 回文の検出

次に、パズルを1題解いてみましょう。

問題（初級★　出題：山田　解答：eban　解説：上田）

リスト3.2のkaibun.txtに書かれている文の中から、回文になっている行のみを出力してください。

リスト3.2 kaibun.txt

```
1 たけやぶやけた
2 らくまのまくら
3 くまをまく
4 わたしまけましたわ
5 まさかさかさま
6 うんこうこん
7 わたしかちましたわ
8 ぐれさんとはぐれた
9 たけやぶぬれた
```

注11　基本的には遊びだという認識ですが、普通の言語で書くとややこしくなるようなVimでの手作業を自動化したい場合、役に立つかもしれません。

解答

この問題は正規表現を書くまでもなく、次のワンライナーで解けてしまいます。

```
1  $ rev kaibun.txt | grep -xf - kaibun.txt
2  たけやぶやけた
3  らくまのまくら
4  くまをまく
5  わたしまけましたわ
6  まさかさかさま
```

grepの-f -というのは、標準入力(-)から正規表現のリストを読み込むときに使うオプションです。問題8別解2でもdateで-f -が出てきましたが、これと意味は同じです。このオプションを使って、revコマンド(⇒練習2.2.e)で各行を反転したkaibun.txtを正規表現のリストとして入力します。

反転したkaibun.txtは次のようになります。この各行がgrepで正規表現として使われます。

```
1  $ rev kaibun.txt
2  たけやぶやけた
3  らくまのまくら
4  (..略..)
5  たれぐはとんされぐ
6  たれぬぶやけた
```

これでgrep -f - kaibun.txtというように、再度grepにkaibun.txtを読み込むと、反転した文字列ともとの文字列の比較が行われ、回文のみがマッチします。-xは、「行全体が正規表現とマッチしないとマッチしたことにしない」というオプションです。-xはkaibun.txtに対しては必要ありません。しかし、たとえば「たけやぶぬれたたけやぶやけた」という行がkaibun.txtにあると、回文でないのに「たけやぶやけた」という正規表現とマッチするので、それを防いでいます。-xの有無による挙動の違いの例を示します。

```
1  ↓kaibun.txtの「たけやぶやけた」とマッチ
2  $ rev kaibun.txt | grep -f - <(echo たけやぶぬれたたけやぶやけた)
3  たけやぶぬれたたけやぶやけた
4  ↓-xを付けるとマッチしない
5  $ rev kaibun.txt | grep -xf - <(echo たけやぶぬれたたけやぶやけた)
```

<()はプロセス置換です(⇒練習2.2.e)。

別解

別解を示します。別解1〜5は、各行の文字列を反転させて、元の文字列と比較するというものです。先述の解答のgrep -fを使う方法には、読み込んだ正規表現をすべて各行のマッチングに使うという無駄があるので、kaibun.txtの行がもっと多ければ、これらの別解のほうが効率的です。ただしgrepは速いので、別解のほうが早く終わるとは限りません。

```
1  別解1(田代) $ cat kaibun.txt | ruby -lne 'puts $_ if $_==$_.reverse'
2  別解2(中村) $ paste kaibun.txt <(rev kaibun.txt) | awk '$1==$2{print $1}'
3  別解3(中村) $ sdiff -l kaibun.txt <(rev kaibun.txt) | awk '$2=="("{print $1}'
```

```
4  別解4(上田)  $ cat kaibun.txt | opy 'F1==str(F1[::-1])'
5  別解5(山田)  $ cat kaibun.txt | rb grep '/^(?<a>(?<w>.)(\g<a>|.?)\k<w+0>)$/'
6  別解6(鳥海、上田)  $ cat kaibun.txt | perl -C -Mutf8 -ne 'print if /^(.+).?(??{reverse $1})$/'
```

別解1は練習3.1.a補足1で扱ったrubyの$_を用いたものです。別解2のpasteは、指定された2つ以上のファイルの内容を横にくっつけるコマンドです。

別解3のsdiffは2つのファイルを比較するコマンドの1つです。sdiff -lで、2つのファイルを上から比較していき、一致した行を出力します。別解4は練習3.1.b補足で登場したopyを使ったものです。

別解5はrb (⇒練習3.1.a別解) を使った方法です。(?<名前>正規表現)は、正規表現に名前を付ける表記です。名前を付けた正規表現の使い回しは\g<名前>でできます。また、その正規表現でマッチさせた文字列は\k<名前+0>で再利用できます。これをふまえて別解5を見ると、まず、^と$の内側の正規表現にaと名前を付けています。aの内容(?<w>.)(\g<a>|.?)\k<w+0>を注意深く見ると、最初の文字と最後の文字が同じで、その内側が「再びaにマッチするか、あるいは0文字か1文字」という表現になっていることがわかります。つまり、たとえば「たけやぶやけた」なら、両側が「た」で、中にある「けやぶやけ」が再びaで検査されるということになります。これで、回文ならばマッチするということになります。\k<w+0>の0は、このように再帰的な記述をしたとき、いつの段階でマッチした文字列なのかを相対的に指定する数字です[注12]。

別解6はPerlの**パータンコード式**を使ったものです。(??{コード})のコード部分が正規表現の一部として扱われます。$1はPerlの変数で、(.+)で得た文字列が入っているので、これをreverse関数で逆にして、「前半の文字列」+「0字か1字の文字」+「前半の文字列を逆にしたもの」という正規表現を作っています。

問題33 回文かどうかの判定

もうひとつ、別の発想で回文の問題を解いてみましょう。

問題 (中級★★ 出題、解答：上田 解説：田代)

ファイルkaibun (リスト3.3) とnot_kaibun (リスト3.4) それぞれについて、記録された文字列が、回文かどうか判定してください。ファイル名のとおり、kaibunの中身は回文、not_kaibunの中身は回文ではありません。

「ファイル内の改行を除去して1行にして反転して比較する」という方法だと前問の解答とほぼ同じになってしまうので、別の方法でやってみてください。

リスト3.3 kaibun

```
1 たけやぶ
2 やけた
```

リスト3.4 not_kaibun

```
1 ささやぶ
2 やけた
```

解答

横方向に反転させる方法を禁じられてしまったので、縦方向に反転させてみましょう。まず、grep -o .

注12 さらに詳しい解説は、Rubyの正規表現のマニュアル「https://docs.ruby-lang.org/ja/latest/doc/spec=2fregexp.html」にあります。少し出題とは条件が違いますが、回文にマッチする正規表現も掲載されています。

ファイルとすると、縦方向に字を並べることができます。not_kaibunで試してみましょう。

```
1  $ grep -o . not_kaibun
2  さ
3  さ    各文字に改行が入っている
4  や
5  (..略..)
```

grep -oは検索対象の文字列が見つかると、それを独立した行に出力します（⇒練習1.3.c）。したがって、grep -o .とすると、1文字ずつ文字が検出されては独立した行に出力されるので、ファイルの中身が縦に並びます。この出力をtac（⇒問題6）で上下反転させます。

```
1  $ grep -o . not_kaibun | tac
2  た
3  け
4  や
5  (..略..)
```

これで、grep -o not_kaibunとgrep -o not_kaibun | tacの出力が一致すれば回文ということになります。paste（⇒前問別解2）とプロセス置換（⇒練習2.2.e）を利用して、2つのgrepの出力を左右に並べます。

```
1  $ paste <(grep -o . not_kaibun) <(grep -o . not_kaibun | tac)
2  さ      た
3  さ      け
4  や      や
5  ぶ      ぶ
6  や      や
7  け      さ
8  た      さ
```

これで、1列目と2列目を比較してすべて一致するならば、ファイルの中身は回文であるということになります。解答例を示します。

```
1  ――― 回文ではない場合（出力がある）―――
2  $ paste <(grep -o . not_kaibun) <(grep -o . not_kaibun | tac) | awk '$1!=$2'
3  さ      た
4  さ      け
5  け      さ
6  た      さ
7  ――― 回文の場合（出力なし）―――
8  $ paste <(grep -o . kaibun) <(grep -o . kaibun | tac) | awk '$1!=$2'
```

別解

diff（⇒問題30補足）を使った、さらにシンプルな別解を提示します。

```
1  ――― 別解1（田代）―――
2  $ diff <(grep -o . not_kaibun) <(grep -o . not_kaibun | tac)   ←回文ではない場合
3  1,2c1,2
4  < さ
```

```
5  < さ
6  (..略..)
7  ---
8  > さ
9  > さ
10 $ echo $?
11 1          ←終了ステータスは1(diffは終了ステータスで違いの有無を伝達)
12 $ diff <(grep -o . kaibun) <(grep -o . kaibun | tac) ←回文の場合
13 $ echo $?
14 0          ←終了ステータスは0
```

もうひとつ、禁止した横に並べて比較する方法を使った別解ですが、おもしろいので紹介しておきます。この別解では、回文の場合だけ文字列が出力されます。

```
1  ――― 別解2(山田)―――
2  $ cat not_kaibun | xargs | tr -d ' ' | tee >(rev) | uniq -d
3  $ cat kaibun | xargs | tr -d ' ' | tee >(rev) | uniq -d
4  たけやぶやけた ←回文の場合、出力がある
```

このワンライナーを左側から順に説明していきます。まず**xargs**と**tr**で、ファイルの中身を1行の文字列にしています。

```
1  $ cat not_kaibun | xargs | tr -d ' '
2  ささやぶやけた
```

このあと、この解答例は**<()**とは逆向きのプロセス置換**>()**と**tee**というコマンドを利用して、文字列と反転させた文字列の両方を作っています。

```
1  $ cat not_kaibun | xargs | tr -d ' ' | tee >(rev)
2  ささやぶやけた
3  たけやぶやささ
```

teeは、入力されたデータを標準出力と引数のファイルの両方に出力するコマンド[注13]です。**tee**の引数にある**>(rev)**はファイルのように扱われ、**tee**に読み込まれた文字列は、パイプと**rev**の両方に渡ります。結果として、そのままの文字列と、反転された文字列の2行が**tee**のあとの出力となります[注14]。

最後の**uniq -d**は、重複した行だけを出力します。したがって、回文の場合だけ出力の2行が重複するので、端末に文字列が出力されます。

問題34 漢字の後ろにふりがなを入れる

次は置換の問題です。

注13　teeというのはTのことで、二股分岐を意味します。

注14　あまりにも出力が長いとラインバッファから溢れて、2つの文字列が混ざることがあります（⇒問題4補足）。

問題 （中級★★　出題：上田　解答：eban　解説：田代）

リスト3.5のfurigana.txtの1列目には、2列目の単語の読みが記載されています。このfurigana.txtをもとに、図3.1のような出力を得てください。

リスト3.5 furigana.txt

```
1 やまだ 山田
2 がんばる 頑張る
3 ばくはつする 爆発する
4 はげしい 激しい
```

図3.1 出力

```
1 山田（やまだ）
2 頑張（がんば）る
3 爆発（ばくはつ）する
4 激（はげ）しい
```

解答

furigana.txtの1列目を読みがなと送りがなに分けて、漢字、読みがな、送りがなの順で並べ替えれば解答が得られます。1列目を読みがなと送りがなに分けるときには、送りがなの部分が2列目にも再度現れることを利用します。この処理は、sedを使うと次のように実現できます。

```
1  $ cat furigana.txt | sed -E 's/^(.*)(.*) ([^あ-ん]*)\2/\1 \2 \3/'
2  やまだ 山田
3  がんば る 頑張
4  ばくはつ する 爆発
5  はげ しい 激
```

正規表現`^(.*)(.*) ([^あ-ん]*)\2`の`[^あ-ん]*`の部分は、この場合、漢字のみの文字列を指します。その後ろの`\2`は正規表現の前から2番めの`(.*)`を指します。練習1.3.bの例8で、grepで使用した方法と同じです。正規表現の`(.*)(.*)`の部分は、`([^あ-ん]*)\2`の部分と整合性がとれるように解釈されます。具体的には、前の括弧の部分が漢字の読み、後ろの括弧の部分が送りがなの部分として、それぞれ`\1`、`\2`として解釈されます。このとき、`([^あ-ん]*)`の部分は`\3`となります。

これで、あとは設問のとおりに`\1`、`\2`、`\3`を並べ替えて解答を作ります。

```
1  $ cat furigana.txt | sed -E 's/^(.*)(.*) ([^あ-ん]*)\2/\3(\1)\2/'
2  （図3.1の出力が得られる）
```

別解

別解として、Rubyを使った例とAWKを使った例を示します。

```
1  別解1(田代) $ ruby -lne 'a=$_.match(/^(.*)(.*) (\p{Han}*)(\2)$/);puts "#{a[3]} (#{a[1]})#{a[2]}"' 
   furigana.txt
2  別解2(田代) $ rb -l 'a=match(/^(.*)(.*) (\p{Han}*)(\2)$/);"#{a[3]} (#{a[1]})#{a[2]}"' < furigana.txt
3  別解3(eban) $ awk '{a=$2;sub(/^[^あ-ん]+/,"",a);sub(a,"",$1);sub(a,"",$2);print $2" ("$1")"a}' furigana.
   txt
```

別解1は、Rubyで解答と等価の正規表現を書いたものです。漢字部分は`\p{Han}`と指定していますが、これは**Unicode文字プロパティ**という方法を使って表記したものです。別解2は別解1をrbを使って書いたものです。別解3は、まずawkのsub関数を使って2列目から送りがな部分を抽出しています。そして1列目と2列目から送りがな部分を削除して、読みがなと漢字の部分を抽出しています。

補足（漢字の読みの出力）

furigana.txtの内容は、次のようにワンライナーで作成できます。mecabについては、次の節で扱います。

```
 1  ―― まず、同じ単語の入った2列のデータを作る ――
 2  $ echo '山田 頑張る 爆発する 激しい' | xargs -n 1 | awk '{print $1,$1}'
 3  山田 山田
 4  頑張る 頑張る
 5  爆発する 爆発する
 6  激しい 激しい
 7  ―― 1列目だけmecabで読みに変える ――
 8  $ echo '山田 頑張る 爆発する 激しい' | xargs -n 1 | awk '{print $1,$1}' | teip -f 1 -- mecab -Oyomi |
    nkf -h
 9  やまだ 山田
10  がんばる 頑張る
11  ばくはつする 爆発する
12  はげしい 激しい
```

teip[注15]は、データのある列だけにコマンドを適用したいときのためのコマンドです。この例では、-f 1で1列目だけにmecab -Oyomiを適用しています。適用したいコマンドは、--のあとに書きます。

問題35 5文字以上のカタカナ言葉を使ったらアウト

次は、正規表現を武器にIT業界に溢れるカタカナ言葉を取り締まる問題です。

問題（中級★★ 出題：山田 解答：eban 解説：山田）

あなたは「5文字以上のカタカナ言葉をしゃべったらアウト」というNGワードゲームをしています。リスト3.6のspeech.txtには、あなたの発言が各行に記録されています。その中から、行ごとに「アウトになるまで何文字発言できたか」と「アウトになる直前までの発言」を表示してください。

解答のイメージを図3.2に示します。たとえば1行目は「パラダイムシフト」の「ム」を発言した時点でアウトになるので、その前までの文字数と文字列を出力します。同様に2行目は4文字（「ジャストアイデア」の「ト」まで）になります。なお、長音記号（ー）はカウントしてもしなくても良いこととします。

リスト3.6 speech.txt（各行が長いので後半を省略）

```
1 21世紀に入ってからのIT業界を中心としたパラダイムシフトは (..略..)
2 ジャストアイデアですが、既存の価値観にとらわれない、(..略..)
3 個人間であらゆるアセットをシェアするビジネスが注目を浴びており、(..略..)
4 顧客体験の高品質化、満足度、いわゆるサティスファクションを最大化する、(..略..)
```

注15 https://github.com/greymd/teip

図3.2 解答例

```
1 $ 解答のワンライナー
2 25 21世紀に入ってからのIT業界を中心としたパラダイ
3 4 ジャスト
4 (..略..)
```

解答

まず、アウトになる直前までの文字列を各行出力してみましょう。「カタカナ4文字」は正規表現で**[アーン]{4}**と書けますが、たとえば次のように書いてしまうと、各行**最後**の4文字以上のカタカナ言葉まで抽出されてしまいます。

```
1 $ cat speech.txt | grep -oP '^.*[アーン]{4}'
2 21世紀に入ってからのIT業界を中心としたパラダイムシフトは目まぐるしく、各業界はスクラップアンドスクラップ
3 (..略..)
```

4文字で打ち切るために、練習3.1.dの方法で最短一致にしましょう。「**.***」を「**.*?**」に変更します。これで次のように、最初に4文字カタカナが続いたところまでの文字列が出力されます。

```
1 $ cat speech.txt | grep -oP '^.*?[アーン]{4}'
2 21世紀に入ってからのIT業界を中心としたパラダイ
3 ジャスト
4 個人間であらゆるアセット
5 顧客体験の高品質化、満足度、いわゆるサティス
```

ただ、上のコード4行目(出力の3行目)の「アセット」は4文字の単語なので、アウトではありません。そこでさらに練習3.1.cで覚えた先読みを使ってみましょう。次のようにすると、**[アーン]{4}(?=[アーン])**は「カタカナ5文字で構成される文字列の先頭4文字」にマッチします。

```
1 $ cat speech.txt | grep -oP '^.*?[アーン]{4}(?=[アーン])'
2 (..略..)
3 個人間であらゆるアセットを (..略..) 、いわゆるシェアリ    ←「アセット」で止まらなくなった
```

あとは後続のパイプで文字数をカウントして「アウトになるまで何文字発言できたか」の数値を文頭に付けます。**awk '{print length($1),$1}'**をパイプにつなげば正解になりますが、少し遊んだ書き方を解答例として示します。

```
1 $ cat speech.txt | grep -Po '^.*?[アーン]{4}(?=[アーン])' | awk '{$2=$1}$1=length($2)'
2 25 21世紀に入ってからのIT業界を中心としたパラダイ
3 4 ジャスト
4 45 個人間であらゆるアセットをシェアするビジネスが注目を浴びており、共有経済、いわゆるシェアリ
5 22 顧客体験の高品質化、満足度、いわゆるサティス
```

このawkでは、最初のアクションで**$1**に入った各行の文字列を**$2**に退避して、次のパターンで**$1**を文字列の長さ**length($2)**に置き換えています。パターンで処理を書くと打ち込む文字数が減るので、**awk**に慣れ

ていると、このような手抜きをすることがあります。ただし、パターンに書いた式が偽になると（この例ではlengthが0を返すと）、その行は出力されなくなるので注意が必要です。

別解

正規表現エンジンの鬼車（⇒練習3.1.c）では、**(?~正規表現)**という表現が利用できます。これは**非包含オペレータ**注16と呼ばれ、「その正規表現にマッチしない文字列」にマッチします。先述の解答の正規表現は、この表現を使うと**^(?~[アーン]{5})**と表現することができます。これをrbで使った別解を示します。

```
1  別解1(山田)  $ cat speech.txt | rb -l "sub(/^((?~[アーン]{5})).*/,'\1')" | awk '$0=length($0)" "$0'
```

sub（⇒練習3.1.a別解）で指定した正規表現**^((?~[アーン]{5})).***は行全体にマッチし、置換によって、**\1**の部分だけが出力されます。**\1**には、正規表現の**(?~[アーン]{5})**の部分、つまりカタカナを連続で5個以上含まない文字列が入ります。

また、Cureutils注17というRuby製のソフトウェアで提供されるcureコマンドには、grepの機能が実装されているため、これを活用すると非常に簡潔に解けます注18。

```
1  別解2(山田)  $ cat speech.txt | cure grep -o '^(?~[アーン]{5})' | awk '$0=length($0)" "$0'
```

問題36 括弧の対をチェック

次は、意地悪な問題です。

問題　（上級★★★　出題：上田　解答：山田　解説：中村）

リスト3.7のmessage.txtの(((……)))という文字列のうち、左右の括弧の数が同じものだけを抽出し、括弧を外してメッセージを読んでください。

リスト3.7 message.txt

```
1 ((し)))((((い))))(xえ))((ん))(((((((る))))))(((((し)))))(ゆ)(((げ)))))((((((い)))
```

解答

問題32の別解で再帰的な正規表現が出てきました。この問題でも利用してみましょう。解答の際、ブログ記事注19を参考にしました。

まず、「)(」となっている部分に改行を入れて整理します。

注16　https://docs.ruby-lang.org/ja/latest/doc/spec=2fregexp.html
注17　https://github.com/greymd/cureutils
注18　本来はアニメキャラクターの名前を抽出する用途を想定していますが、Rubyの正規表現が使えるgrepコマンドとしても有用です。
注19　ku-ma-me、回文やXMLにマッチする鬼車の正規表現 | まめめも（https://mamettер.hatenablog.com/entry/20090409/p1）

```
1  $ cat message.txt | sed 's/)(/)\n(/g'
2  ((し)))
3  ((((い))))
4  (xぇ))
5  ((ん))
6  (..略..)
```

これら1行ずつについて、左右の括弧の対応がとれているかを正規表現で確認していきます。括弧が対になっている行の抽出は、PCREを使って次のように書けます。

```
1  $ cat message.txt | sed 's/)(/)\n(/g' | grep -P '^(\(\g<1>\)|[^()]+)$'
2  ((((い))))
3  ((ん))
4  (((((し)))))
5  (ゅ)
```

\g<数字>は練習3.1.cで出てきた部分式呼び出しのものです。この場合、\g<1>は一番外側の括弧に囲まれた^(……)$の……の部分になります。\(\g<1>\)は「\g<1>の文字列を括弧()で囲んだ文字列」、[^()]+は「括弧を含まない1文字以上の文字列」を表します。つまり、(\(\g<1>\)|[^()]+)という正規表現は、「括弧に再帰的に囲まれているか、括弧を含まない1文字以上の文字列」を表します。正規表現全体を、行頭を示す^と行末を示す$で囲みgrepの-oオプションで抽出しているため、括弧の対応がとれている行だけが抽出されます。

最後に括弧を外し、横に並べると完成です。外し方はいくつも考えられますが、trとpasteを使用したものを示します。

```
1  $ cat message.txt | sed 's/)(/)\n(/g' | grep -P '^(\(\g<1>\)|[^()]+)$' | tr -d '()' | paste - -sd ''
2  いんしゅ
```

pasteは複数のファイルの中身を横に並べて出力するコマンドですが(⇒問題32別解2)、ファイル名ではなく-の指定でパイプの入力を処理します(省略可)。また、-sで読み込んだ各行を横に並べ、-d ''で並べるときの区切り文字を空文字にできます。

別解

まず、AWKを使った別解を示します。

```
1  別解1(中村) $ cat message.txt | sed -E 's/\)\(/)\n(/g' | awk '{print gsub("\\(", ""), gsub("\\)", 
   ""), $0}' | awk '$1==$2{printf $3}' | xargs
```

gsubは置換の関数です。gsub(置換前の文字列や正規表現, 置換後の文字列)で、マッチした文字列を置換できます。sub(⇒問題6別解9)との違いは何度でも置換を試みることで、gsubは置換した回数を戻り値として返します。その性質を利用し、右括弧と左括弧を置換しながらその数を数えています。最初のawkまでのワンライナーの出力を示します。

```
1  $ cat message.txt | sed -E 's/\)\(/)\n(/g' | awk '{print gsub("\\(", ""), gsub("\\)", ""), $0}'
2  2 3 し
3  4 4 い
4  1 2 xえ
5  2 2 ん
6  (..略..)
```

あとは1列目と2列目の数が同じ場合に3列目を`printf`していくとメッセージになります。`xargs`は最後に改行を入れるために付けています。

次に、`sed`を使ったものを示します（⇒問題6別解8）。

```
1  別解2(eban) $ cat message.txt | sed 's/)(/)\n(/g' | sed ':a;s/(\([^)]\+\))/\1/;ta;/[()]/d' | paste
   -sd ''
```

2つめの`sed`の、`s/(\([^)]\+\))/\1/`の部分は「括弧を1つずつ外す」という処理です。その前に`:a`とありますが、これはラベルで、置換後の`ta`で、`a`の位置に戻ってきます。`ta`の`t`が戻る命令ですが、これは置換が成功しないと適用されません。左右の括弧の数が等しい場合、この繰り返し処理で中の字がむき出しになります。そうでない場合、括弧が残るので、`ta`のあとの`/[()]/d`（括弧の字が残っていれば消す）で、行全体が消されます。`/正規表現/d`は「正規表現にマッチすれば消す」という命令です。

3.2 文章を調査・加工する

ここでは、引き続き前節で覚えたテクニックを駆使しながら、もう少し実用を想定した問題に挑戦します。Windows 95が登場して以来、会社での文書管理というと、議事録までワープロソフトで作るという時代がしばらく続いていました。しかし、現在はWeb上のグループウェアにMarkdown（⇒問題10）でまとめるといったように、ワープロソフト外でのテキストの取り回しの機会が増えています。テキストファイルなら、こっちのアプリで読めるけどこっちのアプリで読めない、みたいなことはあまり起こりません。普段、意識することはありませんが、UTF-8[注20]で記述されたテキストは、アプリ間の共通語です。

一方、ワープロソフトを使わない場合、ワープロソフトの便利機能は使えません。わざわざ便利機能を使うためにワープロソフトを立ち上げてテキストをコピー&ペーストするのも面倒ですし、お節介機能が働いてテキストの内容が変わることもあります。ワープロソフト並みにストレスなく、エディタとコマンドを使えるようにしておくことは、（パソコンでしか使えませんが）このような状況で古くなるどころか、新たに必要になっています。

練習3.2.a 行またぎの検索と置換

文章を扱うときには行またぎの検索や置換をしなければならないことがたまにありますので、まずその練習をしておきましょう。

注20　第5章で詳しく扱います。ここでは、普通のテキストファイルのフォーマットを意味します。

練習問題 （出題、解答、解説：上田、山田）

リスト3.8のファイルkondenについて、図3.3の所定の出力を得るために、小問1、2の「コード」「正規表現」の部分を考えてください。

小問1で使われているsedの-zは、行をまたいで処理をするときのオプションです。小問2については、正規表現が長くなってしまうので、できるなら手抜きをしてください。grepの-zはsedの場合と同じく改行をまたいで検索するときのオプションです。

リスト3.8 konden

```
1 墾田墾田永年私財
2 法
3 墾田永年
4 forever私財法
5 墾田永年
6 私
7 財法
8 墾田永年永吉
9 私財法
10 財法
11 墾田永年私
```

図3.3 出題&出力例

```
1 ―― 小問1: 行またぎの文字列を含めて「私財法」すべてを「おれのもの」に置換 ――
2 $ cat konden | sed -zE コード
3 墾田墾田永年おれのもの
4 墾田永年
5 foreverおれのもの
6 墾田永年
7 おれのもの
8 墾田永年永吉
9 おれのもの
10 財法
11 墾田永年私
12 ―― 小問2: 行またぎの文字列「墾田永年私財法」を改行を残したまま抜き出す ――
13 $ cat konden | grep -ozP '正規表現'
14 墾田永年私財
15 法
16 墾田永年
17 私
18 財法
```

解答

小問1では、**-z**オプションと、「私財法」の各文字の間に改行があるかもしれないということで、**私\n?財\n?法**という正規表現を使います。

```
1 小問1 $ cat konden | sed -zE 's/私\n?財\n?法/おれのもの/g'
2 （図3.3の指定の出力）
```

同様に、小問2の解答は、次のようになります。

```
1 小問2 $ cat konden | grep -ozP '墾\n?田\n?永\n?年\n?私\n?財\n?法\n?'
2 （図3.3の指定の出力）
```

grepで**\n**（改行）や**\t**（タブ）などの記号が使えるのはPCREのみで、**-P**オプションが必要になります。

■ 別解

小問2で「できるならば手抜き」という指定があったので、コマンド置換で手抜きをしてみましょう。

```
1  別解（上田） $ cat konden | grep -ozP $(sed 's/./&\\n?/g' <<< 墾田永年私財法)
2  墾田永年私財
3  法
4  墾田永年
5  私
6  財法
7  ――― 補足: $()の中身 ―――
8  $ sed 's/./&\\n?/g' <<< 墾田永年私財法
9  墾\n?田\n?永\n?年\n?私\n?財\n?法\n?
```

sedに「墾田永年私財法」をヒアストリング（⇒練習2.1.b別解）で入力し、文字間に\n?を差し込むことで、退屈な繰り返しを避けています[注21]。

■ 補足（ほかのコマンドにおける改行無視のオプション）

改行を無視するオプションは、ほかのコマンドにも存在します。たとえば、cutであればgrepと同様-z、awkであれば-vRS='\0'、xargsやrubyやperlであれば-0というオプションが使えます。また、「改行を無視」と説明しましたが、「**ヌル文字**を改行扱いする」という説明がより適切です。ヌル文字は「何もない」ことを表す特殊な文字で、AWKやほかの多くの言語、コマンドでは\0と表記できます。普通のテキストファイルにはヌル文字は含まれないので、テキスト全体が1行とみなされます。

練習3.2.b ひらがなとカタカナの変換

本節では、カタカナ、ひらがな間の変換をすることがあるので、練習しておきましょう。

練習問題（出題、解答、解説：上田）

nkfというコマンドを使うと、ひらがな、カタカナを相互に変換することができます。nkfはsudo apt install nkfでインストールできます。

nkfやそのほかのコマンドを使い、図3.4の「コード」の部分にコマンドやワンライナーを書いて、各小問の所定の出力を実現してください。nkfで使うオプションは、--hiragana、--katakana、-Z4、-Zです。オプションなしも試してみてください。

図3.4 出題&出力例

```
1  小問1 $ echo シェルゲイおじさん | コード
2  しぇるげいおじさん
3  小問2 $ echo シェルゲイおじさん | コード
4  シェルゲイオジサン
5  小問3 $ echo シェルゲイおじさん | コード
6  ｼｪﾙｹﾞｲｵｼﾞｻﾝ
7  小問4 $ echo シェルゲイおじさん | コード
8  しぇるけいおしさん
9  小問5 $ echo ｼｪﾙｹﾞｲオジサン２１６号 | コード
10 シェルゲイオジサン216号
```

注21 キーを打つ量はあまり変わりませんが、おそらくプログラムを書くのが好きな人は単純作業が嫌いでしょうし、墾田永年私財法より長い単語を相手にしなければならない場合には、こうせざるを得ないでしょうということで掲載しています。

解答

小問1、2は次のようになります。

```
1  小問1  $ echo シェルゲイおじさん | nkf --hiragana
2  しぇるげいおじさん
3  小問2  $ echo シェルゲイおじさん | nkf --katakana
4  シェルゲイオジサン
```

--hiragana、**--katakana**というオプションが名前どおりの働きをして、変換できる文字を変換してくれます。

小問3は、一度カタカナに変換してから半角カタカナにします。

```
1  小問3  $ echo シェルゲイおじさん | nkf --katakana | nkf -Z4
2  ｼｪﾙｹﾞｲｵｼﾞｻﾝ
```

manに書いていないかもしれませんが、**-Z4**で全角カタカナと半角カタカナを切り替えてくれます。

余談ですが、全角、半角が混ざっている文字列に**-Z4**を適用すると、次のようになります。

```
1  $ echo ｼｪﾙｹﾞｲオジサン | nkf -Z4
2  シェルゲイｵｼﾞｻﾝ
```

また、**nkf**は半角カタカナの出力を避けようとします。これを利用すると、何もオプションを付けなくても半角カタカナを全角に変換できます。

```
1  $ echo ｼｪﾙｹﾞｲオジサン | nkf
2  シェルゲイオジサン
```

小問4はちょっとしたパズルとして出題してみました。解答例を示します。

```
1  $ echo シェルゲイおじさん | nkf --katakana | nkf -Z4 | sed s/ﾞ//g | nkf --hiragana
2  しぇるけいおしさん
```

半角カタカナでは濁点が独立した文字になることを利用して、**sed**で濁点を除去しています。

小問5については、一部で忌み嫌われる全角半角の混ざった文字列を掃除する問題として出題しました。**-Z**で掃除できます。

```
1  小問5  $ echo ｼｪﾙｹﾞｲオジサン２１６号 | nkf -Z
2  シェルゲイオジサン216号
```

-Zも、**man**を読むだけではこういう使い方は想像できないかもしれません。

補足（nkfの-hオプション）

--hiraganaオプションは**-h**と短縮できます。

```
1  小問1別解  $ echo シェルゲイおじさん | nkf -h
2  しぇるげいおじさん
```

練習3.2.c 漢字と読みの変換と日本語と英語の翻訳

次に、漢字を読みにする変換と、かなを漢字にする変換、そして翻訳の方法を覚えましょう。練習問題では、mecabとkkc、transというコマンドを使います。mecabを使うと漢字を読みにすることができ、kkcを使うとかなを漢字に変換できます。またtransは、さまざまな言語間の翻訳コマンドです。もちろんこのような変換はコンピュータにとっては非常に難しい課題であるため、百発百中ではありませんが、日々、研究によって技術が向上しています。

練習問題 （出題、解答、解説：上田）

mecab、kkc、transやtrやsedなどを使い、図3.5の変換を実現しましょう。「コード」の部分にコマンドやワンライナーを記述します。

mecab、kkc、transは、それぞれsudo apt install mecab、sudo apt install libkkc-utils、sudo apt install translate-shellでインストールできます。

図3.5 出題&出力例

```
1 小問1 $ echo 我々はシェル芸人だ。| コード
2 われわれはしぇるげいにんだ。
3 小問2 $ echo おまえもしぇるげいにんにしてやろうか。| コード
4 お前もシェル芸人にしてやろうか。
5 小問3 $ echo 我々はシェル芸人だ。| コード
6 We are shell entertainers.
```

解答

小問1を解きましょう。とりあえずmecabに文字列を通してみましょう。使う辞書によって出力が変わりますので、2つ例を示します。

```
1  ―― 出力例1 ――
2  $ echo 我々はシェル芸人だ。| mecab
3  我々	名詞,代名詞,一般,*,*,*,我々,ワレワレ,ワレワレ
4  は	助詞,係助詞,*,*,*,*,は,ハ,ワ
5  シェル	名詞,一般,*,*,*,*,シェル,シェル,シェル
6  芸人	名詞,一般,*,*,*,*,芸人,ゲイニン,ゲイニン
7  だ	助動詞,*,*,*,特殊・ダ,基本形,だ,ダ,ダ
8  。	記号,句点,*,*,*,*,。,。,。
9  EOS
10 ―― 出力例2 ――
11 $ echo 我々はシェル芸人だ。| mecab
12 我々	名詞,普通名詞,*,*,我々,われわれ,代表表記:我々/われわれ カテゴリ:人
13 は	助詞,副助詞,*,*,は,は,連語
14 シェル	名詞,人名,*,*,*,*,*
15 芸人	名詞,普通名詞,*,*,芸人,げいにん,代表表記:芸人/げいにん カテゴリ:人 ドメイン:文化・芸術;メディア
16 だ	判定詞,*,判定詞,基本形,だ,だ,連語
17 。	特殊,句点,*,*,。,。,連語
18 EOS
```

このように、各単語の品詞や読みを出力してくれます。最後のEOSは、入力の終わりを意味しています。

あとは、例1、例2出力を見るとカンマ区切りで後ろから2つめの列に読みが入っているので、それを切り出して、カタカナならnkf --hiraganaするとひらがなの読みに変換できます。

```
1  ──── 出力例1の場合 ────
2  小問1解答 $ echo 我々はシェル芸人だ。| mecab | awk -F, '{print $(NF-1)}' | tr -d \\n | sed 's/...$/\n
   /' | nkf --hiragana
3  われわれはしぇるげいにんだ。
4  ──── 出力例2の場合（*を1列目の文字列にする前処理が必要）────
5  小問1解答 $ echo 我々はシェル芸人だ。| mecab | awk '{gsub(/\*/,$1);print}' | awk -F, '{print $(NF-1)}'
    | tr -d \\n | sed 's/...$/\n/' | nkf --hiragana
6  われわれはしぇるげいにんだ。
```

出力例2の場合は読みの代わりに「*」というデータが入っている行があるので、gsub（⇒問題36別解1）で*を1列目の単語に変換する前処理を入れています。もし例1、2以外の出力が得られる場合は、それに対応したワンライナーを書く必要があります。面倒なので、別解でもっと楽な方法を示します。

小問2についても、まずは何も考えずにkkcに通してみます。

```
1  $ echo おまえもしぇるげいにんにしてやろうか。| kkc
2  Type kana sentence in the following form:
3  SENTENCE [N-BEST [SEGMENT-BOUNDARY...]]
4  >> 0: <お前/おまえ><も/も><シェル/しぇる><芸人/げいにん><に/に><し/し><て/て><や/や><ろ/ろ><う/う><か/か
   ><。/。>
```

出力が親切過ぎますが、よく見ると<>の中に単語が入っていて、/の左側に漢字に変換された文字列が格納されています。そこで、次のように<……/の中身を取り出してみましょう。grep -oをPCREとともに使うと、<……/の中身が一発で取り出せます（無理はしないでコマンドをいくつも使って切り出しても大丈夫です）。

```
1  $ echo おまえもしぇるげいにんにしてやろうか。| kkc | grep -oP '(?<=<)[^<]*(?=/)'
2  お前
3  も
4  シェル
5  (..略..)
```

あとは出力を横1列に並べると完成です。paste -sd ''を使いましょう（⇒問題36）。

```
1  小問2解答 $ echo おまえもしぇるげいにんにしてやろうか。| kkc | grep -oP '(?<=<)[^<]*(?=/)' | paste -sd ''
2  お前もシェル芸人にしてやろうか。
```

小問3の翻訳についてはtransを使います。次のように日本語から英語への翻訳である旨を引数で渡します。

```
1  $ echo 我々はシェル芸人だ。| trans ja:en  ←日本語から英語への変換
2  我々はシェル芸人だ。
3  (Wareware wa sheru geininda.)
4
5  We are shell entertainers.
6
7  「我々はシェル芸人だ。」の翻訳
8  [ 日本語 -> English ]
9
10 我々はシェル芸人だ。
11     We are shell entertainers., We're shell entertainer.
```

ここから4行目のWe are shell entertainers.を抜き出しましょう。sedを使います（⇒問題29）。

```
1 小問3解答 $ echo 我々はシェル芸人だ。| trans ja:en | sed -n 4p
2 We are shell entertainers.
```

別解

小問1については、kakasiというコマンドも利用できます。インストールのためのコマンドはsudo apt install kakasiです。オプションの説明は割愛します。

```
1 小問1別解1 $ echo 我々はシェル芸人だ。| kakasi -iutf8 -outf8 -JH | nkf --hiragana
2 われわれはしぇるげいにんだ。
```

ところで、mecab、kkc、transの出力には変換結果以外の付帯情報が満載で、そこから変換結果を抽出するワンライナーは、ややこしくなりがちです。このような場合、過去にも面倒くさいと思った人がいるはずで、たいていオプションが用意されています。mecabについては、読みだけ出力したければ、次のように-Oyomiというオプションが使えます。また、transには-bというオプションが存在します。

```
1 小問1別解2 $ echo 我々はシェル芸人だ。| mecab -Oyomi | nkf --hiragana
2 われわれはしぇるげいにんだ。
3 小問3別解 $ echo 我々はシェル芸人だ。| trans ja:en -b
4 We are shell entertainers.
```

kkcについては、少なくとも筆者（上田）は、シンプルな出力のためのオプションを見つけられていません。おそらく、ワンライナーでかなを漢字に変換しようとする人があまりいなかったからでないかと思います。

そういう場合、自分で機能を追加したコードを書いて作者に提供するか、自分でラッパーを書いてしまうという選択肢が考えられます。前者のほうが良いのですが、諸事情で筆者は後者を選び、kkcw[注22]というラッパーを作って公開しています。

```
1 小問2別解 $ echo おまえもしぇるげいにんにしてやろうか。| kkcw
2 お前もシェル芸人にしてやろうか。
3 ――― -nオプションで複数の候補を出力可能 ―――
4 $ echo とうだいじはなぞのようちえん。| kkcw -n 3
5 東大寺花園幼稚園。
6 東大寺は謎の幼稚園。
7 東大寺華園幼稚園。
```

補足（コマンドのリポジトリ）

MeCab[注23]は、**オープンソース**[注24]の形態素解析エンジンで、コマンドラインからは解答のようにmecabというコマンドを通じて使うことができます。形態素解析というのは、オプションなしのmecabの出力のように、文章を解析し、単語に分け、品詞を特定することを指します。小問1別解1で使ったkakasiも、KAKASIという形態素解析エンジンのインターフェースとしてのコマンドです。kkcはKAKASIと名前が

注22　https://github.com/ryuichiueda/kkcw
注23　https://taku910.github.io/mecab/
注24　重要な用語ですが、詳細はWikipediaに譲ります（https://ja.wikipedia.org/wiki/オープンソース）。

似ていますが違うもので、kana-kanji conversionの略です注25。

transコマンドのTranslate Shell注26は、以前はGoogle Translate CLIと呼ばれていたものです。現在はGoogle Translateだけではなく、ほかのインターネット上の翻訳サービスも使えるとのことです。使用には、PCがインターネットに接続されていることが必要です。

練習3.2.d フォーマットの変換

今度はフォーマット間の変換をするPandocというソフトウェアを使用してみましょう。Pandocについては問題10の別解で出てきましたが、あらためて使用方法を確認しましょう。

練習問題 （出題、解答、解説：上田）

echoで次のように作ったMarkdown（⇒問題10）を、pandocにパイプで入力してみましょう。どのような出力が得られるでしょうか。

```
1  $ echo -e '# 見出し\n\n本文です。\n\n* 箇条書きです。\n* これも箇条書き。'
2  # 見出し
3
4  本文です。
5
6  * 箇条書きです。
7  * これも箇条書き。
```

解答

pandocに通すと、次のようにHTML (HyperText Markup Language) 形式に変換されます。

```
1  $ echo -e '# 見出し\n\n本文です。\n\n* 箇条書きです。\n* これも箇条書き。' | pandoc
2  <h1 id="見出し">見出し</h1>
3  <p>本文です。</p>
4  <ul>
5  <li>箇条書きです。</li>
6  <li>これも箇条書き。</li>
7  </ul>
```

HTMLもテキストに見出しなどの意味付けを行う方式で、Webページ（いわゆるインターネットのホームページ）を記述するために利用されています。ただ、HTMLはメモを書くには記号が多くて面倒なので、文章やメモ書きを扱うWebサービス（GitHub、Backlog、Facebookなど）では、ユーザーが作文するときのフォーマットとしてMarkdownが使われます。なお、HTMLについては第9章で詳しく扱います。

補足（pandocによるHTMLのヘッダ部の付加）

解答で出力したHTMLは、文章を意味付けしただけのものです。ファイルに保存してWebサイトなどで配信するにはもう少し情報が必要で、pandocの引数や、ほかのソフトウェアで付加することになります。

注25 https://github.com/ueno/libkkc
注26 https://github.com/soimort/translate-shell

pandocの-sというオプションで、文章の前後に最低限の情報を付加する例を示します。

```
$ echo -e '# 見出し\n\n本文です。\n\n* 箇条書きです。\n* これも箇条書き。' | pandoc -s
（「タイトルがない」というワーニングが標準エラー出力から出ますが、省略します）
<!DOCTYPE html>
<html xmlns="http://www.w3.org/1999/xhtml" lang="" xml:lang="">
<head>
  <meta charset="utf-8" />
  （..略..）
</head>
<body>
（中略。オプションなしで出力される部分）
</body>
</html>
```

問題37 コピペミスの検出

ここから本節の本番です。まずは正規表現の応用の問題を出題します。

問題（初級★　出題：上田　解答：山田　解説：中村）

筆者（上田）はよく、文章を書くときにコピー＆ペーストでミスをして、リスト3.9のように同じ語句（1文字を含む）を2つ並べてしまうことがあります。このような語句を列挙してください。なお、ミスとは関係ない語句（この場合は「いろいろ」）が含まれてもかまいません。また、改行をはさんでいても、改行を除去のうえ、列挙しなければならないこととします。

リスト3.9 diarydiary.txt

```
私は私は今、オーストラリアに
いるのですが、特に観光もせず、
部屋でシェル芸シェル芸の問題
問題を考えています。人それ
それ、人生いろいろですよね。
```

解答

まず、「同じ語句が2回連続している」部分を抽出する方法を考えます。これを拡張正規表現（⇒練習3.1.c）で書くと`(.+)\1`となります。`(.+)`は任意の文字列、`\1`は後方参照（⇒練習1.3.a）で最初のマッチを表すため、`(.+)\1`は「任意の文字列を2回繰り返し」という意味になります。これと-oオプションを組み合わせて同じ語句が連続する部分を抽出してみましょう。

```
$ cat diarydiary.txt | grep -oE '(.+)\1'
私は私は
シェル芸シェル芸
すす
いろいろ
```

これで完成……と言いたいところですが、3行目と4行目にまたがっている「問題」という文字列の繰り返しを抽出できていません。そこで、次のようにgrepする前に改行を除去します。これが解答となります。

```
$ cat diarydiary.txt | tr -d '\n' | grep -oE '(.+)\1'
私は私は
シェル芸シェル芸
問題問題
```

```
5  すす
6  いろいろ
```

練習3.2.aで行またぎの検索を扱いましたが、この問題は列挙するだけなので改行を除去する方法をとりました。

別解

練習3.2.aの方針で解く方法も考えてみましょう。ただし、これだと**シェ(改行)ル芸シェル芸**のように単語の途中の改行には対応できないことを先にお断りしておきます。

まず、同じ語句が2回連続している箇所を、文章中にない記号で囲んでみます。ついでに、改行を挟んでいる場合は改行を除去します。

```
1  $ cat diarydiary.txt | sed -rz 's/(.+)\n*\1/@\1\1@/g'
2  @私は私は@今、オーストラリアに
3  いるのですが、特に観光もせず、
4  部屋で@シェル芸シェル芸@の@問題問題@を考えていま@すす@。人それ
5  ぞれ、人生@いろいろ@ですよね。
```

練習3.2.aで出てきた**sed -z**を使いました。

これで、@に囲まれた部分を抜き出して@を除去すれば別解になります。

```
1  別解（上田） $ cat diarydiary.txt | sed -rz 's/(.+)(\n*)\1/@\1\1@/g' | grep -o '@[^@]*@' | tr -d @
2  私は私は
3  シェル芸シェル芸
4  問題問題
5  すす
6  いろいろ
```

問題38 込み入った文字実体参照の解決

今度は崩れてしまったテキストファイルの修正をしてみましょう。

問題 （初級★　出題：上田　解答：田代　解説：上田）

リスト3.10のファイル**this_is_it.txt**は、あるWebサイトのソース（HTML文章）からテキストをコピーして保存したファイルです。Bashのワンライナーと出力の例が記述されていますが、ワンライナーの部分がなぜか文字化けのようになっています。

リスト3.10 this_is_it.txt

```
1 $ x='() { :;}; echo vulnerable' bash -c &amp;amp;amp;amp;amp;amp;quot;echo this is a test&amp;
  amp;amp;amp;quot;
2 vulnerable
3 this is a test
```

ampやquotは文字実体参照と呼ばれるものの一部です。文字実体参照が何なのかを調査のうえ、ワンライナーでもとのBashのコマンドに戻してください。

解答

HTML（⇒練習3.2.d）では、「"」や「&」などの記号がフォーマット（書式や体裁の指定）のために使われます。そのため、これらの文字は、原則として、文章中の通常の文字として使えません。その代わり、文章中にこれらの記号を埋め込むために用意されているのが**文字実体参照**です。たとえば「"」を"と置き換えて記録しておくことで、フォーマット用の「"」と混同されないようにできます。

問題のファイルthis_is_it.txt中には、&で置き換えられた「&」、"で置き換えられた「"」が存在しています。ただ、なぜか何度もこのような置き換えが起こっており、単なる「"」が、"と引き伸ばされています。文章を保存するたびに、「"」→"→"→"→……という具合に伸びていったものと思われます。これは実際に、あるメジャーなCMS（Contents Management System）注27で見られる現象です。

これをふまえて、&……quot;を戻しましょう。結局これは、正規表現による置換の問題となります。次のワンライナーが解答例です。

```
1  $ cat this_is_it.txt | sed -E 's/\&(amp;)+quot;/"/g'
2  $ x='() { :;}; echo vulnerable' bash -c "echo this is a test"
3  vulnerable                    ↑文字化けがなおった
4  this is a test
```

sedに与えた\&(amp;)+quot;が正規表現です。(amp;)+が「amp;の1回以上の繰り返し」を意味します。また、&はsedで使われる文字なので\&とエスケープします。

別解

recodeというコマンドを使う別解を示します。recodeはsudo apt install recodeでインストールできます。

```
1  別解1(山田) $ ( echo 'recode html..UTF-8 < this_is_it.txt' ; yes '| recode html..UTF-8' | head ) | tr
   -d \\n | sh
```

recodeを使うと文字実体参照をもとの文字に戻せます。ただし、1回につき1個しか変換してくれないので、この別解では、yesというコマンドを使ってrecodeに文字列を何度も繰り返し通すコードを作り、shで実行しています。

yesは引数に指定した文字を無限に出力するコマンドです。別解1のサブシェル内のワンライナーの出力を示します。出力の2行目以下の| recode ……がyesの出力で、headで10行に切り取られています。

```
1  $ echo 'recode html..UTF-8 < this_is_it.txt' ; yes '| recode html..UTF-8' | head
2  recode html..UTF-8 < this_is_it.txt
3  | recode html..UTF-8
4  | recode html..UTF-8
5  (..略..)
6  | recode html..UTF-8
```

もうひとつ、Bashの機能のみで変換する別解を示します。

注27　ブログなどのWebサイトを公開するためのソフトウェアです。公開する表側のサイトだけでなく、ブラウザで記事を執筆、管理できる裏方のサイトも提供します。

```
1  別解2(eban)  $ a="$(<this_is_it.txt)"; while [ "$a" != "$b" ]; do b="$a"; a="${a//&amp;/&}" a="${a//&
   quot;/\"}"; done; echo "$a"
```

変数aにファイルの内容を読み込み（⇒問題17別解）、変換前後の文字列が一致するまで、while文で&と"の変換（⇒練習2.1.c）を試みています。

問題39 文章の折り返し

次に、1行が長い文を折り返す処理を扱います。改行を入れる処理は、grepを使わない人からテキストで原稿をもらったときや、凝ったExcelシート（いわゆるExcel方眼紙やネ申Excel（参考文献[9]）といった類のもの）に文章を貼り付けるときによく使います。

問題　（中級★★　出題、解答、解説：田代）

リスト3.11のbash_description.txt[注28]を、文字幅30文字以内で、単語が切れないように折り返してください。文は途中で改行されていないこととします。

リスト3.11 bash_description.txt

```
1  Bash is an sh-compatible command language interpreter that executes commands read from the standard input
   or from a file. Bash also incorporates useful features from the Korn and C shells (ksh and csh).
```

解答

専用のコマンドの知識があればすぐ解けてしまうのですが、あっけないのでここではawkでアルゴリズムを組んで解答してみましょう。単語の文字数を順次足していき、指定した文字数を超えた時点で折り返すという方針でプログラムを書きます。

まずsedで1単語1行にします。各単語の後ろの空白は付けたままにします。また、ファイルの最後の単語にも後ろに空白を入れておきます。

```
1  $ cat bash_description.txt | sed 's/ / \n/g;s/$/ /'
2  Bash
3  is
4  (..略..)
5  csh).
```

sedの引数には、;区切りで2つの変換（「空白の後ろに改行を入れる」と「行末に空白を足す」）が指定されています。

この出力を、awkを使って指定された幅に折り返します。

```
1  $ cat bash_description.txt | sed 's/ / \n/g;s/$/ /' | awk '{L+=length}L>31{print "";L=length}{printf $0}'
2  Bash is an sh-compatible
3  command language interpreter
4  that executes commands read
```

注28　出典は英語版のman bashです。

```
5  from the standard input or
6  from a file. Bash also
7  incorporates useful features
8  from the Korn and C shells
9  (ksh and csh).  ←最後に改行は入らない
```

awkでは3個のルールが使われています。最初のルールでは、length関数で各行（つまり各単語）の文字数が調べられ、変数Lへ順次足されています。引数を指定しない場合、length関数は行全体（$0）の長さを返します。括弧も省略できます。2番めの説明は後回しにして、最後の3番めのルールでは、printfを使い、単語（と、後ろの空白）を、後ろに改行を入れずに出力しています。この処理のミソは2番めのルールで、アクションは変数Lが31より大きくなったら発動します。print ""で改行を入れて1行を確定し、Lを現在処理中の単語の長さで初期化します。条件の数が30でなく31なのは、単語の後ろに空白が入っているからです。

最後に、行末の余分な空白を削除し、最終行に改行が入っていないので改行を入れる処理を追加して解答となります。

```
1  $ cat bash_description.txt | sed 's/ / \n/g;s/$/ /' | awk '{L+=length}L>31{print "";L=length}{printf
   $0}' | awk 'sub(/ $/,"")'
2  Bash is an sh-compatible
3  command language interpreter
4  (..略..)
5  from the Korn and C shells
6  (ksh and csh).
```

空白の削除だけならsedで良いのですが、awkを通すと最後に改行が入るので、ここではawkのsub関数で処理しました。短く書くためにパターンに処理を書いていますが、普通はawk '{sub(/ $/,"");print}'と書けば良いでしょう。

別解

まず、問題のような折り返しができるコマンドを使ったものを3つ示します。それぞれfold、fmt、pandocを使っています。

```
1  別解1(田代) $ cat bash_description.txt | fold -s -w 31 | sed 's/ *$//'
2  別解2(山田) $ fmt -w 31 bash_description.txt
3  別解3(田代) $ cat bash_description.txt | pandoc -t plain --columns=30
```

別解1で使ったfoldは、名前のとおり文字列を折り返すためのコマンドで、-sは空白で折り返すためのオプション、-wは幅を指定するためのオプションです。折り返しの幅は先ほどと同様、「折り返す文字幅＋1」を指定します。別解2で使ったfmtは、より文章に特化したコマンドで、fmt -wで幅を指定して文章を折り返せます。行末の空白は自動で削ってくれます。別解3はpandoc（⇒練習3.2.d）の--columnsオプションを利用しています。pandocの-tは、出力のフォーマットを指定するオプションです。この場合はplain（何もマークアップしない**プレーンテキスト**形式）を指定しています。

次の別解4は、grep -oをうまく使ったものです。

```
1  別解4(上田) $ cat bash_description.txt | grep -Eo '.{,30}( |$)' | sed 's/ $//'
```

「30文字以下の文字（.{,30}、⇒練習3.1.c）のあとに空白か行末が来る」という拡張正規表現を作り、-oでマッチする文字列を切り出すことで改行を入れています。

もっと高度に、「ハイフネーションして折り返す」という問題を考えてみましょう。ハイフネーションは単語の音節に入れて折り返す必要があるため一筋縄ではいきません。このような処理を実現できるソフトウェアとしては、TeX[注29]やmanコマンドが挙げられます。

まず、TeXを使った例を示します。幅が30文字だとハイフンが出現しなかったので、29文字を指定しています。

```
1  $ sudo apt install texlive-lang-english  ←英語版TeXのインストール
2  別解5(山田) $ cat ./bash_description.txt | sed -e '1i\\\\hsize=29ex' -e '$a\\\\bye' > tmp.tex && tex
   tmp.tex >/dev/null && dvi2tty tmp.dvi | sed 's/|*$//g;$d' | awk NF | tr -s ' '
3   Bash is an sh-compatible
4  command language interpreter
5  that executes commands read
6  from the standard input or
7  from a file. Bash also incor-
8  porates useful features from
9  the Korn and C shells (ksh
10 and csh).
```

出力を見るとincorporatesにハイフンが入っています。ワンライナーの最初のsedで指定した1i文字列、$a文字列は、それぞれ「1行目の前に文字列を挿入」「最終行の後に文字列を追加」です。$は最終行を表します。i、aはそれぞれinsert（挿入）、append（追加）の頭文字です。2個目のsedの$dは「最終行を削除」という意味です。また、awk NFは、空行を除去する処理です。空行ではNFが0（偽）となるので、そのような働きをします。tr -s ' 'は、半角スペースが2個以上続いていたら、1個に縮める働きをします。TeXの話は割愛します。

次にmanを使った例です。幅が30文字だとハイフンが入らないため25に指定しています。

```
1  別解6(山田) $ cat bash_description.txt | sed '1i.TH HOGE' | LANG=C COLUMNS=25 man -l - | sed '1d;$d'
   | awk NF
2  Bash  is an sh-compati-
3  ble  command   language
4  interpreter  that  exe-
5  cutes   commands   read
6  from the standard input
7  or  from  a  file.  Bash
8  also  incorporates use-
9  ful features  from  the
10 Korn  and C shells (ksh
11 and csh).
```

これも細かい説明は割愛します。右端をそろえるために単語間の空白の数を調節していてたいへん興味深

注29　論文や書籍、その他文章を執筆するときに使われる「組版処理ソフトウェア」で、本書の下書きの執筆にも利用されています。

いです。

問題40 雑多な変換

次の問題も文章の整形です。1つの問題に2つの指示が入っていますが、このように指示がいくつもある場合は、パイプラインをだらだらつないでいくのが本書流の方法です[注30]。

問題（中級★★　出題：山田、上田　解答：上田　解説：山田）

リスト3.12のkanjinum.txtについて、次の変換をして図3.6のような出力を得てください。

- 漢数字をすべて半角数字に変換
- 行頭の句読点を前の行の最後に移動

なお、漢数字の間に改行は入っていないので、ワンライナーを書くときに対応する必要はありません。

リスト3.12 kanjinum.txt

```
1 私が小学一年生の時は
2 、四十七都道府県の位置
3 と名前を全て覚えるくらいに
4 物覚えは良かったですが
5 、テストで百点満点を
6 取り、親から五千兆円を
7 プレゼントされることは
8 ありませんでした
9 。
```

図3.6 出力例

```
1 私が小学1年生の時は、
2 47都道府県の位置
3 と名前を全て覚えるくらいに
4 物覚えは良かったですが、
5 テストで100点満点を
6 取り、親から5000000000000000円を
7 プレゼントされることは
8 ありませんでした。
```

解答

まず、漢字から数字への変換について取り組みましょう。Webを検索してみると、同じような試みをソフトウェアに落とし込んでいる人が見つかる場合があるので、そのようなソフトウェアに頼りましょう。ここではzen_to_i[注31]という、漢数字を半角数字に変換できるRubyのライブラリ（gemパッケージ）を利用させてもらいます。zen_to_iは、次のようにインストールします。

```
1 $ sudo apt install ruby
2 $ sudo gem install zen_to_i
```

使ってみましょう。

```
1 $ cat kanjinum.txt | ruby -rzen_to_i -ne 'puts $_.zen_to_i'
2 私が小学1年生の時は
```

注30　たとえば実際に書籍の出版に使ったものが「https://gist.github.com/ryuichiueda」の「tex_to_plain.bash」にありますが、真似してはいけません。

注31　https://github.com/yoshitsugu/zen_to_i

```
3  、47都道府県の位置
4  (..略..)
5  、テストで100点満点を
6  取り、親から5000000000000000円を
7  (..略..)
```

漢数字がすべて数字に変換されました。上の例のように、rubyのワンライナーでgemパッケージを使うときは、-rのあとに名前を指定します[注32]。**zen_to_i**は文字列に対して使え、上の例では**$_**に適用しています(⇒練習3.1.a補足1)。**$_.zen_to_i**で**$_**中の漢数字が半角数字に変換されたものが得られ、それが**puts**(⇒練習3.1.a)で標準出力から出てきます。

これで漢数字の変換はできました。次に句読点の位置を正しくする方法を考えてみます。練習3.2.aで出てきた**sed**の**-z**オプションが使えます。次のように、文字列中から「改行+句読点」となっている箇所を見つけ、改行と句読点を入れ替えます。これで解答となります。

```
1  $ cat kanjinum.txt | ruby -rzen_to_i -ne 'puts $_.zen_to_i' | sed -zE 's/\n([。、])/\1\n/g'
2  (図3.6の出力)
```

別解

便利なライブラリに頼らない例を示します。漢数字→半角数字変換を**perl**でまともに記述しており、ワンライナーというよりは立派なスクリプトを1行にしたもので、少々無理がある解答です。

```
1  別解(山田) $ cat kanjinum.txt | perl -C -Mutf8 -ple '$N="一二三四五六七八九";$M="十百千";$L="万億兆京"
   ;sub z2i{$_=$_[0];$b=1;$h{$_}=$b*=10 for split("","$M");$b=1;$h{$_}=$b*=10000 for split("","$L");s/(
   [$N$M]+)([$L])/($1)*$2+/g;s/[$N]/+$&/g;eval "tr/$N/1-9/";s/([1-9])([$M$L])/$1*$h{$2}/g;s/[$M]/+$h{$&}
   /g;s/[$L]/$h{$&}/g;s/\++/+/g;s/\+$//;return eval $_}s/[$N$M$L]+/z2i($&)/ge' | perl -C -Mutf8 -0 -pe '
   s/\n([、。])/$1\n/g'
```

perlには、日本語を扱うための**-C -Mutf8**というオプション(⇒練習3.1.a補足2)を付けています。

問題41 注釈のチェック

次は、原稿に付けた記号の整合性を確認する問題です。

問題 (中級★★ 出題:山田 解答:上田 解説:中村)

Markdownで書かれた文章**annotation.md**(リスト3.13)には、いくつかの注釈があります。このファイルのように、Markdownの文章に注釈を入れるときは、注釈を入れたい場所に**[^識別子]**と目印を付け、それ以後のどこかに**[^識別子]: 注釈文**で注釈を書きます。

ただ、**annotation.md**には問題があり、文中に付けた目印のタグの**[^識別子]**と、文章下の注釈**[^識別子]: 注釈文**に不一致があります。これを次の2グループに分けて一覧表示してください。

- 文中の目印は存在するが、注釈文が存在しない
- 文中の目印が存在しないのに、注釈文は存在する

注32 Rubyの**require**メソッドに相当します。

リスト3.13 annotation.md

```
1  # Aについて
2
3  A[^about_a]は素晴らしい。
4  Aのに似たものとしてB[^about_b]が存在
5  するが、やはりAには及ばない。
6  他方でAに匹敵すると言われる
7  C[^about_c]が近年注目を集めているが、
8  これについても触れたい。
9  CとはもともとはDを発展させたものであ
10 り、F[^abort_f]という別名もある。
11
12 [^about_a]: Aの起源は室町時代に遡る。
13 [^about_c]: Cの起源は江戸時代に遡る。
14 [^about_d]: Dの起源はわからない。
15 [^about_f]: Fはおいしい。
```

解答

まず、タグを抽出しましょう。注釈文のものについては、コロン付きで抽出して、文中の目印と注釈のものを区別できるようにします。

```
1  $ cat annotation.md | grep -oE '\[\^[^[]+\]:?'
2  [^about_a]
3  [^about_b]
4  (..略..)
5  [^about_d]:
6  [^about_f]:
```

正規表現は、外側の`\[` …… `\]:?`の部分が「角括弧にコロン(`:`)が0個か1個付いている」ということを意味します。内側の`\^[^[]+`は、「『`^`』から始まって、『`[`』を含まない1文字以上の文字列」を表します。`[`、`]`、`^`は正規表現で使われるのでエスケープされています[注33]。

次に、「目印」「注釈文」の文言を付与します。ついでに注釈文のタグのコロンを除去しておきます。

```
1  $ cat annotation.md | grep -oE '\[\^[^[]+\]:?' | sed 's/]$/] 目印/' | sed 's/:$/ 注釈文/'
2  [^about_a] 目印
3  [^about_b] 目印
4  (..略..)
5  [^about_d] 注釈文
6  [^about_f] 注釈文
```

この中から、タグが1つしかないものだけを`uniq`で抽出すれば完成です。

```
1  $ cat annotation.md | grep -oE '\[\^[^[]+\]:?' | sed 's/]$/] 目印/' | sed 's/:$/ 注釈文/' | sort | awk
   '{print $2,$1}' | uniq -f1 -u
2  目印 [^abort_f]
```

注33 ただ、`[^[]`の「`^`」の右にある「`[`」はエスケープしなくて良いようです。

```
3    目印 [^about_b]
4    注釈文 [^about_d]
5    注釈文 [^about_f]
```

sortとawkはuniqの前処理です。sortで辞書順に並び替え、awkで列を入れ替えます。その後のuniq -f1 -uは、-f1が1列目を無視して比較、-uが1つしかないレコードだけを出力という意味です。

別解

1つ示します。annotation.mdを2回読み込むという方法をとっています。

```
1    別解（山田） $ cat annotation.md | grep -oE '\[\^.*\]' | sort | uniq -u | grep -F -f- annotation.md |
     grep -oE '\[\^.*\]:?' | awk -F: '/:/{print "注釈文",$1}!/:/{print "目印",$0}'
```

uniq -uまでの出力は次のようになります。

```
1    $ cat annotation.md | grep -oE '\[\^.*\]' | sort | uniq -u
2    [^abort_f]
3    [^about_b]
4    [^about_d]
5    [^about_f]
```

解答のワンライナーと同様、grep -oでタグを抽出し、その後sort | uniq -uで1回しか登場していないタグだけを残します。これで、目印と注釈文がペアになっていない注釈を抽出できます[注34]。

この抽出結果をgrep -f（⇒問題32）で検索条件として読み込み、もう一度annotation.mdの中を検索します。そのあと、再度タグを検索して出力し、最後のawkで:の有無によって目印のタグか注釈文のタグかを判定すると、上の別解になります。

補足（Pandocによる注釈のチェック）

Pandoc（⇒練習3.2.d）を使えば、文中の目印が抜けた注釈文を抽出できます[注35]。次のように、注釈文しかないものにはWARNINGが表示されますので、WARNINGの箇所を抽出すれば、孤立した注釈文を抽出できます。

```
1    $ pandoc -t markdown annotation.md
2    [WARNING] Note with key 'about_d' defined at line 10 column 1 but not used.
3    [WARNING] Note with key 'about_f' defined at line 11 column 1 but not used.
4    Aについて
5    =========
6    (..略..)
7    ―― 注釈文しかないものを出力 ――
8    $ pandoc -t markdown annotation.md |& awk -F"'" '/WARNING/{print $2}'
9    about_d
10   about_f
```

注34　解答もそうですが、同じ目印が2つ以上、あるいは同じ注釈文が2つ以上あると、この方法では検出漏れが出ます。

注35　目印しか存在しないものはわからないようです。

問題42 順序付きリストの整形

次は、テキストファイルの中にある連番を修正するという問題です。

問題 (中級★★ 出題、解説:山田 解答:上田)

Markdownでは、行頭が数字とドット(`.`)で始まる行は順序付きリストと呼ばれ、何かのリストの各項目に番号を付けて列挙するために利用されます。リスト3.14の`item.md`は順序付きリストを含むMarkdownですが、よく見ると順序付きリストの番号がおかしいことになっています。1だけのものがあったり注36、番号が順番どおりになっていなかったりします注37。

そこで、このファイルを図3.7の出力のように直し、端末に出力してください。

リスト3.14 item.md

```
1  # AAA
2
3  1. AAAはすごいな
4  1. AAAはたのしいな
5  1. AAAはきれいだな
6
7  # BBB
8
9  1. BBBはすごいな
10 2. BBBはたのしいな
11 3. BBBはきれいだな
12 3. BBBはゆかいだな
13 3. BBBは・・・
```

図3.7 出力例

```
1  # AAA
2
3  1. AAAはすごいな
4  2. AAAはたのしいな
5  3. AAAはきれいだな
6
7  # BBB
8
9  1. BBBはすごいな
10 2. BBBはたのしいな
11 3. BBBはきれいだな
12 4. BBBはゆかいだな
13 5. BBBは・・・
```

解答

`awk`を使ったものをまず示します。

```
1  $ cat item.md | awk '/^[0-9]\./{a++;$1=a".";print}/^#/{a=0}!/^[0-9]\./'
```

この`awk`のコードにはルールが3個あります。最初のルールの`awk`のパターンには、`/^[0-9]\./`という「数字とドットで始まる」行にマッチする正規表現を記述しています。アクションでは、カウンタ用の変数`a`に1を足し、1列目を`a`の数字にドットを付けたものに変更してから`print`で行全体を出力しています。これで、リストの番号が1つずつ大きくなるように修正されます。

2番めのルールでは、見出しのマーク`#`を目印にして`a`の値をゼロにリセットしています。ここまでのルールでの出力を確認しましょう。

```
1  $ cat item.md | awk '/^[0-9]\./{a++;$1=a".";print}/^#/{a=0}'
2  1. AAAはすごいな
3  2. AAAはたのしいな
```

注36 Markdownの書き方としては通常のものです。

注37 ユーザーの書いたMarkdownを整形してブラウザに表示するいくつかのWebサービスでは、文頭の数字が連番でなくても、順番に直して表示してくれるものもあります(「gist.github.com」や「qiita.com」など)。しかし、プレーンテキスト形式でそのまま閲覧することを想定する場合は、簡単に直す方法があると便利です。

```
4  3. AAAはきれいだな
5  1. BBBはすごいな  ←番号がリセットされる
6  2. BBBはたのしいな
7  3. BBBはきれいだな
8  4. BBBはゆかいだな
9  5. BBBは・・・
```

これで番号は正しく振りなおせました。さらに3番めのルールでリストの行以外を出力すると、冒頭の解答になります。このルールのパターンでは、最初のルールで使った正規表現を!で否定することで、リストの行以外を正規表現でマッチさせてそのまま出力しています。

別解

この問題にも、Pandocが利用できます。次のようにオプションを使うと、図3.7の出力が得られます。

```
1  別解（山田） $ pandoc item.md -t gfm
```

`-t`（⇒問題39別解3）で指定した`gfm`は、Markdownの「GitHub Flavored Markdown」を表します。

問題43 文献リストのソート

今度は複数行にまたがるテキストのソートをしてみましょう。発想力が問われます。

問題（中級★★　出題、解説：山田　解答：上田）

リスト3.15のbunken.txtには、書籍や論文などで目にする文献リストのような形式で、いくつかのURLを記載してあります。しかしながら、文献名の行頭にある[番号]（以降、引用番号）を見ると順番がバラバラです。

そこで図3.8のように、引用番号と文献の対応関係を保ちつつ、ソートした結果を出力してください。

リスト3.15 bunken.txt

```
1  [4] トップページ | gihyo.jp, 技術評論社
2  https://gihyo.jp/
3
4  [3] シェル芸 | 上田ブログ
5  https://b.ueda.tech/?page=01434
6
7  [2] くんすとの備忘録
8  https://kunst1080.hatenablog.com/
9
10 [1] 日々之迷歩
11 https://papiro.hatenablog.jp/
12
13 [5] 俺的備忘録
14 https://orebibou.com/
```

図3.8 出力例

```
1  [1] 日々之迷歩
2  https://papiro.hatenablog.jp/
3
4  [2] くんすとの備忘録
5  https://kunst1080.hatenablog.com/
6
7  [3] シェル芸 | 上田ブログ
8  https://b.ueda.tech/?page=01434
9
10 [4] トップページ | gihyo.jp, 技術評論社
11 https://gihyo.jp/
12
13 [5] 俺的備忘録
14 https://orebibou.com/
```

解答

bunken.txtのように1つの項目が複数行にまたがっているデータを扱う場合、行頭に目印を付けると簡単に解ける場合があります。そのようなアプローチの解答を紹介します。

bunken.txtには、1行目から3行ごとに引用番号が記載されています。この引用番号を行頭に付けてみましょう。次のように、**awk**で3行ごとに番号を**k**に格納し、2番めのルールで行頭に付加します。

```
1  $ cat bunken.txt | awk 'NR%3==1{k=$1};{print k,$0}'
2  [4] [4] トップページ | gihyo.jp, 技術評論社
3  [4] https://gihyo.jp/
4  [4]
5  (..略..)
6  [1] [1] 日々之迷歩
7  [1] https://papiro.hatenablog.jp/
8  [1]
9  [5] [5] 俺的備忘録
10 [5] https://orebibou.com/
```

この出力を1列目で**sort**すると、各文献のレコードが引用番号順に並びます。

しかし、そのまま**-k1,1**（⇒練習1.3.e補足2）でソートをかけると、次のように空行が先にきたり、4番めと5番めの文献の間が詰まったりして、後処理がたいへんそうです。

```
1  $ cat bunken.txt | awk 'NR%3==1{k=$1};{print k,$0}' | sort -k1,1
2  [1]
3  [1] [1] 日々之迷歩
4  [1] https://papiro.hatenablog.jp/
5  (..略..)
6  [4]
7  [4] [4] トップページ | gihyo.jp, 技術評論社
8  [4] https://gihyo.jp/
9  [5] [5] 俺的備忘録
10 [5] https://orebibou.com/
```

sortが2列目以降のデータの順番も変えてしまうため、このようなことが起こります。

そこで**安定ソート**を有効にする**-s**も併用しましょう。このオプションにより、2列目以降の順番を保ったままのソートが可能となります。

```
1  $ cat bunken.txt | awk 'NR%3==1{k=$1};{print k,$0}' | sort -s -k1,1
2  [1] [1] 日々之迷歩
3  [1] https://papiro.hatenablog.jp/
4  [1]
5  (..略..)
6  [4] [4] トップページ | gihyo.jp, 技術評論社
7  [4] https://gihyo.jp/
8  [4]
9  [5] [5] 俺的備忘録
10 [5] https://orebibou.com/
```

最後に、sedで文頭から4文字を占める引用番号を除けば解答となります。

```
1  $ cat bunken.txt | awk 'NR%3==1{k=$1};{print k,$0}' | sort -s -k1,1 | sed 's/....//'
2  (図3.8の指定の出力)
```

別解

別解を2つ示します。

```
1  別解1(田代)  $ cat bunken.txt | tr '\n' '@' | sed 's/@@/@\n/g' | sort | tr '@' '\n'
2  別解2(中村)  $ cat bunken.txt | sed 's/\[/\x0&/g' | sort -z | tr -d '\0'
```

別解1は改行を別の文字に置換して各項目を1行にまとめてソートをして、その後、改行を復元しています。sedまでの処理を示します。

```
1  $ cat bunken.txt | tr '\n' '@' | sed 's/@@/@\n/g'
2  [4] トップページ | gihyo.jp, 技術評論社@https://gihyo.jp/@
3  [3] シェル芸 | 上田ブログ@https://b.ueda.tech/?page=01434@
4  [2] くんすとの備忘録@https://kunst1080.hatenablog.com/@
5  [1] 日々之迷歩@https://papiro.hatenablog.jp/@
6  [5] 俺的備忘録@https://orebibou.com/@
```

これで1文献1行のデータになるので、ソートして@を改行に戻せばほしい出力が得られます。

別解2はsedで引用番号の括弧の頭にヌル文字（⇒練習3.2.a補足）を入れることで、各文献のデータをヌル文字区切りにしています。そして、`sort -z`でヌル文字を区切りにソートし、trで使ったヌル文字を削除しています。sedでは`\x0`、trでは`\0`がヌル文字を表します。

問題44 行またぎの検索

今度は行またぎの検索の問題です。これまでの行またぎの処理をふまえると、解き方が見えてくるかもしれません。

問題 （中級★★　出題：上田　解答：中村、eban、山田　解説：中村）

リスト3.16の`diary.txt`について、「シェルスクリプト」という文字列の一部が存在する行の行末に「@」としるしを付けてください。図3.9の出力例のように、スペースの後ろに@と入れます。また、行をまたいだ場合には両方の行に入れます。

リスト3.16 diary.txt

```
1 今日もシェルスクリプトを書いた。その
2 後、ストロング系のチューハイを3本飲
3 み、少し休憩した後に人の書いたシェル
4 スクリプトを手直しした。体内にアル
5 コールがまわり、意識が朦朧とする中、
6 シェルスクリプトかわいいよシェルスク
7 リプトという謎ワードが前頭葉をぐるぐ
8 るして止まらなくなったので、もうだめ
9 だと思って寝た。
```

図3.9 出力例

```
1 今日もシェルスクリプトを書いた。その @
2 後、ストロング系のチューハイを3本飲
3 み、少し休憩した後に人の書いたシェル @
4 スクリプトを手直しした。体内にアル @
5 コールがまわり、意識が朦朧とする中、
6 シェルスクリプトかわいいよシェルスク @
7 リプトという謎ワードが前頭葉をぐるぐ @
8 るして止まらなくなったので、もうだめ
9 だと思って寝た。
```

解答

sedで改行を無視して「シェルスクリプト」を検索し、その行に置換で@を置くという方針で解きましょう。まず、「シェルスクリプト」を「%」で囲みます。

```
1 $ sed -Ez 's/シ.?ェ.?ル.?ス.?ク.?リ.?プ.?ト/%&%/g' diary.txt
2 今日も%シェルスクリプト%を書いた。その
3 後、ストロング系のチューハイを3本飲
4 み、少し休憩した後に人の書いた%シェル
5 スクリプト%を手直しした。体内にアル
6 (..略..)
```

正規表現には、練習3.2.aで使った方法を使いました。**シ.?ェ.?ル.?ス.?ク.?リ.?プ.?ト**は、「シェルスクリプト」の各文字の間に、「1文字入っているかも」を表す「**.?**」を挿入したものです。**\n?**のほうが良いのですが、手抜きをしました。

あとは、「**%**」のある行の末尾に「**@**」を付与し、最後に「**%**」を消せば完成です。

```
1 $ sed -Ez 's/シ.?ェ.?ル.?ス.?ク.?リ.?プ.?ト/%&%/g' diary.txt | sed '/%/s/$/ @/;s/%//g'
2 (図3.9の指定の出力)
```

最後の**sed**には2つの手続きが**;**で区切られて書かれています。前者の**/%/s/$/ @/**は、**%**のある行において、行末に「 **@**」を挿入しろという命令です。後者の**s/%//g**は**%**の削除の命令です。

別解

次の別解は、解答とは別のアプローチをとったもので、**awk**で各行に前後の行をくっつけて行またぎの文字列を検索するというものです。

```
1 別解(上田) $ awk '{a[NR]=$0;b[NR]=gensub(/シェルスクリプト/,"","g",$0)}END{for(i=1;i<=NR;i++){print
  a[i],b[i-1]a[i]b[i+1]}}' diary.txt | awk '{print $1,/シェルスクリプト/?"@":""}'
```

最初の**awk**の**a**には元の各行を記録しています。**b**にも各行を記録していますが、行をまたいでいない「シェルスクリプト」があったら**gensub**(後述)で削除しています。**a**と**b**はENDルールで利用されており、ここでは1列目に元の行、2列目には元の行に前後の行を付けた文字列が出力されています。行またぎの「シェ

ルスクリプト」がある場合は、2列目に出力されます。1行だけ、出力例を示します。

```
1  $ awk '{a[NR]=$0;b[NR]=gensub(/シェルスクリプト/,"","g",$0)}END{for(i=1;i<=NR;i++){print a[i],b[i-1]a
   [i]b[i+1]}}' diary.txt
2  (..略..)
3  スクリプトを手直しした。体内にアル み、少し休憩した後に人の書いたシェルスクリプトを手直しした。体内にアルコ
   ールがまわり、意識が朦朧とする中、
4  (..略..)
5  ―― ↑「……体内にアル」までが1列目、「み、……」が2列目 ――
6  ―― 2列目に前の行がくっついて「シェルスクリプト」が出現 ――
```

これで、2つめのawkで「シェルスクリプト」を探して1列目と@を出力すると、所定の出力が得られます。

削除に使ったgensubは、置換した文字列を返す関数です。3番めの引数は、gsubにはないもので、何回目にマッチした文字列を置換するかを指定する引数です。この別解では、すべて置換するgを指定しています。

問題45 複数行にわたる重複の検索

もう1問、少し毛色が違う行またぎの検索をしてみましょう。

問題　(上級★★★　出題、解答、解説：上田)

リスト3.17のsh_highschoolには、同じ内容のテキストが複数行にわたって重複している部分があります。たとえば3～5行目、12～14行目は同じことが書いてあります。このように重複している行が2行以上にわたる部分ごとに、図3.10の出力例のように行番号を横に並べて出力してください。

空行については、重複のチェックの対象外としてください。また、sh_highschoolには存在しませんが、空行をはさんで重複のある行に関しては出力の必要はありません。

図3.10 出力例

```
1  3 4 5 - 12 13 14
2  8 9 - 17 18
```

リスト3.17 sh_highschool

```
1  シェル芸高校校歌
2  
3  窓に差し込む
4  朝日を浴びて
5  締め切り原稿
6  grepだ
7  
8  シェル芸 シェル芸
9  シェル芸 シェル芸
10 徹夜上等 シェル芸高校～
11 
12 窓に差し込む
13 朝日を浴びて
14 締め切り原稿
15 rmだ
16 
17 シェル芸 シェル芸
18 シェル芸 シェル芸
19 諦め大事 シェル芸高校～
```

解答

少し長いのですが、先に解答例を示します。処理は大きく3段階に分かれており、2回目のsortまでの処理が1段階目、2、3個目のawkが、それぞれ2段階目、3段階目です。

```
1  $ awk 'NF{print NR,"\0"$0}' sh_highschool | sort -k2,2 | uniq -f 1 -D | sort -k1,1n | awk -F '\0' 'n+
   1!=$1{print t,"\0",ns;t=ns=""}{n=$1;t=t$2;ns=ns n}END{print t,"\0",ns}' | awk -F '\0' '{a[$1]=a[$1] ?
   a[$1]"-"$2 : $2}END{for(k in a)print a[k]}' | awk NF | sed 's/^ //'
2  3 4 5 - 12 13 14
3  8 9 - 17 18
```

最初のawkでは、パターンのNF（空行だと0になって偽）で空行を除き、行番号とテキストを出力しています。

```
1  $ awk 'NF{print NR,"\0"$0}' sh_highschool
2  1 シェル芸高校校歌
3  3 窓に差し込む          ←空行の2行目が消えている
4  4 朝日を浴びて
5  (..略..)
```

また、出力では見えませんが、awkのコードに"\0"とあるように、あとの処理のためにヌル文字（⇒練習3.2.a補足）を入れています[注38]。

そのあとのsort、uniq、sortで、重複している行がすべて出力されます。

```
1  $ awk 'NF{print NR,"\0"$0}' sh_highschool | sort -k2,2 | uniq -f 1 -D | sort -k1,1n
2  3 窓に差し込む
3  4 朝日を浴びて
4  5 締め切り原稿
5  8 シェル芸 シェル芸
6  9 シェル芸 シェル芸
7  12 窓に差し込む
8  13 朝日を浴びて
9  14 締め切り原稿
10 17 シェル芸 シェル芸
11 18 シェル芸 シェル芸
```

最初のsortで文章の各行がソートされ、同じ記述のある行が上下に隣接して並びます。次のuniqでは、-f 1で1列目が無視され（⇒問題41）、-Dで上下に同じ記述のある行がすべて出力されます。uniq -f 1 -dとすると、片方の行だけしか出力されません。最後のsortでは、行番号順に文章が戻ります（⇒練習1.3.e補足2）。ここまでが1段階目です。

もうこの出力を見ると、どことどこが同じかは目視できますが、さらにデータを整形していきましょう。この次のawkの出力を示します。

```
1  $ (これまでのワンライナー) | awk -F '\0' 'n+1!=$1{print t,"\0",ns;t=ns=""}{n=$1;t=t$2;ns=ns n}END{print
   t,"\0",ns}'
2
3  窓に差し込む朝日を浴びて締め切り原稿  3 4 5
4  シェル芸 シェル芸シェル芸 シェル芸  8 9
5  窓に差し込む朝日を浴びて締め切り原稿  12 13 14
6  シェル芸 シェル芸シェル芸 シェル芸  17 18
```

このawkは-F '\0'で区切り文字をヌル文字にしています（⇒問題8）。ルールは3つです。2番めのルー

注38　ワンライナーを短くするためにここでヌル文字を入れていますが、実際にワンライナーを考えるときは、ヌル文字が必要になる直前に入れれば十分です。

ルでは、n、t、nsという3個の変数を処理しています。nは行番号、tは毎行の文章をくっつけたもの、nsが行番号を並べたものになります。行番号が連続している限り、tとnsには毎行のデータが連結されています。行番号が不連続になると1番めのルールが適用され、これらのデータは出力されて、空にされます。最後のENDルールは、まだ出力されていないtとnsを出力します。これで2段階目で、(ヌル文字区切りの) 1列目に重複している文章が1行にまとめられ、2列目に対応する行が複数出力されます。

3段階目のawkは、1列目の文章をキーにして、2列目の行番号を、指定のようにハイフンでつないで出力します。

```
1  $ (これまでのワンライナー) | awk -F '\0' '{a[$1]=a[$1] ? a[$1]"-"$2 : $2}END{for(k in a)print a[k]}'
2   3 4 5 - 12 13 14
3
4   8 9 - 17 18
```

三項演算子 (⇒練習1.3.e) は、a[$1]が空かどうかでハイフンを挿入するかしないかを場合分けするために使っています。

あとは行頭の空白や空行を整理するコマンドをつなぐと、冒頭の解答例になります。

問題46 ルビを付ける

本章最後に、漢字の読みの問題をもう1題解いてみましょう。問題34を高難易度にしたような問題です。

問題 (上級★★★　出題：山田　解答、解説：上田)

リスト3.18のconst26.txtの文章のすべての漢字の部分にルビ（読み）を振ってください。図3.11に出力例を示します。

リスト3.18 const26.txt

```
1  憲法第26条1項:すべて国民は、法律の定めるところにより、その能力に応じて、ひとしく教育を受ける権利を有する。
```

図3.11 出力例

```
1  憲法(けんぽう)第(だい)26条(じょう)1項(こう): すべて国民(こくみん)は、法律(ほうりつ)の定(さだ)めると
   ころにより、その能力(のうりょく)に応(おう)じて、ひとしく教育(きょういく)を受(う)ける権利(けんり)を有
   (ゆう)する。
```

解答

まず、mecabに通してみましょう。練習3.2.cで見たように、MeCabはコマンドの外にある辞書データを利用するため、使用している辞書によって出力が変わります。ここでは2通り示します。

```
1  ―― 例1 ――
2  $ mecab -E '' const26.txt
3  憲法    名詞,普通名詞,*,*,憲法,けんぽう,代表表記:憲法/けんぽう カテゴリ:抽象物 ドメイン:政治
4  第      接頭辞,名詞接頭辞,*,*,第,だい,代表表記:第/だい
```

```
5   (..略..)
6   ―― 例2 ――
7   $ mecab -E '' const26.txt
8   憲法  名詞,一般,*,*,*,*,憲法,ケンポウ,ケンポー
9   第    接頭詞,数接続,*,*,*,*,第,ダイ,ダイ
10  (..略..)
```

mecabに付けた-E ''は、mecabが出力の最後にEOFという文字くっつけるのを抑制するために付けています。

次に、タブまたはカンマ区切りで1列目と後ろから2列目をawkで切り出し、nkf -h（⇒練習3.2.b補足）でカタカナをひらがなに変換します。

```
1   $ mecab -E '' const26.txt | awk -F'[\t,]' '{print $1","$(NF-1)}' | nkf -h
2   憲法,けんぽう
3   第,だい
4   26,*
5   条,じょう
6   (..略..)
7   権利,けんり
8   を,を
9   有する,ゆうする
10  。,。
```

awk -F（⇒問題8）に与えた[\t,]は正規表現で、正規表現にマッチする文字列が区切り文字になります。ワンライナーを書くときにはmecabの出力にあわせて書き方を変えれば良いのですが、ここでは上の2例の両方で同じ出力になるワンライナーを考えました。

次に右側に出てきた読みを括弧で囲みます。求められている出力を見ると、たとえば上の出力にある「有する」については「**有する(ゆうする)**」ではなくて、「**有(ゆう)する**」と出せとあります。ここがこの問題の一番の難所ですが、問題34を思い出し、次のようにsedを使うと解決できます。

```
1   $ mecab -E '' const26.txt | awk -F'[\t,]' '{print $1","$(NF-1)}' | nkf -h | sed -E 's/(.*),(.*)\1/(\2)\1/'
2   憲法(けんぽう)
3   第(だい)
4   26(*)
5   条(じょう)
6   1(*)
7   (..略..)
8   権利(けんり)
9   ()を
10  有(ゆう)する
11  ()。
```

漢字のない行の出力が乱れていますが、「有する」の行ではほしい出力が得られました。乱れた行はあとから掃除しましょう。

このsedでは、置換対象の文字列が(.*),(.*)\1と表現されています。この正規表現は、

(A) カンマ前の0文字以上の文字列
(B) カンマ

(C) カンマ後の0文字以上の文字列
(D) (A) で検索した文字列

という構造になっています。たとえば、「**有する,ゆうする**」が入力されると、「**有**」は無視されて、それ以後の「**する,ゆうする**」がマッチします。このとき、(A) が「**する**」になり、(B) がカンマ、(C) が「**ゆう**」、(D) が再び「**する**」になります。これで、置換後に、まず置換対象でない「**有**」が出力され、その後、(C) の文字列 (**ゆう**) に括弧が付いて出力され、「**する**」が出力されます。

あとは、意味のない括弧を除去して、単語ごとに入っている改行を**paste -sd ''** (⇒問題36) で除去すると、所定の出力が得られます。解答例を示します。

```
1  $ mecab -E '' const26.txt | awk -F'[\t,]' '{print $1","$(NF-1)}' | nkf -h | sed -E 's/(.*),(.*)\1/(\2)
   \1/' | sed 's/(\**)//' | paste -sd ''
2  (図3.11の指定の出力)
```

第4章

データの管理、集計、変換

本章では、4.1節で表形式のデータの集計や加工、4.2節でそれ以外のフォーマットのデータや非定形なデータの操作、4.3節で日付の計算の問題を扱います。表計算ソフトや自作プログラムを持ち出したくなるような問題が多いのですが、ワンライナーで解決できるといろいろ仕事が捗ります[注1]。表計算ソフトやプログラムを持ち出すと、つい元の大事なデータをいじって変えてしまったり、意図のわからないスクリプトや実行ファイルが残ったりしてあとから混乱しがちです。一方ワンライナーの場合、せいぜい中間ファイルが残る[注2]くらいです。

4.1 表形式のデータを扱う

本節では、テーブル状になっているデータを集計、加工する問題を解いていきます。表計算ソフトやリレーショナルデータベースマネジメントシステム(後述)上でするような演算や操作が出てきます。使うコマンドはawkやjoin(後述)が中心となります。

練習4.1.a 表計算

本章最初の練習として、表計算をしてみましょう。awkのおさらいです。

練習問題 (出題、解答、解説:上田)

リスト4.1のtable.txtについて、図4.1の小問1〜4の出力を実現してみましょう。最後の小問4については、awkに四捨五入の関数が存在しないので、ちょっと頭をひねる必要があります。

リスト4.1 table.txt

```
1 a 0.02 5
2 b -0.65 3
3 b 10.05 -30
4 a 0.22 -30
```

注1 逆に仕事そっちのけでワンライナーを考え始める人もいるので、もしかしたら捗らないかもしれません。

注2 「せいぜい」と言っても、中間ファイルが大事なファイルと区別がつかなくなると混乱するので、中間ファイルにはそれとわかる名前を付けることをお勧めします。上品な人は頭に_を入れるなどとルールを決めると良いでしょう。そうでない人は珍妙な名前を考案しましょう。

図4.1 出題＆出力例

```
1  小問1(2、3列目を足す)
2  a 0.02 5 5.02
3  b -0.65 3 2.35
4  b 10.05 -30 -19.95
5  a 0.22 -30 -29.78
6
7  小問2(縦に集計)
8  a 0.02 5
9  b -0.65 3
10 b 10.05 -30
11 a 0.22 -30
12 計 9.64 -52
13
14 小問3(a、bごとに縦に集計)
15 a 0.02 5
16 b -0.65 3
17 b 10.05 -30
18 a 0.22 -30
19 a計 0.24 -25
20 b計 9.4 -27
21
22 小問4
23 (小問1の4列目の小数点以下2桁目を四捨五入して5列目に出力)
24 a 0.02 5 5.02 5
25 b -0.65 3 2.35 2.4
26 b 10.05 -30 -19.95 -20
27 a 0.22 -30 -29.78 -29.8
```

解答

小問1の解答例を示します。たとえば**table.txt**の各行の4列目に合計値を付加するときは次のようにします。

```
1  $ cat table.txt | awk '{print $0,$2+$3}'
2  a 0.02 5 5.02
3  b -0.65 3 2.35
4  b 10.05 -30 -19.95
5  a 0.22 -30 -29.78
```

ここまで問題を解いてきた人には難しくないと思います。

次に小問2の解答例を示します。**awk**で縦に並んだ数字を集計するときはENDルールを使うと便利ですね。ENDルールもすでに何度か使ってきました。

```
1  $ cat table.txt | awk '{print;a+=$2;b+=$3}END{print "計",a,b}'
2  a 0.02 5
3  b -0.65 3
4  b 10.05 -30
5  a 0.22 -30
6  計 9.64 -52
```

小問3のように何列目かのデータをキーにして**awk**で計算をするときは、連想配列を使うパターンをまず思い浮かべると良いでしょう。解答例を示します。

```
1  $ cat table.txt | awk '{print;x[$1]+=$2;y[$1]+=$3}END{for(k in x){print k"計",x[k],y[k]}}'
2  a 0.02 5
3  b -0.65 3
4  b 10.05 -30
5  a 0.22 -30
6  a計 0.24 -25
7  b計 9.4 -27
```

for(k in x)という書き方については、練習1.3.eの別解で触れました。

小問4は、次のように「正の数なら**0.05**、負の数なら**-0.05**を足して10をかけ、小数部分を切り捨ててから10で割る」という方法を使います。なぜそれで良いのかは、ちょっと手で計算すると理解できます。正負で足す数を変える必要があるので、解答例では三項演算子を使いました。

```
1  ——— まず四捨五入の前に足し算する（小問1の解答）———
2  $ cat table.txt | awk '{print $0,$2+$3}'
3  a 0.02 5 5.02
4  b -0.65 3 2.35
5  b 10.05 -30 -19.95
6  a 0.22 -30 -29.78
7  ——— 三項演算子で場合分け（解答）———
8  $ cat table.txt | awk '{print $0,$2+$3}' | awk '{print $0,int(($4 + ($4>0?0.05:-0.05))*10)/10}'
9  a 0.02 5 5.02 5
10 b -0.65 3 2.35 2.4
11 b 10.05 -30 -19.95 -20
12 a 0.22 -30 -29.78 -29.8
```

別解

小問4の四捨五入については、とくに事情がない限り[注3]はAWK以外のものが使いたくなるでしょう。四捨五入にAWK以外を使った例をいくつか示します。まず、Ruby（⇒練習3.1.a）を使った例を示します。

```
1  小問4別解1（上田） $ cat table.txt | awk '{print $0,$2+$3}' | ruby -ane '$F[4]=$F[3].to_f.round(1);puts
   $F.join(" ")'
2  a 0.02 5 5.02 5.0
3  b -0.65 3 2.35 2.4
4  b 10.05 -30 -19.95 -20.0
5  a 0.22 -30 -29.78 -29.8
```

to_fが文字列などを浮動小数点（後述）にするメソッド、**round**が「丸める」ためのメソッドです。最近のバージョンのRubyでは丸める＝四捨五入と考えて大丈夫です。**round**の引数**1**は、小数第1位で丸めることを意味します。

補足1（Pythonの丸め）

次にPython（⇒練習3.1.b）の例を示しますが、こちらは一筋縄ではいきません。

```
1  ——— Pythonによる丸め（opyを使用）———
2  $ cat table.txt | awk '{print $0,$2+$3}' | opy '[F0,round(F[4],1)]'
3  a 0.02 5 5.02 5.0
4  b -0.65 3 2.35 2.4
5  b 10.05 -30 -19.95 -19.9   ←-20.0にならない!
6  a 0.22 -30 -29.78 -29.8    ←こちらは解答と一致
7  ——— 専用のモジュールを使っていろいろ気を使って計算 ———
8  小問4別解2 $ cat table.txt | awk '{print $0,$2+$3}' | opy '[F0,decimal.Decimal(F[4]).quantize(decimal
   .Decimal("0.1"))]'
9  a 0.02 5 5.02 5.0
```

注3　もっとたくさんのデータをさばくときに、**awk**がほかより速かったとき、などの例が考えられます。

```
10  b -0.65 3 2.35 2.4
11  b 10.05 -30 -19.95 -20.0
12  a 0.22 -30 -29.78 -29.8
```

Pythonの場合は**round**が特殊な四捨五入を行うことや、後述の誤差の問題があることなど事情が複雑で、あまりワンライナーで四捨五入する用途には向いていません。

補足2（浮動小数点）

たいていのプログラミング言語は、特別なクラスやライブラリを使わない限り、**浮動小数点**という方法で小数を表現します。四捨五入などの計算で問題になるのは、たとえば文字列で読み込んだ小数を浮動小数点に変換するとき、あるいは浮動小数点で演算するときに少し誤差が発生することです。例を示します[注4]。

```
1  $ awk 'BEGIN{print 0.1+0.1+0.1-0.3}'
2  5.55112e-17
3  $ ruby -e 'p 0.1+0.1+0.1-0.3'
4  5.551115123125783e-17
5  $ python3 -c 'print(0.1+0.1+0.1-0.3)'
6  5.551115123125783e-17
```

また、言語によっては浮動小数点の弱点を補うようなライブラリやモジュールがありますが、これらのものを使う際には変数が浮動小数点を経由しないようにする必要があります。Pythonのdecimal（十進浮動小数点）モジュールを使う例で示します。

```
1  ―― 文字列から十進浮動小数点へ（誤差は出ない） ――
2  $ opy 'B:[decimal.Decimal("-19.95")]'
3  -19.95
4  ―― 浮動小数点から十進浮動小数点へ（誤差が出る） ――
5  $ opy 'B:[decimal.Decimal(-19.95)]'
6  -19.949999999999999289457264239899814128875732421875
```

浮動小数点のこれ以上の話は細かくなり過ぎるので割愛します。ここで言いたいことは、ワンライナーを使う場合、細かい誤差がどれだけ許されるのか、そしてどのように検算するのかを考える必要がある、ということです。

補足3（Tukubai）

もうひとつアプローチ方法を示します。シェルスクリプトでシステム開発することを追求しているUSP研究所という会社があります。この会社では、集計のために専用のコマンドを使っており、一般向けにはOpen usp Tukubai[注5]（以後**Tukubai**と表記）として公開しています[注6]。これを使った小問2〜4の解答例を示します。**sm2**、**sm5**、**marume**がTukubaiのコマンドです。

注4　「https://docs.python.org/ja/3/library/decimal.html」に記述されている例を試しました。

注5　「https://github.com/usp-engineers-community/Open-usp-Tukubai」にあります。インストール方法については変更があるかもしれないのでREADMEに説明を委ねます。

注6　企業で使われているものはC言語で記述されたうえにチューニングされており、速度が出ます。一般公開されているものはPythonやHaskellなどさまざまな言語で平易に記述されています。

```
1   ─── 小問2別解1 ───
2   ↓sm5: 1列目から1列目までを無視して2列目と3列目を集計
3   $ sort table.txt | sm5 1 1 2 3 | sed 's/@/計/'
4   a 0.02 5
5   a 0.22 -30
6   b -0.65 3
7   b 10.05 -30
8   計 9.64 -52
9   ─── 小問3別解1 ───
10  ↓sm2: 1列目から1列目までをキーにして2列目と3列目を集計
11  $ sort table.txt | sm2 1 1 2 3 | sed 's/[ab]/&計/' | cat table.txt -
12  a 0.02 5
13  b -0.65 3
14  b 10.05 -30
15  a 0.22 -30
16  a計 0.24 -25
17  b計 9.40 -27
18  ─── 小問4別解3 ───
19  ↓5列目を小数第1位まで残して四捨五入
20  $ cat table.txt | awk '{print $0,$2+$3,$2+$3}' | marume 5.1
21  a 0.02 5 5.02 5.0
22  b -0.65 3 2.35 2.4
23  b 10.05 -30 -19.95 -20.0
24  a 0.22 -30 -29.78 -29.8
```

練習4.1.b データの連結

次は、表形式のファイルを複数連結し、情報を提示する操作を練習してみましょう。

練習問題 （出題、解答、解説：上田）

リスト4.2のようなmaster.txtと、リスト4.3のようなtransaction.txtというファイルがあります。master.txtは果物の名前に01〜03までIDを付けたもの、transaction.txtは各果物がいくつあるかを、IDと個数で記録したものです。transaction.txtには、同じIDの複数のレコード（「1件分の記録」という意味で、ここでは1行が1レコード）や、master.txtにないIDのレコードが存在しています。

これら2つのファイルを連結して、図4.2の小問1〜3の出力を得てみましょう。joinというコマンドを使うことを想定しており、小問1〜3の出力の違いは-aというオプションで制御します。調べてもjoinの使い方がよくわからない場合は、awkで解いてしまってもかまいません。

リスト4.2 master.txt

```
1 01 みかん
2 02 バナナ
3 03 リンゴ
```

リスト4.3 transaction.txt

```
1 01 4
2 01 3
3 02 9
4 04 3
```

図4.2 出題&出力例

```
小問1
$ 解答のワンライナー
01 みかん 4
01 みかん 3
02 バナナ 9

小問2
$ 解答のワンライナー
01 みかん 4
01 みかん 3
02 バナナ 9
04 3

小問3
$ 解答のワンライナー
01 みかん 4
01 みかん 3
02 バナナ 9
03 リンゴ
04 3
```

■解答

まず、小問1の解答例を示します。次のようにオプションなしで引数にファイルを並べると、**transaction.txt**のIDの後ろに**master.txt**に書いた果物の名前が入ります。

```
小問1 $ join master.txt transaction.txt
01 みかん 4
01 みかん 3
02 バナナ 9
```

どちらか一方のファイルにIDがないレコードは出力されません。

joinは、1列目のデータを**キー**として2つのファイルを連結します。この例の場合、キーは果物のIDとなります。今扱っているような売り上げの集計処理や、あるいはスポーツの結果の解析などでは、IDと何か(たとえば商品や選手)を結び付けた**マスタデータ**と、なんらかの事象(たとえば商品が売れたり入荷したり、選手が得点したりすること)が発生したことを記録した**トランザクションデータ**を対象にした連結操作が多く行われます。マスタデータにはキーの重複は通常ありませんが、トランザクションデータには、同じキーのレコードが何度も記録されます。

小問2、3の解答を示します。**join**の**-a**オプションを使うと、指定された出力が得られます。

```
小問2 $ join -a 2 master.txt transaction.txt
01 みかん 4
01 みかん 3
02 バナナ 9
04 3
小問3 $ join -a 1 -a 2 master.txt transaction.txt
01 みかん 4
01 みかん 3
02 バナナ 9
03 リンゴ
04 3
```

-aの後ろの数字は、何番めのファイルかを示します。これらの解答例の場合、最初に書いた**master.txt**が1番め、あとに書いた**transaction.txt**が2番めのファイルとなります。**-a**で指定されたほうのファイルのレコードは、ほかのファイルのキーの有無に関係なく出力されます。

ただ、これらの出力ではキーの有無によって出力されるレコードの列数が変わってしまっています。これをどう修正するか、という話題については、あとの問題で扱うこととします。

別解

awkを使った別解を示します。連想配列を使ってキーごとに処理を記述することになります。

```
1  小問1別解 $ awk 'FILENAME~/^m/{m[$1]=$2}FILENAME~/^t/&&m[$1]!=""{print $1,m[$1],$2}' master.txt
   transaction.txt
2  01 みかん 4
3  01 みかん 3
4  02 バナナ 9
5  小問2別解 $ awk 'FILENAME~/^m/{m[$1]=$2}FILENAME~/^t/{print $1,m[$1],$2}' master.txt transaction.txt
6  01 みかん 4
7  01 みかん 3
8  02 バナナ 9
9  04  3
10 小問3別解 $ awk '{a[$1]=a[$1]" "$2}END{for(k in a)print k,a[k]}' master.txt transaction.txt
11 01  みかん 4 3
12 02  バナナ 9
13 03  リンゴ
14 04  3
```

小問1、2では、ファイルごとに処理を変えるために、現在読み込んでいるファイルの名前が入る`FILENAME`という変数をパターンに使っています。`FILENAME~/^m/`は、ファイル名の先頭が`m`、つまり`master.txt`を読み込んでいるときにマッチします。

小問3の別解は、キーに対して2列目をひたすら後ろにくっつけるという処理をしています。出力の形式が指定されたものと異なるのでこのあと処理が必要です。小問1、2で`FILENAME`がわからなかったら、小問3の出力から加工するというアプローチも考えられます。

補足（リレーショナルデータベース）

本問題で扱ったような、表形式のデータを複数組み合わせて表現されている情報のかたまりは、RDB（リレーショナルデータベース）と呼ばれます。RDBは、この問題のようにファイルで表現することもできますが、多くの場合、RDBMS（リレーショナルデータベースマネジメントシステム）という専用のソフトウェアで管理されます。

問題47 前月比データの付加

本節はここから本番です。まずは表計算ソフトでやるような処理をしてみましょう。CSV（Comma Separated Values）ファイルは、表計算ソフトのデータをテキストファイルに変換したり、その逆の変換をしたりするときによく使われます。

問題 （中級★★　出題、解答、解説：山田）

リスト4.4のCSVファイルmom.csvは、年月と、ある店のその月の売り上げ（円）が記録されたものです注7。このファイルについて、図4.3の出力例のように、3列目に前月比（%）を表す項目を追加してください。区切り文字はカンマ（,）とします。加えて、見た目上わかりやすいように、前月比が正の数の場合には+の記号を付けてください。

なお、前月比とは「1つ前の月の売り上げを何%分増加させたら、その月の売り上げに達するか」を表した数字です。たとえば、先月の売り上げが100円で、今月が200円であれば、前月比は100%となります。1月には前月のデータがないので図4.3の出力例にあるようにアスタリスク（*）を入れてください。数値の精度についてはとくにこだわらなくて大丈夫で、小数点以下はお好きな桁数で表示してください。端数の削り方は四捨五入でも切り捨てでもどちらでもかまいません。

リスト4.4 mom.csv

```
1  2017/01,108192
2  2017/02,134747
3  2017/03,120420
4  2017/04,147368
5  2017/05,262456
6  2017/06,280741
7  2017/07,315083
8  2017/08,522489
9  2017/09,489003
10 2017/10,729017
11 2017/11,987173
12 2017/12,1025320
```

図4.3 出力例

```
1  2017/01,108192,*
2  2017/02,134747,+24.5443%
3  2017/03,120420,-10.6325%
4  2017/04,147368,+22.3783%
5  2017/05,262456,+78.0957%
6  2017/06,280741,+6.96688%
7  2017/07,315083,+12.2326%
8  2017/08,522489,+65.8258%
9  2017/09,489003,-6.40894%
10 2017/10,729017,+49.0823%
11 2017/11,987173,+35.4115%
12 2017/12,1025320,+3.86427%
```

解答

解答の前に、前月比の求め方を確認しておきましょう。それぞれの月の売り上げを、その1つ前の月で割って、百分率で表します。そこから100を引けば、前月比（%）となります。

```
求めたい月の売り上げ / その1つ前の月の売り上げ * 100 - 100
```

この計算を実装した解答例を示します。

```
1  $ cat mom.csv | awk -F, '{printf $0","} NR > 1{rate=$2/last*100-100"%"; if(rate > 0)printf "+"; print
   rate} NR==1{print "*"} {last=$2}'
2  (図4.3の指定の出力)
```

この解答では、CSVファイルを標準入力から受け取り、awkの-Fオプションを使ってカンマ区切りとしてファイルを処理しています。awkのルールは4つあります。

注7　ファイル名のmom.csvは前月比を表すMonth-over-monthの略です。英語圏ではMoMとよく略されます。同様に前年比はYoYと呼ばれます。

先に最後のルール{last=$2}を説明しておくと、lastにはこの行の売り上げが入ります。次の行の計算で、前月の売り上げとして利用されます。

最初のルール{printf $0","}は、前月比の列をカンマ区切りで付け加えるために、既存のレコードの行末にカンマを付けています。printfなので、この出力の時点では改行しません。

2番めのルールNR > 1{rate=$2/last*100-100"%"; if(rate > 0)printf "+";print rate}では、アクションで前月比を計算して、printで出力しています。コードを読むと、最初の文でlastを使ってrateに前月比を計算し、次の文でrateが正の場合に+を頭に付けていることがわかります。パターンを見るとわかるように、このアクションは2行目以降で実行されます。1行目では、3番めのルールで前月比の代わりに*が出力されます。

別解

解答では行またぎの処理を一息にやってしまいましたが、パイプラインを使い、前の行から必要なデータを持ってきて出力してから別のコマンドで処理するほうが、混乱せずに早く正解にたどりつけることがあります。次の別解は、そのような例です。

```
1  ―― 前処理（前の行の売り上げを行末に付加）――
2  $ cat mom.csv | awk -F"," '{print $0,$2,n;n=$2}'
3  2017/01,108192 108192
4  2017/02,134747 134747 108192
5  2017/03,120420 120420 134747
6  (..略..)
7  ―― 別解1（中村）――
8  $ cat mom.csv | awk -F"," '{print $0,$2,n;n=$2}' | awk '{printf $1","}NR==1{print "*"}NR>1{print "+"$2/$3*100-100"%"}' | sed 's/+-/-/g'
9  （図4.3の指定の出力）
```

2行目のawkで、各行に「前月の売り上げ」の項目を追加した出力をいったん作り、8行目でもうひとつawkをつなぎ、前月比を計算して付加しています。この際、前月比となるすべての数に+を付けて、最後にsedで+-の文字列を-に置換し、正の数のみに+を残しています。

また、次の別解は、さまざまなテクニックを駆使して解答の処理を短くしたものです。

```
1  別解2（eban） $ cat mom.csv | awk '{$3=last?(100*$2/last-100)"%":"*"}last=$2' {FS,OFS}=, CONVFMT=%+.6g
```

コードの部分では、存在しない$3に値を代入して3列目を作っています。また、パターンでlastに売り上げを代入しています。その後の引数{FS,OFS}=,はBashで展開されてFS=, OFS=,になります。FS（Field Separator）は入力の区切り文字の指定、OFS（Output Field Separator）は出力の区切り文字の指定のための変数です。CONVFMTは数字を文字列に変換するときのフォーマットを指定するための変数です。

問題48 CPU負荷の調査1

Linuxのシステム関係のコマンドには、表形式で情報を出力するものが多くあります。これを表計算ソフトのワークシートに貼り付けて集計しようとするのはあまりにも無駄なので、そのままパイプラインで処理してしまいましょう。

問題 (初級★　出題、解答：今泉　解説：中村)

psを使うと、次のように、どのユーザーがどのプロセスを立ち上げていて、どれだけシステムに負荷をかけているのかを調査できます。どのユーザーがCPUを一番使っているかを集計して使っている順にソートし、使っているプロセス数とともに出力しましょう。各プロセスのユーザーは1列目、CPUの使用率は3列目にあります。

```
1  $ ps aux
2  USER       PID %CPU %MEM    VSZ   RSS TTY      STAT START   TIME COMMAND
3  root         1  0.0  0.1 65612 2376 ?        Ss   08:10   0:00 /usr/sbin/sshd -D
4  root      3848  0.0  0.3 93112 6720 ?        Ss   22:06   0:00 sshd: kunst [priv]
5  (..略..)
```

解答

psの出力をawkやsortを使って整形し、稼働状況の多いユーザーを突き止めます。まず、awkを使ってユーザーごとにCPU使用率を集計します。出力されるCPU使用率は、毎回変わります。

```
1  $ ps aux | awk 'NR>1{p[$1] += $3; n[$1]++}END{for(i in p) print p[i], n[i], i }'
2  13.5 7 kunst
3  0 4 root
4  2.3 3 fuga
```

awkの最初のルールでは、2行目以降（ヘッダ以外の行）でpにCPU使用率、nに使っているプロセス数を集計しています。p、nともに、ユーザーをキーに持つ連想配列なので、ユーザーごとの集計になります。p、nでの集計結果は、ENDルールで出力されています。

あとは、sort（⇒練習1.3.e）を使い、CPU使用率をキーにして各ユーザーのレコードを降順に並べ替えます。これが解答例になります。

```
1  $ ps aux | awk '{ if(NR>1){p[$1] += $3; n[$1]++ }END{for(i in p) print p[i], n[i], i }' | sort -nrk 1,2
2  47.3 7 kunst
3  5 3 hoge
4  0.3 4 root
```

sortの-rは、出力を逆順（降順）にするオプションです。あとのオプションは練習1.3.e補足2で使いました。これで、CPU使用率の多いユーザーを突き止めることができました。この例の場合、筆者（中村）でした。

問題49 CPU負荷の調査2

次の問題もCPUの使用率を集計する問題ですが、列数がレコードごとに違うので、少し頭をひねる必要があります。

問題 （中級★★　出題：山田　解答、解説：田代）

あなたは、運用しているサーバの負荷が時折高くなることに悩まされていました。そこである日、解析のためにtop -b -n 1 -c（後述）という負荷調査のコマンドを毎秒実行し、出力をtop.logというファイルにまとめて保存しました。top.logは、リスト4.5のようなファイルです。topの出力はヘッダ部とレコード部に別れており、レコード部（リスト4.5では7〜11行目）の9列目にCPU使用率、12列目以降に実行された引数付きのコマンド（コマンドライン）が記録されています。

このファイルから、コマンドラインごとにCPU使用率を合計し、合計値が最大となるコマンドラインを突き止めてください。

リスト4.5 top.log

```
1  top - 21:46:39 up  2:32,  9 users,  load average: 0.21, 5.40, 6.81
2  Tasks: 141 total,   1 running,  98 sleeping,   0 stopped,   0 zombie
3  %Cpu(s): 10.9 us,  0.7 sy,  0.0 ni, 88.1 id,  0.1 wa,  0.0 hi,  0.1 si,  0.1 st
4  KiB Mem :  4038168 total,  3042456 free,   176624 used,   819088 buff/cache
5  KiB Swap:        0 total,        0 free,        0 used.  3627040 avail Mem
6
7    PID USER      PR  NI    VIRT    RES    SHR S  %CPU %MEM     TIME+ COMMAND
8      1 root      20   0  159916   9224   6688 S   0.0  0.2   0:05.65 /sbin/init
9      2 root      20   0       0      0      0 S   0.0  0.0   0:00.00 [kthreadd]
10 (..略..)
11 22501 root      20   0    4512    800    736 D   0.0  0.0   0:01.36 /root/test/vol_tashiro /
   mnt/nfs/file.txt 8 r 1048576  ←コマンドラインに引数がある場合は13列以上になる
12 (..略..)
13 top - 21:46:40 up  2:32,  9 users,  load average: 0.21, 5.40, 6.81  ←次のtopの結果
14 (..略..)
```

解答

まず、top.logからヘッダ部などを取り除いて、各プロセスの情報だけを残しましょう。プロセスのレコードは整数の数値（PID）から始まるので、grepで正規表現を使って抽出します。

```
1  $ cat top.log | grep -E '^ *[0-9]+ '
2      1 root      20   0 159916   9224   6688 S  0.0  0.2   0:05.65 /sbin/init
3      2 root      20   0      0      0      0 S  0.0  0.0   0:00.00 [kthreadd]
4      4 root       0 -20      0      0      0 I  0.0  0.0   0:00.00 [kworker/0:0H]
5  (..略..)
6  23228 root      20   0   4512    752    688 D  0.0  0.0   0:01.31 /root/test/vol_tashiro /mnt/nfs/file.
   txt 8 r 1048576
7  (..略..)
```

この出力から、コマンドライン（12列目以降）ごとにCPU使用率（9列目）を合算します。コマンドラインが空白を含み、各行の列数が異なるのでややこしいのですが、次のようにawkを使うと一気に集計できます。

```
1  $ (前述のワンライナー) | awk '{x=$9;for(i=1;i<12;i++)$i="";a[$0]+=x}END{for(k in a)print a[k],k}'
2  0            [lockd]
3  (..略..)
4  7373.3           /root/test/load_tashiro 2 600000 100000
5  0            [kworker/0:0H]
6  375.7           /root/test/vol_tashiro /mnt/nfs/file.txt 8 r 1048576
7  (..略..)
```

この例では、9列目（CPU使用率）を**x**に退避して、11列目以前を消去しています。これで**$0**にはコマンドラインだけが残るので、これをキーにして集計しています。

あとは前問のようにCPU使用率の合計値を降順にソートして、一番上に出てきたものが求めるコマンドラインとなります。

```
1  $ cat top.log | grep -E '^ *[0-9]+ ' | awk '{x=$9;for(i=1;i<12;i++)$i="";a[$0]+=x}END{for(k in a)
   print a[k],k}' | sort -k1,1nr | head -n 1
2  35114.5           /root/test/load_ueda 3 600000 100000
```

補足（top）

topは、端末で使うと3秒ごとに各プロセスの負荷をアニメーション表示します。もし使ったことがない場合は**top**と実行してみましょう。アニメーションをやめたいときは「**q**」と入力します。

問題文にあった**top -b -n 1 -c**は、結果をアニメーションではなくファイルに出力するために、**-b**で「バッチモード」（アニメーションしないモード）、**-n 1**で1回だけ実行を指定しています。**-c**は引数付きでコマンドを表示するオプションです。

問題50 売り上げの集計

今度は2つのファイルのデータを連結して集計する問題です。

問題（中級★★　出題、解答、解説：上田）

リスト4.6のstones_masterは、ある商品のリストで、左の列から順に商品番号、枝番、商品名、価格が記載されています。商品番号、枝番はソート済みです。リスト4.7のsalesは商品が売れた個数の履歴で、左から日付、時刻、商品番号、枝番、売り上げた個数です。

これらのデータから、stones_masterにレコードがあり、かつsalesに記録がある商品について、それぞれ商品名と売り上げ金額を出力してください。

リスト4.6 stones_master

```
1  001 01 シェル石 300
2  001 02 シェル石（お詫び用）0
3  002 01 非行石（青）1000
4  002 02 非行石（偽物・赤）10
5  004 01 おじいちゃんから出た石 1
6  005 01 デーモンコア 100000
7  005 02 デーモンコア（お詫び用）0
```

リスト4.7 sales

```
1  20180822 101212 003 01 5
2  20180822 101212 001 01 3
3  20180822 101213 002 01 10
4  20180822 101214 004 01 8
5  20180822 101215 005 01 2
6  20180822 101215 001 01 2
7  20180822 101215 002 02 7
8  20180822 101216 004 01 23
9  20180822 101216 001 03 9
```

解答

joinを使った解答を示します。joinは2列にわたるキーを扱えないので、どちらのファイルでも2列のキーを1列に連結して答えを求めることになります。まず次のように、salesファイルでキーを連結しつつ、売れた個数を集計してみます。

```
1  $ awk '{a[$3$4]+=$5}END{for(k in a)print k,a[k]}' sales | sort
2  00101 5
3  00103 9
4  00201 10
5  (..略..)
```

awkの{a[$3$4]+=$5}は、「連想配列aについて、3列目と4列目を連結したものをキーとして、要素に5列目の数字を足す」という意味になります。足すときに該当するキーの要素がなければ、初期値0として要素が準備されます。この処理は毎行適用されます。これで、for文で各商品に対して売れた個数が出力され、後ろのsortでキー順にレコードが並びます。

次に、stones_masterもキーをくっつける処理をしましょう。雑ですがsedで済ますことにします。

```
1  $ sed 's/ //' stones_master
2  00101 シェル石 300
3  00102 シェル石（お詫び用）0
4  (..略..)
```

これらの処理を組み合わせると、次のようにjoinでデータを結合できます。

```
1  $ awk '{a[$3$4]+=$5}END{for(k in a)print k,a[k]}' sales | sort | join <(sed 's/ //' stones_master) -
2  00101 シェル石 300 5
3  00201 非行石（青）1000 10
4  00202 非行石（偽物・赤）10 7
5  00401 おじいちゃんから出た石 1 31
6  00501 デーモンコア 100000 2
```

joinについては、この問題では単純にオプションなしで大丈夫です。両方にキーがあるデータを連結して出力してくれます。最後に、次のようにawkで単価と個数をかけて出力すると、答えになります。

```
1  $ awk '{a[$3$4]+=$5}END{for(k in a)print k,a[k]}' sales | sort | join <(sed 's/ //' stones_master) -
   | awk '{print $2,$3*$4}' | column -t
2  シェル石                1500
3  非行石（青）            10000
4  非行石（偽物・赤）      70
5  おじいちゃんから出た石  31
6  デーモンコア            200000
```

column -tは出力をそろえるために使用しています。

別解

Tukubai（⇒練習4.1.a補足3）には、2列以上のキーを扱うコマンドが存在しています。Tukubaiのself、join1、sm2を使った別解を示します。

```
1 別解1(田代) $ cat sales | self 3 4 5 | sort | join1 key=1/2 stones_master - | sm2 1 4 5 5 | awk '{
  print $1,$2,$3,$4*$5}'
```

self 3 4 5はawk '{print $3,$4,$5}'と等価です。これでキーと個数をsalesから取り出してソートし、join1というコマンドで1〜2列目がキーであると指定してstones_masterと連結しています。

もう1つ、qというコマンド[注8]を使った別解を示します。

```
1 別解2(山田) $ q 'select st.c3, SUM(st.c4 * sa.c5) FROM sales sa JOIN stones_master st WHERE st.c1 ==
  sa.c3 AND st.c2 == sa.c4 GROUP BY st.c1, st.c2'
```

qは、ファイルで構成されたRDB (⇒練習4.1.b補足) を**SQL** (Structured Query Language) のような構文で操作するためのツールです。SQLはRDBを操作するための言語で、主要なRDBMSには、専用のSQLが付属しています。この別解ではSQLのGROUP BY句で複数列をキーとして指定しています。

問題51 テストの得点一覧の出力

もう1つ、データの連結の問題を解いてみましょう。

問題 (初級★ 出題:上田 解答:上田 解説:中村)

リスト4.8のscores.txtは、ある講義のあるテストの成績表です。第1列が受講者番号(ところどころ先頭のゼロが欠けています)、第2列がテストでの得点です。受講者名簿は、リスト4.9のstudents.txtというファイルで管理されています。students.txtに記載されているのにscores.txtに記録のない人は欠席者で、このテストを0点として扱います。

scores.txtの第1列にゼロを補い、students.txtの名前を追加して、図4.4のような出力を得てください。

リスト4.8 scores.txt

```
1 06 95
2 2 40
3 005 80
4 08 76
```

リスト4.9 students.txt

```
1 001 井田
2 002 上田
3 003 江田
4 004 織田
5 005 加田
6 006 木田
7 007 久田
8 008 山田
```

図4.4 出力例

```
1 001 井田 0
2 002 上田 40
3 003 江田 0
4 004 織田 0
5 005 加田 80
6 006 木田 95
7 007 久田 0
8 008 山田 76
```

解答

joinを使った解答を示します。

注8 「https://github.com/harelba/q」参照。sudo apt install python3-q-text-as-dataでインストールできます。

```
1  $ cat scores.txt | awk '{$1=sprintf("%03d",$1);print}' | sort | join -a 1 students.txt - | awk 'NF==2
   {print $0,0}NF==3'
2  (図4.4の指定の出力)
```

catのあとのawkでは、sprintfを使って1列目をゼロ埋めしています。その後のsortで、次のようなデータが得られます。

```
1  $ cat scores.txt | awk '{$1=sprintf("%03d",$1);print}' | sort
2  002 40
3  005 80
4  006 95
5  008 76
```

joinによる結合のキーには、この1列目の受講者番号を使用します。joinがソートされたキーを要求するので、ソートが必要になります。

joinでは、整形したscores.txtとstudents.txtを結合します。-a 1は、マッチしない行については1ファイル目（students.txt）のレコードをそのまま表示するというオプションです（⇒練習4.1.b）。このオプションがない場合、マッチしない行（001、003、004、007の行）が削除されてしまいます。

解答例の最後のawkでは、列数が2しかない行（点数が出力されていない行）の3列目に0を追加しています。これで処理が完成します。

別解

解答例の最後のawkを使わず、joinの補完機能を活用した別解を紹介します。

```
1  別解1(田代) $ cat scores.txt | awk '{$1=sprintf("%03d",$1);print}' | sort | join -a 1 -e 0 -o 0 1.2
   2.2 students.txt -
```

-oは出力する項目を選択するためのオプションで、-o 0 1.2 2.2の場合、0（キー）、1.2（1ファイル目の2列目）、2.2（2ファイル目の2列目）を指定したことになります。また-eは、-aで残したキーに結合相手がない場合の代替値を指定するオプションで、ここでは-e 0と、0を出力するように指定しています。この問題の場合、1ファイル目（students.txt）のキーは必ず存在するので、2ファイル目（標準入力からのデータ）にキーが存在しないとき、2.2の位置に0が入ります。

次の別解2は、printfとsedだけを使ったトリッキーな別解です。

```
1  別解2(山田) $ printf "/[^0-9]$/s/$/ 0/;/^0+%g /s/ 0$/ %s/;\\n" $(< scores.txt) | sed -Ef- students.txt
```

まずprintfを使って、scores.txtからsedに渡すスクリプトを作成します。

```
1  $ printf "/[^0-9]$/s/$/ 0/;/^0+%g /s/ 0$/ %s/;\\n" $(< scores.txt)
2  /[^0-9]$/s/$/ 0/;/^0+6 /s/ 0$/ 95/;
3  /[^0-9]$/s/$/ 0/;/^0+2 /s/ 0$/ 40/;
4  /[^0-9]$/s/$/ 0/;/^0+5 /s/ 0$/ 80/;
5  /[^0-9]$/s/$/ 0/;/^0+8 /s/ 0$/ 76/;
```

このsedスクリプトは、右側のsedの-fオプションでstudents.txtに適用されます。スクリプトのうちの`/[^0-9]$/s/$/ 0/`が、各行の末尾にスペースを区切って`0`を付ける処理です。右側の`/^0+6 /s/ 0$/95/;`などの命令は、特定の受講者番号の行の末尾の`0`を点数に置き換える処理です。

別解3は、awk、grep、cutでデータの連結を実現したものです。

```
1 別解3(青木) $ awk '{a=0;i=$1*1;"grep ^0*"i" scores.txt|cut -d\" \" -f2"|getline a;print $1,$2,a}' students.txt
```

`i=$1*1`では、1列目の`001`というような文字列に数字の1をかけて数字扱いすることで先頭のゼロを除去し、`i`に代入しています。`"grep ^0*"i" scores.txt|cut -d\" \" -f2"|getline a`は**awkのパイプ**を使った処理で、シェルのワンライナー`"grep ^0*"i" scores.txt|cut -d\" \" -f2"`注9の結果をawkのパイプと`getline`という関数で受け取り、変数`a`にセットしています。このワンライナーでしている処理は、`scores.txt`で受講者番号が`^0*`(変数`i`の値)とマッチした行に対し、`cut`で点数を切り出すというものです。この処理では、`scores.txt`から点数を読み取れない場合があるので、awkの先頭で`a`を`0`に初期化しています。最後の`print`で、受講者番号、名前、点数が出力されます。

最後に、qコマンド(⇒問題50別解2)を使った別解と、jqというコマンド注10を使った別解を紹介します。

```
1 別解4(山田) $ q "select st.c1, st.c2, CASE WHEN sc.c2 is NULL THEN 0 ELSE sc.c2 END FROM students.txt st LEFT JOIN scores.txt sc ON (st.c1 == sc.c1)" | awk '{$1=sprintf("%03d", $1);print}'
2 別解5(中村) $ cat <(awk '{printf "{\"k\":\"%03d\",\"a\":\"%s\"}\n", $1, $2}' students.txt) <(awk '{printf "{\"k\":\"%03d\",\"b\":%s}\n", $1, $2}' scores.txt) | jq -s 'group_by(.k)|map([.[0].k,.[0].a,.[1].b + 0])|.[]|@sh' -r | tr -d "'"
```

jqは、JSON形式のデータを操作するためのツールです。jqとJSON形式については練習4.2.aであらためて扱います。別解5では、`students.txt`と`scores.txt`をawkでJSON形式に整形したものを、`group_by`関数を使って結合しています。

問題52 集計形式の変換

次の問題では、表計算ソフトでもワンライナーでもややこしい処理に挑戦します。

問題 (中級★★ 出題、解答、解説:上田)

data_U、data_Vの2つのファイル(図4.5)を、図4.6の出力例のような1レコード1行のデータに変換してください。図4.5のファイルのデータは、クロス集計表と呼ばれるもので、1行目と1列目がそれぞれ横軸、縦軸のキーになっており、縦と横のキーの交わるところに値が記述されています。また、横軸を表頭、縦軸を表側と言います。

図4.5 元のファイル

```
1 $ cat data_U
2 * A B
3 X 4 2
4 Y 3 1
5 $ cat data_V
6 * A B C
7 X 7 6 -1
8 Y 9 8 -2
```

図4.6 出力例

```
1 U X A 4
2 U X B 2
3 U Y A 3
4 U Y B 1
5 V X A 7
6 V X B 6
7 V X C -1
8 V Y A 9
9 V Y B 8
10 V Y C -2
```

注9 エスケープがややこしいですが、iだけがエスケープされておらず、両側の`grep ^0*`と`scores.txt`……`-f2`が文字列です。

注10 https://stedolan.github.io/jq/

解答

まず、data_Uを1行1レコードにしてみましょう。その前処理として、data_Uの表頭を2行目以降にくっつけます。

```
1  $ awk 'FNR==1{$1="";h=$0}FNR!=1{print $0,h}' data_U
2  X 4 2  A B
3  Y 3 1  A B
```

FNRは、ファイルの何行目を処理しているのかを表す変数です。これまで使ってきたNRは通算の行数ですが、FNRはファイルごとの行数です。このawkでは、ファイルの1行目（FNR==1）のとき、第1フィールドの*を消去してから変数hにヘッダの行を保存しています。ファイルの2行目以降（FNR!=1）のときは、各行の後ろにhをくっつけて出力しています。

次にこの出力に、ファイル名と、各行にいくつデータがあるのかを計算してくっつけます。data_Vも入力してみましょう。

```
1  $ awk 'FNR==1{$1="";h=$0}FNR!=1{print FILENAME,$0,h,NF-1}' data_U data_V
2  data_U X 4 2  A B 2
3  data_U Y 3 1  A B 2
4  data_V X 7 6 -1  A B C 3
5  data_V Y 9 8 -2  A B C 3
```

これで、たとえば1行目なら4とA、2とB、2行目なら3とA、1とBというようにペアを作って行を分けて出力すると、1行1レコードのデータになります。最終フィールドに置いた数字を使ってfor文で出力します。

```
1  $ （前述のワンライナー） | awk '{for(i=NF-$NF;i<NF;i++)print $1,$2,$i,$(i-$NF)}'
2  data_U X A 4
3  data_U X B 2
4  (..略..)
5  data_V Y B 8
6  data_V Y C -2
```

for文のiの初期値NF-$NFは、「(フィールドの数) − (最終フィールドに書いてある数字)」を意味します。data_Uの場合は5、data_Vの場合は6にセットされます。そこから$NF個だけ、アルファベットと数字の組を作って出力していきます。

最後に、sedでdata_の部分を削る処理を加えると解答となります。

```
1  $ awk 'FNR==1{$1="";h=$0}FNR!=1{print FILENAME,$0,h,NF-1}' data_U data_V | awk '{for(i=NF-$NF;i<NF;i
   ++) print $1,$2,$i,$(i-$NF)}' | sed 's/data_//'
2  （図4.6の指定の出力）
```

別解

Tukubaiのコマンドを利用した別解を示します。

```
1  別解（田代） $ ls data_* | xargs -I@ bash -c 'unmap num=1 @ | sed "s/^/@ /"' | sed 's/^data_//'
```

unmapは、クロス集計表を1データ1レコードの形式に変換するコマンドです。この問題ではファイルが2つあるのでxargsを使って1つずつ処理しています。xargs内では、unmapにファイルを通して、2つのsedで整形しています。unmapのnum=1は、表側のキーが1列だけという意味です。

問題53 欠損値の補完

ダメ押しでもう1問データの連結問題を解いて、本節の仕上げとしましょう。

問題 (中級★★ 出題、解答：田代 解説：上田)

devicelist.txt（リスト4.10）は、ある機器のアドレス（機器と通信するときに使う何らかの番号）がxxxx.yyyy.zzzzという形式で記述されたリストで、それぞれのアドレスに、1列目でIDが付けられています。measurement.txt（リスト4.11）は、各アドレスに対して、何かの計測値を記録したリストです。この2つのファイルから、ID、アドレス、計測値の順で結合したデータを作成してください。ID番号順に並べ替え、欠損したID番号と計測値は@で補完してください[注11]。

リスト4.10 devicelist.txt

```
1  01   xxxx.0c4d.1c45
2  02   xxxx.0d46.f3c2
3  03   xxxx.0d17.73a6
4  04   xxxx.0d81.33b8
5  05   xxxx.0d17.9658
6  06   xxxx.0c4d.095c
7  07   xxxx.0a69.b711
8  08   xxxx.0d81.1da2
9  09   xxxx.0fff.d828
10 10   xxxx.0d17.7478
```

リスト4.11 measurement.txt

```
1  xxxx.0c4d.1c45   1914
2  xxxx.0d17.73a6   2275
3  xxxx.0c4d.095c   3235
4  xxxx.0a69.b711   3119
5  xxxx.0fff.d828   3618
6  xxxx.0d17.7478   3443
7  xxxx.17d0.2c07   3431
8  xxxx.0d81.33a8   1607
```

解答

まず、devicelist.txtについて、結合のキーにしたいアドレスを先頭に出してソートします。

```
1  $ cat devicelist.txt | awk '{print $2,$1}' | sort
2  xxxx.0a69.b711 07
3  xxxx.0c4d.095c 06
4  (..略..)
```

そして、measurement.txtのほうもソートして連結します。

```
1  $ cat devicelist.txt | awk '{print $2,$1}' | sort | join -a 1 -a 2 -o 1.2 0 2.2 -e @ - <(sort
   measurement.txt)
2  07 xxxx.0a69.b711 3119
3  (..略..)
4  04 xxxx.0d81.33b8 @
5  09 xxxx.0fff.d828 3618
6  @ xxxx.17d0.2c07 3431
```

このjoinの-a 1 -a 2は練習4.1.b、-oと-eは問題51別解1で使いました。

あとはID番号順にソートすると完成です。

注11 SQLに親しんでいる人向けのヒントですが、この問題の連結はSQLで言うところのFULL JOIN相当の操作になります。

```
1  $ cat devicelist.txt | awk '{print $2,$1}' | sort | join -a 1 -a 2 -o 1.2 0 2.2 -e @ - <(sort
   measurement.txt) | sort
2  01 xxxx.0c4d.1c45 1914
3  02 xxxx.0d46.f3c2 @
4  03 xxxx.0d17.73a6 2275
5  04 xxxx.0d81.33b8 @
6  05 xxxx.0d17.9658 @
7  06 xxxx.0c4d.095c 3235
8  07 xxxx.0a69.b711 3119
9  08 xxxx.0d81.1da2 @
10 09 xxxx.0fff.d828 3618
11 10 xxxx.0d17.7478 3443
12 @ xxxx.0d81.33a8 1607
13 @ xxxx.17d0.2c07 3431
```

別解

別解1はTukubaiを使ったものです。loopjはFULL JOIN用のコマンドです。別解2は問題51の別解5と同じく、jqを使った解答例です。

```
1  別解1(上田) $ self 2 1 devicelist.txt | sort | loopj -d@ num=1 - <(sort measurement.txt) | self 2 1 3
   | sort
2  別解2(中村) $ cat devicelist.txt | jq -R 'split(" ")|{"k":.[1],"a":.[0]}' | cat - <(jq -R 'split
   (" ")|{("k"):.[0],"b":.[1]}' measurement.txt) | jq -sr 'group_by(.k)|.[]|[.[0].a + .[1].a,.[0].k,.[0].
   b + .[1].b]|@sh' | sort | tr -d "'" | sed 's/null/@/g'
```

4.2 ややこしいフォーマットのデータを扱う

本節では、きれいに行と列がそろっていないデータや、木構造状のデータを扱います。前節のように整形後のデータを扱うわけではないので、使うコマンドも処理の方法も雑多になり、難易度が上がります。

練習4.2.a JSONとjq

まず、JSON形式のデータを扱ってみましょう。jqというコマンドで調査や加工ができます。

JSON (JavaScript Object Notation) は、JavaScriptのコードでデータを表現する方法に由来したデータの記述方法です。JavaScriptがWebブラウザで用いられてきた関係で、インターネット上でサーバとブラウザがデータをやりとりするときによく用いられます。基本的に人間が読むことを想定したものではないので、改行が入っていない場合が多く、そのまま読解しようとすると苦労します。

練習問題 (出題、解答、解説：上田)

リスト4.12のデータarticle.jsonは、ある雑誌のある連載に関する情報です。このデータをjqというコマンドに通してから、連載の開始年（yearの下のstartの値）を出力してください。jqはsudo apt install jqでインストールできます。

リスト4.12 article.json

```
1 { "title": "シェルビキニ芸人からの挑戦状", "authors": [ "今杉", "上泉", "田村", "中代", "田上", "田山" ], "magazine": "ExtremeWear", "publisher": "海パン評論社", "year": {"start": 2017, "end": 2019} }
```

解答

まず、jqにarticle.jsonを通してみましょう。次のように整形されて出力されます。

```
1  $ cat article.json | jq
2  {
3    "title": "シェルビキニ芸人からの挑戦状",
4    "authors": [
5      "今杉",
6      (..略..)
7      "田山"
8    ],
9    "magazine": "ExtremeWear",
10   "publisher": "海パン評論社",
11   "year": {
12     "start": 2017,
13     "end": 2019
14   }
15 }
```

JSON形式のデータはこの出力のように、連想配列に **"キー": 値**の組がカンマ区切りで並んだものです。値には数値や文字列、配列や連想配列が入ります。とくに値に連想配列が存在すると、ディレクトリの構造のように、木構造状のデータになります。今の説明では「連想配列」と書きましたが、JavaScriptやJSONでは、{}で表記されるデータのかたまりを**オブジェクト**と呼びます。また、キーと値のペアを**フィールド**、キーの名前をフィールド名と呼びます。

あとは、(雑ではありますが) startの行から値を切り出せば良いでしょう。

```
1  $ cat article.json | jq | awk '/start/{print $NF}' | tr -d ,
2  2017
```

ただしjqを使いこなすと、もっと簡単に値を取り出せます。

別解

jqだけで解答してみましょう。前述のようにJSON形式のデータは木構造状になるので、jqには、ファイルパスのようにオブジェクトを指定する方法が実装されています。たとえば**year**の値は次のように取り出せます。

```
1  $ cat article.json | jq .year
2  {
3    "start": 2017,
4    "end": 2019
5  }
```

ドット（**.**）が、一番外側のオブジェクトを表します。

さらに**year**の下の**start**は、次のように指定すると取り出せます。

```
1  別解1(上田)  $ cat article.json | jq .year.start
2  2017
```

補足1（jqの機能）

配列の値は次のように指定します。

```
1  $ cat article.json | jq .authors[0]     ←authorsの最初の要素
2  "今杉"
3  $ cat article.json | jq .authors[1:3]   ←（0から数えて）1、2番めの要素
4  [
5    "上泉",
6    "田村"
7  ]
```

また、計算もできます。

```
1  $ cat article.json | jq '.year.end - .year.start'
2  2
```

さらに、何度も**.year**と書かなくて済むように、次のような表記もできます。

```
1  $ cat article.json | jq '.year | .end - .start'  ←前の例と同じ処理
2  2
```

.year | 操作で、**year**の下にあるデータを操作できます。

補足2（YAML）

本書の問題では登場しませんが、YAML注12形式の扱い方も紹介しておきます。YAMLは、プログラムに読み込むための設定ファイルを記述するときに、よく使われる形式です。こちらはJSONとは異なり、人間も読み書きしやすい仕様になっています。

article.jsonと同じデータ構造をYAMLで記述すると、**リスト4.13**のような書き方になります。

注12 YAML Ain't a Markup Languageの略です。略になっていませんが。ヤムルあるいはヤメルと読みます。

リスト4.13 article.yml

```
1  title: "シェルビキニ芸人からの挑戦状"
2  authors:
3    - 今杉
4    (..略..)
5    - 田山
6  magazine: "ExtremeWear"
7  publisher: "海パン評論社"
8  year:
9    start: 2017
10   end: 2019
```

これをワンライナーで扱うときには、yqというコマンドが使えます。yqはsudo snap install yqでインストールできます。使用例を示します。

```
1  $ yq e '.year' article.yml      ←「yq e 要素 ファイル」で要素を出力
2  start: 2017
3  end: 2019
4  $ yq e '.year.start' article.yml  ←ドットで下の階層に
5  2017
6  $ yq e -j article.yml            ←jsonへの変換
7  {
8    "title": "シェルビキニ芸人からの挑戦状",
9    "authors": [
10     "今杉",
11     (..略..)
12     "田山"
13   ],
14   "magazine": "ExtremeWear",
15   "publisher": "海パン評論社",
16   "year": {
17     "start": 2017,
18     "end": 2019
19   }
20 }
```

また、RubyのワンライナーもYAMLの処理には便利です。

```
1  別解2 $ ruby -r yaml -e 'd=YAML.load_file("article.yml");p d["year"]["start"]'
2  2017
```

-rオプション（⇒問題40）でyamlというライブラリをロードし、YAML.load_fileでデータを読み込みます。読み込まれたデータは連想配列（Rubyではハッシュと呼称）に格納されます。

補足3（gron）

この問題ではjqの利用を想定しましたが、CLI端末上でJSONを扱うツールはほかにもあります。gron[注13]はJSONに含まれるキーと値が各行に一組となるよう整形してくれます。ほかのコマンドと連携が

注13 詳細とインストール方法は「https://github.com/tomnomnom/gron」を参照。

しやすいので、こちらもお勧めです。

```
1  gronの利用例
2  $ cat article.json | gron
3  json = {};
4  json.authors = [];
5  json.authors[0] = "今杉";
6  (..略..)
7  json.magazine = "ExtremeWear";
8  json.publisher = "海パン評論社";
9  json.title = "シェルビキニ芸人からの挑戦状";
10 json.year = {};
11 json.year.end = 2019;
12 json.year.start = 2017;
```

gronを使った別解を示します。ついでに正規表現も凝ってみましょう。

```
1  別解3(山田) $ cat article.json | gron | grep -oP 'json.year.start = \K.*(?=;)'
2  2017
```

\KはPCREで使え、\Kより左側の文字列はマッチした結果として扱われないため、-o利用時は出力されません。この別解の場合は、**json.year.start =** までの部分は出力されません。同様に、**(?=;)**（⇒練習3.1.c）で指定されたセミコロン（**;**）も出力されません。

練習4.2.b エスケープの入ったCSVの扱い

次は、データにエスケープの入ったややこしいCSVファイル（⇒問題47）の扱い方をおさえましょう。CSVはデータがカンマで区切られて記録された単純な形式のはずなのですが、エスケープが入るととたんに厄介になります。

練習問題（出題、解答、解説：上田）

data.csvは、Microsoft Excelで作成したCSVファイルです。カンマ区切りの表形式で、値が記録されています。Windowsの文字コードであるShift_JISで記録されており[注14]、そのまま**cat**してもLinux上では文字化けしますが、**nkf -wLux data.csv**で、図4.7のように閲覧できます（文字コードや、文字コードの変換における**nkf**の使い方は第５章であらためて練習します）。このデータの２列目（あいう、あ**,**い**,**う、ｱ"ｲ"ｳ"）を、前問のようにRubyなどのライブラリを使って抜き出してみましょう。Rubyを使う場合、特有の繰り返し構文を使うので、わからない場合は無理をしないでください。

図4.7 data.csvの内容を出力

```
1  $ nkf -wLux data.csv
2  abc,あいう,123
3  """abc""","あ,い,う",123.123
4  ,"ｱ""ｲ""ｳ""",""""
```

注14 正確にはCP932という、Microsoftが拡張した文字コードです。

解答

まず、Rubyを使った解答を示します。YAML形式のときにはyamlというライブラリを使いましたが、同様にCSV形式にはcsvというライブラリが使えます。次のように使うと、2列目を抽出できます。

```
1  $ nkf -wLux data.csv | ruby -r csv -ne 'CSV($_).each{|row| puts row[1]}'
2  あいう
3  あ,い,う
4  ア"イ"ウ"
```

ファイル全体をrubyに読み込ませても良いのですが、この解答例では-nオプションで各行を変数$_に入れて処理しています（⇒練習3.1.a補足1）。また、Rubyのeachメソッドによる繰り返し[注15]を利用しています。||で囲まれた変数に要素が1つずつ入るので、その右側にその変数の処理を書くと、各要素に対する処理が書けます[注16]。

別解

Pythonにもcsvというモジュールがあります。Pythonを使った別解を示します。

```
1  別解1(上田) $ nkf -wLux data.csv | python3 -c 'import csv,sys;[print(x[1]) for x in csv.reader(sys.
   stdin)]'
2  あいう
3  あ,い,う
4  ア"イ"ウ"
```

opy（⇒練習3.1.b）には、CSV形式のデータを読み込むために-cというオプションがあり、次のように短く書けます。

```
1  別解2(上田) $ nkf -wLux data.csv | opy -c '[F2]'
2  あいう
3  あ,い,う
4  ア"イ"ウ"
```

補足1（CSVのエスケープのルール）

Microsoft ExcelにおけるCSV形式について要点だけを補足しておきます。CSVの規格については「https://tools.ietf.org/html/rfc4180」に文章化されています。

まず基本的に、データはdata.csvの1行目のように、abc,あいう,123というようにカンマ区切りで入ります。ただ、これだとカンマがデータの中に入るときに困るので、その場合、data.csvの2行目のように"あ,い,う"というようにダブルクォートで囲みます。

さらに、これだとダブルクォートがデータの中に入ると困ります。そこで、その場合、ダブルクォートをダブルクォート2つにすることで（"を""に置き換えることで）エスケープします。data.csvでは、"""abc"""（"abc"）と"ア""イ""ウ"""（ア"イ"ウ"）で、ダブルクォートのエスケープが見られます。

注15　この場合は1行ずつ処理しているので、本来ここでの繰り返しは不要です。

注16　do |変数名| …… endという書き方もできます。

補足2（データに改行を含むCSVの扱い方）

CSV形式では、ダブルクォートで囲った中に改行が入ることがありますが、この場合、解答のように1行ずつ読んでいるとうまく処理できません。**data.csv**を改変して値に改行を入れた**data2.csv**を使い、エラーの出る様子と対処法を示します。

```
 1  ―― 「あ<改行>い<改行>う」という値が入ったCSVファイル ――
 2  $ nkf -wLux data2.csv
 3  abc,あいう,123
 4  """abc""","あ
 5  い
 6  う",123.123
 7  ,"ｱ""ｲ""ｳ""","""""
 8  ―― 解答のように1行ずつ読むとエラーになる ――
 9  $ nkf -wLux data2.csv | ruby -r csv -ne 'CSV($_).each{|row| puts row[1]}'
10  (..略..)
11  /usr/lib/ruby/2.7.0/csv/parser.rb:1020:in `parse_quoted_column_value': Unclosed quoted field in line
    1. (CSV::MalformedCSVError)
12  ―― エラーにならない方法 ――
13  $ nkf -wLux data2.csv | ruby -r csv -e 'CSV.foreach("/dev/stdin"){|row| puts row[1]}'
14  あいう
15  あ
16  い
17  う
18  ｱ"ｲ"ｳ"
19  ―― 値の改行を@に置き換え。文字列に.でメソッドをつなぐと加工可能。gsubは置換のメソッド ――
20  $ nkf -wLux data2.csv | ruby -r csv -e 'CSV.foreach("/dev/stdin"){|row| puts row[1].gsub("\n","@")}'
21  あいう
22  あ@い@う
23  ｱ"ｲ"ｳ"
```

エラーを回避した例では、ファイルに**/dev/stdin**を指定しています。このファイルはRubyではなくOSが用意しているもので、標準入力（上の例の場合はパイプからの入力）をファイルのように扱いたいときに使う特殊なファイルです。**/dev/**ディレクトリについては、7.2節で扱います。

問題54 JSONファイルからの抽出

ここから本節の本番です。まずは、JSON形式のデータを分解してファイルに振り分ける、という問題を解いてみましょう。

問題 （中級★★　出題：山田　解答：田代　解説：中村）

リスト4.14にfruits.jsonというJSON形式のファイルがあります。このファイルにはFruitsという配列が記録されています。この配列の要素ひとつひとつにインデントを付けて別のファイルに書き出してください。ファイル名は、Apple、OrangeなどのNameフィールドの値に、拡張子.jsonを付けたものにしてください。Apple.jsonの例をリスト4.15に示します。

リスト4.15 Apple.json

```
1 {
2   "Name": "Apple",
3   "Quantity": 3,
4   "Price": 100
5 }
```

リスト4.14 fruits.json

```
1 {"Fruits":[{"Name":"Apple","Quantity":3,"Price":100}, {"Name":"Orange","Quantity":15,"Price":110},
  {"Name":"Mango","Quantity":100,"Price":90}, {"Name":"Banana","Quantity":6,"Price":100}, {"Name"
  :"Kiwifruit","Quantity":40,"Price":50}]}
```

解答

jqを使って解きたいところですが、案外難しいので注17 Rubyのワンライナーで解いたものをまず示します。RubyでのJSON形式のデータの読み方は、練習4.2.a補足2で、YAMLをRubyで読み込んだときとほぼ同じです。

```
1  $ cat fruits.json | ruby -r 'json' -e 'JSON.load(STDIN)["Fruits"].each{|i| File.open(i["Name"]+".
   json","w"){|f| f.write(JSON.pretty_generate(i))}}'
2  ―― 確認 ――
3  $ ls
4  Apple.json  Banana.json  Kiwifruit.json  Mango.json  Orange.json  fruits.json
5  $ cat Apple.json
6  {
7    "Name": "Apple",
8    "Quantity": 3,
9    "Price": 100
10 }  ←最後の改行は入らない
```

この解答例のrubyの引数の部分では、-r（⇒問題40）でjsonライブラリを読み込んでいます。コードでは、まずJSON.loadに、引数として標準入力を表す定数STDINを与え、JSONのデータを取り込んでいます。次に、読み込んだJSONのデータ（JSON.load(STDIN)）の後ろに["Fruits"]と付けて、Fruits配列を抽出し、eachを使って要素ごとにループします。ループの中では、Nameフィールドの値でファイル名を作り、書き込みモードで開いて、{|f| ……}の中で操作中の要素をJSON形式で出力しています。fがopenで開いたファイルのオブジェクトです。出力の際、JSON.pretty_generateというメソッドでインデントを付けています。

注17　解答も難しいのですが、こういうワンライナーを何も見ないで書ける人はほとんどおらず、この手の言語を使うときはWebで調査する人が多いと思われます。

別解

jqを使った別解を2つ示します。

```
1  別解1(田代、山田) $ grep -o '{[^{}]*}' fruits.json | awk -F'"' '{print $0 | "jq >" $4".json"}'
2  別解2(eban) $ cat fruits.json | jq -r ".Fruits[]|\"echo '\(.)' | jq . > \(.Name).json\"" | sh
```

別解1では、まずgrepで配列の要素を抜き出しています。

```
1  $ grep -o '{[^{}]*}' fruits.json
2  {"Name":"Apple","Quantity":3,"Price":100}
3  {"Name":"Orange","Quantity":15,"Price":110}
4  {"Name":"Mango","Quantity":100,"Price":90}
5  {"Name":"Banana","Quantity":6,"Price":100}
6  {"Name":"Kiwifruit","Quantity":40,"Price":50}
```

その後ろのawkでは、要素をawkのパイプ（⇒問題51別解3）を使ってjqに通して整形しています。さらに、**awkのリダイレクト**を使い、ファイルに保存しています。「jq >」の後ろの「>」がリダイレクト記号で、$4".json"がファイル名になります。awkのリダイレクトは、最初に呼ばれたときにファイルを初期化（生成するか空にするか）し、その後はデータを追記していきます。

別解2では、最初のjqで次のようなシェルスクリプトを作っています。

```
1  $ cat fruits.json | jq -r ".Fruits[]|\"echo '\(.)' | jq . > \(.Name).json\""
2  echo '{"Name":"Apple","Quantity":3,"Price":100}' | jq . > Apple.json
3  echo '{"Name":"Orange","Quantity":15,"Price":110}' | jq . > Orange.json
4  (..略..)
```

これをshに通してApple.jsonなどのファイルを得ています。

jqの引数は「.Fruits[]|\"echo '\(.)' | jq . > \(.Name).json\"」で、これはFruitsの各要素に対し、「echo '\(.)' | jq . > \(.Name).json」を出力せよという意味になっています。\(**JSONのオブジェクトの指定**)という記法を使ってechoの引数とファイル名を作っています。jqのオプションの-rは、出力結果の文字列をそのまま出力しろという意味です注18。

問題55 JSONログの比較

次もJSON形式のデータを扱います。今度は記録されたデータ同士を互いに比較する問題です。無理をしないで前問のようにファイルに各オブジェクトを書き出すことをお勧めしますが、腕自慢の人はファイルを使わないで解いてみましょう。

注18 このオプションがないと、演算結果がJSONではなく文字列の場合に、jqが文字列をダブルクォーテーションで囲んだり、特定の文字をエスケープしたりします。

問題 （中級★★　出題、解説：上杉　解答：山田）

リスト4.16のwatch_log.jsonには、とあるディレクトリのls -laの結果が、JSON形式のログとして出力されています。各行にはls -laを実行した時刻がtimestampフィールドに、ls -laの内容がoutputフィールドに記録されています。ls -laの出力の改行は、\nに置き換わっています。

2行目以降のoutputフィールドをdiffで前の行のoutputフィールドと比較し、差分を取得してください。出力例を図4.8に示します。

リスト4.16 watch_log.json

```
1 {"timestamp":"2020-01-18 18:06:52","output":"total 9888204\ndrwxr-xr-x  19 uesugi staff       608
    1 12 23:22 . （中略。lsの内容） \n-rw-r--r--   1 uesugi staff      20119  1 18 17:04 memo.txt\n"}
2 {"timestamp":"2020-01-18 18:07:06","output":"total 9888204\ndrwxr-xr-x  19 uesugi staff       608
    1 12 23:22 . （中略。lsの内容） \n-rw-r--r--   1 uesugi staff      20119  1 18 17:04 memo.txt\n"}
```

図4.8 出力例

```
1  diff: "2020-01-18 18:06:52" "2020-01-18 18:07:06"
2  3c3
3  < drwxr-xr-x+ 86 uesugi staff       2752  1 18 18:06 ..
4  ---
5  > drwxr-xr-x+ 86 uesugi staff       2752  1 18 18:07 ..
6  diff: "2020-01-18 18:07:06" "2020-01-18 18:07:20"
7  2c2
8  < drwxr-xr-x  19 uesugi staff        608  1 12 23:22 .
9  ---
10 > drwxr-xr-x  20 uesugi staff        640  1 18 18:07 .
11 19a20
12 > -rw-r--r--   1 uesugi staff          0  1 18 18:07 aaa
13 （..略..）
```

解答

まず解答例を示します。

```
1  $ cat watch_log.json | sed '2,$p;$d' | paste -d , - - | sed 's/.*/[&]/' | while read -r l;do jq -r '"
   diff: \"\(.[0].timestamp)\" \"\(.[1].timestamp)\""' <<<$l; diff <(jq -r '.[0].output' <<<$l) <(jq -r '
   .[1].output'<<<$l);done
2  （出力省略）
```

この解答では、まず2回目のsedまでで、比較する2行を横に並べてJSONの配列を作る処理をしています。watch_log.jsonのデータの代わりにseqの数を使用して、この処理の各段階の出力を示します。

```
1  $ seq 3 | sed '2,$p;$d'  ←最初の行と最終行以外を2回出力する
2  1
3  2
4  2
5  3
6  $ seq 3 | sed '2,$p;$d' | paste -d , - - | sed 's/.*/[&]/'  ←データを2個ずつ並べて配列に
```

```
7  [1,2]
8  [2,3]
```

数字のところが**watch_log.json**の各行の内容にあたると考えてください。**sed**は、**2,$p**で2行目から末尾の行をデフォルトで出力される以外にもう一度出力し、**$d**で末尾の行を削っています(⇒問題39別解5)。次の**paste -d , - -**では、2行ずつがカンマ区切りで並びます。

これまでの処理の出力で、各行は次のように、比較対象となる2つのオブジェクトを含んだJSONの配列になります。

```
1  $ cat watch_log.json | sed '2,$p;$d' | paste -d , - - | sed 's/.*/[&]/' | head -n 1
2  [{"timestamp":"2020-01-18 18:06:52","output":"total (..略..) memo.txt\n"},{"timestamp":"2020-01-18
   18:07:06","output":"total (..略..) memo.txt\n"}]
```

今度は、解答のwhile文の部分を示します。

```
1  $ (2回目のsedまでのワンライナー) | while read -r l;do jq -r '"diff: \"\(.[0].timestamp)\" \"\(.[1].time
   stamp)\""' <<<$l; diff <(jq -r '.[0].output' <<<$l) <(jq -r '.[1].output'<<<$l);done
```

while文では、作った配列を1つずつ変数**l**に読み込んでいます。**read**で変数**l**にデータを読み込みますが、バックスラッシュがエスケープ文字として扱われ消えてしまうのを防ぐため、**-r**オプションを指定します。**l**を使い、まず**jq**で**diff: "日時" "日時"**という行を出力しています。ヒアストリング(⇒練習2.1.b別解)で**jq**に**l**の値を入力し、日付を**\(.[配列中の位置].timestamp)**で文字列に埋め込んでいます(⇒問題54別解2)。あとの**diff**の引数になっているプロセス置換では、同様に**.[配列中の位置].output**で**ls -la**の出力を取り出しています。

別解

もう少し段階を踏んで解答する例も示します。それぞれの**ls -la**の出力をファイルに分けて比較する方針でワンライナーを考えていきます。まず次のように、**jq**で日付と**ls -la**の結果を行ごとに出力します。

```
1   $ cat watch_log.json | jq -r '.timestamp + "\n" + .output'
2   2020-01-18 18:06:52
3   total 9888204
4   drwxr-xr-x  19 uesugi staff        608  1 12 23:22 .
5   (..略..)
6   -rw-r--r--   1 uesugi staff      20119  1 18 17:04 memo.txt
7
8   2020-01-18 18:07:06
9   total 9888204
10  drwxr-xr-x  19 uesugi staff        608  1 12 23:22 .
11  (..略..)
12  -rw-r--r--   1 uesugi staff      20119  1 18 17:04 memo.txt
```

次に、**awk**でファイルに振り分けましょう。あとの処理を考え、日付と時刻の間にアンダーバーを入れておきます。

```
1  $ cat watch_log.json | jq -r '.timestamp + "\n" + .output' | awk '/^2/{f=gensub(/ /,"_",1,$0)}!/^2/{
   print > f}'
2  $ ls
3  2020-01-18_18:06:52  2020-01-18_18:07:20  2020-01-18_18:07:32   watch_log.json
4  2020-01-18_18:07:06  2020-01-18_18:07:26  2020-01-18_18:07:34
```

gensubは問題44別解で利用しました。3番めの引数で、1回目にマッチした文字列を置換することを指定しています。ファイルへの出力には、awkのリダイレクトを使用しています（⇒問題54別解1）。

今度はtimestampの組み合わせを生成します。組み合わせもjqとawkを使って生成しましょう。

```
1  $ cat watch_log.json | jq -r '.timestamp' | tr ' ' _ | awk '{if(x!=""){print x,$0};x=$0}'
2  2020-01-18_18:06:52 2020-01-18_18:07:06
3  2020-01-18_18:07:06 2020-01-18_18:07:20
4  2020-01-18_18:07:20 2020-01-18_18:07:26
5  2020-01-18_18:07:26 2020-01-18_18:07:32
6  2020-01-18_18:07:32 2020-01-18_18:07:34
```

この出力を使い、作ったファイルをwhile文で比較していけば目的の出力が得られます。無理にワンライナーにする必要はありませんが、ファイルを出力する部分と合わせて解答を示します。while以後が、新しく追加した部分です。

```
1  別解1(上田) $ cat watch_log.json | jq -r '.timestamp + "\n" + .output' | awk '/^2/{f=gensub(/ /,"_",1,
   $0)}!/^2/{print > f}' ; cat watch_log.json | jq -r '.timestamp' | tr ' ' _ | awk '{if(x!=""){print x,$
   0};x=$0}' | while read a b ; do echo diff: \"${a/_/ }\" \"${b/_/ }\" ; diff $a $b ; done ; rm 2020-*
2  (出力省略)
```

最後のrm 2020-*については、2020-と付くほかのファイルがディレクトリ内にある場合、適宜変更をお願いします。

別解をもうひとつ示します。今度は中間ファイルを使いません。

```
1  別解2(上杉) $ cat watch_log.json | jq -r '.timestamp' | awk '{if(x!=""){print x,$0};x=$0}' | xargs -n
   4 bash -c 'echo diff "$0 $1", "$2 $3";eval diff "<(cat watch_log.json | jq -r \"select(.timestamp ==
   \\\""{$0\ $1,$2\ $3}"\\\")|.output\")"'
```

別解2では、まず別解1同様、前半で比較する日時のペアを作っています。そのあとのxargs -n4 bash -cでbashの引数として日時のペアを読み込んでいます。引数はこの場合、$0から始まります[注19]。bashの中は複雑で、{$0\ $1,$2\ $3}の部分がブレース展開になっています。このブレース展開がeval（後述）で展開され、プロセス置換<()が2つになり、diffで比較されます。

evalは、引数の文字列を評価して実行するコマンドです。評価という言葉がピンと来ない場合には、「引数を一度echoした結果を実行するコマンド」と覚えると良いでしょう。evalの対象となる部分について、evalの代わりにechoを書き、bashの引数の部分を文字列に変えて実行した結果を示します。

```
1  ―― $0~$3は、それぞれday1、time1、day2、time2に置き換えてある ――
```

注19　なぜかは未調査なのですが、man bashの-cオプションの説明にその旨が書いてあります。

```
2  $ echo diff "<(cat watch_log.json | jq -r \"select(.timestamp == \\\""{day1\ time1,day2\ time2}"\\\")|
   .output\")"
3  diff <(cat watch_log.json | jq -r "select(.timestamp == \"day1 time1\")|.output") <(cat watch_log.json
    | jq -r "select(.timestamp == \"day2 time2\")|.output")
```

展開された結果を見ると、diffで2つのプロセス置換の出力を比較するワンライナーになっていることがわかります。evalとブレース展開を使うと、同じような処理を繰り返すワンライナーを非常に短くできますが、一方で別解2のようにエスケープだらけになります。別解2のエスケープの解釈については割愛しますが、もし興味があれば、次の3点を参考に読み解いてみてください。

- ダブルクォートでクォートされた中にあるダブルクォートは、は\"とエスケープしなければならない
- \"をさらにエスケープすると\\\"となる
- ブレース展開内では空白を\ とエスケープしなければならない

問題56 非正規データ同士の結合

今度は、キーと値がペアになっておらず、「キー 値 値 ……」のように記録されたデータを扱います。このようなデータは人が読み書きするときには見やすいのですが、プログラムで処理しようとすると面倒になりがちです。ワンライナーでキーと値のペアに変換できるようになると、役に立つことがあります。

問 題 （上級★★★　出題、解説：山田　解答：上田）

アプリケーション（以下、アプリ）の運用をしているあなたは、service_stop_weekday.txt（リスト4.17）のように、依存しているAPI[注20]が今週軒並みメンテナンスで停止する情報を入手しました。

APIが停止する際、それを使っているアプリも停止させなければいけません。service_depend_list.txt（リスト4.18）は、アプリが使用しているAPIの一覧です。

この2つのファイルから、どの曜日にどのアプリをメンテナンスで停止するべきかの一覧表を作ってください。出力は（図4.9）のような形式にしてください。

リスト4.18 service_depend_list.txt

```
1  アプリA: アクセス分析API, 交通情報API, 人事情報API
2  アプリB: 受注API, 交通情報API, 顧客情報API
3  アプリC: 受注API, メールAPI, 住所情報API
4  アプリD: 人事情報API, メールAPI
5  アプリE: 受注API, 交通情報API, 顧客情報API
```

リスト4.17 service_stop_weekday.txt

```
1  住所情報API: 月, 水, 金
2  顧客情報API: 水, 日
3  交通情報API: 土
4  受注API: 火
5  アクセス分析API: 木
6  メールAPI: 金, 土
7  人事情報API: 月
```

図4.9 出力例

```
1  日: アプリB, アプリE
2  月: アプリA, アプリC, アプリD
3  火: アプリB, アプリC, アプリE
4  水: アプリB, アプリC, アプリE
5  木: アプリA
6  金: アプリC, アプリD
7  土: アプリA, アプリB, アプリC, アプリD, アプリE
```

注20　Application Programming Interfaceの略。この問題の例では、アプリケーションが何か処理を外部のプログラムに依頼するときに使う窓口のことを指します。

解答

1行1レコードとなっていないという意味で、正規化されていない(非正規な)データ同士を結合する問題です。一見とっつきにくい印象を受けますが、このような問題はキー(この問題の場合は曜日とAPIの名前)ごとにデータを整理、正規化して**join**すると解けます。

ただ、この問題はもっと横着でき、**service_depend_list.txt**にあるAPIの名前を、**service_stop_weekday.txt**を使って曜日に置き換えると、アプリと曜日のリストができます。この方針で解きましょう。

まず、**service_stop_weekday.txt**から**sed**の命令(sedスクリプト)を次のように作ります。

```
1  $ sed -E 's;^(.*):(.*);s/\1/\2/g;g' service_stop_weekday.txt
2  s/住所情報API/ 月, 水, 金/g
3  s/顧客情報API/ 水, 日/g
4  s/交通情報API/ 土/g
5  (..略..)
```

この**sed**では、コロンの前後の文字列を**s///g**に当てはめています。

次に、作ったsedスクリプトで**service_depend_list.txt**を変換します。

```
1  $ sed -E 's;^(.*):(.*);s/\1/\2/g;g' service_stop_weekday.txt | sed -f - service_depend_list.txt
2  アプリA:  木,  土,  月
3  アプリB:  火,  土,  水, 日
4  アプリC:  火,  金, 土,  月, 水, 金
5  アプリD:  月,  金, 土
6  アプリE:  火,  土,  水, 日
```

sed -f - ファイルで、標準入力からsedスクリプトを読み、ファイルに適用することができます。

今度は、上で得られた出力を曜日がキーとなるデータに変換します。次のようにコロンとカンマを除去して空白区切りにして、2列目以降を1つずつ1列目とともに出力します。

```
1  $ (前のワンライナー) | tr -d :, | awk '{for(i=2;i<=NF;i++)print $i,$1}'
2  木 アプリA
3  土 アプリA
4  月 アプリA
5  (..略..)
6  日 アプリE
```

今度は曜日をキーにしてソートし、重複している行を削除します。**sort -u**を使いましょう(⇒練習2.2.a)。

```
1  $ (前のワンライナー) | sort -u
2  火 アプリB
3  火 アプリC
4  火 アプリE
5  (..略..)
6  木 アプリA
```

残念ながら曜日は順番には並びませんが、これで曜日とアプリの正規化したデータが得られました。

今度はキーに対してアプリ名を横に並べます。曜日をキーにして、**awk**の連想配列にアプリ名を足していき、

最後にENDルールで出力します。

```
1 $ (前のワンライナー) | awk '{a[$1]=a[$1]" "$2}END{for(k in a)print k":"a[k]}'
2 金: アプリC アプリD
3 土: アプリA アプリB アプリC アプリD アプリE
4 (..略..)
5 火: アプリB アプリC アプリE
```

仕上げに、曜日でソートします。いったん曜日を並び替えたい順の数字に変換し、sortで並び替え、数字を曜日に戻します。

```
1 $ (前のワンライナー) | sed 'y/日月火水木金土/1234567/' | sort | sed 'y/1234567/日月火水木金土/'
2 日: アプリB アプリE
3 月: アプリA アプリC アプリD
4 (..略..)
5 土: アプリA アプリB アプリC アプリD アプリE
```

sedのyは、trでの文字の置換（⇒練習1.3.c別解2）と同じ働きをします。trと異なり、日本語も置換できます。

最後に、sedを使って半角スペースをカンマに変換すれば、解答となります。長くなってしまいますが、これまで作ってきたワンライナーをすべて示します。

```
1 $ sed -E 's;^(.*):(.*);s/\1/\2/g;g' service_stop_weekday.txt | sed -f - service_depend_list.txt | tr
  -d :, | awk '{for(i=2;i<=NF;i++)print $i,$1}' | sort -u | awk '{a[$1]=a[$1]" "$2}END{for(k in a)print
  k":"a[k]}' | sed 'y/日月火水木金土/1234567/' | sort | sed 'y/1234567/日月火水木金土/' | sed 's/ /, /g;
  s/,//'
2 (図4.9の指定の出力)
```

別解

「キー 値 値 値 ……」となっているデータを値ごとに分解したり、逆に戻したりという処理は、仕事でデータの解析をしていると、よく必要に迫られます。そのため、Tukubaiにはtarrとyarrという、これらの処理の専用コマンドがあります。この2つのコマンドには、普段から筆者（山田）もよくお世話になります。次の別解は、解答を一部Tukubaiに置き換えたものです。

```
1 別解1(上田) $ sed -E 's;^(.*):(.*);s/\1/\2/g;g' service_stop_weekday.txt | sed -f - service_depend_
  list.txt | tr -d :, | sed -E 's/ +/ /g' | tarr num=1 | self 2 1 | sort -u | yarr num=1 | sed 'y/日月火
  水木金土/1234567/' | sort | sed 'y/1234567/日月火水木金土/' | sed 's/ /, /g;s/,/:/'
```

次に、while文を使って、何度も同じファイルを読むアプローチをとった解答を示します。

```
1 別解2(山田) $ grep -o . <<<日月火水木金土 | while read s;do grep $s service_stop_weekday.txt | cut -d :
  -f1 | grep -f- service_depend_list.txt | cut -d: -f1 | xargs | sed 's/ /, /g' | sed "s/^/$s: /" ;done
```

while文では、1つの曜日に対して最初のgrepとcutで関連するAPIデータが抽出されます。2番めのgrepとcutでは、service_depend_list.txtからAPIデータと関係するアプリ名が抽出されます。その後、アプリ名を横に並べ、曜日とともに出力しています。

また、joinコマンドを使って解いた別解も示します。2つのファイルを両方正規化してjoinするという

正攻法なのですが、長くなってしまいました。

```
1  別解3(田代) $ cat service_depend_list.txt | tr -d ':,' | awk '{for(i=2;i<=NF;i++)print $1,$i}' | sort -k2,2 | join -1 2 -2 1 - <(cat service_stop_weekday.txt | tr -d ':,' | sort -s -k1,1) | awk '{for(i=3;i<=NF;i++)print $i,$2}' | sort | uniq | join -a 1 - <(echo 日月火水木金土 | grep -o . | awk '{print $0,NR}' | sort) | sort -s -k3,3 | awk 'pre!=$1{printf "\n"$1": "}{printf $2", ";pre=$1}' | awk NF | sed 's/, *$//'
```

もちろん、日常ではこんなにややこしいワンライナーを書く必要はないので、ファイルをひとつひとつ正規化してファイルに保存し、joinする方法でかまいません。

問題57 テーブルのレイアウトの整形

今度はMarkdownで記述された表を加工してみましょう。端末で表形式のデータを扱っていると、同じ列のデータが縦にそろわず読みにくくなることがありますが、この問題で出てくるテクニックを使うと整形できます。

問題 (上級★★★　出題：山田　解答、解説：田代)

リスト4.19のMarkdownのテーブルが記録されたファイルtable.mdを、図4.10の整形後の出力のように半角スペースを入れて整形してください。縦棒がそろっていれば良いこととします。

リスト4.19 table.md

```
1  |AAA|BBB|CCC|
2  |---|---|---|
3  |1|123|4|
4  |10000|1|64|
5  |3|3|3|
```

図4.10 出力例(整形後)

```
1  |AAA  |BBB|CCC|
2  |---  |---|---|
3  |1    |123|4  |
4  |10000|1  |64 |
5  |3    |3  |3  |
```

解答

列ぞろえをするのに便利なcolumnを使った解答を考えましょう。まずテーブルデータの列を区切っている文字「|」の前後に空白を入れます。

```
1  $ cat table.md | sed 's/|/ & /g'
2   | AAA | BBB | CCC |
3   | --- | --- | --- |
4   | 1 | 123 | 4 |
5   | 10000 | 1 | 64 |
6   | 3 | 3 | 3 |
```

この出力をcolumnで整形します。-tオプション (⇒問題50) を使うと、複数の列があるデータを左ぞろえで整列して出力してくれます。

```
1  $ cat table.md | sed 's/|/ & /g' | column -t
2  |  AAA    |  BBB  |  CCC  |
3  |  ---    |  ---  |  ---  |
4  |  1      |  123  |  4    |
5  |  10000  |  1    |  64   |
6  |  3      |  3    |  3    |
```

この入力の場合、列の間はスペース2つ分空きます。もうこれで解答にしてもいいのですが、sedで余計なスペースを削りましょう。これを解答とします。

```
1  $ cat table.md | sed 's/|/ & /g' | column -t | sed 's/  |/|/g;s/|  /|/g'
2  (図4.10の出力)
```

別解

この問題はpandocであっけなく解くことができます。問題42とまったく同じく、次のようにpandoc -t gfmを使うとテーブルが整形されて出てきます。

```
1  別解1(山田) $ cat table.md | pandoc -t gfm
2  | AAA   | BBB | CCC |
3  | ----- | --- | --- |
4  | 1     | 123 | 4   |
5  | 10000 | 1   | 64  |
6  | 3     | 3   | 3   |
```

もうひとつ、列間をタブ文字で区切って列をそろえる方法を示します。まず、trを使って、列の区切り文字をタブ文字に置換します。

```
1  $ cat table.md | tr '|' '\t'
2          AAA     BBB     CCC
3          ---     ---     ---
4          1       123     4
5          10000   1       64
6          3       3       3
```

次にexpandを使い、タブ文字を表示された幅の個数のスペースに変換します。

```
1  ── 出力の見かけは変化しないが、タブが同じ個数のスペースに変換されている ──
2  $ cat table.md | tr '|' '\t' | expand
3          AAA     BBB     CCC
4          ---     ---     ---
5  (..略..)
```

あとはスペースと文字の境界、行末に縦棒を入れ、行頭の余白を削ると完成です。

```
1  別解2(上田) $ cat table.md | tr '|' '\t' | expand | sed 's/ [^ ]/|&/g;s/$/|/' | sed 's/^ *//g'
2  | AAA     | BBB     | CCC     |
3  | ---     | ---     | ---     |
4  | 1       | 123     | 4       |
```

```
5  | 10000  | 1      | 64     |
6  | 3      | 3      | 3      |
```

補足(catによる見えない文字の可視化)

別解2でタブが半角スペースに入れ替わったかどうか、行末に余白があるかどうかは、catで次のように調査できます。

```
1  ――― 余白がタブの場合 ―――
2  $ cat table.md | tr '|' '\t' | cat -ET
3  ^IAAA^IBBB^ICCC^I$
4  ^I---^I---^I---^I$
5  (..略..)
6  ――― 余白が半角スペースの場合 ―――
7  $ cat table.md | tr '|' '\t' | expand | cat -ET
8          AAA     BBB     CCC     $
9          ---     ---     ---     $
10 (..略..)
```

-Eが行末に$を入れるオプション、-Tがタブ文字を^Iと表示するオプションです。

問題58 CSVファイルの数字の集計

厄介な問題が続きますが、次も、カンマで桁を区切った数字はCSV形式とすこぶる相性が悪い、ということをテーマにした厄介な問題です。

問題 (上級★★★ 出題、解説:上田 解答:中村、上田)

リスト4.20のCSVファイルnum.csvの数字をすべて足してください。小数点下位の数も丸めずに正確に残してください。解答のワンライナーは、ファイルの中の数字を直接使わなければ汎用的でなくてもかまいませんが、ダブルクォート(" ")の中の数字のカンマをどう消去できるかについては、汎用的な方法を考えて解いてください。

順番が前後しますが、正確に計算する方法が思いつかなければ、練習6.1.aを参考にしてください。

リスト4.20 num.csv

```
1  1,2.3,3.9999999999999999999999999
2  "1,234,567",789, 8,-9,"-0.1"
```

解答

解答を先に示します。

```
1  $ tr ',' ' ' < num.csv | xargs -n 1 | tr -d ' ' | xargs | tr ' ' + | bc
2  1235362.1999999999999999999999999
```

この解答はxargsまでがキモです。まず、trで次のようにカンマを全部取り払い、

```
1  $ tr ',' ' ' < num.csv
2  1 2.3 3.9999999999999999999999
3  "1 234 567" 789  8 -9 "-0.1"
```

さらに**xargs**に通すと、次のように個々の数字が各行に分かれて出力されます。

```
1  $ tr ',' ' ' < num.csv | xargs -n 1
2  1
3  2.3
4  3.9999999999999999999999
5  1 234 567
6  789
7  8
8  -9
9  -0.1
```

1 234 567はもともとダブルクォートで囲まれていましたが、**xargs**はこれを1つの引数として解釈します。したがって上の出力のように、**1,234,567**の数字が分離せずに1行になって出力されます。

あとは、**tr**で空白を除去して**xargs**で横に並べ、空白を**+**に置換して数式を作り、**bc**に突っ込みます。

```
1  ↓余計な空白を取り払って再び1列に並べる
2  $ tr ',' ' ' < num.csv | xargs -n 1 | tr -d ' ' | xargs
3  1 2.3 3.9999999999999999999999 1234567 789 8 -9 -0.1
4  ↓空白をプラス記号に
5  $ tr ',' ' ' < num.csv | xargs -n 1 | tr -d ' ' | xargs | tr ' ' +
6  1+2.3+3.9999999999999999999999+1234567+789+8+-9+-0.1
7  ↓bcに突っ込んで解答完了（+-0.1は「-0.1を足す」と解釈してくれる）
8  $ tr ',' ' ' < num.csv | xargs -n 1 | tr -d ' ' | xargs | tr ' ' + | bc
9  1235362.1999999999999999999999
```

別解

3種類の別解を示します。

```
1  別解1(上田) $ tr ',' '\n' < num.csv | awk '/^"/{f=1}/"$/{f=0}{printf $0}!f{printf "+"}END{print 0}' |
   tr -d '"' | bc
2  別解2(山田) $ cat num.csv | tr , ' ' | xargs -n1 | sed 's/ //g;y/-/_/;2,$s/$/+/;$ap' | dc
3  別解3(上田) $ cat num.csv | opy -sc '["\n".join(F[1:])]' | tr -d , | paste -sd + | bc
```

別解1は、まずカンマをすべて改行に変えてしまい、その後の**awk**で、ダブルクォートに囲まれた行をくっつけ、そうでない行には**+**をくっつけて数式を作っています。

別解2は、**bc**ではなく、**dc**を使っています。**dc**も**bc**同様に計算のためのコマンドなのですが、**1+1**のような数式ではなく、**スタック**注21の操作の命令を受け取ります。以下に、別解2で**dc**が受け取る命令を示します。

注21　スタックとはもともと干し草の山のことです。地面に積んだ干し草は、下をほじくると面倒なので、上に積んだ（新しい）ものから使われることになります。コンピュータにおけるスタックという用語は、このようにデータを積んで、上のデータ（新しく入れたデータ）からしか取り出せないようにしたデータ構造のことを指します。

```
1   ─── 別解2でのdcへの入力 ───
2   $ cat num.csv | tr , ' ' | xargs -n1 | sed 's/ //g;y/-/_/;2,$s/$/+/;$ap'
3   1        ←1をスタックに入れる
4   2.3+     ←2.3をスタックに入れ、+がスタックから2つ数字を出して足して結果をスタックに戻す
5   3.99999999999999999999999+   ←同様にスタックから数字を出しては足して戻す
6   1234567+
7   789+
8   8+
9   _9+      ←_はマイナス
10  _0.1+
11  p        ←プリント
```

4行目以降の数字+は（dcの実装でどう扱われるかはわかりませんが)、数字と+の2つの命令と解釈します。数字はスタックに入り、「+」のような演算子は、演算に必要な数字をスタックから取り出し、結果をスタックに戻します。

このように命令を記述する形式は、**逆ポーランド記法**と呼ばれます。dcやbcのような計算プログラムの作成は、大学の情報系の学科などで、コンパイラなどを作るときの練習の題材によく使われます。

別解3は、opyを使ってPythonにCSVをパースさせた例です。-cでCSVを読み込んで列に分解してくれます（⇒練習4.2.b別解2)。-sは、数字として扱える文字列を変換せず、文字列扱いで処理するときのオプションです。paste -sd +は、標準入力からの各行を1行にまとめ、間を+で区切るという意味になります（⇒問題36)。

問題59 CSVの列数の調査

本節最後もCSV形式のややこしいデータをダメ押しで扱います。上級としましたが、いくつかの言語のライブラリを使うと簡単です。それで解けてしまったら、ライブラリなしで解いてみましょう。

問題　（上級★★★　出題、解答、解説：上田）

リスト4.21のdata.csvには、CSV形式で各行3列の値が入っていますが、1つだけ2列しか値が入っていない行があります。これが何行目であるかを求めてください。

リスト4.21 data.csv

```
1 1,2,3
2 "あ","い""",",","う"
3 "やや,""こし"",や～ ","やや,""こし"",や～ ",","
4 "もう,"",",","いや,"",や"
```

解答

正規表現を使って愚直にやる方法と、CSV用のライブラリを使う方法が考えられます。おそらく実用上は後者が良いのでしょうが、解答例では正規表現を用いたものに挑戦してみましょう。ただ、先にdata.csvがどういう値を持っているかを理解したほうが良いので、Pythonのcsvモジュールを使って縦棒(|)でデータを分割したものを示します。

```
1  $ python3 -c 'import csv;f=open("data.csv","r"); [print("|".join(x))for x in csv.reader(f)]'
2  1|2|3
3  あ|い",|う
4  やや,"こし",や~|やや,"こし",や~ |,
5  もう,",|いや,",や
```

では、正規表現でワンライナーを作っていきます。まず、2行目以降のややこしいレコードを値に分割してみます。2行目以降の値を1つずつ、**grep -o**で抽出してみましょう。

```
1  $ cat data.csv | grep -Eo '"([^"]*("")*)*"'
2  "あ"
3  "い"","
4  "う"
5  "やや,""こし"",や~"
6  "やや,""こし"",や~"
7  ","
8  "もう,"","
9  "いや,"",や"
```

1つ前のPythonの出力と見比べると、うまく値が切り出せていることがわかります。

grepには、拡張正規表現**"([^"]*("")*)*"**を渡しました。この**[^"]*("")***の部分は「**"**でない文字が0文字以上続いて、その後に**""**が0個以上続く」という意味です。これの外側に**()***を付けた**([^"]*("")*)***は、「ダブルクォートを含まない文字列と、エスケープされたダブルクォートが、0個以上連結されたデータ」という意味になります。つまり、CSVの値ということになります。それをさらに**""**で囲むと、値を抽出できます。

さらに、**data.csv**の1行目のようにダブルクォートで囲まれていない値も切り出してみましょう。ダブルクォートもカンマも含まれないという意味で、**[^,"]***が適切な正規表現となります。これと**"([^"]*("")*)*"**のORをとった**[^,"]*|"([^"]*("")*)*"**が、値を切り出す正規表現になります。この正規表現を使い、さらに**grep -n**で行番号を付けたものを以下に示します。

```
1  $ cat data.csv | grep -Eno '[^,"]*|"([^"]*("")*)*"'
2  1:1
3  1:2
4  1:3
5  2:"あ"
6  2:"い"","
7  (..略..)
```

これで、行番号の数を数えてみましょう。出力のコロン以降を消去して行番号だけにしたあと、**uniq -c**で行数をカウントします。

```
1  $ (前述のワンライナー) | sed 's/:.*//' | uniq -c
2        3 1
3        3 2
4        3 3
5        2 4
```

出力のように、4行目のデータが2列しかないとわかります。これまでの処理に、この行番号だけ残す処理を加えた次のワンライナーを解答例とします。

```
1  $ cat data.csv  | grep -Eno '[^,"]*|"([^"]*("")*)*"'  | sed 's/:.*//' | uniq -c | awk '$1==2{print $2}'
2  4
```

別解

別解を4つ示します。

```
1  別解1(上田) $ cat data.csv | opy -c 'len(F[1:])==2:[NR]'
2  別解2(上田) $ python3 -c 'import csv;f=open("data.csv","r");[print("|".join(x)) for x in csv.reader(f)
   ]' | awk -F'|' 'NF==2{print NR}'
3  別解3(eban) $ cat data.csv | ruby -nle 'p $. if $_.scan(/"(?:[^"]|"")+"|[^,]+/).size==2'
4  別解4(eban) $ cat data.csv | perl -nle 'print $. if scalar(@i=/"(?:[^"]|"")+"|[^,]+/g)==2'
```

別解1はopyを使ったもの(⇒問題58別解3)で、別解2は冒頭のPythonの結果を素直に使ったものです。

別解3、4はRuby、Perlでの解答です。**$.**は行番号を表します。別解3にあるRubyの**scan**は正規表現にマッチした文字列を配列に取り込むメソッドで、配列のサイズで2列かどうかを判断しています。別解4で使っているPerlの**scalar**は、配列を引数に入れると配列の要素数を返します[注22]。また、**scalar**の中では、正規表現にマッチした文字列を配列**@i**に取り込んでいます。別解3、4では、いずれも解答例とは少し異なる**"([^"]|"")+"|[^,]+**という正規表現を使っています。**"([^"]|"")+"**で「**"**でない文字あるいは**""**が1セット以上でダブルクォートで囲まれている」となり、**[^,]+**はカンマでない文字が1文字以上ある」となります。**()**内の**?:**は、マッチした結果全体が**scan**や**//g**の結果として取り込まれるようにするために付けてあります。**?:**がないと、**()**の中の文字だけが取り込まれます(ただし、**?:**がなくてもこの問題の結果には影響は出ません)。

4.3 日付や時間を扱う

本節では日付や時間をワンライナーで扱います。また、Linuxにおける時刻の管理方法を確認します。プログラミングにおいて日付の計算は、ちょっとした計算であってもややこしく、バグの原因になります。それはワンライナーであっても同じなのですが、ワンライナーで日付を扱う方法を覚えると、検算などのために便利です。

練習4.3.a 日付や時刻の計算をする

dateコマンドやDateutilsのコマンド群を覚えると、ちょっとした日付の計算ならばワンライナーで済むことが多くなるのでおさえましょう。この練習では、**date**で「何日前」「何日後」を出力する基本的な問題を扱います。

注22 もっと機能は多いのですが、説明しようとするとPerlの「コンテキスト」を説明する必要が生じてしまうので割愛します。

練習問題 （出題、解答、解説：上田）

dateコマンドで-dオプションを使うと、今日、または任意の日から数日前、数日後の日付を出力できます。例を示します。

```
1  $ date -d '1 day ago'          ←今日（8月13日）の前日を出力
2  2020年  8月 12日 水曜日 08:18:24 JST
3  $ date -d '1 day' +%Y%m%d      ←翌日の日付をフォーマットを指定して出力
4  20200814
```

上の例から類推して、100万日前、10万日前、1億日後、1ヵ月前の日付を出力してみましょう。

解答

n日前、n日後の日付は、そのままそれぞれ「n days ago」「n days」と指定すれば出てきます[注23]。

```
1  $ date -d '1000000 days ago'
2  -718年  9月 16日 水曜日 09:29:04 LMT
3  $ date -d '100000 days ago'
4  1746年 10月 29日 土曜日 09:28:46 LMT
5  $ date -d '100000000 days'
6  275811年  4月 27日 土曜日 09:32:28 JST
```

ただし、古い環境では、今日からあまりに離れた日付は出力されないかもしれません。

1ヵ月前の日付については1 month agoと指定すると出力できます。

```
1  $ date -d '1 month ago'
2  2020年  7月 13日 月曜日 09:26:31 JST
```

ほか、years、minutes、hours、secondsなどが利用できます。

補足1（タイムゾーン）

解答の一部を再掲します。

```
1  $ date -d '1000000 days ago'
2  -718年  9月 16日 水曜日 09:29:04 LMT
3  $ date -d '100000000 days'
4  275811年  4月 27日 土曜日 09:32:28 JST
```

出力の最後にあるLMTやJSTは、**タイムゾーン**の略記です。JSTは日本標準時で、LMTは日本標準時が決まる前のタイムゾーンを表しています（参考文献[10]）。

環境の設定を変えないまま、別のタイムゾーンを出力したいときは、TZという変数が使えます。使用例を示します。最初の例に出てくるUTCは、協定世界時（ざっくり説明するとグリニッジ標準時を言い換えたもの）のことを表します。

注23　n dayでも日付が出てきますが、この例では複数形にしてn daysにしています。

```
1  ―― タイムゾーンをデフォルト（UTC）に ――
2  $ TZ= date
3  2020年  8月 13日 木曜日 01:28:17 UTC
4  ―― タイムゾーンを数字で与える ――
5  $ TZ=-9 date
6  2020年  8月 13日 木曜日 01:26:20
7  ―― タイムゾーンを都市名で与える ――
8  $ TZ="Europe/London" date
9  2020年  8月 13日 木曜日 02:25:31 BST
10 $ TZ="America/New_York" date
11 2020年  8月 12日 水曜日 21:22:49 EDT
12 $ TZ='America/Los_Angeles' date
13 2020年  8月 12日 水曜日 18:27:40 PDT
```

補足2（Dateutils）

今度はDateutils注24を使ってみましょう。sudo apt install dateutilsでインストールできます。Dateutilsのコマンドを覚えると、dateよりも自在な出力が得られます。とくに日付の差の計算や日付を列挙する機能はdateにはなく、便利です。例を示します。

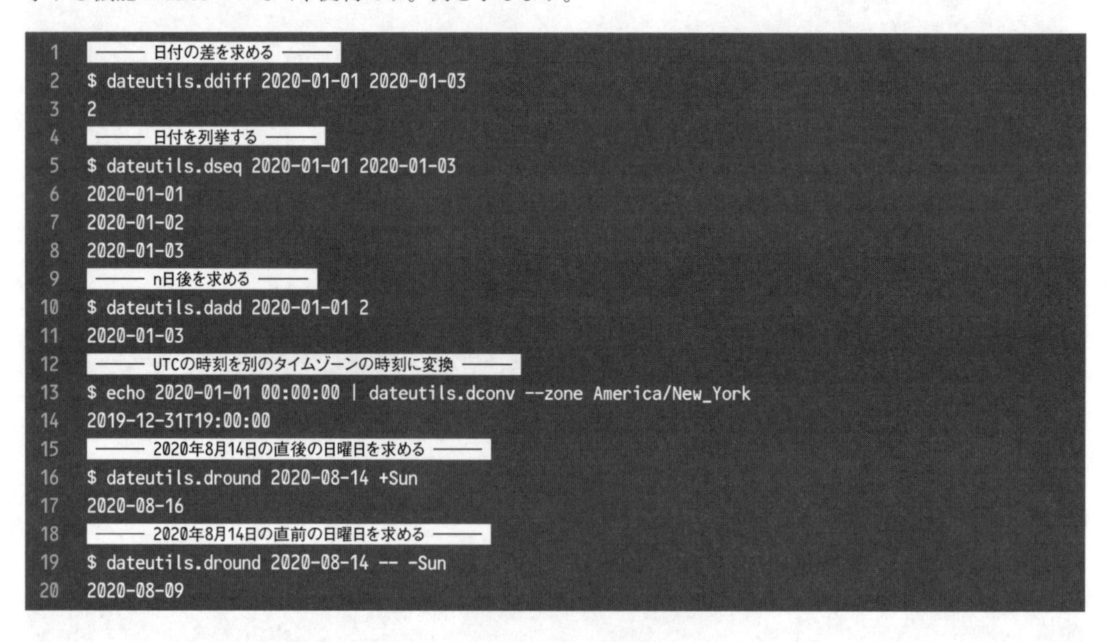

```
1  ―― 日付の差を求める ――
2  $ dateutils.ddiff 2020-01-01 2020-01-03
3  2
4  ―― 日付を列挙する ――
5  $ dateutils.dseq 2020-01-01 2020-01-03
6  2020-01-01
7  2020-01-02
8  2020-01-03
9  ―― n日後を求める ――
10 $ dateutils.dadd 2020-01-01 2
11 2020-01-03
12 ―― UTCの時刻を別のタイムゾーンの時刻に変換 ――
13 $ echo 2020-01-01 00:00:00 | dateutils.dconv --zone America/New_York
14 2019-12-31T19:00:00
15 ―― 2020年8月14日の直後の日曜日を求める ――
16 $ dateutils.dround 2020-08-14 +Sun
17 2020-08-16
18 ―― 2020年8月14日の直前の日曜日を求める ――
19 $ dateutils.dround 2020-08-14 -- -Sun
20 2020-08-09
```

最後のdateutils.dround 2020-08-14 -- -Sunの--は、以後の-の付いたオプションを無効にするための引数です（⇒問題28別解）。dateutils.droundが-Sunの-（マイナス）をオプションの目印と間違えないようにするために用いられています。

問題60 プレミアムフライデー

最初に、プレミアムフライデーの問題を解いてみましょう。もしかしたら本書が世に出るころには忘れられているかもしれないのですが……。

注24 https://github.com/hroptatyr/dateutils

問題 （初級★　出題、解答、解説：中村）

2017年2月24日より、プレミアムフライデー(以下、PF) が施行されました。月末の金曜日がPFです。2017年2月24日から2017年末までの、PFの一覧を表示してください。

解答

最初に2017年2月24日から1年くらいの間の日付の一覧を作り、少しずつ対象の日付を絞り込んでいく作戦で解いていきます。直前の練習問題で使ったdate -dを使ってみましょう。次のようにseqコマンドとxargsコマンドを使ってdate -dの引数を作り、日付と曜日を列挙します。

```
1 ―― 2017年2月24日から366日間（適当な日数で、もっと少なくても大丈夫）のカレンダーデータを作成 ――
2 $ seq 0 365 | xargs -I@ date '+%F %a' -d '2017-02-24 @day'
3 2017-02-24 金
4 2017-02-25 土
5 2017-02-26 日
6 (..略..)
7 2018-02-24 土
```

引数の%Fという記号は%Y-%m-%d (⇒問題8補足) と同じ意味で、%aは曜日を表します。

ここからデータをふるいにかけていきましょう。まずは「2017年」と「金曜日」だけを抽出します。

```
1 $ (前述のコマンド) | grep ^2017 | grep '金'
2 2017-02-24 金
3 2017-03-03 金
4 2017-03-10 金
5 (..略..)
6 2017-12-29 金
```

その次は月末の金曜日を抽出します。月末ということは、月が変わる直前の行ですので、月までの内容 (先頭から7文字) が重複するレコードについて重複を除去し、一番あとに出現するレコードだけ残せば抽出できそうです。

```
1 $ (前述のコマンド) | tac | uniq -w7 | tac
2 2017-02-24 金
3 2017-03-31 金
4 (..略..)
5 2017-12-29 金
```

重複の除去には、tac (⇒問題6) であとの日付が先に出力されるようにレコードの並びを反転させて、uniq -w7を通す方法をとりました。uniq -w7で、各行7文字目までを調査し、前行と異なる場合だけ出力するという意味になります。その後、tacで日付の並びを元どおりにします。

以上で解答となります。最後に解答のワンライナーと出力全体を示します。

```
1  $ seq 0 365 | xargs -I@ date '+%F %a' -d '2017-02-24 @day' | grep ^2017 | grep '金' | tac | uniq -w7 | tac
2  2017-02-24 金
3  2017-03-31 金
4  2017-04-28 金
5  2017-05-26 金
6  2017-06-30 金
7  2017-07-28 金
8  2017-08-25 金
9  2017-09-29 金
10 2017-10-27 金
11 2017-11-24 金
12 2017-12-29 金
```

別解

dateutils.droundを使った別解を示します。dateutils.droundには練習4.3.a補足2で触れました。

```
1  別解（田代） $ printf '2017-%02d-01\n' {2..12} | dateutils.dround -- +31d -Fri
2  2017-02-24
3  2017-03-31
4  (..略..)
5  2017-11-24
6  2017-12-29
```

最初のprintfは、各月の最初の日（1日）を列挙しています。これを標準入力から受け取ったdateutils.droundは、まず+31dで、月は繰り上げずに日付に31を足し、実存する日付（月末の日）まで戻します。そして-Friで、月末の直前の金曜日にさらに日付を戻します。月末の日が金曜なら、その日を出力します。

問題61 先週のファイル

今度は、日付を条件にしてファイルを検索する問題を解いてみましょう。

問題（初級★　出題、解答、解説：今泉）

カレントディレクトリやどこか適当なディレクトリ以下で、先週更新されたファイルのリストを表示してください。ただし、1週間の開始を日曜からとします。

解答を考えるうえで適当なディレクトリがなければ、作業用のディレクトリを作り、次のワンライナーを実行しましょう。

```
1  $ seq -f "$(date +%F) %g hour" 0 -1 -400 | date -f - '+touch -t %Y%m%d%H%M %F_%T' | sh
```

今日の0時から400時間前までの、1時間ごとのタイムスタンプを持つファイルが作成されます。ファイル名にも日時が入りますが、解答にはファイル名を使ってはいけません。

解答

次の解答例で抽出できます。

```
1  ―― 2020年8月11日火曜日に実行（最後のsortは確認のためなので不要）――
2  $ find . -daystart -mtime -$((8 + $(date '+%w'))) -mtime +$(date '+%w') -type f | sort
3  ./2020-08-02_00:00:00 ←前の週の日曜日
4  (..略..)
5  ./2020-08-08_23:00:00 ←前の週の土曜日
```

findにはこれまでも**-type**という条件を付けて使うことがありましたが（⇒問題21）、ここで指定した**-mtime**は「ファイルが最後に修正された時間」で条件を与えるオプションです。この**find**では2つの**-mtime**を使っています。

このうち前者の後ろにある**-$((8 + $(date '+%w')))**では、**date '+%w'**で現在（本日）の曜日を数字で出力し、それに8を足し、頭に**-**を付加しています。また、後者の後ろにある**+$(date '+%w')**では、**date '+%w'**の出力に単に**+**を付けています。**date '+%w'**の数字は、日曜が**0**、土曜が**6**になります。ということで、この部分の引数は、たとえば本日が木曜日なら、**-mtime -12 -mtime +4**となります。これは、「12日前から4日前まで」という意味になります。

ただ、12日前というのは、**find**では通常「12×24時間前」という意味になります。そこで、**-daystart**というオプションを付けて、1日の開始、終了が起点になるようにしています[注25]。これで、**-mtime +4**が4日前より前（木曜の場合、直前の日曜日の前、つまり土曜日以前）、**-mtime -12**が12日前よりあと（木曜の場合、2つ前の土曜日のあと、つまり2つ前の日曜日以降）という意味になります。これで、今日がどの曜日でも、前の週の1週間を指定することができます。

別解

別解を2つ示します。

```
1  別解1(上田) $ find . -type f | xargs ls --full-time | awk -v s=$(date -d "$(( 7 + $(date +%w) )) days
   ago" "+%Y-%m-%d") -v e=$(date -d "$(( 1 + $(date +%w) )) days ago" "+%Y-%m-%d") '$6>=s && $6<=e'
2  別解2(山田) $ ls -alR --time-style='+@%Y%U@' | grep -E "@$(date -d 'last week' +%Y%U)@" | sed -r 's/.
   *@[0-9]{6}@ //'
```

別解1は、**ls --full-time**でフォーマットされた時刻を出力して、それをもとに**awk**でフィルタリングしています。**-v**は練習3.2.a補足でも**-vRS='\0'**という引数の一部として紹介しましたが、**awk**で使う変数をあらかじめ設定しておくためのオプションです。この場合は、**awk**の変数**s**と**e**に**$(date ……)**の結果を代入しています。

別解2も**ls**のオプションを工夫したものです。**-R**は、**find**のように下のディレクトリまで再帰的にファイルを検索して表示するオプションです。**--time-style**は時刻表示のフォーマットを決めるオプションです。指定されているフォーマット**@%Y%U@**の**%Y**は西暦年、**%U**は週番号を意味します。**@**はそのまま文字の**@**で、これで**@202009@**のような時刻表示になります。例を示します。

```
1  ―― 最後から2番めの列に注目（最終列は単なるファイル名）――
2  $ ls -alR --time-style='+@%Y%U@' | head
3  .:
```

注25　本書はUbuntuの利用を想定しており、記載の例と同じ処理をBSD系のOSで実行する場合には異なる記述になる場合があります。たとえばBSD系の**find**では**-daystart**は不要です。

```
4  合計 24
5  drwxrwxr-x  2 ueda ueda 20480 @202032@ .
6  drwxr-xr-x 53 ueda ueda  4096 @202032@ ..
7  -rw-rw-r--  1 ueda ueda     0 @202029@ 2020-07-25_08:00:00
8  -rw-rw-r--  1 ueda ueda     0 @202029@ 2020-07-25_09:00:00
9  -rw-rw-r--  1 ueda ueda     0 @202029@ 2020-07-25_10:00:00
10 -rw-rw-r--  1 ueda ueda     0 @202029@ 2020-07-25_11:00:00
11 -rw-rw-r--  1 ueda ueda     0 @202029@ 2020-07-25_12:00:00
12 -rw-rw-r--  1 ueda ueda     0 @202029@ 2020-07-25_13:00:00
```

このlsの出力を、後ろのgrepで比較して先週の週番号を抽出し、最後にsedで@%Y%U@の部分を削除しています。grepの引数にある"@$(date -d 'last week' +%Y%U)@"は、ls --time-style='+@%Y%U@'と同じフォーマットの出力になります。

問題62 休日の突き合わせ

今度は、日付に休日のデータを付加するという作業をしてみましょう。

問題（初級★　出題、解答、解説：山田）

内閣府はWebサイトで日本の祝日の一覧のCSVファイルを配布しています。「https://www8.cao.go.jp/chosei/shukujitsu/syukujitsu.csv」からダウンロードできます。また、リポジトリのqdata/62にも2020年9月23日現在のものが収録されています。リポジトリのほうのsyukujitsu.csvをnkfに通すと（⇒練習4.2.b）、図4.11のようなデータが入っていることがわかります。

このファイルを利用して、図4.12のような、2019-01-01から2021-12-31までの期間の日付一覧を作ってください。その際、祝日でない日には@を補ってください。

図4.11 syukujitsu.csvの内容を出力

```
1 $ nkf -wLux syukujitsu.csv
2 国民の祝日・休日月日,国民の祝日・休日名称
3 1955/1/1,元日
4 1955/1/15,成人の日
5 (..略..)
6 2021/11/3,文化の日
7 2021/11/23,勤労感謝の日
```

図4.12 出力例

```
1 2019-01-01,元日
2 2019-01-02,@
3 2019-01-03,@
4 (..略..)
5 2021-11-23,勤労感謝の日
6 (..略..)
7 2021-12-30,@
8 2021-12-31,@
```

解答

解答例を示します。

```
1  $ nkf -wLux syukujitsu.csv | tail -n +2 | teip -d, -f 1 -- date -f- '+%Y-%m-%d' | awk -F- '$1>=2019&&
   $1<2022' | cat - <(dateutils.dseq 2019-01-01 2021-12-31 | sed 's/$/,@/') | sort -r | uniq -w10 | tac
```

まず、プロセス置換の中身から説明します。この中身を実行すると、次のような出力が得られます。

```
1  $ dateutils.dseq 2019-01-01 2021-12-31 | sed 's/$/,@/'
2  2019-01-01,@
3  2019-01-02,@
4  (..略..)
5  2021-12-29,@
6  2021-12-30,@
7  2021-12-31,@
```

dateutils.dseq（⇒練習4.3.a補足2）で日付を列挙し、sedで後ろに,@を付けています。祝日の行にも,@を付けていますが、あとから削除します。

一方、解答の前半では、次のように祝日のデータを整形しています。

```
1  $ nkf -wLux syukujitsu.csv | tail -n +2 | teip -d, -f 1 -- date -f- '+%Y-%m-%d' | awk -F- '$1>=2019&&
   $1<2022'
2  (..略..)
3  2019-03-21,春分の日
4  2019-04-29,昭和の日
5  2019-04-30,休日
6  2019-05-01,休日（祝日扱い）
7  2019-05-02,休日
8  2019-05-03,憲法記念日
9  2019-05-04,みどりの日
10 2019-05-05,こどもの日
11 2019-05-06,休日
12 2019-07-15,海の日
13 (..略..)
```

tail -n +2は「2行目以降を出力する」という意味になります。これは、最初の1行を除去するための処理です。その後、teip（⇒問題34補足）を使って各行の日付をdateに入力し、スラッシュ区切りから固定幅のハイフン区切りに変換しています。-d, -f 1はカンマ区切りでレコードを読み込んで、1列目を以後のコマンドで処理するという意味になります。最後のawkは、2019年～2021年のデータだけ出力するためのフィルタです。

これで全日付に,@を付けたデータと祝日のデータがそろいました。解答ではこれをcatでくっつけたあと、後続のsortで並び替え、祝日のみが2回ずつ連続する次のような出力を得ています。

```
1  $ nkf -wLux syukujitsu.csv | tail -n +2 | teip -d, -f 1 -- date -f- '+%Y-%m-%d' | awk -F- '$1>=2019&&
   $1<2022' | cat - <(dateutils.dseq 2019-01-01 2021-12-31 | sed 's/$/,@/') | sort -r
2  (..略..)
3  2021-05-07,@
4  2021-05-06,@
5  2021-05-05,こどもの日
6  2021-05-05,@
7  2021-05-04,みどりの日
8  2021-05-04,@
9  2021-05-03,憲法記念日
10 2021-05-03,@
11 2021-05-02,@
12 (..略..)
```

sort -r (⇒問題48) で、同日のレコードが2つある場合、祝日名のあるほうが先に出力されます。冒頭の解答例では、このうち、あとのレコードをuniq -w10で削除しています。-w10を与えると文頭から10文字 (日付) のみを比較し、先にあるデータだけ出力します (⇒問題60)。解答例は、逆順になっていたレコードを最後にtacで戻し、所定の出力を得ています。

別解

joinを使った別解を示します。

```
1  別解1(eban) $ seq -f '2019-1-1 %g days' 0 $((365*3)) | date -f- +%F | join -t, -a1 -e@ -o1.1,2.2 - <(
   nkf -wLu syukujitsu.csv|sed 1d|teip -d, -f 1 -- date -f- +%F)
```

この別解ではseqで2019-1-1 n days (nには3年後までの日数が入る) という文字列を作ってdateに読ませて日付を作っています。また、syukujitsu.csvの整形をプロセス置換で行っています。プロセス置換の処理の内容は解答のものと等価ですが、sed 1dでヘッダの行を削り、dateでのフォーマット指定に+%F (⇒問題60) を使っているところが異なります。

joinでは日付がキーになり、-a1 (⇒練習4.1.b) でパイプからの日付をすべて残し、休日データのない日付の値を-eで@にするように指定しています (⇒問題51別解1)。また、-t,で、区切り文字をカンマにしています。

問題63 第5週が存在する月の調査

次は、プログラムを書いて調査しようとすると面倒な問題です。ワンライナーでさっさと終わらせましょう。

問題 (中級★★ 出題、解説：田代 解答：eban)

日曜日が5回ある2021年の月を調べてください。

解答

先に解答例を示します。

```
1  $ seq 0 364 | sed 's/^/20210101 /' | sed 's/$/ days/' | date -f - '+%m %w' | grep 0$ | uniq -c | awk
    '$1==5{print $2}'
2  01
3  05
4  08
5  10
```

このワンライナーではまず、最初のseqと2つのsedで次のような出力を得ています。

```
1  $ seq 0 364 | sed 's/^/20210101 /' | sed 's/$/ days/'
2  20210101 0 days
3  20210101 1 days
```

```
4  20210101 2 days
5  (..略..)
6  20210101 363 days
7  20210101 364 days
```

各行は、年月日と、それから何日後かという文字列です。次に**date**を使用して、これらの文字列が表す日付の月と曜日に変換します。

```
1  $ seq 0 364 | sed 's/^/20210101 /' | sed 's/$/ days/' | date -f - '+%m %w'
2  01 5
3  01 6
4  01 0
5  (..略..)
6  12 4
7  12 5
```

%mが月を2桁で、**%w**が曜日を数字で出力することを意味します。日曜を表す数字は**0**です。また、**-f -**（⇒問題8補足）は、変換対象のレコード（**20210101 364 days**などの文字列）を標準入力から読み込むことを指示するオプションです。

最後に**grep 0$**で日曜のレコードだけ残し、**uniq -c**で各月のレコード数を数え、5個の月を**awk**で出力すると、冒頭の解答例になります。

別解

dateutilsを使った解答を示します。

```
1  別解（eban） $ dateutils.dseq -s mo-sa -f %m 2021-01-01 2021-12-31 | uniq -c | awk '$1==5{print $2}'
2  01
3  05
4  08
5  10
```

dateutils.dseqは日付の列挙のコマンドですが、この別解ではオプションを駆使し、日曜日を列挙して日付の月だけを出力しています。

```
1  $ dateutils.dseq -s mo-sa -f %m 2021-01-01 2021-12-31
2  01
3  01
4  01
5  (..略..)
6  12
7  12
```

オプションの**-s mo-sa**は、「月曜から土曜までの日付をスキップする」という意味です。**-f %m**はフォーマット指定のオプションで、月だけ出力するという意味になります。あとは**uniq**で月の数を数えて**awk**で5個ある月を表示すれば、上記の別解となります。

もうひとつ、カレンダーを表示するncalを使う別解を示します。

```
1 別解2(上田) $ seq 1 12 | xargs -I@ ncal @ 2021 | grep -B1 -E '^日 *( +[0-9]+){5}' | grep -oE '[0-9]+月'
2 1月
3 5月
4 8月
5 10月
```

ncalは次のように、各曜日の日付が横に並んだカレンダーを出力します[注26]。

```
1 $ ncal 1 2021
2       1月 2021
3 日       3 10 17 24 31
4 月       4 11 18 25
5 火       5 12 19 26
6 水       6 13 20 27
7 木       7 14 21 28
8 金    1  8 15 22 29
9 土    2  9 16 23 30
```

別解2では、まずseqで各月を表す1から12までの数字を作り、xargs経由でncalに渡しています。その後ろのgrepの正規表現は、「日で始まり、その後5列の数字が存在する行」を表します。これで、日曜が5日ある月の日曜のレコードが抽出されます。さらに、grepに-B1と付けることで、マッチした行の前の行も出力しています。これで、上の出力例のように年月が書かれた行が出力されるので、もう一度grepに通して、何月かを抽出しています。

問題64 第三火曜日の列挙

次も、さっと計算できると、カレンダーを指さして確認する手間が省ける問題です。

問題 (中級★★ 出題、解答、解説：田代)

客先に納入したシステムのメンテナンスで、毎月、その月の1日から数えた3回目の火曜日（以後、第三火曜日と呼びます）に定期訪問することになりました。2021年の定期訪問の日を列挙してください。祝日、休日はあとで調整するので気にしないことにします。

解答

ほかの問題と同様、日付の列挙をします。dateutils.dseqを使うと簡単ですが、それは別解にまわして、ここではdateなどで済ませます。まず、次のようにseqを使ってdateに入力するデータを作りましょう。

```
1 $ seq -f '20210101 %g day' 0 364
2 20210101 0 day
3 20210101 1 day
4 (..略..)
```

注26 我々が普段目にする、日付が横に並ぶカレンダーはcalで出力できます。使用例は割愛します。

```
5  20210101 363 day
6  20210101 364 day
```

seqの-fはフォーマットに数字を当てはめて出力するためのオプションです（⇒問題62別解）。

この出力をdateに読み込ませて日付と曜日の番号を出力し、awkで火曜日（曜日番号2）だけを残します。

```
1  $ seq -f '20210101 %g day' 0 364 | date -f - '+%F %w' | awk '/2$/{print $1}'
2  2021-01-05
3  2021-01-12
4  (..略..)
5  2021-12-21
6  2021-12-28
```

date -fは前問でも出てきました。

次に月をキーにして、それぞれの日付がその月の何番めに登場したかを求めます。

```
1  $ seq -f '20210101 %g day' 0 364 | date -f - '+%F %w' | awk '/2$/{print $1}' | awk '{print $0,++a[sub
   str($1,1,7)]}'
2  2021-01-05 1
3  2021-01-12 2
4  2021-01-19 3
5  2021-01-26 4
6  2021-02-02 1
7  (..略..)
```

連想配列aを作り、awkのsubstr関数で日付から、最初から7文字の年月だけを切り出し、それをキーにして数字をカウントし、そのまま2列目に出力しています。

このあと、2列目が3のレコードを出力すれば解答完了となります。最後のawkを書き直した次のワンライナーを、解答例として示します。

```
1  $ seq -f '20210101 %g day' 0 364 | date -f - '+%F %w' | awk '/2$/{print $1}' | awk '++a[substr($1,1,7
   )]==3'
2  2021-01-19
3  2021-02-16
4  2021-03-16
5  2021-04-20
6  2021-05-18
7  2021-06-15
8  2021-07-20
9  2021-08-17
10 2021-09-21
11 2021-10-19
12 2021-11-16
13 2021-12-21
```

別解

dateutilsを使った別解を3例示します。

```
1  別解1(山田) $ dateutils.dseq 2021-01-01 2021-12-31 -f "%F %w" | awk -F'[- ]' '++a[$2,$4]==3' | dateutils
   .dgrep '%w=02' -o
2  別解2(田代) $ dateutils.dseq 2021-01-05 7 2021-12-31 -f "%F %c" | awk '$2==03{print $1}'
3  別解3(上杉、田代) $ seq 1 12 | while read n; do dateutils.dconv 2021-$n-03-Tue -i '%Y-%m-%c-%a' -f '%F';
   done
```

別解1は、まず日付の列挙にdateutils.dseqを用いています。-fオプションは問題63別解1で使いました。次のawkではハイフンとスペースを区切り文字にして、月と曜日をキーにして連想配列aの値をカウントし、各曜日の3番めの日に相当するレコードを出力しています。連想配列aでは、a[月, 曜日]と2つの値をキーにしています。最後のdateutils.dgrepは日付の検索コマンドで、このワンライナーでは曜日番号が02のものを検索しています。-oを付けると、曜日番号を落として出力してくれます。

別解2は、2021年最初の火曜日の1月5日から、7日ごとに日付を出力して火曜日の日付を列挙しています。フォーマットにある%cは、月内での週番号を表します。

別解3はdateutils.dconvを用いたものです。-iオプションで年-月-第三-火曜日という文字列を入力とし、日付に変換して出力しています。

問題65 各月の休日数

ふたたび内閣府のsyukujitsu.csv（問題62の図4.11参照）を使って、今度は土日も含めた休日数を数えてみます。

問題（中級★★　出題、解答：田代　解説：中村）

2019年の各月について、休日の数を数えてみましょう。祝日や振替休日の情報は、リポジトリにある内閣府作成のデータqdata/62/syukujitsu.csvから得てください。

解答

問題62では日付の後ろに@を入れましたが、今度はここに曜日を入れましょう。まず、2019年の日付の一覧を作成します。問題62と同様、seqを利用して、「2019年1月1日からn日後」という指定を1年分作成します。

```
1  $ seq -f '2019-01-01 %g day' 0 364
2  2019-01-01 0 day
3  2019-01-01 1 day
4  2019-01-01 2 day
5  (..略..)
6  2019-01-01 363 day
7  2019-01-01 364 day
```

それをdateに通します。%aで曜日を出力することができます。

```
1  $ seq -f '2019-01-01 %g day' 0 364 | date -f - '+%Y-%m-%d %a'
2  2019-01-01 火
3  2019-01-02 水
4  2019-01-03 木
5  (..略..)
```

このデータを「曜日データ」と呼びましょう。

次は**syukujitsu.csv**から2019年のデータを抽出します。問題62同様、**nkf**で文字コードを変換してから処理します。

```
1  $ cat syukujitsu.csv | nkf -Lux | grep ^2019
2  2019/1/1,元日
3  2019/1/14,成人の日
4  (..略..)
5  2019/11/3,文化の日
6  2019/11/4,休日
7  2019/11/23,勤労感謝の日
```

この出力の形式を、先ほどの**date**コマンドの出力の形式**+%Y-%m-%d %a**に合わせておきます。

```
1  $ cat syukujitsu.csv | nkf -Lux | grep ^2019 | awk -F'[/ ,]' '{printf "%d-%02d-%02d %s\n",$1,$2,$3,$4}'
2  2019-01-01 元日
3  2019-01-14 成人の日
4  (..略..)
5  2019-11-23 勤労感謝の日
```

これを「祝日データ」と呼びましょう。

作った曜日データと祝日データを、1列目（日付）をキーにして**join**で結合すると（⇒練習4.1.b）、次のようになります。

```
1  $ seq -f '2019-01-01 %g day' 0 364 | date -f - '+%Y-%m-%d %a' | join -a 1 - <(cat syukujitsu.csv | nkf
    -Lux | grep ^2019 | awk -F'[/ ,]' '{printf "%d-%02d-%02d %s\n",$1,$2,$3,$4}')
2  2019-01-01 火 元日
3  2019-01-02 水
4  2019-01-03 木
5  (..略..)
6  2019-12-31 火
```

これで、2019年の日付一覧の右側に祝日の情報が付与されました。あとは、ここから土日と祝日を抽出します。

```
1  $ (前述のワンライナー) | awk '$2~"[土|日]"||NF==3'
2  2019-01-01 火 元日
3  2019-01-05 土
4  2019-01-06 日
5  (..略..)
6  2019-12-28 土
7  2019-12-29 日
```

そして、年月の部分を**uniq -c**で集計すれば完成です[注27]。

```
1  $ seq -f '2019-01-01 %g day' 0 364 | date -f - '+%Y-%m-%d %a' | join -a 1 - <(cat syukujitsu.csv | nkf
    -Lux | grep ^2019 | awk -F'[/ ,]' '{printf "%d-%02d-%02d %s\n",$1,$2,$3,$4}')  | awk '$2~"[土|日]"||N
   F==3' | cut -c 1-7 | uniq -c
2       10 2019-01
3        9 2019-02
4       11 2019-03
5       10 2019-04
6       12 2019-05
7       10 2019-06
8        9 2019-07
9       10 2019-08
10      11 2019-09
11      10 2019-10
12      10 2019-11
13       9 2019-12
```

cutに付けた**-c**は、文字数を数えてレコードを切り出すためのオプションです。

別解

次の別解は、Bashのブレース展開を利用したものです。

```
1  別解1(山田)  $ echo 2019{01..12}{01..31} | fmt -1 | date -f- '+%Y-%m-%d %u' |& grep '[67]$' | cat <(
   awk -F'[/ ]' '{printf "%d-%02d-%02d %s\n",$1,$2,$3,$4}' syukujitsu.csv) - | sed -n '/^2019/p' | cut
   -c 1-10 | sort -u | cut -c1-7 | uniq -c
```

ブレース展開で**20190101**〜**20191231**までの文字列の一覧を生成し、それを**date**に渡すことで日付の一覧を生成しています。**20190231**のような存在しない日付についてはエラーになりますが、**date -f- '+%Y-%m-%d %u' 2> /dev/null**とせずに、**|& grep '[67]$'**としてエラーごと次の**grep**に渡し、ここでエラー出力を捨ててワンライナーを短くしています。

Dateutils(⇒練習4.3.a補足2)を使った別解を紹介します。

```
1  別解2(中村)  $ cat syukujitsu.csv | nkf -Lux | grep ^2019 | awk -F'[/ ]' '{printf "%d-%02d-%02d %s\n",
   $1,$2,$3,$4}' | cat - <(dateutils.dseq -f '%Y-%m-%d,%a' -s mo-fr 2019-01-01 2019-12-31) | cut -c1-10
   | sort -u | cut -c1-7 | uniq -c
```

dateutils.dseqでは、**-f**(フォーマットのオプション)や**-s**(日付をスキップするオプション)を使って土日のリストを作っています(⇒問題63別解1)。

問題66 リスケジュール

次は、これまたややこしい日程調整(よく「リスケ」と呼ばれているアレ)の問題を解いてみます。

注27 この年は5月に特別な休日があったのですが、その割にほかの月と比べて休日が特別多くもなくておもしろいという話になり、この問題が『Software Design』に掲載されました。

問題 （上級★★★　出題、解答、解説：田代）

2017年9月18日に打ち合わせをする予定がありました。しかし、都合で翌週の火曜日に変更になりました。さらにその翌週の金曜日に変更になりました。さらに前日に変更になりました。打ち合わせは何月何日になったでしょうか。解答する途中、翌週の火曜、翌々週の金曜の日付を出力するワンライナーも作ってください。

解答

まずは確認ですが、この問題は「2017年9月18日（月）→ 翌週の火曜 → その翌週の金曜 → 前日」のように日を追っていけば解けます。`man date`には明示的な説明はないのですが、`date`では`next week`や`yesterday`、`next Friday`など、相対的な日付を指定できます[注28]。

```
1  $ date
2  2017年 8月 2日 水曜日 01:37:38 JST
3  ―― 次の水曜 ――
4  $ date -d 'next week'
5  2017年 8月 9日 水曜日 01:37:50 JST
6  ―― 翌週の金曜 ――
7  $ date -d 'next week next Friday'
8  2017年 8月 11日 金曜日 00:00:00 JST
9  ―― 翌週の金曜の前日 ――
10 $ date -d 'next week next Friday yesterday'
11 2017年 8月 10日 木曜日 00:00:00 JST
```

起点の日付を指定することもできます。ただ、この場合は機能に制限があるようです。

```
1  ―― 9月18日の前日（計算可能）――
2  $ date -d '2017-09-18 yesterday'
3  2017年 9月 17日 日曜日 00:00:00 JST
4  ―― 9月18日の翌週の火曜（計算できない）――
5  $ date -d '2017-09-18 next Week next Tuesday'
6  2017年  9月 25日 月曜日 00:00:00 JST
```

そこで、次のようなコマンド`nextwd`を作ってみましょう。

```
1  $ echo 2017-09-18 | nextwd Tue  ←翌週の火曜日
2  2017-09-26
```

`nextwd`をBashの関数で実装すると、シェル上でビルトインコマンドと同じように使えるコマンドが作れます。`nextwd`の実装例を示します。

```
1  $ nextwd(){ read d; date -d "$d $((7 - $(date -d $d +%w) + $(date -d $1 +%w))) day" +%F; }
2  ―― 使ってみましょう ――
```

注28　https://www.gnu.org/software/coreutils/manual/html_node/Relative-items-in-date-strings.html#Relative-items-in-date-strings

```
3  $ echo 2017-09-18 | nextwd Tue
4  2017-09-26
```

シェルの関数は、上のように**関数名(){ }**で実装できます[注29]。

nextwdは、標準入力から日付(YYYY-MM-DD形式)を1つ読み込んで変数dに入れます。また、引数で曜日を受け付けます。引数は、nextwdの中にあるように位置パラメータ($1)で参照できます。nextwdの中の7 - $(date -d $d +%w) + $(date -d $1 +%w)は、変数dの日付から何日後が求めたい日付かを算出する計算です。7で翌週になり、そこからdの曜日番号を引くと、翌週の日曜になります。さらにそこに、$1で指定した曜日の番号を足すことで、dの翌週の、$1で指定した曜日が何日後かを求めています。この数をnとすると、関数の最初にあるdateがdate -d n day" +%Fというように実行され、求めたい日付が出力されます。

このnextwdを使って、各日付を求めていくと次のようになります。これが解答となります。

```
1  $ echo 2017-09-18 | nextwd Tue
2  2017-09-26          ←翌週火曜日
3  $ echo 2017-09-18 | nextwd Tue | nextwd Fri
4  2017-10-06          ←その翌週の金曜日
5  ――― 最終的なワンライナー(関数の定義も再掲) ―――
6  $ nextwd(){ read d; date -d "$d $((7 - $(date -d $d +%w) + $(date -d $1 +%w))) day" +%F; };echo 2017-
   09-18 | nextwd Tue | nextwd Fri | xargs -I@ date -d '@ yesterday' +%F
7  2017-10-05          ←その前日
```

最後のxargs -I@は、標準入力から受けた日付をdateの引数@ yesterdayの@に埋め込んでdateを実行します(⇒練習1.3.f)。

補足(info)

yesterdayはman dateでは説明されておらず、注28で示したWebサイトか、あるいはinfo dateでさらに詳しいドキュメントを読まないと出てきません。infoは本書で初めて出てきましたが、Texinfoという形式のドキュメントを読むためのコマンドです。dateやgrepなどの基本的なコマンド[注30]の詳しいマニュアルは、info **コマンド名**で読むことができます。infoの操作方法の説明は、参考文献[11]などにあります。

問題67 曜日別に分割

曜日の問題をダメ押しでもう1問解きましょう。曜日の問題は、これが最後です。

注29　ここでは使用していませんが、Bashの場合、関数名の前にfunctionと付けて、明示的に関数であることを示すこともできます。

注30　デフォルトでLinuxにインストールされているコマンドの多くは、GNU Core Utilities (Coreutils) というコマンド集のもので、Coreutilsのコマンドにはinfoで読めるマニュアルが付属しています。

問題 (上級★★★ 出題、解説：上田 解答：田代)

リスト4.22のdinnerについて、1列目のYYYYMMDD形式の日付から曜日を判断し、レコードを曜日別にファイルに振り分けてください(ファイルの名前は月、火、水、……とします)。

リスト4.22 dinner

```
 1 20190101 たまごかけごはん
 2 20190102 納豆ごはん
 3 20190105 焼肉
 4 20190106 断食
 5 20190107 焼肉
 6 20190108 たまごかけごはん
 7 20190110 ミートボールスパ
 8 20190111 ニシンのパイ
 9 20190113 断食
10 20190114 焼肉
```

解答

当初、while文などを含んだややこしいワンライナーになると考え、問題を上級としましたが、短い解答が多数集まりました。まずは解答例を1つ示します。

```
1 $ cat dinner | awk '{"date -d "$1" +%a"| getline t; print > t}'
2 ↓出力結果を確認（ファイル名が1文字のものをhead）
3 $ head ?
4 ==> 火 <==
5 20190101 たまごかけごはん
6 20190108 たまごかけごはん
7 (..略..)
8 ==> 木 <==
9 20190110 ミートボールスパ
```

この解答では、awkの内部でパイプとコマンドが使われています(⇒問題51別解3)。パイプの左側の"date -d "$1" +%a"はawkの$1の値を使ってシェルでdate -d 日付 +%aを実行しています。曜日を表すdateの%aは問題60で使用しました。ちなみに%aは曜日を環境の**ロケール**[注31]で表示するもので、日本語環境であれば月火水……が出力されます。

dateの出力した曜日は、パイプを伝わってgetline tで変数tに入ります。tを出力したものを示します。

```
1 $ cat dinner | awk '{"date -d "$1" +%a" | getline t; print t}'
2 火
3 水
4 土
5 (..略..)
```

冒頭の解答例では、tをprint > tと、awkのリダイレクト(⇒問題54別解1)で指定するファイル名にしています。このprintはもとの行($0)を出力するので、dinnerのレコードが、各曜日を名前に持つファイルに振り割れられます。

注31 コンピュータが使われる言語や地域の設定のことを指します。

別解

先ほどの解答では毎行dateコマンドを呼び出してしまうので、行数の多いファイルだと時間がかかってしまいます（⇒練習2.2.c）。date1つの呼び出しだけで済ます方法を示します。

```
1 別解1(上田) $ awk '{print $1}' dinner | date -f - "+%Y%m%d %a" | join - dinner | awk '{print $1,$3 > $2}'
```

dinnerの日付をdate -f -でパイプから読み込み、日付と曜日を出力して、joinで元のデータと連結しています。この別解は、dinnerが日付でソートされていることを前提としています。

また、Tukubai（⇒練習4.1.a補足3）にも便利なコマンドがあります。Tukubaiのyobiコマンドとkeycutコマンドを用いたものを示します。

```
1 別解2(田代) $ cat dinner | yobi -j 1 | sort -k2,2 | keycut -d %2
```

最後に、Bashのwhileを使ったものを示します。

```
1 別解3(eban) $ while read a b; do echo "$a $b" >> `date -d $a +%a`; done < dinner
```

whileにリダイレクトでファイルの中身を送り込み、while文の中でechoとdateを呼び出してファイルにレコードを追記しています。`date ……`は、Bash以前のシェルでのコマンド置換の書き方で、Bashでも使えます。

問題68 Unix時刻の限界

ここから2問は、少しOSの話に踏み込んでみます。時間の管理はOSの重要な機能の1つですが、しばしば無限に時間を表現できないことが問題となります。そこで、どこまで時間を表現できるか調べてみようというのが次の問題です。

問 題　（中級★★　出題：田代　解答、解説：上田）

利用できるUnix時刻の最大値をワンライナーで求めてください。Unix時刻は、世界標準時の1970年1月1日からの秒数です。たとえば、Unix時刻における「10秒」は次のように出力できます。

```
1 $ date -d @10
2 1970年  1月  1日 木曜日 09:00:10 JST  ←時差があるので9時0分10秒となる
```

解答

解答を先に示します。

```
1 $ f=0; t=$(bc <<< 2^100); while [ $(bc <<< $t-$f) != 1 ];do m=$(bc <<< "($f+$t)/2"); echo $m; date -d
  @$m && f=$m || t=$m; done
2 (..略..)
3 67768036191644398
4 2147485547年 12月 31日 水曜日 23:59:58 JST
5 67768036191644399                       ←これが答え
6 2147485547年 12月 31日 水曜日 23:59:59 JST  ←答えに対応する日時
```

この出力の下から2行目の67,768,036,191,644,399が筆者（上田）の使っているシステムでのUnix時刻の最大値で、最下行の2,147,485,547年12月31日水曜日23:59:59が年月日表示での最大値になります。

解答例では、まず、変数f（fromの意味）とt（toの意味）で探索範囲を設定しています。変数fに0、変数tに大きな整数を代入しています。その後、while文で、fとtの間に求めたい時刻が必ず入るようにしながらfとtの間を縮めていきます。

whileの条件文の説明は後回しにして、先にwhile文の中身を説明します。while文の中身は次のように構成されています。

```
1  m=$(bc <<< "($f+$t)/2")
2  echo $m
3  date -d @$m && f=$m || t=$m
```

この抜粋の1行目では、bcを使ってfとtのちょうど間の値（小数点以下は切り捨て）を求めています。2行目でこの数字を出力したあと、3行目でdateに渡しています。dateは、-d @Unix時刻というオプションで、指定したUnix時刻を年月日時分秒表記に変換しますが、同時に「指定されたUnix時刻が変換可能かどうか」の判断をしています。この判断は終了ステータス（⇒練習2.1.g補足1）に記録されます。例を示します。

```
1  $ date -d @123
2  1970年 1月 1日 木曜日 09:02:03 JST
3  $ echo $?                          ←終了ステータスを確認
4  0                                  ←OKの場合
5  $ date -d @123456789012345678
6  date: 時間`123456789012345678' が範囲外です
7  $ echo $?
8  1                                  ←NGの場合
```

Unix時刻の桁が大きいとコマンドはエラーを返します。while文の中身の3行目の後半は、dateの結果で条件分岐しており、dateが成功すれば変数mをfに、失敗すればmをtに代入しています。これで、dateがfで成功、tで失敗する状態が保たれつつ、fとtの範囲が狭くなっていきます。

最後にwhileの条件文を説明します。この条件は、fとtの日数の差が1まで近づいたら処理をやめるという判断を実装したものです。$(bc <<< $t-$f)は、fとtの日数の差を計算しています。$t-$fが引き算の式になり、これをヒアストリング（⇒練習2.1.b別解）でbc（⇒練習1.2.c）に入力しています。[（テストコマンド⇒練習2.1.h補足）で数字を比較するときは、-eqなどのオプションを使います。しかし、桁数が大きいとエラーが起きるので、解答では文字列として比較しています。

問題69 うるう秒

最後に、ノーヒントは辛いかもしれませんが、次のような問題で本章を締めくくります。

問題（上級★★★　出題、解説：上田　解答：eban）

うるう秒のあった日を、日本時間で最近からなるべく多く列挙してください。

解答

次が解答例です。

```
1  $ printf "%s 9 1sec ago\n" {1970..2017}-{01,07}-01 | TZ=right/Japan date -f- | grep :60
2  1972年 7月 1日 土曜日 08:59:60 JST
3  1973年 1月 1日 月曜日 08:59:60 JST
4  (..略..)
5  2017年 1月 1日 日曜日 08:59:60 JST
```

解答では、まず次のように、「1月1日と7月1日の9時の1秒前」という意味の出力を作っています[注32]。

```
1  $ printf "%s 9 1sec ago\n" {1970..2017}-{01,07}-01
2  (..略..)
3  2017-01-01 9 1sec ago
4  2017-07-01 9 1sec ago
```

「9時」は世界標準時と日本の時間の時差に由来します。

次に、タイムゾーン（⇒練習4.3.a補足1）right/Japanを指定してdateに通すと、

```
1  $ printf (..略..) | TZ=right/Japan date -f-
2  (..略..)
3  2017年  1月  1日 日曜日 08:59:60 JST
4  2017年  7月  1日 土曜日 08:59:59 JST
```

というように8時59分「60秒」というデータが混ざって出てくるので、あとは解答例のようにgrepすればうるう秒が出てきます。タイムゾーンに関するデータは「/usr/share/zoneinfo」にありますが、その下にうるう秒に対応した/rightというディレクトリがあり、right/Japanのように指定すると、この下のファイルを使うことになります。

注32　これまでのうるう秒の挿入は、1月1日または7月1日に行われています。

第5章

文字コードとバイナリ

HDDやSSD、DRAM（記憶装置、メモリ）は、ぎっしり並んだ磁石やスイッチでデータを表現、記録します。たとえばN極やスイッチONが1、S極やスイッチOFFが0を表すと決めてやると、「**11000001000110**」や「**11000010010011**」などといった0と1の並びで記録できます。このように**0**と**1**でデータを表現することや、表現されたデータは、**バイナリ**と呼ばれます。

また、これまで扱ってきたテキストファイルは、**0**と**1**の並びについて、どの並びが人間の使う文字のどれに対応するかを決めたルールのもとに記録されています。このようなルールは、**文字コード**（文字コード体系）と呼ばれます。

本章では、文字コードの変換や、バイナリレベルでの文字やデータの操作に関する問題を解いていきます。5.1節で文字コード同士の変換に関する問題を解き、次に5.2節でバイナリを扱います[注1]。本章の問題を一通り解けるようになると、おそらく文字化けが起きても冷静に対処できるようになります。ただ、極め過ぎるとむしろおもしろがって解析するようになってしまうかもしれません。

5.1 文字コードに親しむ

本節では、文字コードについて理解を深めます。文字コード関連で我々がよく直面する問題に、**文字化け**があります。文字化けの原因は、ほとんどが「ある文字コードで記録されたテキストのバイナリを、別の文字コードで文字に戻そうとしたとき」に起こります。本書ではワンライナー至上主義にならないように、表現に極力気をつけていますが[注2]、文字化けの調査に関しては、おそらくワンライナーが一番の武器になります。少なくとも、本節でよく使う**nkf**、**iconv**が使えると、数分〜数日の悩みが数秒の些細な悩みに変わります。

練習5.1.a n進数

まず、文字コードを扱うにあたっては、2進数、8進数、16進数をおさえておく必要があります。少し練習しましょう。

注1　ただし、直接**0**と**1**を扱うのではなく、次の練習問題で扱う「n進数」に変換して扱います。

注2　「プログラミングに一家言あるならこれくらいできますよね？」という、ある意味もっと凶悪な感じになっています。

練習問題 （出題、解答、解説：上田）

我々は普段、0から9までの10種類の記号で0以上の整数を表現しています。記号1つ（例：1や4などの1桁の数字）で0から9個までのものを数えることができ、記号2つ（例：88や99）で、10種類×10種類で0から99個までのものを数えることができます。このように、10個の記号を並べて数を表現する方法を10進法と言い、一般的にn種類の記号を並べて数を表現する方法をn進法と言います。また、n進法で表される数はn進数と呼ばれます。

これをふまえて、10進数の4126を2進数、8進数、16進数で表してください。一般に、2進数は0と1の2つの整数、8進数は0から7までの整数、16進数は0から9までの整数とAからFまでのアルファベットで表現されます（16進数のAからFは小文字でも可）。8進数、16進数へはprintfで変換できます。また、8進数から2進数へは、表5.1を使うと変換できます。

余裕のある人は、変換後の数を10進数に戻してみてください。

表5.1 8進数と2進数の変換表

8進数	2進数
0	000
1	001
2	010
3	011
4	100
5	101
6	110
7	111

解答

まず、16進数からいきましょう。printfの%xで変換できます。

```
1  $ printf "%x\n" 4126
2  101e
```

確認するために101eを10進数に戻しましょう。これはBashの算術式展開（⇒練習2.1.d）を使うと簡単です。

```
1  $ echo $(( 16#101e ))
2  4126
```

$((n#n進数))で10進数に置き換わります。ちなみにn進数のnのことを**基数**、このような置き換えを**基数変換**と言います。

次に8進数の解答例を示します。%oで8進数を出力できます。

```
1  $ printf "%o\n" 4126
2  10036
3  ―― 確認 ――
4  $ echo $(( 8#10036 ))
5  4126
```

最後に2進数への変換の解答例を示します。表5.1を使い、10036の1、0、3、6をsedで置換すると2進数が得られます。

```
1  $ printf "%o\n" 4126 | sed 's/0/000/g;s/1/001/g;s/3/011/g;s/6/110/g'
2  001000000011110
3  ―― 確認 ――
```

```
4 $ echo $(( 2#001000000011110 ))
5 4126
```

別解

スクリプト言語の多くは、この手の変換が簡単にできるようになっています。次の例は、Pythonの**hex**、**oct**、**bin**関数を**opy**（⇒練習3.1.b）で利用したものと、Rubyの**to_s**メソッドを使ったものです。

```
1 別解1 $ echo 4126 | opy '[hex(F1), oct(F1), bin(F1)]'
2 0x101e 0o10036 0b1000000011110
3 別解2 $ echo 4126 | ruby -ne 'a= $_.to_i; puts a.to_s(16), a.to_s(8), a.to_s(2)'
4 101e
5 10036
6 1000000011110
```

hex、**oct**、**bin**は、それぞれ英語のhexadecimal、octal、binaryに対応します。また、Rubyの**to_s**で指定した数字は、基数を表します。**opy**の出力の頭にある**0x**、**0o**、**0b**は、それぞれ16、8、2進数を表す記号です。これらの記号は**接頭辞**と呼ばれます。

Pythonの場合、出力を10進数に戻したいときは、接頭辞付きのまま読み込んで**int**関数で整数に戻すだけです。（とくに**opy**を推奨するわけではありませんが）**opy**はこの処理を自動でやります。Rubyの場合、上の出力例に接頭辞がありませんが、**to_i**に基数を与えると10進数に戻すことができます。

```
1 ――― opyで16、8、2進数を10進数に ―――
2 $ echo 4126 | opy '[hex(F1), oct(F1), bin(F1)]' | opy '[F1,F2,F3]'
3 4126 4126 4126
4 ――― rubyで接頭辞のない2進数を10進数に ―――
5 $ echo 4126 | ruby -ne 'puts $_.to_i.to_s(2)' | ruby -ne 'puts $_.to_i(2)'
6 4126
```

補足（基数変換の計算）

n進数を10進数に戻す計算方法も確認しておきます。10進数もそうですが、n進数の下からm桁目がkだとすると、その桁は10進数で、kにnをm－1回かけた数($k \times n^{(m-1)}$)を表します。たとえば10進数で1234とある場合、下から3桁目は、同じ10進数で$2 \times 10^{3-1} = 200$を表します。これをふまえて基本に忠実に**101e**を10進数に戻します。まず、**101e**を下の桁から縦に並べます。**e**は10進数の**14**を意味するので、これも変換しておきます。

```
1 $ echo 101e | rev | grep -o . | sed 's/e/14/'
2 14
3 1
4 0
5 1
```

次に、各桁にnをm－1回かけた数を2列目に加えます。**awk**では**n**m**でn^mが計算できます。

```
1 $ echo 101e | rev | grep -o . | sed 's/e/14/' | awk '{print $1, 16**(NR-1)}'
2 14 1
3 1 16
```

```
4  0 256
5  1 4096
```

最後に各行の数をかけて足し合わせると、次のように4126になります。

```
1  $ echo 101e | rev | grep -o . | sed 's/e/14/' | awk '{print $1, 16**(NR-1)}' | awk '{a+=$1*$2}END{print a}'
2  4126
```

練習5.1.b ASCIIコード

次に、最も基本的な文字コードであるASCIIコードをおさえましょう。ASCIIコードは、英語のアルファベットや数字、カンマやピリオド、そして空白や改行などに番号を付けた文字コードです。番号は0から127までで、7桁の2進数で表現できますが、2進数で表現する場合、通常は一番上の桁に0を付けて、8個の0と1の組み合わせで表現します。

練習問題 (出題、解答、解説：上田)

asciiというコマンドがあります。sudo apt install asciiでインストールできます。asciiと実行すると、次のような出力が得られます。出力中のDecは10進数、Hexは16進数を意味します。

```
1  $ ascii
2  (..略..)
3  Dec Hex    Dec Hex    Dec Hex  Dec Hex  Dec Hex  Dec Hex   Dec Hex   Dec Hex
4    0 00 NUL  16 10 DLE  32 20    48 30 0  64 40 @  80 50 P   96 60 `  112 70 p
5    1 01 SOH  17 11 DC1  33 21 !  49 31 1  65 41 A  81 51 Q   97 61 a  113 71 q
6    2 02 STX  18 12 DC2  34 22 "  50 32 2  66 42 B  82 52 R   98 62 b  114 72 r
7  (..略..)
```

これをふまえて、次の小問2つを解いてください。

- 小問1：英文字のX、Y、Zのそれぞれの文字に振られた番号を10進数で表示してください
- 小問2：その後、それぞれの番号を8桁の2進数に変換し、スペースなしで1行に並べてください

解答

小問1については、asciiの出力からgrepでX、Y、Zの行を検索し、awkで文字と10進数の列を切り出した解答例を示します。

```
1  $ ascii | grep ' [X-Z] ' | awk '{print $18,$16}'
2  X 88
3  Y 89
4  Z 90
```

小問2については、まず上の出力の数字だけを残し、2進数に変換しましょう。opyを使うと楽ですが、ここではもっと伝統的なbcを使ってみます。まず、数字の列の上に、sedのiコマンド（⇒問題39別解5）でobase=2という文字列を追加します。

```
1  $ ascii | grep ' [X-Z] ' | awk '{print $16}' | sed 1iobase=2
2  obase=2
3  88
4  89
5  90
```

obase=2はbcの命令で、出力を基数2（つまり2進数）で出力せよという意味です。これで、次のようにbcに突っ込むと2進数になります。

```
1  $ ascii | grep ' [X-Z] ' | awk '{print $16}' | sed 1iobase=2 | bc
2  1011000
3  1011001
4  1011010
```

あとは8桁にするために各行の頭に0を付けて、各行を横に並べると小問2で求められた出力になります。

```
1  $ ascii | grep ' [X-Z] ' | awk '{print $16}' | sed 1iobase=2 | bc | sed 's/^/0/' | paste -sd ''
2  010110000101100101011010
```

この01の並びは、XYZと書いたファイルがHDDやSSDに記録されるときの磁石やスイッチの並びに対応します。

補足（ビットとバイナリ）

ASCIIコードのみで文章を書いたテキストファイルは、小問2の出力のように1文字につき0か1が8個並んだもので、10個文字があれば80個の0と1が記録されます。この0と1の個数は、**ビット**（bit）という単位を付けて呼ばれます。

本章冒頭で説明したように、2進数で表されたデータは**バイナリ**と呼ばれます。より英語的に正確な言葉を使うと**バイナリデータ**となります。テキストファイルを含めコンピュータで扱われるデータはなんでも「バイナリデータ」だと言えます。しかし一般的には、「バイナリデータ」とは「テキストではないデータ」（一般的なエディタで読めないデータ）を指すので注意が必要です。また、本節でこれまでやってきたように、バイナリを取り扱うときは2進数ではなく、人間が読みやすい16進数、10進数、8進数などに変換することが多いのですが、このように変換したデータも「バイナリ」と呼ばれます。本書でも以後、そのような表現を使うことがあります。

また、本書では1文字に必要な8ビットを1**バイト**（byte）という単位で呼ぶことがあります。一般に8ビット＝1バイトですが、違う定義も存在するので「本書では」と断りを入れています。より正確には、**オクテット**という単位が使われます。8ビット＝1オクテットです。こちらも本書で使います。

練習5.1.c UnicodeとUTF-8

ASCIIコードだけでは日本語やほかの言語の文字を表現できないので、かつては言語ごとに文字コードが考案され使われてきました。しかし、これではある言語のある文字が、別の言語の別の文字と同じバイナリで表現されるということがあり、2つ以上の言語を同じテキストファイルに混在させることができませんでした。

これを解決するために決められた**Unicode**は、全言語の各文字に固有の番号を与えた文字コードの規格です。Unicodeでは英語でない言語のアルファベットや漢字、ひらがな、カタカナ、アラビア文字など世界中で使われている文字に128番以降の番号が付けられ、番号で互いに識別できるようになっています。Unicodeの最初の127番めまでは、ASCIIコードと同じ文字が割り当てられています。

今の話だけを聞くと、Unicodeの番号をそのまま記録するとテキストファイルが作れそうです。しかし、話はそんなに単純ではありません。そのため、現在のほとんどのLinux環境では**UTF-8**という方式で文字が表現されています。次の練習問題では、UnicodeとUTF-8の関係について考えましょう。

練習問題 (出題、解答、解説：上田)

大文字のZはASCIIコードで0x5A番（10進数で90番）の文字です。UTF-8でもUnicodeでも、zを表す数は0x5A番です。

一方、「媛」という漢字をUnicodeとUTF-8で表すと、それぞれU+5A9B、0xE5AA9Bと違う値になります。これは、次のようにecho -eで確認できます。

```
1  $ echo -e '\U5A9B' '\xE5\xAA\x9B'  ←UnicodeとUTF-8で数字が異なる
2  媛 媛
3  $ echo -e '\U5A' '\x5A'  ←zの場合は同じ
4  Z Z
```

補足すると、ビルトインコマンドのechoに-eを付けて、\U、\xという接頭辞で16進数を書くと、それぞれUnicode、(UTF-8の環境では) UTF-8で文字を指定したことになります。

問題です。16進数の0x5A、0x5A9B、0xE5AA9Bを2進数に変換しましょう。このとき、2進数は3つの16進数に対してそれぞれ1行ずつ、右ぞろえで出力してください。また、下の桁から8桁ごとにスペースを入れてください。右ぞろえにはコマンドのprintfが使えます。たとえばprintf "%24s"で24桁スペースを確保し、右ぞろえで出力という意味になります。

ところで、なぜASCIIコードに存在する文字の場合、UnicodeとUTF-8で文字に対応する数は同じなのに、「媛」の場合は異なるのでしょうか。出力を見て考察してみましょう。

解答

まず、2進数にしましょう。bcを使う場合は、**ibase=16**で16進数を入力、**obase=2**で2進数の出力を指定します。入力する16進数に接頭辞 (**0x**) は付けません。

```
1  $ echo 5A 5A9B E5AA9B | xargs -n 1 | sed '1iibase=16;obase=2' | bc | xargs printf "%24s\n" | sed -r
   's/.{8}/& /g'
2                   1011010  ←「Z」(7bit)
3          1011010 10011011  ←「媛」(Unicode、16bit)
4  11100101 10101010 10011011  ←「媛」(UTF-8、24bit)
```

次に考察ですが、2進数を見ても、元の16進数を見ても、Zとunicodeの「媛」の上の1バイトが共通しています。2進数では**1011010** (1バイトに直すと**01011010**) が共通です。これでは、テキストファイルを先頭から1バイトずつ読んでいって**01011010**という並びがあると、Zなのか、媛の一部なのかわかりません。

「媛」の場合、その次の**10011011**を読めばZではないとわかるかもしれません。しかし、「**Z**＋**10011011**から始まる別の字」の可能性もありますし、**1011010 10011011**の後ろにまだ続きがあって、それが別の文字を表しているかもしれません。

一方、UTF-8のほうはすべての8桁の2進数で一番上の桁が**1**になっています。そして、ASCIIコードはもともと7ビットで文字を表現するため、8ビット表現にすると一番上の桁は**0**となります。したがって、UTF-8の「媛」のバイトの並びには、ASCIIコードのものが出現しません。UTF-8は、バイト列のASCIIコードに相当する部分とそれ以外の部分を、このように、8ビットの一番上の桁で見分けられるようになっています。

また、「媛」のUTF-8の2進数**11100101 10101010 10011011**の各オクテットを**1110 0101**、**10 101010**、**10 011011**というように分解して、次のように下の桁同士、上の桁同士を並べてみましょう。

```
1  $ echo 11100101 10101010 10011011 | sed -r 's/(....)(....) (..)(......) (..)(......)/\2\4\6\n\1 \3 \5/'
2  0101101010011011  ←Unicodeと一致（101101010011011）
3  1110 10 10        ←各バイトの上4、2、2桁
```

2行目（出力の1行目）の、下の桁同士をくっつけた出力はUnicodeの「媛」と同じです。UTF-8には、このようにUnicodeの番号が埋め込まれています。

3行目の上の桁のビット列にも意味があります。最初の**1110**は、**1**が3個並んでおり、「3バイトで1文字である」ということを示しています。また、2、3バイト目の先頭の**10**は、これらが先頭の1バイトではないことを示しています。このような符号化方法により、UTF-8のテキストファイルは、途中のどの1バイトを見ても、少なくともその前の何バイトかをたどれば、それがどの文字に属しているのかを判断できるようになっています。

補足1（符号化文字集合と文字符号化形式／方式）

この問題が示していることは、テキストの表現にはUnicodeの番号体系のほかに、その番号を何ビットで表現するかなど、ほかのことも決めないといけないということです。具体的には、各文字の番号をどういうビット列で記録するかを決めた**文字符号化形式**と、文字列（文章）をどのようにファイルの中に並べるかを決めた**文字符号化方式**が必要になります。ちなみに、文字に番号を付けただけのものは**符号化文字集合**と呼ばれます。

この定義では、Unicodeが符号化文字集合、UTF-8が文字符号化形式／方式となります。ただし話し言葉では、必要なとき以外はどちらも「文字コード」と呼べば十分でしょう。

補足2（固定長 v.s. 可変長）

解答の中で暗に示しましたが、UTF-8では1文字に割り当てるデータの長さが可変になります。一方、Unicodeの符号化方式には**UTF-16**や**UTF-32**が存在し、これらは1文字をそれぞれ16ビット、32ビットの固定長で表現します。固定長なので、Unicodeの番号を単純に2進数にして頭をゼロで埋めたものが、文字の記録に使用されます。

固定長のUTF-16やUTF-32のほうは単純明快なのですが、LinuxではUTF-8が標準です。そうなった経緯や文字コードの優劣の話はここではできませんが、少なくともLinuxではUTF-16、UTF-32は使いにくいということが言えます。**tr**などの古いLinuxのコマンドは、とくに日本語対応がされていなくても、

使用者が注意すれば使えるものがほとんどです。たとえば今話に出たtrは、tr -d aとやれば、テキストデータがUTF-8ならばどんな文字が混ざっていてもa(16進数で0x61)だけを消去してくれます。ところが、UTF-16やUTF-32の環境を想定した場合、tr -d aで0x61だけ削るとデータが固定長でなくなります。つまり、trをUTF-16、UTF-32に対応させるか、UTF-16、UTF-32版のtrが必要ということになります。ただ、trはかなり効率化されたコマンドですので、複数の文字コードに対応させてしまうと、処理のスピードがかなり落ちてしまうことが予想されます。また、文字コードごとに別のtrを作ってしまうと、コマンドの作者やメンテナー(メンテナンスする人)の手間が大幅に増えます。同じことはgrepなどほかのコマンドにも言えます。このような事情から、コマンドを多用する環境では、UTF-16、UTF-32は使いにくいということが言えます。

補足3 (uniname)

uninameという、Unicodeの文字列を解析するコマンドがあります。uninameはsudo apt install uniutilsでインストールできます。「媛」をこのコマンドに通してみましょう[注3]。

```
1  $ echo 媛 | LINES=10 uniname
2  character  byte       UTF-32   encoded as     glyph   name
3          0          0  005A9B   E5 AA 9B       媛      CJK character Nelson 1238
4          1          3  00000A   0A                     LINE FEED (LF)
```

UTF-32の列にある005A9BがUnicodeでの番号となります。また、encoded asの下のE5AA9BがUTF-8のバイト列です。4行目(出力の3行目)は、echoが「媛」の後ろに入れた改行文字です。Linuxの場合、ASCIIコードで0x0A番のLINE FEED(ラインフィード、略してLF)が改行の文字として扱われます。ラインフィードとは、タイプライターで1行送ることを意味します。

改行文字は、環境によって違いがあってトラブルの原因となります。理解するとストレスが軽減するので、次の練習問題で扱います。

練習5.1.d 文字コードと改行記号の変換

これまで、文字コードの基礎をしっかりおさえるために、文字を2進数や16進数にして解析してきました。一方、通常の文字化けなどは、そこまで解析しなくてもコマンドを使うと一発で直せます。ここでは、コマンドを使った文字コードの変換方法を確認していきましょう。ただし、この練習問題では文字列を16進数にして解析もします。

注3　些末な話ですが、LINESという変数がないと叱られたのでLINES=10と入れています。なくても大丈夫です。

練習問題 （出題、解答、解説：上田）

shift_jis.txtには、Shift_JISで記録されたテキストが保存されています。Shift_JISは、Windowsの日本語環境で使われてきた文字コードです。図5.1のようにnkfを使うと、これをUTF-8に変換できます。単にファイルの中身を目視したいだけの場合、オプションは必要ありません。

しかし、ファイルに変換結果を残すときは、あとでトラブルにならないように、いくつか細かい指定をする必要があります。図5.2のnkfの結果について、出力を目視したり16進数に変換したりして、違いを発見してみましょう。

文字列を16進数にするには、エディタのVimに付属しているxxd[注4]を使うと便利です。図5.3に例を1つ示しておきます。xxdはVimでバイナリデータを編集する際に利用されますが、コマンドとして単体でも利用できます。-pは、16進数をひたすら出力するときのオプションです。

図5.1 shift_jis.txt

```
1  $ nkf shift_jis.txt
2  この文章はシフトJISで
3  書かれています。
4  シフトジス!!
```

図5.2 nkfを以下のオプションで実行

```
1  $ nkf -wLu shift_jis.txt
2  $ nkf -wLux shift_jis.txt
```

図5.3 xxdの利用例

```
1  $ echo あ | xxd -p
2  e381820a
```

解答

まず、nkfとnkf -wLuの出力の違いを見ていきましょう。

```
1  $ nkf shift_jis.txt | xxd -p
2  e38193e381aee69687e7aba0e381afe382b7e38395e383884a4953e381a7
3  0d0ae69bb8e3818be3828ce381a6e38184e381bee38199e380820d0ae382
4  b7e38395e38388e382b8e382b921210d0a
5  $ nkf -wLu shift_jis.txt | xxd -p
6  e38193e381aee69687e7aba0e381afe382b7e38395e383884a4953e381a7
7  0ae69bb8e3818be3828ce381a6e38184e381bee38199e380820ae382b7e3
8  8395e38388e382b8e382b921210a
```

-wLuを付けたほうのxxdの出力が、6文字（2桁の16進数3個分）短くなっています。

目視すれば欠けたものは発見できますが、ワンライナーで比較してみましょう。2種類のxxdの出力を2文字ずつfold（⇒問題39別解1）で折り返し、diffで比較します。foldのオプション-b2は、2バイトずつ折り返すという意味です。

```
1  $ diff <(nkf shift_jis.txt | xxd -p | fold -b2) <(nkf -wLu shift_jis.txt | xxd -p | fold -b2)
2  31d30
3  < 0d
4  57d55
5  < 0d
6  76d73
7  < 0d
```

出力を見ると、オプションなしのnkfのほうに、0x0dという16進数で表される文字が、3個あることを確認

注4　おそらくインストールの必要はありませんが、sudo apt install xxdでインストールできます。

できます。

asciiで調べると、0x0dは「CR」という文字[注5]であることがわかります。

```
1  $ ascii | grep 0D
2   13 0D CR   29 1D GS   45 2D -  61 3D =  77 4D M  93 5D ]  109 6D m  125 7D }
```

この、テキスト中の0x0dは**キャリッジリターン** (carriage return) といって、もともとタイプライターで、カーソルを先頭に戻す処理を意味しました。Windowsでは、キャリッジリターンとラインフィード (0x0a) の組み合わせで改行を表します。この組み合わせは**CRLF**と表記されます。

nkfの-Luは、CRLFをラインフィード (LF) だけに変換します。したがって、nkf -wLuの出力からは0x0dがなくなり、16進数の並びに、前述のような違いが生じることになります。

ところでnkf -wLuのもうひとつのオプション-wは、テキストをUTF-8に変えるというオプションで、省略できます。ただ、シェルスクリプトなどでnkfを使うときは、明示的に書いておいたほうが良いでしょう。

もうひとつのnkf -wLuxについては、16進数にしなくても違いがわかります。

```
1  $ nkf -wLux shift_jis.txt
2  この文章はシフトJISで
3  書かれています。
4  ｼﾌﾄｼﾞｽ!!
```

3行目のカタカナが半角文字で出力されることが、オプションなしとの違いです。実はもともとのShift_JISのテキストでも3行目のカタカナは半角で書かれていたのですが、nkfはそれを全角に変換します。それを抑止するためのオプションが-xです。

補足1 (nkfのオプション)

問題からわかるように、Shift_JISの文章をUTF-8にするときに、半角カタカナをそのままにして改行コードをLFにしたければ、nkf -wLuxとオプションを付ければ良いということになります。これが、Windows用からLinux用にテキストファイルを変換するときの標準的なnkfの用法になります。

逆に、LinuxからWindows用にテキストファイルを変換するときは、次のようにnkf -sLwxとオプションを指定します。

```
1  ―― UTF-8 → Shift_JIS (出力は文字化けします) ――
2  $ echo 私はだれでしょう。| nkf -sLwx
3  ????????????B
4  ―― もう一度nkfに通して確認 ――
5  $ echo 私はだれでしょう。| nkf -sLwx | nkf -wLux
6  私はだれでしょう。
```

-sがShift_JISへの変換、-LwがLFからCRLFへの変換を意味します。

nkfはShift_JIS以外の文字コードも変換することができますが、その際に入力された文字の文字コードを自動で認識します。これがあだになって、次のように変換に失敗することがあります。

注5　念のためですが、アルファベットのCとRではなく、CRと表される特殊な文字という意味です。

```
1  ── UTF-8→Shift_JIS→UTF-8(元に戻らないのでどこかで変換に失敗している) ──
2  $ echo ｳｨﾝﾄﾞｳｽﾞ95 | nkf -sLwx | nkf -wLux
3  絵歡浤殉95
```

上の例では、Shift_JISからUTF-8に変換するときに、**-S**というオプションで、入力がShift_JISであることを指定するとうまくいきます。

```
1  $ echo ｳｨﾝﾄﾞｳｽﾞ95 | nkf -sLwx | nkf -S -wLux
2  ｳｨﾝﾄﾞｳｽﾞ95
```

補足2（iconv）

文字コードの変換には、**nkf**のほかに**iconv**というコマンドがよく使われます。**iconv**を使うときは、**-f**（from）、**-t**（to）というオプションで、入出力の文字コードを明示的に指定します。例を示します。

```
1  $ cat shift_jis.txt | iconv -f SHIFT_JIS -t UTF-8
2  この文章はシフトJISで
3  書かれています。
4  ｼﾌﾄｼﾞｽ!!
```

iconvの場合、改行コードは変換してくれません。したがって、改行コードは自身で変換する必要があります。

```
1  ─── 上の例の出力をxxdに通すと0d0aが残っているとわかる ───
2  $ cat shift_jis.txt | iconv -f SHIFT_JIS -t UTF-8 | xxd -p | grep -o 0d0a
3  0d0a
4  0d0a
5  0d0a
6  ─── trの場合、CRは\rと表されるので、tr -d '\r'でCRを除去できる ───
7  $ cat shift_jis.txt | iconv -f SHIFT_JIS -t UTF-8 | tr -d '\r' | xxd -p
8  e38193e381aee69687e7aba0e381afe382b7e38395e383884a4953e381a7
9  0ae69bb8e3818be3828ce381a6e38184e381bee38199e380820aefbdbcef
10 be8cefbe84efbdbcefbe9eefbdbd21210a
```

問題70 Excel方眼紙

ここから本節の本番です。まずは、表計算ソフト用にShift_JISのCSVファイルを作る問題を解きましょう。この処理は、事務処理をやっていると度々遭遇します。

問題 （初級★　出題、解答、解説：上田）

リスト5.1のexcel_hogan.txtについて、各文字を、図5.4のようにMicrosoft Excelのワークシートのセルひとつひとつに入れる仕事を上司に押しつけられました。

そこで、Excelに読み込ませるために、excel_hogan.txtの1文字ずつをカンマで区切ったCSVファイルを作ってください。図5.4のように、アルファベットも1文字ずつでお願いします。文字コードはShift_JISにします。

リスト5.1 excel_hogan.txt

```
1 エクセル方眼紙というどうしようも無い
2 風習がありますが、我々は文句を言いつ
3 つも、従わざるを得ない状況にしばしば
4 立たされます。最後に一言。
5 "No hogan, no life."
```

図5.4 Excel方眼紙

	A	B	C	D	E	F	G	H	I	J	K	L	M	N	O	P	Q	R	S	T
1	エ	ク	セ	ル	方	眼	紙	と	い	う	ど	う	し	よ	う	も	無	い		
2	風	習	が	あ	り	ま	す	が	、	我	々	は	文	句	を	言	い	つ		
3	つ	も	、	従	わ	ざ	る	を	得	な	い	状	況	に	し	ば	し	ば		
4	立	た	さ	れ	ま	す	。	最	後	に	一	言	。							
5	"	N	o		h	o	g	a	n	,		n	o		l	i	f	e	.	"

■解答

CSVにはいろいろな方言がありますが、ここではExcelが認識できるもの（⇒練習4.2.b補足1）を作ります。excel_hogan.txtには、エスケープが必要な、カンマとダブルクォートが含まれています。これらの文字は、次のルールでエスケープします。

- カンマ：" で囲む
- ダブルクォート：" を "" に変換し、さらに " で囲む

まず、文字を1文字ずつ区切ってから上記ルールを適用してみましょう。いきなりカンマ区切りにするとファイル中にあるカンマと区別がつかなくなるので、最初はアンダースコア（_）で区切ります。

```
1 $ cat excel_hogan.txt | sed 's/./&_/g'
2 エ_ク_セ_ル_方_眼_紙_と_い_う_ど_う_し_よ_う_も_無_い_
3 (..略..)
4 "_N_o_ _h_o_g_a_n_,_ _n_o_ _l_i_f_e_._"_
```

このあとに上記ルールを適用しますが、これも次のようにsedを使うと良いでしょう。

```
1 $ cat excel_hogan.txt | sed 's/./&_/g' | sed 's/"/""""/g' | sed 's/,/","/g'
2 エ_ク_セ_ル_方_眼_紙_と_い_う_ど_う_し_よ_う_も_無_い_
3 (..略..)
4 """"_N_o_ _h_o_g_a_n_","_ _n_o_ _l_i_f_e_._""""_
```

処理の順序を間違えると、カンマの両側に付けたダブルクォートが増殖したり、増殖したダブルクォートの間にアンダースコアが入ったりしますので気をつけましょう。

あとはアンダースコアをカンマに置き換え、nkfでShift_JISに変換します。nkfのオプションの意味は、練習5.1.d補足1で説明したとおりです。

```
1  $ cat excel_hogan.txt | sed 's/./&_/g' | sed 's/"/""""/g' | sed 's/,/","/g' | tr _ , | nkf -sLwx >
   hoge.csv
2  ――― 確認 ―――
3  $ nkf hoge.csv
4  エ,ク,セ,ル,方,眼,紙,と,い,う,ど,う,し,よ,う,も,無,い,
5  風,習,が,あ,り,ま,す,が,、,我,々,は,文,句,を,言,い,つ,
6  つ,も,、,従,わ,ざ,る,を,得,な,い,状,況,に,し,ば,し,ば,
7  立,た,さ,れ,ま,す,。,最,後,に,一,言,。,
8  """",N,o, ,h,o,g,a,n,",", ,n,o, ,l,i,f,e,.,"""",
```

問題71 文字のバイト数の調査

次は、UTF-8の文字のバイト数を調査する問題です。練習5.1.cで扱ったように2進数にして解析すると解ける問題なのですが、コマンドを知っているともっと簡単に調査できます。

問題 （初級★　出題、解答：田代　解説：中村）

リスト5.2のuni.txtに入っているUTF-8形式の文字列について、各文字のバイト数を表示してください。

リスト5.2 uni.txt

```
1  a±運🎂
```

解答

データのバイト数を数えるには`wc -c`を使うと便利です。ここでは、与えられた文字列を1文字ずつに分割し、それぞれに対して`wc -l`を使ってバイト数を数える方針で解答していきます。

まずは"a±運🎂"を1文字ずつに分割します。`grep -o .`を使って1文字ずつ縦に並べます。

```
1  $ cat uni.txt | grep -o .
2  a
3  ±
4  運
5  🎂
```

この出力結果を1行ずつ`wc`に渡してバイト数を数えていきます。データの1行ずつに対してコマンドを実行するために`while`を使います。

```
1  $ cat uni.txt | grep -o . | while read s; do echo -n $s | wc -c; done
2  1
3  2
4  3
5  4
```

`echo`に付けた`-n`は、改行記号を付けずに文字列を出力するためのオプションです。改行記号を入れてしまうと、`wc`の結果が1バイト増えてしまいます。

最後に、元の文字も出力するようにしましょう。これを解答とします。

```
1  $ cat uni.txt | grep -o . | while read s; do echo -n $s" "; echo -n $s | wc -c; done
2  a 1
3  ± 2
4  運 3
5  🎂 4
```

別解

wcコマンドを使わなくてもバイト数を得ることは可能です。たとえばawkのlength関数は文字数を数えるための関数ですが、環境変数LANGを変更することで文字数ではなくバイト数を数えることができます。

```
1  ――― 普通にawkを使った場合 ―――
2  $ cat uni.txt | grep -o . | awk '{print $0,length($0)}'
3  a 1
4  ± 1
5  運 1
6  🎂 1
7  ――― LANG=Cを指定してawkを使った場合 ―――
8  別解1(中村) $ cat uni.txt | grep -o . | LANG=C awk '{print $0,length($0)}'
9  a 1
10 ± 2
11 運 3
12 🎂 4
```

LANG=Cを指定すると、多くのコマンドはデフォルトの文字コードで動作します（⇒問題21補足）。

exprコマンドのlengthでも同様のことが可能です。

```
1  別解2(田代) $ cat uni.txt | grep -o . | LANG=C xargs -I@ sh -c 'echo -n @" ";expr length @'
```

そのほか、Rubyを使う別解、外部コマンドなしでBashの機能だけを使った別解を示します。

```
1  別解3(田代) $ cat uni.txt | ruby -lne '$_.chars.each{|i| print i," ",i.bytesize}'
2  別解4(eban) $ cat uni.txt | while read -n1 a;do (LANG=C; echo $a ${#a});done
```

別解4のreadの-nは、読み込む文字数を指定するオプションです。また、${#a}（⇒練習2.1.f補足1）を文字数ではなくバイト数にするためにLANG=Cを適用したいので、括弧でサブシェル（⇒練習2.2.d）を作り、LANG=Cと設定してからechoを実行しています。

問題72 絵文字

前問の🎂のように、Unicodeは絵文字にも番号を与えています。次の問題を、絵文字の番号を調べて解いてみましょう。

問題　（初級★　出題、解答：上田　解説：上田、山田）

端末上に寿司とビールを表示させましょう。絵文字を直接入力したり、端末にコピー＆ペーストしたりするのは禁止とします。

解答

寿司、ビールの絵文字の番号はWebなどで調べることができ、それぞれU+1F363、U+1F37Aです。練習5.1.cで使ったechoの表記法で、次のように解答できます。

```
1  $ echo -e '\U1F363\U1F37A'
2  🍣🍺
```

別解

Bashのecho -e '\U……という書き方は、Bashのバージョン4以降のものです。バージョン3でも寿司とビールを出したい場合は、次のようにUTF-8のバイト列を16進数で指定します。

```
1  別解1(上田) $ echo -e '\xF0\x9F\x8D\xA3 \xF0\x9F\x8D\xBA'
2  🍣🍺
```

echo以外のアプローチとしては、Unicodeに関するデータファイルを使う方法があります。sudo apt install unicode-dataでインストールすると、/usr/share/unicode/にUnicodeに関するデータがセットされます。この中のemojiディレクトリ内に、絵文字に関する情報があるので、これをgrepして、余計な文字を取り払ったものが次の別解2です。

```
1  別解2(上田) $ cat /usr/share/unicode/emoji/emoji-test.txt | grep -i -e sushi -e beer | tr -d '[:print
   :]' | xargs
2  🍣🍺🍻
```

grepに付けた-iは、大文字、小文字を区別しないというオプションです。sushi、beerが大文字の可能性もあるので使いました。また、tr -dで指定した[:print:]は、「印字可能な文字」を表す**文字クラス**の一種です。trでは、ASCIIコードにある文字以外は「印字可能な文字」という扱いを受けないことを利用し、絵文字以外の字を消去するために用いました。

もうひとつ、Bashの機能である**ANSI-C Quoting**[注6]を利用した別解を示します。

```
1  ―― 外部コマンドのechoでは\U……という表記が使えない ――
2  $ /bin/echo -e '\U1F363\U1F37A'
3  \U1F363\U1F37A
4  ―― ''の頭に$を付ける（ANSI-C Quotingする）と使える ――
5  別解3(上田) $ /bin/echo $'\U1F363\U1F37A'
6  🍣🍺
```

ANSI-C Quotingは、$''の中にメタ文字を書く表記法です。これを使うと、任意のコマンドでBashの\U……表記が使えます。外部コマンドのechoは、今のところ[注7] \U……表記に対応していませんが、ANSI-C Quotingを使うとBashが絵文字への変換を肩代わりしてくれるので、絵文字が出力できます。

注6　Bash Reference Manual - ANSI-C Quoting (https://www.gnu.org/software/bash/manual/html_node/ANSI_002dC-Quoting.html)

注7　Ubuntu 20.04におけるCoreutilsでは、という意味です。

問題73 展開後文字化けしたファイル名の修正

Mac、Linux、Windowsを行き来していると、あらゆる場面で文字化けに遭遇します。次の問題は、その一例を扱ったものです。

問題（初級★　出題、解説：上田　解答：田代）

「秘密の圧縮ファイル.zip」はWindows 10で作ったZIPファイルで、中に日本語のファイル名のファイルが2つ入っています。日本語環境のLinuxでunzipコマンドを使えばファイル名をUTF-8に変換してくれますが、そうでない環境では文字化けします。また、日本語環境のLinuxでもLANG=C（⇒問題21補足）を指定してunzipを実行すれば、図5.5のように文字化けを再現できます。

この文字化けしたファイル名をワンライナーで修正してください。

図5.5 文字化けを再現

```
1 $ LANG=C unzip 秘密の圧縮ファイル.zip
2 Archive: 秘密の圧縮ファイル.zip
3  extracting: ?|?????a?m??閧.txt
4   inflating: ??[??[????.pdf
5
6 $ ls
7 ''$'\202''?['$'\202''?['$'\202\246\202\323''.pdf'
8 ''$'\223''|'$'\227\247\225''??a'$'\216''m'$'\202''?閧.txt'
9 秘密の圧縮ファイル.zip
```

解答

まず、（Windows 10で作ったということでShift_JISだとは思いますが）文字化けしたファイル名の文字コードを調べてみましょう。nkf -g（文字コードの自動判別。nkf --guessでも可）を使います。

```
1 $ ls | while read f ; do echo -n $f : ; echo $f | nkf -g; done
2 ??[??[????.pdf :Shift_JIS
3 ?|?????a?m??閧.txt :Shift_JIS
4 秘密の圧縮ファイル.zip :UTF-8
```

ちなみに、次のように実行してしまうと、ファイル名ではなくファイルの中身の文字コードを判断してしまうので注意が必要です。

```
1 $ nkf -g *
2 ??[??[????.pdf: BINARY
3 ?|?????a?m??閧.txt: Shift_JIS
4 秘密の圧縮ファイル.zip: BINARY
```

次に、置換したいファイル名のリストを作ります。grep -avを使ってZIPファイルをリストから外します。

```
1 $ ls | grep -av "zip$"
2 ??[??[????.pdf
3 ?|?????a?m??閧.txt
```

-vは検索条件に一致しないものを出力するオプションです（⇒問題3別解1）。-aは、UTF-8以外のものをgrepで検索するときに使います。-aの指定がないと、次のようにうまく検索ができません。

```
1  $ ls | grep -v "zip$"
2  バイナリファイル（標準入力）に一致しました
```

あとは1つずつファイル名を置換していきます。解答例を示します。

```
1  $ ls | grep -va "zip$" | while read f ; do mv $f $(nkf <<< $f) ; done
2  ↓確認すると文字化けがなおっている
3  $ ls
4  ぴーでーえふ.pdf        倒立変態紳士の秘密.txt          秘密の圧縮ファイル.zip
```

別解

別解1は、nkfの代わりにiconv、ヒアストリングとコマンド置換の代わりにパイプとxargsを使ったものです。別解2は、xargsとbash -cを組み合わせ（⇒問題3別解2）、別解1からwhileを除去して整理したものです。

```
1  別解1(中村) $ ls | grep -va "zip$" | while read f; do echo "$f" | iconv -f sjis -t utf8 | xargs -I@ mv "$f" "@" ; done
2  別解2(上田) $ ls | grep -va "zip$" | xargs -I@ bash -c 'mv "@" $(iconv -f sjis -t utf8 <<< "@")'
```

問題74 未確定の元号

次は令和という元号が決まる直前に、『Software Design』の連載で出された問題です。本節で文字コードを扱っていることがヒントになります。

問 題 （中級★★　出題、解説：上田　解答：田代、上田）

リスト5.3のdays.txtの日付を、元号を使った表記に変換してください。この問題の初出のときは新元号が確定する直前でしたが、それでも大丈夫なワンライナーを考えてください。思いつかなければ、元号確定後に使える方法で解いてみましょう。

リスト5.3 days.txt

```
1  2019年3月3日
2  2019年10月10日
3  2020年8月1日
```

解答

決まっていない元号を予言してデータとして埋め込む方法は基本的にありませんが、新元号（令和）の合字（複数の文字を組み合わせて1文字にしたもの）がUnicodeのU+32FFに割り当てられる[注8]ということが確定していたので成立した問題でした。Unicodeには元号の合字があり、U+32FFに令和が割り当てられていることは、次のように確認できます。

```
1  $ echo -e '\U32FF'
2  ㋿
```

ファイルに平成と令和の日付しかない場合、以上をふまえると次のような解答例が考えられます。

注8　https://news.mynavi.jp/article/20180908-690029/

```
$ cat days.txt | awk -F'[^0-9]' '{printf "%d %02d %02d\n",$1,$2,$3}' | awk '{if($1$2<"201905"){a="337B";$1-=1988}else{a="32FF";$1-=2018}print "echo -e \\\\U"a,$1"年"$2"月"$3"日"}' | bash | sed 's/ 1年/ 元年/' | tr -d ' ' | sed 's/年0/年/;s/月0/月/'
㍻31年3月3日
㋿元年10月10日
㋿2年8月1日
```

この解答について解説します。まず、次のように日付を整形します。

```
$ cat days.txt | awk -F'[^0-9]' '{printf "%d %02d %02d\n",$1,$2,$3}'
2019 03 03
2019 10 10
2020 08 01
```

次に、解答2番めの**awk**のif文で2019年5月より前か後で場合分けして、変数**a**に元号の合字に対応するUnicodeの番号を代入し、**$1**の数字を西暦から和暦の年数に変換します。そして、その後ろの**print**で次のような出力を得ます。

```
$ (前述のワンライナー) | awk '{if($1$2<"201905"){a="337B";$1-=1988}else{a="32FF";$1-=2018}print "echo -e \\\\U"a,$1"年"$2"月"$3"日"}'
echo -e \\U337B 31年03月03日
echo -e \\U32FF 1年10月10日
echo -e \\U32FF 2年08月01日
```

これをBashに突っ込むと**\U337B**、**\U32FF**が合字に変換されます。その後、「**1年**」を「**元年**」に修正する処理、頭の余計な**0**を取る処理などを続けると、先述の解答例になります。問題の初出のときは新元号に対応する合字がなく文字化けしましたが、現在の環境の多くでは大丈夫なはずです。

別解

現在は元号が決まっているので、次のような短いワンライナーで、元号で表現された年月日に直せます。

```
別解1(上田) $ cat days.txt | sed 's/[^0-9]/-/g' | date -f- +%Ex
平成31年03月03日
令和元年10月10日
令和02年08月01日
```

%Exの**E**が元号、**x**が環境のロケール(⇒問題67)での日付表示を表します。**%x**だけだと、**2019年03月03日**のように西暦年の日付が得られます[注9]。

問題75 絵文字を除去したい

次は実用的な(?)絵文字の問題です。

注9 本書の想定した動作環境であれば「令和」との記述が得られますが、Ubuntuの過去のバージョンないし長い期間アップデートされていない環境では「平成」のままになります。**date**コマンドが表示できる元号は、同コマンドが内部的に利用する**glibc**と呼ばれるライブラリのバージョンに依存するためです。

問題 （中級★★　出題：上田　解答：田代　解説：山田）

あなたは会社でのミーティングがあまりにも退屈だったため、図5.6のminutes.txtのように議事録に絵文字を仕込んで遊んでいました。ところが後日、上司に議事録を提出してほしいと依頼がありました[注10]。

上司に遊んでいたことがばれないように、ワンライナーで絵文字を削除してください。

図5.6 minutes.txt

```
# 本日⏰のミーティング👨‍👩‍👧‍👦の議題📃

* 今月の売り上げ💴
* 新商品⁉️の報告（山田さん👴）
* 研究開発👩‍🔬の進捗

...
```

解答

これは一見難しい問題に見えるかもしれませんが、実は非常にシンプルに解けます。次の解答例のように、nkfに2回通すことで、絵文字が除かれた議事録が出力されます。

```
1  $ nkf -s minutes.txt | nkf -w
2  
3  # 本日のミーティングの議題
4  * 今月の売り上げ
5  * 新商品の報告（山田さん）
6  * 研究開発の進捗
7  
8  ...
```

この解答例では、nkfコマンドに-sオプションを付けて、minutes.txtの内容をいったんShift_JISに変換しています（⇒練習5.1.d補足1）。その後、もともとの文字エンコーディングであるUTF-8に戻しています。

議事録に利用されている絵文字は、Unicodeにしか存在しないものです。これらはShift_JISでは扱えない文字なので、いったんShift_JISに変換することで、絵文字に該当する箇所を消去することができます。それをさらにUTF-8に戻すことで、UnicodeおよびShift_JISに共通で存在する、日本語や半角記号などの文字だけが出力に残ります。

別解

なお、この方法はShift_JISにこだわる必要はなく、ほかの絵文字がない文字コードを使うこともできます。次の例は、LinuxでUTF-8の前におもに使われていたEUC-JPに変換してUTF-8に戻す方法です。

```
1  別解1（山田）  $ nkf -e minutes.txt | nkf -w
```

次に、RubyのUnicode文字プロパティ（⇒問題34別解1）を使った別解を示します。

```
1  別解2（山田）  $ ruby -ne 'puts $_.gsub(/[^#*\P{Emoji}]\u200d?/,"");' < minutes.txt
```

この解答の正規表現は（二重否定になっていてややこしいのですが）「『#、*、絵文字でない文字（\

注10　Ubuntuのターミナルでは、1行目の4人がばらばらに表示されたり、5行目の人が人と帽子に分解されて表示されたりするかもしれません。デスクトップ環境では、gedit minutes.txtでGUIのエディタを立ち上げると、図5.6のようにテキストが見えます。

P{Emoji})』以外の文字に、UnicodeのU+200dが0個か1個付いている文字列」を表します。\p{emoji}が絵文字、\P{emoji}が絵文字以外の文字を表します。二重否定になっているのは、\p{emoji}がアスタリスクやシャープなどの一部記号も含むからです注11。絵文字以外の文字\P{emoji}に*と#を加え、その全体を[^]で反転することで、絵文字だけを消去できるようにしています。

正規表現中のU+200dは、**ゼロ幅接合子**と呼ばれる、絵文字同士をつなぎ合わせる特殊なメタ文字です。minutes.txtでは、1行目で4人分の絵文字を1組にしており、5行目で人と学帽を組み合わせて学帽をかぶった人にしています。次のようにU+200dを削除すると、組になっていた絵文字が分解されます注12。

```
1  $ sed s_$(echo -en \\U200d)__g  minutes.txt
2  (出力は図5.7を参照)
```

図5.7 組になっていた絵文字が分解

```
# 本日⏰のミーティング👨👩👧👦の議題📄

* 今月の売り上げ💵
* 新商品⁉の報告（山田さん👴）
* 研究開発👩🎓の進捗

...
```

問題76 少し前のMacでできたファイルのリスト

今度は、Macを使う人がよく遭遇していた問題を扱います。

問題 (中級★★　出題、解答：上田　解説：田代)

リスト5.4、5.5の2つのファイルmac_ls_old.txt、mac_ls_new.txtは、Macのターミナルで、あるディレクトリをlsした出力を保存したファイルです。mac_ls_old.txtのほうが3、4年前、mac_ls_new.txtのほうが最近のものです注13。この2つのファイルをLinux環境で比較したいのですが、diffしても、図5.8のようにうまく比較できません。

mac_ls_old.txtを修正して、正しく比較できるようにしてください。

リスト5.4 mac_ls_old.txt

```
1  ポンセ.txt
2  バナザード.txt
3  パチョレック.txt
```

リスト5.5 mac_ls_new.txt

```
1  ポンセ.txt
2  パチョレック.txt
```

図5.8 diffで比較(正しく差分を表示できない)

```
1  $ diff mac_ls_old.txt mac_ls_new.txt
2  1,3c1,2
3  < ポンセ.txt
4  < バナザード.txt
5  < パチョレック.txt
6  ---
7  > ポンセ.txt
8  > パチョレック.txt
```

注11　http://www.unicode.org/Public/emoji/12.0/emoji-data.txt

注12　ただ、注10に書いたように、Ubuntuのターミナルは、デフォルトでは組になった絵文字が表示できないので、ゼロ幅接合子の有無で見かけに変化が起こりません。確認は、注10で触れたgeditを使うほか、ブラウザなどにテキストを貼り付ける方法でも可能です。

注13　これはフィクションです。どちらも連載時に作りました。

解答

少し前のMac (macOS Sierraより前) では、HFS+というファイルシステムが利用されていました。HFS+では、たとえば名前に「ぴ」と入ったファイルを作ろうとすると、「ひ」と「゜」に分解されてファイルシステムに記録されます。**mac_ls_old.txt**はHFS+で作ったもの (実際はそれを再現したもの) です。このことは、**sed**で簡単に確認できます。

```
1  $ cat mac_ls_old.txt | sed 's/./&\n/g' | head -n 4
2  ホ
3  ゜   ←半濁音が違う文字として扱われている
4  ン
5  セ
6  $ cat mac_ls_new.txt | sed 's/./&\n/g' | head -n 3
7  ポ   ←mac_ls_new.txtのほうはポが1文字
8  ン
9  セ
```

とりあえず、分解された濁点、半濁点を戻しましょう。まず、**nkf -Z4** (⇒練習3.2.b) で、一度カタカナを半角にします。

```
1  $ nkf -Z4 mac_ls_old.txt
2  ﾎﾟﾝｾ.txt
3  ﾊﾞﾅｻﾞｰﾄﾞ.txt
4  ﾊﾟﾁｮﾚｯｸ.txt
```

半角カナにしても濁点、半濁点は別の文字のままですが、これを再び**nkf**で全角に戻すと、濁点、半濁点が前の文字にくっつきます。

```
1  $ nkf -Z4 mac_ls_old.txt | nkf
2  ポンセ.txt   ←濁点、半濁点がカタカナにくっつく（見かけではわからない）
3  バナザード.txt
4  パチョレック.txt
```

これで**diff**で比較することができます。解答例は次のようになります。

```
1  $ nkf -Z4 mac_ls_old.txt | nkf | diff - mac_ls_new.txt
2  2d1
3  < バナザード.txt
```

補足 (Unicodeの正規化形式)

mac_ls_old.txtと**mac_ls_new.txt**の違いは、Unicodeの**正規化形式**の違いによるものです。Unicodeでは、この問題のように同じ文字を別の番号の組み合わせで表現できてしまうため、このような違いが生じます。

HFS+の方式 (濁点、半濁点を分離する方式) には、NFD (Normalization Form Canonical Decomposition) 注14という名前があります。このNFDの変換は、ほかの環境では行われないので、異なるOS間で起こる、ファイル名に関するさまざまな不整合の原因となっていました。また、Mac単独でも、ファ

注14 実際には、HFS+で使われる変換ルールはNFDのものと少し異なります。

イル名にgrepするとうまく検索できないという問題も発生していました。

ただ、現行のMac（macOS High Sierra以降）のAPFSというファイルシステムは、ほかの環境と方式を合わせており、このような問題を起こしません。mac_ls_new.txtは、APFS上で作ったファイルのリストです。APFSで採用されている方式（濁点、半濁点の付いた文字を1文字で表現する方式）の名前は、NFC（Normalization Form Canonical Composition）です。また、普通に文章を書くときはMacでも何でもたいていの場合はNFCで文字が記録されます。解答例は、nkfがNFCを使うことを利用したものでした。

別解

もっと直接的な別解を示します。

```
1  別解（田代） $ nkf --ic=utf8-mac --oc=utf-8 mac_ls_old.txt | diff - mac_ls_new.txt
2  2d1
3  < バナザード.txt
```

この例では、--ic、--ocで、nkfに入出力の詳細な形式を指示しています。utf8-macがNFD（のMacの亜種）、utf-8が暗にNFCで変換することを意味しています。

問題77 異なる文字コードのファイルの一括検索

次の問題では、文字コードがバラバラなファイルからの検索に挑戦します。

問題（中級★★　出題：田代　解答、解説：上田）

それぞれUTF-8、Shift_JIS、EUC-JPで記録されたテキストファイルmeme_utf8（リスト5.6）、meme_sjis（図5.9）、meme_euc（図5.10）があります。文字列「山田」が含まれるファイルをワンライナーで探してください。

リスト5.6 meme_utf8

```
1  中村をセンターに入れてスイッチ...
2  守りたい、この山田
3  我思う、ゆえに上田あり
```

図5.9 meme_sjis(nkfで確認)

```
1  $ nkf meme_sjis
2  田代に気づくとは…やはり天才か
3  ざんねんながら中村はきえてしまいました
4  この後、衝撃の上田が！！
5  $ nkf -g meme_sjis
6  Shift_JIS
```

図5.10 meme_euc(nkfで確認)

```
1  $ nkf meme_euc
2  我が生涯に一片の山田なし！
3  古池や田代飛びこむ水の音
4  上田は人を傷つける。いつだって
5  $ nkf -g meme_euc
6  EUC-JP
```

解答

通常は、1つずつUTF-8に変換したファイルを作り、まとめてgrepすれば良いのですが、ここでは中間ファイルを作らずにワンライナーで処理する方法を考えましょう。まず、文字コードをUTF-8に直して、かつ各行にファイル名をくっつけてみます。たとえばmeme_eucに対してこの操作をするには、次のようにすると良いでしょう。

```
1  $ grep -aH . meme_euc | nkf
2  meme_euc:我が生涯に一片の山田なし！
3  meme_euc:古池や田代飛びこむ水の音
4  meme_euc:上田は人を傷つける。いつだって
```

grepの-Hは検索結果の毎行にファイル名を付加するオプションです。-a（⇒問題73）は、非UTF-8のファイルを検索するために指定しています。

これをすべてのmeme_ファイルに適用するには、while文を使うか、次のようにxargsを使ってワンライナーをshに渡します。

```
1  $ ls meme_* | xargs -I@ sh -c "grep -aH . @ | nkf"
2  meme_euc:我が生涯に一片の山田なし！
3  (..略..)
4  meme_utf8:我思う、ゆえに上田あり
```

xargsには、先ほどmeme_eucに適用したワンライナーを与えています。sh -cは問題3別解2で使いました。

あとは普通にgrepで検索して、ファイル名だけを取り出せば完了です。

```
1  $ ls meme_* | xargs -I@ sh -c "grep -aH . @ | nkf" | grep 山田 | sed 's/:.*//'
2  meme_euc
3  meme_utf8
```

別解

別解を3つ紹介します。

```
1  別解1(田代) $ for f in meme_*; do awk '{print FILENAME,$0}' $f | nkf; done | grep 山田 | awk '{print $1}'
2  別解2(上田) $ for f in meme_*; do nkf $f | sed "s/^/$f /" ; done | grep 山田 | sed 's/ .*//'
3  別解3(山田) $ pt 山田 meme_* | sed 's/:.*//'
```

別解1はfor文でファイルを1つずつ処理しています。ファイル名を各行に加える処理には、awkの変数FILENAMEを利用しています（⇒練習4.1.b小問1、2別解）。別解2はnkfでUTF-8に修正してから、sedを使ってファイル名を各行に付加しています。別解3はptコマンドを利用した解答です。これはThe Platinum Searcher注15というツールで、日本語の文字コードを自動的に検知して、高速に検索してくれます。

補足（文字コードを混ぜてnkfに入力する実験）

ファイルの中身をまとめてnkfに突っ込むとどうなるかを示しておきます。

```
1  ―― euc, sjis, utf8の順にnkfが処理する場合 ――
2  $ awk '{print FILENAME,$0}' meme_* | nkf
3  meme_euc 我が生涯に一片の山田なし！
4  (..略..)
5  meme_utf8 荳譚代ｒ繧サ繝ウ繧ソ繝シ縺ォ蜈･繧後※繧
6  ケ繧、繝メ...
7  (..略..)
```

注15 https://github.com/monochromegane/the_platinum_searcher/

nkfは文字コードを自動判定してくれますが、このように異なる文字コードのものをまとめて受け入れると、判定に失敗することがあります。

問題78 常用漢字でない漢字の検出

フォーマルな書きものでは、難しい漢字の使用を避けたいことがあります[注16]。そこで、難しい漢字を使用していないかチェックをするという問題を解きましょう。

問題（上級★★★　出題、解答、解説：山田）

リスト5.7のsample_novel.txtの文章には、「常用漢字表」[注17]にはない難しい漢字が使われています。その漢字のみを、図5.11の出力例のように抜き出してください。なお、リスト5.8のjouyou_kanji.txtに常用漢字（2,136字）の一覧が格納されているので、それを利用してもかまいません。

リスト5.7 sample_novel.txt

```
1 メロスは激怒した。
2 必ず、かの邪智暴虐の王を除かなければならぬと決意した。
3 メロスは不意に右の手を面皰から離して、
4 老婆の襟上をつかみながら、噛みつくようにこう云った。
5 「ごはんもりもり森鴎外。」
```

リスト5.8 jouyou_kanji.txt

```
1 亜
2 哀
3 挨
4 愛
5 (..略..)
```

図5.11 出力例

```
1 智
2 皰
3 噛
4 云
5 鴎
```

解答

まずは文章の中から漢字の一覧を取り出す方法を考えてみましょう。正規表現では[a-z]のようにマッチする文字を範囲指定できますが、ロケールがUTF-8に対応している場合、日本語の文字の範囲指定もできます。日本語を指定した場合、Unicodeの番号で範囲内にあるすべての文字がマッチします。たとえば[ぁ-ん]と指定すれば、ひらがな50音と小文字のひらがなにマッチする正規表現となります[注18]。

Unicodeでは、おおよそ漢字が「一」と「龠（やく）」[注19]の間に入っているので（後述しますが、実はマッチしない漢字もあります）、grepに[一-龠]を指定し、さらに-oを使うと漢字の一覧を表示できます。

```
1 grep -o '[一-龠]' sample_novel.txt
2 激
3 怒
4 必
5 邪
6 智
7 (..略..)
```

あとはここから、常用漢字のみを除けば良さそうですね。次のように、もうひとつgrepをつなげたもの

注16　公式な文章や論文では、難しい字をむやみに使うことは避けることが良いとされています。

注17　政府が告示した一般的に使われる漢字の目安。「常用漢字表（平成22年内閣告示第2号）」（http://www.bunka.go.jp/kokugo_nihongo/sisaku/joho/joho/kijun/naikaku/kanji/index.html）

注18　ただし、「う」に濁点を付けたものなど特殊なものは、この範囲内に入りません。Wikipediaの一覧表（https://ja.wikipedia.org/wiki/平仮名_(Unicodeのブロック)）などで確認をお願いします。

注19　古代中国の管楽器らしいです。

を解答例として示します。

```
1  $ grep -oE '[一-龠]' sample_novel.txt | grep -vf jouyou_kanji.txt
2  (図5.11の指定の出力)
```

2つめのgrepでは、-f（⇒問題32）でjouyou_kanji.txtの内容を検索条件にして1つめのgrepの出力を検索し、出力を-vで反転しています（⇒問題3別解1）。これで、上の出力のように、jouyou_kanji.txtに存在しない（＝常用漢字でない）漢字のみが表示されます。

別解

PCREのUnicode文字プロパティ（⇒問題34別解1、2）を使った別解を示します。

```
1  別解1(山田)  $ grep -oP '\p{Han}' sample_novel.txt | grep -vf jouyou_kanji.txt
```

もしお使いの環境で\p{Han}が使えるのであれば、こちらを使ったほうが良いでしょう。[一-龠]という表現でも普段お目にかかる大半の漢字にはマッチするのですが、たとえば「々」（踊り字）や「〇」（漢数字のゼロ）、あるいは互換漢字と呼ばれる群に含まれる漢字などにはマッチしません。

「どうしても\p{Han}を使わずにすべての漢字を検出したい！」という場合は\p{Han}が含むUnicodeの番号の範囲[注20]を直接記述すれば同様の動きをするはずです。次の別解2は、ANSI-C Quoting（⇒問題72別解3）とawkを利用して、この考えを実装したものです。

```
1  別解2(山田)  $ cat sample_novel.txt | grep -o . | awk $'/[\u2E80-\u2E99\u2E9B-\u2EF3\u2F00-\u2FD5\u3005
   \u3007\u3021-\u3029\u3038-\u303B\u3400-\u4DB5\u4E00-\u9FEA\uF900-\uFA6D\uFA70-\uFAD9\U00020000-\U0002A
   6D6\U0002A700-\U0002B734\U0002B740-\U0002B81D\U0002B820-\U0002CEA1\U0002CEB0-\U0002EBE0\U0002F800-\U00
   02FA1D]/' | grep -vf jouyou_kanji.txt
```

問題79 文字コードの特定

最後に文字コードの特定の問題を解いて、本節を締めくくりましょう。一筋縄ではいかないものを選んでみました。

問 題（上級★★★　出題：上田　解答、解説：田代）

リスト5.9のmessage.txtは、ある文字コードで日本語が記録されたメッセージです。解読してください。

リスト5.9 message.txt（Ubuntuのターミナルでcatしたときの出力）

```
1  C?C?D?D?C?C?C?CXDFL?HKD?D?D?BZ%FBC?C?D?C?C?C?C?C?CXC?D?F?E?%%F?E^D?BZ%
```

解答

文字コードの変換や確認をするにはnkfが便利ですが、次に示すように、このmessage.txtは文字コードの自動判別ができません。特殊な文字コードのようです。

注20 Unicode Utilities: UnicodeSet (https://unicode.org/cldr/utility/list-unicodeset.jsp?a=%5Cp%7BHan%7D&esc=on&g=&i=)

```
1  $ nkf --guess message.txt
2  BINARY
3  $ nkf message.txt
4  テ?コト舛ァテステマテリトニフ腥ヒト札ットネツレ%ニツテ?咾ユテラテョテ?燭リテ札哥゛ナ・・ニ?゛トハツレ%
```

そこで対応可能な文字コードの種類が多いiconvを使い、次の方針で解きます。

①iconvで対応可能な文字コードを順次指定し、UTF-8への変換を試行
②変換時にエラーが発生しない文字コードを絞り込み
③絞り込んだ文字コードを指定してUTF-8へ変換し、日本語が含まれているか確認
④日本語が含まれていた場合のみ、UTF-8へ変換した結果を表示

まずiconvが対応している文字コードの一覧を確認します。iconvの-lオプションを使うと対応する文字コードの一覧がカンマ区切りで横に表示されますが、その出力をパイプに渡すと文字コードのみが縦1列に並びます。

```
1  $ iconv -l | cat
2  437//
3  500//
4  500V1//
5  (..略..)
6  WINSAMI2//
7  WS2//
8  YU//
```

次に、上記方針の①、②にもとづき、この一覧を変換前の文字コードとして順次iconvの-fに指定し、メッセージをUTF-8へ変換できるか確認します。次のように文字コードをwhile文でiconvに渡し、iconvが成功したらその文字コードを出力するようにします。

```
1  $ iconv -l | while read c; do iconv -f $c message.txt &> /dev/null && echo $c; done
2  437//
3  500//
4  500V1//
5  (..略..)
6  VISCII//
7  WINDOWS-1251//
8  WINDOWS-1256//
```

今度は方針③にしたがい、iconvが成功する場合にもう一度iconvを実行し、出力にカタカナ、漢字のどれかが含まれる文字コードを表示してみます。

```
1  ―― 最後のxargsは誌面節約のためで、解答では不要 ――
2  $ iconv -l | while read c; do iconv -f $c message.txt &> /dev/null && iconv -f $c message.txt 2> /dev
   /null | grep -qP '\p{Hiragana}|\p{Katakana}|\p{Han}' && echo $c ; done | xargs
3  CP930// CP939// CP1390// CP1399// CSIBM930// CSIBM939// CSIBM1390// CSIBM1399// IBM-930// IBM-939// IB
   M-1390// IBM-1399// IBM930// IBM939// IBM1390// IBM1399// UCS-2BE// UNICODEBIG// UTF-16BE// UTF16BE//
```

`grep`の`-q`(quiet)は、検索結果を出力しないようにするオプションです。`grep`の終了ステータスだけを使いたいときに用いられます。また、この`grep`では、前問別解1でも使ったPCREのUnicode文字プロパティで、ひらがな、カタカナ、漢字を指定しています。

最後に、もうひとつ`iconv`を加えて、上の出力にあった文字コードで変換した結果を出力します。これで解読完了ということにします。

```
1  $ iconv -l | while read c; do iconv -f $c message.txt &> /dev/null && iconv -f $c message.txt 2> /dev
   /null | grep -qP '\p{Hiragana}|\p{Katakana}|\p{Han}' && echo $c && iconv -f $c message.txt; done
2  CP930//
3  イカれたメンバーを紹介するぜ!
4  真イカのパプリカソースの修平
5
6  以上だ!
7  CP939//
8  イカれたメンバーを紹介するぜ!
9  真イカのパプリカソースの修平
10 (..略..)
11 ??????????/?蹄?????????????????????????
```

CP930からIBM1399までの文字コードで、文字化けせずに「イカれたメンバー……」というメッセージが出力されます。メッセージの解読に成功した文字コードは、IBMの汎用機で用いられる**EBCDIC**(Extended Binary Coded Decimal Interchange Code、エビシディック)がベースになったものです。

5.2 バイナリをあやつる

本節では、文字や画像をバイナリデータとして解析していきます。ここまでできるようになると、文字化けに遭遇すると嬉々として解析しだしたり、画像があったらまず`xxd`に通したりと、傍から見ると物好きな人になります。

練習5.2.a 文字列のバイナリ解析とバイトオーダ

解析をするにあたって、道具を確認しておきましょう。`od`と、既出の`xxd`を扱います。

練習問題 (出題、解答、解説:上田)

次のようにiconvを使うと、UTF-8をUTF-32に変換できます。

```
1  $ echo 🍣🍺 | iconv -f UTF-8 -t UTF-32
2  ??c?z?
```

この(文字化けしている)出力を次のようにxxdとodで変換してみました。

```
1  $ echo 🍣🍺 | iconv -f UTF-8 -t UTF-32 | xxd
2  00000000: fffe 0000 63f3 0100 7af3 0100 0a00 0000  ....c...z.......
3  $ echo 🍣🍺 | iconv -f UTF-8 -t UTF-32 | od
4  0000000 177377 000000 171543 000001 171572 000001 000012 000000
5  0000020
6  $ echo 🍣🍺 | iconv -f UTF-8 -t UTF-32 | od -x
7  0000000 feff 0000 f363 0001 f37a 0001 000a 0000
8  0000020
9  $ echo 🍣🍺 | iconv -f UTF-8 -t UTF-32 | od -tx1 -An
10  ff fe 00 00 63 f3 01 00 7a f3 01 00 0a 00 00 00
```

出力それぞれについて、情報を読み取ってみましょう。ちなみに、寿司、ビールの絵文字のUnicodeにおける番号(今まで番号と言ってきましたが、**コードポイント**と呼ばれます)は、それぞれ`U+1F363`と`U+1F37A`です。改行文字は`U+0A`です。

■解答

まず、xxdの出力を見てみましょう。

```
1  $ echo 🍣🍺 | iconv -f UTF-8 -t UTF-32 | xxd
2  00000000: fffe 0000 63f3 0100 7af3 0100 0a00 0000  ....c...z.......
```

行頭の`00000000:`は**オフセット**というもので、当該の行が、入力されたデータのどの位置のデータに相当するのかを表します。また、右側の`....c...z.......`は、当該の行のデータに相当する、入力された文字列を表示するものですが、この場合は文字化けしてあまり使いものになりません。

重要なのは中央の2〜9列目の`fffe` …… `0000`です。UTF-32は練習5.1.c補足2で、Unicodeのコードポイントをそのまま使う文字コードであるという旨のことを書きましたが、この部分を見ると、コードポイントがそのまま出力されてはいないようです。もう少しよく見ると、`63f3 0100`、`7af3 0100`、`0a00 0000`の部分がそれぞれ寿司、ビール、改行文字のコードポイントに対応しているようですが、2桁ずつ逆に16進数が出力されています。

この現象は、CPUが何バイトずつかまとめてデータを読むときに、先に読むほうを下の桁とするのか上の桁とするのかが統一されていない、という話と関係しています。人間にとっては`63f3 0100`でなくて`0001f363`と記録されているほうがわかりやすいのですが、一方で、CPUがデータを読むときには、下の桁から読んでいくほうが自然であると考えることもできます。

この(統一されていない)並べ方のことは、**バイトオーダ**と呼ばれます。そして、下の桁からデータを並べる方法は**リトルエンディアン**と呼ばれます。逆に、上の桁から並べる方法は**ビッグエンディアン**と呼ばれます[注21]。バイトオーダの話は、文字列に限らず、たとえばC言語でint型の整数をバイト単位で分解するときなどに、使っているCPUで処理が変わってしまう、などというときに出てきます。

UTF-32やその他いくつかの種類のテキストデータには、バイトオーダを明示するために、**BOM**（Byte Order Mark）という特別なバイト列が先頭に記述されています。`xxd`が最初に出力した`fffe0000`がそれで、これは、低い桁から1バイトずつデータが書かれていることを表します。逆に高い桁から記録する方式もあり、`iconv`では次のように出力できます。

```
$ echo 🍣🍺 | iconv -f UTF-8 -t UTF-32BE | xxd
00000000: 0001 f363 0001 f37a 0000 000a          ...c...z....
```

ただ、逆に高い桁から記録する場合、BOMが`0000feff`となるのですが、上の出力のように、`iconv`はBOMを付けてくれません。個人的には、混乱ここに極まれりという所感です。

次に、`od`の出力の観察に移りましょう。`od`、`od -x`で出力した例を再掲します。

```
―― 8進数出力（デフォルト）――
$ echo 🍣🍺 | iconv -f UTF-8 -t UTF-32 | od
0000000 177377 000000 171543 000001 171572 000001 000012 000000
0000020
―― 16進数出力 ――
$ echo 🍣🍺 | iconv -f UTF-8 -t UTF-32 | od -x
0000000 feff 0000 f363 0001 f37a 0001 000a 0000
0000020
```

`od`を使うと、デフォルトで8進数が出力されます。ただ、8進数を見慣れている人以外は、`-x`を付けて16進数で出力したほうが良いでしょう。

`od`の出力でおさえておかないといけないことは、`xxd`と出力の順番が（この環境では）違うということです。リトルエンディアンに見えますが、2バイトずつデータがひっくり返っています。`feff0000`というBOMはないので、いくつかのルールが複合的に絡んで、このように出力されているということになります。

バイト列を`xxd`と同じ順で出力するには、問題で提示した最後の例のように、1バイトずつ`od`に出力させるようにすると良いでしょう。

```
$ echo 🍣🍺 | iconv -f UTF-8 -t UTF-32 | od -tx1 -An
 ff fe 00 00 63 f3 01 00 7a f3 01 00 0a 00 00 00
```

`-tx1`が、16進数で1バイトずつ出力しろという指示です。また、`-An`は、左側のオフセット表示を消す設定です。

■ 補足1（xxd -pを使いましょう）

オフセット表示がデフォルトで付いているように、`xxd`も`od`も人が読みやすい出力を指向していますが、こういう出力は、ほかのコマンドに入力しにくいという問題があります。ワンライナーを書くときは、多くの場合、`xxd -p`の出力が一番扱いやすいと言えます。

注21　バイトオーダのことを「エンディアン」と言って通じることもありますが、バイトオーダが正しい用語です。ちなみにIntel製のCPU（x86、AMD64）がリトルエンディアンです。昔のMacは、PowerPCというCPUをビッグエンディアンで使っていました。

```
1  $ echo 🍣🍺 | iconv -f UTF-8 -t UTF-32 | xxd -p
2  fffe000063f301007af301000a000000
```

ほかのコマンドに渡すには、上の例のように16進数がただ単純に出力されたほうが、なにかと都合が良いでしょう。また、バイトオーダが何度も入れ替わって混乱することもなくなります。

補足2 (UCS)

Unicodeのコードポイントを出力するときは、UTF-32にせず、iconvでUCS-4を指定すると良いでしょう。

```
1  $ echo 🍣🍺 | iconv -f UTF-8 -t UCS-4 | xxd -p | fold -b8
2  0001f363
3  0001f37a
4  0000000a
```

UCS (Universal Coded character Set) は、練習5.1.c補足1で言及した、符号化文字集合の規格です。要はコードポイントを定義した規格です。

補足3 (hexdump)

バイナリを数値に変換するコマンドには、ほかにhexdump (16進ダンプ) があります。

```
1  $ echo 🍣🍺 | iconv -f UTF-8 -t UTF-32 | hexdump
2  0000000 feff 0000 f363 0001 f37a 0001 000a 0000
3  0000010
```

出力はod -x相当ですが、オフセットの数字が違ってきます。

練習5.2.b バイナリファイル調査用のコマンド

次に、バイナリファイルに対してよく使われるコマンドをおさえましょう。

練習問題 (出題、解答：上田　解説：上田、中村)

リポジトリ内にあるgame、game.cpp.gz、white_negi.jpgに、file、base64、md5sum、sha256sumの4種類のコマンドを適用してください。出力について調査してみましょう。

```
1  $ xxd game | head -n 1
2  00000000: 7f45 4c46 0201 0100 0000 0000 0000 0000  .ELF............
3  $ xxd game.cpp.gz | head -n 1
4  00000000: 1f8b 0808 2ac7 935f 0003 6761 6d65 2e63  ....*.._..game.c
5  $ xxd white_negi.jpg | head -n 1
6  00000000: ffd8 ffe1 2ffe 4578 6966 0000 4d4d 002a  ..../.Exif..MM.*
```

解答

fileはファイルが何かを特定してくれるコマンドで、問題2ですでに使いました。各ファイルをfileで調べると、次のような出力が得られます[注22]。

```
1  $ file game
2  game: ELF 64-bit LSB shared object, x86-64, version 1 (SYSV), dynamically linked, interpreter /lib64/
   ld-linux-x86-64.so.2, BuildID[sha1]=0dbceae4dc936a9db927a1af122df60232783ce0, for GNU/Linux 3.2.0, not
    stripped
3  $ file game.cpp.gz
4  game.cpp.gz: gzip compressed data, was "game.cpp", last modified: Sat Oct 24 06:18:18 2020, from Unix,
    original size modulo 2^32 197
5  $ file white_negi.jpg
6  white_negi.jpg: JPEG image data, Exif standard: [TIFF image data, big-endian, direntries=10,
   manufacturer=Apple, model=iPhone 5, orientation=lower-right, xresolution=150, yresolution=158,
   resolutionunit=2, software=7.0.4, datetime=2013:11:21 11:47:07], baseline, precision 8, 3264x2448,
   components 3
```

gameに対する出力にある**ELF**とは、「Executable and Linking Format」の略でありLinuxなど多くのUnix系OSで採用されている実行形式のことです。つまりこのデータは何かのプログラムで、コマンドとして実行できることがわかります。

game.cpp.gzに対する出力の**gzip compressed data**は、**game.cpp.gz**がGZIP形式という形式の圧縮データであることを表します。少し脇道にそれますが、GZIP形式のファイルは次のように、**zcat**、**gunzip**で展開、**gzip**で作成することができます。

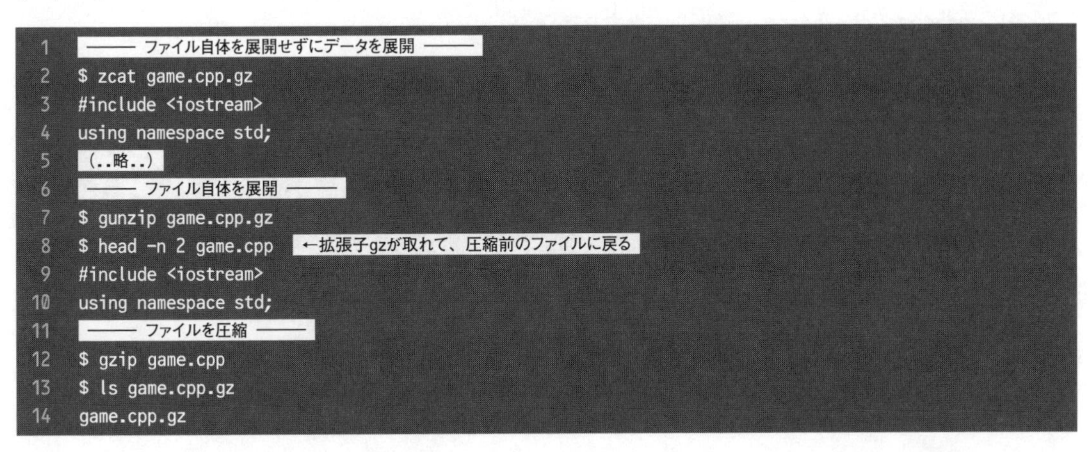

```
1   ―― ファイル自体を展開せずにデータを展開 ――
2   $ zcat game.cpp.gz
3   #include <iostream>
4   using namespace std;
5   (..略..)
6   ―― ファイル自体を展開 ――
7   $ gunzip game.cpp.gz
8   $ head -n 2 game.cpp    ←拡張子gzが取れて、圧縮前のファイルに戻る
9   #include <iostream>
10  using namespace std;
11  ―― ファイルを圧縮 ――
12  $ gzip game.cpp
13  $ ls game.cpp.gz
14  game.cpp.gz
```

file white_negi.jpgについては、画像の形式（JPEG形式）だけではなく、iPhone 5で撮影したなどの付帯状況まで調べることができます。また、この例にはありませんが、画像ファイルには撮影地点の緯度、経度まで埋め込まれる場合があります[注23]。

次に、**base64**の結果を示します。出力は長くなります。

```
1  $ base64 game
2  f0VMRgIBAQAAAAAAAAAAAAMAPgABAAAA4BEAAAAAAABAAAAAAAAAAAA/AAAAAAAAAAAAAEAAOAAN
3  (..略..)
4  AAAAAAAAAAAAANM9AAAAAAAALAEAAAAAAAAAAAAAAAAAAAEAAAAAAAAAAAAAAAAAAA=
5  $ base64 game.cpp.gz
```

注22　**file ***で一度に調査できますが、ここでは見やすいように個別に適用しています。

注23　自宅周辺で撮影した画像については、うかつにインターネット上にアップしないなどの注意が必要です。

```
6   H4sICCrHk18AA2dhbWUuY3BwAFP0zEv0KU1JVbDJzC8uKUpNzLXjKi3OzEtXyEvMTS0uSExOVSgu
7   (..略..)
8   Ss/nL33c1Pm4ce3jxg4kbbVcALPmg/nFAAAA
9   $ base64 white_negi.jpg
10  /9j/4S/+RXhpZgAATU0AKgAAAAgACgEPAAIAAAAGAAAAhgEQAAIAAAAJAAAAjAESAAMAAAABAAMA
11  (..略..)
12  ceMUm2UlgH0OH8qdPJHIgjXkr1JFBof/2Q==
```

Base64は、バイナリなどをaからzの大文字、小文字と0から9までの数字と**+**、**/**の64文字（そしてデータ量を4の倍数にするためのパディング**=**）に変換するためのルールを決めた、**エンコード方式**の1つです。用途としては、たとえば電子メールに画像などのバイナリを添付して送るときに、電子メールを扱うソフトが、Base64エンコード（あるいは別のエンコード方式）でバイナリをテキストに変換します。電子メールでは、バイナリをそのまま送受信できないからです。

Base64でエンコードされたデータは、**base64 -d**で元に戻せます。この操作を**デコード**と言います。テキストをエンコード、デコードした例を示します。

```
1   $ echo シェル芸 | base64
2   44K344Kn440r6Iq4Cg==
3   $ echo 44K344Kn440r6Iq4Cg== | base64 -d
4   シェル芸
```

最後に、**md5sum**と**sha256sum**を適用してみましょう。

```
1   $ md5sum game* white*
2   b106ffb345374eb485d765cfb7679e48  game
3   99de2ae3e9798444a2e1ba80e7403707  game.cpp.gz
4   6a3a60dbe323767606eb5c75936d167c  white_negi.jpg
5   $ sha256sum game* white*
6   79d3cf176ae2b1b3e266d96e5726e9619f87b976db4deb943ade0ab5de49cb87  game
7   c0ee4ed6e9aabd3f931acb7d5cdb454059cf1f28ddef0ce49ffe796f0ad5549d  game.cpp.gz
8   eb5c1b875f7738f93e7296f009f663c30e31e9f813f87136b1291f184bc2b97e  white_negi.jpg
```

md5sum、**sha256sum**は、いずれもファイルの中身から**ハッシュ値**を計算するためのコマンドです。ハッシュ値は、同じデータから計算すると同じ値になるので、データが破損していないかどうかを確認するなどの用途に使われます。たとえばOSのダウンロードページなど、大きなファイルをダウンロードさせるサイトには、そのファイルのハッシュ値が書いてあります。ユーザーは、ダウンロードしたファイルとサイトに記述されているハッシュ値を比較することで、無事ダウンロードができているかどうかを確認できます。**md5sum**、**sha256sum**の違いは、ハッシュ値の計算方法の違いです。ここでは詳しく説明しませんが、今の例のようにWebサイトにハッシュ値が書いてある場合は、どの方式で計算したハッシュ値かも書いてあります。

Base64などでエンコードされたデータと異なり、ハッシュ値は元のデータには復元できません。また、異なるデータが同じハッシュ値を持つことがあります。ただし、破損したデータのハッシュ値が、もとのデータのハッシュ値と一致することは稀（まれ）です。

問題80 2進数から文字列を復元

ここから本節の本番です。まずは2進数から文字への復元をやってみましょう。文字列を16進数にしたテキストは、xxdのあるオプションで元の文字列に戻せます。

問題（初級★　出題：山田　解答：田代　解説：田代）

リスト5.10のzerooneには、バイナリがテキストで記録されています。これはUTF-8の文字列を2進数で表したものです。元の文字列を表示してください。

リスト5.10 zeroone

```
1 11100100101110001000110111100101100010101011010011100110100010011000000011100101101111101001011100001010
```

解答

まず解答を示します。

```
1 $ cat zeroone | sed 's/^/obase=16;ibase=2;/' | bc | xxd -p -r
2 不労所得
```

sedで先頭にobase=16;ibase=2;という文字列を加え、その後、bcとxxdに通しています。

bcのこの使い方は、練習5.1.cで出てきました。obaseが出力の基数、ibaseが入力の基数を表します。一点、注意事項があるのですが、ibaseのほうを先に書いてしまうと、次のobase=16の16が10進数ではなく2進数として解釈されてしまい、bcの出力がおかしくなります。

```
1 ――― obaseが先（正しい）―――
2 $ cat zeroone | sed 's/^/obase=16;ibase=2;/' | bc
3 E4B88DE58AB4E68980E5BE970A
4 ――― ibaseが先（間違い）―――
5 $ cat zeroone | sed 's/^/ibase=2;obase=16;/' | bc
6 120211102102122212110200122110101012202122220221202122210011111 0
```

どうしても先にibaseを書きたい場合には、obaseを2進数にして、ibase=2;obase=10000と指定します。

xxd -prの-rは、リバース（エンコードではなくデコードをせよ）という意味です。つまり、「16進数を羅列したテキストを読んでデコードする」という意味になります。したがって、上の実行例の3行目にあるE4B88DE58AB4E68980Eが、元の文字列に変換されます。

別解

別解を3通り示します。

```
1 別解1(上田) $ grep -o . zeroone | awk '{a+=a+$1}!(NR%8){printf("%02x",a);a=0}' | xxd -r -p
2 別解2(山田) $ cat zeroone | perl -nle 'print pack("B*", $_)'
3 別解3(山田) $ cat zeroone | dc -e'2i?P'
```

別解1は、2進数を縦に並べ、8ビットごとに10進数に変換してprintfで16進数に変換してからxxdに通すというものです。a+=a+$1は、ちょっとトリッキーですが、aを2倍して1列目の0か1を足すという意味になります。これで2進数が10進数に変換されます。!(NR%8)は、NRが8の倍数になったとき（NR%8が0になったとき）に真になります。

別解2はperlのpack関数を使ったものです。pack関数でB*（ビット列を降順で、すべて読み込み）を指定し、入力を2進数とみなしてバイナリを出力しています。

別解3は問題58別解2でも出てきたdcを使っています。この例では2iで入力を2進数と指定し、?でデータを標準入力から読み込み、Pでバイナリを出力しています。

問題81 BOMの識別

次は、UTF-8のBOMに関する問題です。通常、UTF-8にはBOMが付かないのですが、Windowsで作ったファイルに混入することがあり、トラブルの原因になります。

問題（初級★　出題：山田　解答：田代　解説：山田）

UTF-8でエンコーディングされた文字列を含むbom.txt、nobom.txtというファイルがあります（図5.12）。

UTF-8には通常BOMは入りませんが、入っている場合もあります。その場合、BOMは3バイトで0xEFBBBFです。bom.txt、nobom.txt中の文字列には、（ファイル名でわかりますが）どちらかにBOMが入っています。

そこで図5.13のように、ファイルにBOMが入っていれば出力の先頭に[BOM]を付加し、入っていなければ何も付加しないで文字列を出力するワンライナーを考えてください。

図5.12 bom.txtとnobom.txt

```
1 $ cat bom.txt
2 ボムボムプリンおいしい
3 $ cat nobom.txt
4 ボムボムプリン完売
```

図5.13 出力例

```
1 $ 解答のワンライナー
2 [BOM]ボムボムプリンおいしい
3 $ 解答のワンライナー
4 ボムボムプリン完売
```

解答

まず、xxdを使ったアプローチで解いてみましょう。xxdに-pオプションを付けて実行すると、次のように標準入力を16進数にエンコードしてくれます。

```
1 $ cat bom.txt | xxd -p
2 efbbbfe3839ce (..略..)
```

出力の行頭を見てみると「efbbbf」となっています。先ほど紹介したBOMの3バイトが確認できますね。この文字列を[BOM]という文字列に置換すれば答えになりそうです。ただし、xxdの出力をそのまま置換してしまうと、16進数と普通の文字列が混在した文字列になってしまいます。

そこで次のように、「[BOM]を16進数で表した文字列」を作ります。

```
1  $ echo -n '[BOM]' | xxd -p
2  5b424f4d5d
```

そして、コマンド置換を使って、sedのコマンドの中に組み込みます。

```
1  $ cat bom.txt | xxd -p | sed "s/^efbbbf/$(echo -n '[BOM]' | xxd -p)/"
2  5b424f4d5de383 (..略..)
```

sedの命令は、シェルによる無用な変換を避けるためにシングルクォーテーションで囲うことが多いのですが、ここでは$(……)の内容を変換してほしいのでダブルクォーテーションを用います。これで、[BOM]＋ファイルの文字列を表す16進数の値ができました。

最後に、xxdの-rオプション（⇒問題80）を用いてデコードすると、次のように解答が完成します。

```
1  $ cat bom.txt | xxd -p | sed "1s/^efbbbf/$(echo -n '[BOM]' | xxd -p)/" | xxd -p -r
2  [BOM]ボムボムプリンおいしい
3  $ cat nobom.txt | (同じワンライナー)
4  ボムボムプリン完売
```

別解

この問題は、直接的なバイナリ処理をしなくても解けます。nkfコマンドに--guessオプションを付けると、文字エンコーディングの種類だけでなく、改行コードやBOMの有無も表示してくれます。それを利用した解答を次に示します。

```
1  別解1(青木) $ nkf --guess bom.txt
2  UTF-8 (BOM) (LF) ←BOMの有無が表示される
3  $ nkf --guess bom.txt | awk '$2~/BOM/{printf "[BOM]"}' | cat - <(nkf bom.txt)
4  (出力およびnobom.txtの場合は省略)
```

プロセス置換中のnkfは、BOMの除去用です。

また、sedやANSI-C Quoting（⇒問題72別解3）でバイナリの並びを指定し、直接置換することもできます。

```
1  別解2(山田、上田) $ sed -r 's/\xEF\xBB\xBF/[BOM]/' bom.txt
2  [BOM]ボムボムプリンおいしい
3  別解3(山田) $ sed "s/"$'\xEF\xBB\xBF'"/[BOM]/" bom.txt
```

問題82 画像の分割

最近はほとんどやりませんが、昔はファイルシステムが受け付けないほどの大きなファイルを分割して保存する、ということをやっていました。たとえばWindows 95などで使われていたファイルシステムFAT32では、1ファイルの大きさの限界は4GBでした。次の問題では、小さなファイルを使ってこの作業を体験してみます。

問題 （初級★　出題、解答、解説：山田）

image.bmpという画像ファイル（12,426バイト）があります。これを1,000バイトのファイル12個と、426バイトのファイル1個、合計13個のファイルに分割してください。

また、分割する際はファイル名をimage.bmp.01、image.bmp.02、……、image.bmp.13にしてください[注24]。

解答

この問題は、ファイルを分割してくれるsplitというコマンドを使うことで、パイプを使わずに解けます。splitに-bオプションと数字を指定すると、特定のバイト数ごとにファイルを分割できます。たとえば次の例は、1,000バイトごとにファイルを分割した結果です。

```
1  $ split -b 1000 image.bmp
2  ──── 確認 ────
3  $ du -b x??
4  1000 xaa
5  1000 xab
6  (..略..)
7  1000 xal
8  426 xam
```

これで、xa{a..m}という名前のファイルが13個できました。ファイルの大きさの確認は、ls -lで良いのですが、du -bを使ってみました（補足2で説明）。確かに1,000バイトごとに分割されています。また、1,000で割った余りの分である426バイトはxamに収められています。

分割の際のファイル名を変えるために、別のオプションと引数も追加してみましょう。Coreutilsのsplitは、最後の引数に文字列を与えると、それを分割後のファイル名の先頭に付けてくれます。

```
1  $ split -b 1000 image.bmp image.bmp.
2  ↓結果を確認
3  $ ls -1 image.bmp.??
4  image.bmp.aa
5  image.bmp.ab
6  (..略..)
7  image.bmp.am
```

さらに、--numeric-suffixesというオプションを与えると、その引数の番号から数字が開始するようになります。ということで、解答例は次のようになります。

```
1  $ split -b 1000 --numeric-suffixes=1 image.bmp image.bmp.
2  $ du -b image.bmp.??
3  1000 image.bmp.01   ←1から開始
4  1000 image.bmp.02
```

注24　分割後のファイルがbytesplit_answerディレクトリにあるので、答え合わせにお使いください。

```
5 (..略..)
6 1000 image.bmp.12
7 426 image.bmp.13
```

■別解

splitを使わない別解を2つ示します。

```
1 別解1(田代、山田) $ seq 1 1000 12001 | sed 's/.*/((i++));cat image.bmp | tail -c +& | head -c 1000 > image.bmp.$(printf "%02d" $i)/' | bash
2 別解2(eban) $ xxd -p -c 1000 image.bmp | awk '{print | "xxd -r -p > " sprintf("image.bmp.%02d", NR)}'
```

別解1は、sedまでで次のようなシェルスクリプトを作っています。

```
1 $ seq 1 1000 12001 | sed 's/.*/((i++));cat image.bmp | tail -c +& | head -c 1000 > image.bmp.$(printf "%02d" $i)/'
2 ((i++));cat image.bmp | tail -c +1 | head -c 1000 > image.bmp.$(printf "%02d" $i)
3 ((i++));cat image.bmp | tail -c +1001 | head -c 1000 > image.bmp.$(printf "%02d" $i)
4 (..略..)
5 ((i++));cat image.bmp | tail -c +12001 | head -c 1000 > image.bmp.$(printf "%02d" $i)
```

各行冒頭の**((i++))**の**(())**は、**$**がありませんが算術式展開(⇒練習2.1.d)と同じ計算ができる表記法です。詳しくは補足で説明します。変数**i**を1ずつ大きくしていますが、**i=0**と初期化しなくても最初の**((i++))**で**1**になります。**tail -c +n**は、nバイト目から出力するという意味になり、次の**head -c 1000**でファイルに記録する範囲が**image.bmp**から切り出されます。

別解2の**xxd**に付けた**-c n**は、1行にnバイト分出力するためのオプションです。**xxd -p -c**で1,000バイトずつ、バイナリが16進数に変換されて出力されます。あとの**awk**では、**awk**のパイプとリダイレクト(⇒問題54別解1)を使い、**xxd -r**(⇒問題80)で16進数をバイナリに戻してファイルに保存しています。

■補足1(複合コマンド「(())」)

別解1で使った**(())**は複合コマンド(⇒練習2.1.h別解4)の一種で、算術式展開**$(())**の「展開」をせず、代わりに計算結果に応じて終了ステータスを返します。挙動の違いは次のように確認できます。

```
1 ―― 算術式展開の場合、計算結果がBashの文字列になる ――
2 $ $((1+1))
3 2: コマンドが見つかりません
4 ↑$((1+1))が2に置き換わってコマンド扱いされてエラーが起きる
5 ―― (())では展開されないので、とくにエラーは起こらない ――
6 $ ((1+1))
7 $ echo $?
8 0
9 ―― (())の中の数字が0になると、エラーとなって終了ステータスが1になる ――
10 $ ((1-1))
11 $ echo $?
12 1 ←エラー
```

補足2（duとブロック）

duはファイルが占拠しているブロックの個数を調べるためのコマンドです。ファイルはブロックという、大きさの決まった（たいていの場合、4,096バイト）領域を1個から複数使って記録されます。duは-bを付けないと、使っているブロック数や、「ブロック数×ブロックの大きさ」を出力します。これらの出力で、ファイルが実際にどれだけストレージを使っているのかを調べることができます。一方、du -bはls -lと同様、ブロックではなくファイルのサイズを出力します。

問題83 Shift_JISをそのままechoするシェルスクリプト

今度は、Shift_JISで書かれているシェルスクリプトを扱ってみましょう。UTF-8の環境で実行すると、（当然ですが）不具合が発生します。ついでに書いておくと、前問のBOM付きUTF-8で書かれたシェルスクリプト[注25]も、通常のLinux環境では動きません[注26]。頭の痛い問題です。

問題（初級★ 出題、解説：山田 解答：田代）

soleil.bashというShift_JISで書かれたシェルスクリプト（図5.14）があります。echoで文章を出力するだけのスクリプトです。

このスクリプトを実行した結果をUTF-8に変換しようとしても、うまくいきません（図5.15）。そもそもShift_JISの文章としてもうまく出力できていないようです。

このスクリプトをワンライナーで書き換えてnew_soleil.bashを作成し、Shift_JISの文字列を出力してください（図5.16のように、new_soleil.bashの出力をiconvで変換して検証しましょう）。

図5.14 soleil.bash（UTF-8に変換して表示）

```
1 $ iconv -f SJIS -t UTF-8 ./soleil.bash
2 #!/bin/bash
3 echo 親戚のソレイユちゃんは表情が豊かで可愛い女の子。
```

図5.15 スクリプトを実行

```
1 $ bash ./soleil.bash | iconv -f SJIS -t UTF-8
2 親戚のャ激Cユちゃんは撫
3 iconv: (stdin):1:23: cannot convert
```

図5.16 実行例＆検証例

```
1 $ 解答のワンライナー > new_soleil.bash
2 $ bash ./new_soleil.bash | iconv -f SJIS -t UTF-8
3 親戚のソレイユちゃんは表情が豊かで可愛い女の子。
```

解答

Shift_JISは2バイトで日本語を表現します。そのうち、2バイト目のバイト列が別の文字と同じになることにより、スクリプト中で異なる解釈がされてしまうことがあります。soleil.bashには、そのうまく解釈されない文字が含まれています。

たとえば「ソレイユ」の文頭の「ソ」はShift_JISのバイト列で表すと「0x835c」で表されます。

```
1 $ printf ソ | iconv -f UTF-8 -t SJIS | od -tx1 -An ←odの代わりにxxd -pでも可
2  83 5c
```

注25 OSはスクリプトを実行するとき、先頭のシバンを見て何を実行するのか決めます。このとき、#!……の前にBOMがあるとシバンが読めなくなります。

注26 Windowsでシェルスクリプトを書き、UTF-8に変換してLinux環境に持ってくると、こういういやらしい落とし穴にはまります。そして、本章の知識がないと（あっても）、解決にかなりの時間を要します。

この**0x5c**はASCIIコードで半角文字のバックスラッシュ「****」に一致します。

```
1  $ printf '\' | od -tx1 -An
2   5c
```

バックスラッシュはBashではエスケープ文字として扱われ（⇒問題1）、文字のバックスラッシュとしては解釈されません。そのため、「ソ」の2バイト目はそのまま解釈されません。また、「表」という文字にも**0x5c**が含まれます。結果、この文章はShift_JISの環境で「そのまま」**echo**に渡しても、日本語として正しく解釈されません。このような問題が発生する文字は**ダメ文字**と呼ばれます。また、とくに**0x5c**に関する問題は**5C問題**と呼ばれます。

この問題を解決するアプローチとしては、「エスケープ文字をさらにエスケープ」するという方法が挙げられます。解答例を示します。

```
1  $ cat soleil.bash | sed 's/\\/\\\\/g' > new_soleil.bash
2  $ cat new_soleil.bash | iconv -f SJIS -t UTF-8
3  #!/bin/bash
4  echo 親戚のソ\レイユちゃんは表\情が豊かで可愛い女の子。
```

sedの命令の中の****はバックスラッシュでエスケープされたバックスラッシュで、実際にはバックスラッシュ1個を表します。ですので、この**sed**は、バックスラッシュ1個を2個に変換します。

このsedの出力で、**soleil.bash**内のバックスラッシュに相当するバイト列**0x5c**が、**0x5c5c**と水増しされます。たとえば「ソ」の部分は、**0x835c**から**0x835c5c**となります。これは**bash**で、**0x83**とバックスラッシュでエスケープされたバックスラッシュとみなされるので、**echo**の際にエスケープが取れて、再び**0x835c**となります。これで、**echo**後のShift_JISの文字列が、シェルスクリプト内の文字列と同じものになります。

解答例で作った**new_soleil.bash**を実行してみましょう。

```
1  $ bash ./new_soleil.bash | iconv -f SJIS -t UTF-8
2  親戚のソレイユちゃんは表情が豊かで可愛い女の子。
```

確かに正しいShift_JISとして解釈されていることがわかります。

別解

次の別解は、文字列をダブルクォートで囲むことで、5C問題を回避するという方法をとったものです。

```
1  ―― 別解（上田）――
2  $ awk '{if(NF==2){$2="\""$2"\""};print}' soleil.bash > new_soleil.bash
3  ―― 確認 ――
4  $ cat new_soleil.bash | iconv -f SJIS -t UTF-8
5  #!/bin/bash
6  echo "親戚のソレイユちゃんは表情が豊かで可愛い女の子。"
7  $ bash ./new_soleil.bash | iconv -f SJIS -t UTF-8
8  親戚のソレイユちゃんは表情が豊かで可愛い女の子。
```

Bashでは、ダブルクォーテーションで囲んだ文字列中にバックスラッシュが存在するとき、次の文字がエスケープの対象にならない場合、バックスラッシュはそのまま出力されます。

```
1  $ echo "\""
2  "
3  ↑エスケープされるためバックスラッシュ自体は出力されない
4  $ echo "\テスト"
5  \テスト
6  ↑そのまま出力される
```

別解は、この性質を利用しています。今回の文章の場合、バックスラッシュの次のバイト列はエスケープの対象になるものではないため、そのまま出力されます。

問題84 改行コードの識別と集計

次は改行コードの解析です。改行コードの可視化方法は、バイナリを数値で見るほかにいろいろありますので、複数の解答を考えてみましょう。

問題（中級★★　出題：山田　解答：山田、青木、eban、田代　解説：中村）

GZIP形式（⇒練習5.2.b）のファイル`newline.txt.gz`があります（図5.17）。

このファイルは、WindowsとLinuxでいろいろ編集されたために、改行コードが2種類混在してしまいました[注27]。ある行ではCRLF（⇒練習5.1.d）、ある行ではLFのみ、といった具合になっています（図5.18）。

そこで、あなたはCRLFとLFの数をそれぞれ数え、多いほうに改行コードを統一しようと思いました。2種類の改行コードの数をそれぞれ数えてください。出力は図5.19のようなフォーマットにしてください。?に数字が入ります。

図5.17 newline.txt.gz

```
1  $ zcat newline.txt.gz
2  改行好き！好き！！！
3  こうして言葉にするのは初めてですが、
   改行にはいつも感謝しています
4  ありがとう改行
5  改行流石です
6  (..略..)
```

図5.18 改行コードの混在

```
1  ――「nkf --guess」で調べると改行コードの情報が
2  MIXED NL（改行コード混在）となっている ――
3  $ zcat newline.txt.gz | nkf --guess
4  ASCII (MIXED NL)
```

図5.19 出力例

```
1  $ 解答のワンライナー
2  LF ?
3  CRLF ?
```

解答

さまざまな解答が執筆陣から出たので、解答、別解の区別をせずに順に説明します。まずは次のような解答例を示します。実はCRLFとLFは同数でした。

```
1  解答1(山田) $ zcat newline.txt.gz | tr -dc '\015\012' | sed -z 's/\x0d/CR/g;s/\x0a/LF&/g' | sort |
   uniq -c | awk '{print $2,$1}'
2  CRLF 8
3  LF 8
```

この解答例は、まず`tr -dc`でテキストから改行コードのみを取り出し、その結果を集計するというものです。

注27　テキストファイルのままだと設定によってはGitが改行コードを変えてしまうため、リポジトリ内では圧縮ファイルにしてあります。また、ファイルの文章は「https://github.com/jiro4989/scripts」の`thx`コマンドの実行結果を利用しています。

tr -dc '\015\012'で、newline.txtからCRとLF以外を削除しています。このtrでは8進数で文字を指定しており、015、012はASCIIコードでそれぞれCR、LFを表す8進数です。16進数に直すと0x0Dと0x0Aとなります。また、trで-d（消去）と-c（条件の反転）を使うと、指定した文字以外を消去できるというテクニックを使っています。

次のsedでは、CRを文字列のCRに、LFを文字列のLF＋改行に変換しています。trでは8進数で文字を指定しましたが、sedでは16進数を使います。また、改行文字も置換の対象なので、ヌル文字を改行扱いする-zを使います（⇒練習3.2.a）。

```
1  $ zcat newline.txt.gz | tr -dc '\015\012' | sed -z 's/\x0d/CR/g;s/\x0a/LF&/g'
2  LF
3  CRLF
4  LF
5  CRLF
6  CRLF
7  (..略..)
```

あとはsortしたあと、uniq -cでCR、CRLFの個数を取得し、awkで表示を整えています。

次に示す解答2は、xxdでファイル全体を16進ダンプし、そこからCRLFとLFの部分を抽出して集計するものです。

```
1  解答2(青木) $ zcat newline.txt.gz | xxd -p | tr -d \\n | grep -oP "0d0a|0a" | sort | uniq -c | sed 's
   /0d/CR/;s/0a/LF/' | awk '{print $2,$1}'
```

まずxxd -pで、ファイル全体をバイナリファイルとして16進ダンプします。その後tr -d \\nで改行を外し、次のgrepで0d0a（CRLF）と0a（LF）の部分を抽出します。

```
1  $ zcat newline.txt.gz | xxd -p | tr -d \\n | grep -oP "0d0a|0a"
2  0a
3  0d0a
4  0a
5  0d0a
6  0d0a
7  (..略..)
```

そして解答1と同様、sortとuniq -cで、それぞれの件数を取得し、最後にsedで0dをCRに、0aをLFに変換してawkで表示を整えて完成です。

次の解答3、4は、awkの機能を活用したものです。

```
1  解答3(eban) $ zcat newline.txt.gz | awk '{print /\r$/ ? "CRLF" : "LF"}' | sort | uniq -c | awk '{print
   $2, $1}'
2  解答4(eban) $ zcat newline.txt.gz | awk '{print "CRLF", gsub(/\r\n/,"") "\nLF", gsub(/\n/,"")}' RS=%
```

解答3のawkは、行末に\r（CR）があるときはCRLFを、ないときはLFを出力しています。あとは解答1、2同様の集計をして終わりです。解答4は、awkのgsub関数（⇒問題36別解1）を活用し、\r\n（CRLF）と\n（LF）を数えています。後ろのRS=%は、行の分割をLFではなく%で行うという指定です（%でなくても、ファイル中に出てこない文字なら何でも可）。この指定をすることによって、LFを改行ではなくただの文字として認識するようにしています。

次の解答5は、odコマンドの-cオプションで、CRを\r、LFを\nで表示できることを利用しています。

```
1  解答5(田代) $ zcat newline.txt.gz | od -c | tr -dc '\\rn' | sed 's/\\r/CR/g;s/\\n/LF\n/g' | sort |
   uniq -c | awk '{print $2,$1}'
```

sedまでの出力は、次のようになります。

```
1  $ zcat newline.txt.gz | od -c | tr -dc '\\rn' | sed 's/\\r/CR/g;s/\\n/LF\n/g'
2  LF
3  CRLF
4  LF
5  (..略..)
```

問題85 文字のバイナリの平均をとる

次の問題は、ちょっとしたパズルです。

問題 (中級★★　出題：上田　解答：山田　解説：中村)

Unicode やUTF-8では、桃(🍑)とさくらんぼ(🍒)とイチゴ(🍓)が並んでいます。echo 🍑 🍓(絵文字の間に半角スペースあり)からワンライナーを始め、🍑🍓由来の数値の平均値をとって🍒を出力してください。

解答

問題文にある絵文字の文字コードは、UTF-8で桃(🍑)が0xf09f8d91、さくらんぼ(🍒)が0xf09f8d92、そしてイチゴ(🍓)が0xf09f8d93です。解答の流れは、ざっと次のようになりそうです。

①文字を文字コードの16進数値に変換
②2つの16進数の平均値を計算
③16進数の文字コードを文字に変換

この方針で、Perlを使って作成した解答例を示します。

```
1  $ echo 🍑 🍓 | xargs -n1 | perl -nlE 'say unpack("H*",$_)' | xargs | awk '{print "obase=16;ibase=16;"
   toupper("("$1"+"$2")/2")}' | bc | perl -nlE 'say pack("H*",$_)'
2  🍒
```

この解答例では、xargsまでで、次のような出力が得られます。

```
1  $ echo 🍑 🍓 | xargs -n1 | perl -nlE 'say unpack("H*",$_)' | xargs
2  f09f8d91 f09f8d93
```

perlのunpackで、絵文字をUTF-8の16進数に変換しています。問題80別解2で、2進数をもとの文字に変換する際にpackが出てきましたが、unpackはその逆の関数です。H*は、16進数を降順ですべて読み込むという意味です。sayは、最後に改行を入れて文字列を出力する関数です。perlで-e（⇒練習3.1.a）の代わりに-Eを指定すると使えます。

次に、awkでbcへの命令を作ります。

```
1  $ echo 🍑 🍓 | xargs -n1 | perl -nlE 'say unpack("H*",$_)' | xargs | awk '{print "obase=16;ibase=16;"
   toupper("("$1"+"$2")/2")}'
2  obase=16;ibase=16;(F09F8D91+F09F8D93)/2
```

ibase、obase（⇒練習5.1.c）には両方16進数を指定し、その後ろに2つの16進数の平均値を計算する式を作っています。awkのtoupperは、小文字を大文字に変換する関数です。

このあと、解答例ではbcにawkの出力を通し、perlのpackで絵文字に戻しています。これで、🍒が出力されます。

別解

xxdを使った別解を示します。

```
1  別解1(上田) $ echo 🍑 🍓 | xxd -i | mawk -F, '{for(i=1;i<=4;i++){printf("%x", ($i + $(i+5))/2)}}' |
   xxd -p -r
```

xxd -iは、C言語のコード内で使えるように、カンマ区切りで0xを付けて16進数を出力します。

```
1  $ echo 🍑 🍓 | xxd -i
2    0xf0, 0x9f, 0x8d, 0x91, 0x20, 0xf0, 0x9f, 0x8d, 0x93, 0x0a
```

平均値の計算にはAWKのコードを処理するコマンドの1つであるmawkを使っています。各桁の16進数の平均値を計算し、0xを付けずに詰めて16進数を出力し、xxd -p -rで絵文字に戻しています。いつも使っているgawkでなく、mawkを使っているのは、0x……という入力を文字列としてではなく、16進数として解釈させるためです。

最後に、平均値をとらないズルい別解を示します。

```
1  別解2(田代) $ echo 🍑 🍓 | xxd -u -p -l 4 | sed 's/^/obase=16;ibase=16;/;s/$/+1/' | bc | xxd -p -r
```

このワンライナーは、🍓を使わず、🍑の文字コードの値を＋1しています。xxdの-uは、16進数の出力に大文字を使うためのオプションです。xxd -l 4は4オクテットだけ出力しろという意味で、これで🍑のUTF-8の値だけ出力されます。

問題86 分数の計算

次は、分数の組文字を分解するという、面倒くさい問題です。

問題 （上級★★★　出題、解説：上田　解答：山田）

リスト5.11のfractionsに記録されている分数をすべて足してください。リスト5.12のword_to_numファイルを使って良いこととします。

リスト5.11 fractions

```
1 ⅞ ⅚ ⅑
```

リスト5.12 word_to_num

```
1 one once 1
2 two twice 2
3 three third 3
4 four fourth 4
5 five fifth 5
6 six sixth 6
7 seven seventh 7
8 eight eighth 8
9 nine ninth 9
```

解答

先に解答を示しておきます。この解答では、word_to_numは使われていません。

```
1 $ cat fractions | tr -d ' \n' | nkf -w16B0 | xxd -p -u | fold -b4 | grep -f- -w /usr/share/unicode/UnicodeData.txt | awk -F';' 'BEGIN{print "puts "}{gsub("/",",",$9);print "Rational("$9")"}' | paste -sd+ | ruby
2 131/72
```

foldまでのワンライナーを示します。ここまでで、各分数のUnicodeのコードポイントが得られます。

```
1 $ cat fractions | tr -d ' \n' | nkf -w16B0 | xxd -p -u | fold -b4
2 215E
3 215A
4 2151
```

この処理では、fractionsの空白と改行を削除したあと、nkfで文字をUTF-16にエンコードして、それを16進数のテキストに変換しています。この出力の215E、215A、2151がそれぞれ⅞、⅚、⅑に対応します。

nkfは、trで空白、改行を削られた文字列を、BOMなしのUTF-16（-w16B0で指定）のバイナリに変換しています。このバイナリはxxd -p -uでテキストに変換されます。-uと-pの組み合わせは、前問別解2で用いました。fold -b4は、4バイトずつ入力された文字列に改行を入れます（⇒練習5.1.d）。

foldの次のgrepを示します。この部分がこの解答のキモです。

```
1 ――― その前に準備 ―――
2 $ sudo apt install unicode-data
3 ――― 標準入力から16進数を-f-で読み込んで検索語に ―――
4 $ （前述のワンライナー） | grep -f- -w /usr/share/unicode/UnicodeData.txt
5 2151;VULGAR FRACTION ONE NINTH;No;0;ON;<fraction> 0031 2044 0039;;;1/9;N; (..略..)
6 215A;VULGAR FRACTION FIVE SIXTHS;No;0;ON;<fraction> 0035 2044 0036;;;5/6;N; (..略..)
7 215E;VULGAR FRACTION SEVEN EIGHTHS;No;0;ON;<fraction> 0037 2044 0038;;;7/8;N; (..略..)
```

まず、Unicode関連のデータをsudo apt install unicode-dataでインストールしておきます（⇒問題72別解2）。そして、grep -f-（⇒問題32）で、パイプから流れてくる16進数3個を検索語にしてデータファイル/usr/share/unicode/UnicodeData.txtから、分数の組文字の情報を抽出します。抽出された情報を見ると、各組文字に対し、7/8、5/6、1/9というASCIIコードでの表現が記載されていることがわかります。

今度はこれをawkでRubyのコードに変換します。

```
1  $ (前述のワンライナー) | awk -F';' 'BEGIN{print "puts "}{gsub("/",",",$9);print "Rational("$9")"}'
2  puts
3  Rational(7,8)
4  Rational(5,6)
5  Rational(1,9)
```

Rational(a,b)は分数（正確には有理数）a/bを意味します。

これをpaste -sd+で次のように変形します（⇒問題58別解3）。

```
1  $ (前述のワンライナー) | paste -sd+
2  puts +Rational(1,9)+Rational(5,6)+Rational(7,8)
```

この出力をrubyに入力すると、冒頭の解答例と出力が得られます。

別解

word_to_numファイルを使った別解を示します。opyからPythonのunicodedataパッケージを利用し、出力とword_to_numを比較するというワンライナーです。

```
1  別解1(eban) $ cat fractions | fmt -1 | opy '[unicodedata.name(F1).lower()]' | sed -rf <(opy '[f"s/{F1
   }|{F2}s?/{F3}/"]' word_to_num) | opy 'B:["import fractions;print("];[f"fractions.Fraction({F3},{F4})+
   "];E:["0)"]' | python3
```

このワンライナーでは、最終的にPythonのコードを作って分数を計算しています。

もうひとつ、uconvを使った別解を示します。uconvはsudo apt install icu-devtoolsでインストールできます。

```
1  別解2(上田) $ uconv -x nfkc fractions | sed 's;⁄;/;g' | sed -E 's/[^ ]+/&r/g' | tr ' ' + | sed 's/^/
   puts /' | ruby
2  131/72
```

uconv -x nfkcで組文字をNFKC（Normalization Form Compatibility Composition）というUnicodeの正規化形式（⇒問題76補足）に変換すると、組文字が分解されます。ただし、分数の/が、ASCIIコードのスラッシュではなく、UnicodeのU+2044で出力されてくるので、sedで変換しています。's;⁄;/;g'の前半のスラッシュはuconvの出力からコピーしたもの、後半のスラッシュはキーボードから打ち込んだものです。そのあとのruby手前までの出力は、次のようになります。

```
1  $ uconv -x nfkc fractions | sed 's;⁄;/;g' | sed -E 's/[^ ]+/&r/g' | tr ' ' + | sed 's/^/puts /'
2  puts 7/8r+5/6r+1/9r
```

解答ではRational()を使いましたが、この別解では、分数の後ろにrと入れるとRationalの数にできることを利用しています。

問題87 odの出力の復元

今度は、odの出力からデータを復元する問題に挑戦しましょう。バイトオーダが面倒です。

問題（上級★★★　出題、解答：上田　解説：田代）

大事なデータが消えてしまいました。手元には、そのデータをodコマンドに通した出力oct.txt（リスト5.13）だけが残されています。このデータを復元してください。

リスト5.13 oct.txt

```
1 0000000 123747 164622 117600 100743 030647 162460 103206 124347
2 0000020 161674 110201 123747 162630 103257 000012
3 0000033
```

解答

odは、デフォルトで8進数を2バイトずつ、1行あたり16バイト分を出力します。一番左の列はファイル先頭からのオフセットで、8進数で表示します[注28]。練習5.2.aで説明したように、バイトオーダがややこしいので注意しないといけません。

解答例を示します。8進数を16進数に変換し、バイトオーダ依存を解消後、xxdでデコードするという流れで解いたものです。

```
1 $ cat oct.txt | awk '{$1="";print}' | xargs -n 1 | sed '1iobase=16;ibase=8;' | bc | awk '{printf "%4s
  \n",$0}' | tr ' ' 0 | sed -r 's/(..)(..)/\2\1/' | xxd -p -r
2 秒速で10円稼ぐ秘密
```

この解答ではまず、awkで1列目のオフセットを削除し、xargsで8進数を2バイトずつ縦に並べ替え、sedでbcの基数変換の命令を冒頭に挿入しています。

```
1 $ cat oct.txt | awk '{$1="";print}' | xargs -n 1 | sed '1iobase=16;ibase=8;'
2 obase=16;ibase=8;
3 123747
4 164622
5 117600
6 (..略..)
```

この出力をbcに通して、得られた16進数をawkで右ぞろえして、trでスペースを0で埋めると、出力は次のようになります。

```
1 $ cat oct.txt | awk '{$1="";print}' | xargs -n 1 | sed '1iobase=16;ibase=8;' | bc | awk '{printf "%4s
  \n",$0}' | tr ' ' 0
2 A7E7
```

注28　マニュアルによると、odのデフォルト出力フォーマットは、-A o -t oS -w16のオプション指定と同等です。

```
3 E992
4 9F80
5 (..略..)
6 000A
```

ここで、sedを使ってバイトオーダを入れ替えます。

```
1 $ cat oct.txt | awk '{$1="";print}' | xargs -n 1 | sed '1iobase=16;ibase=8;' | bc | awk '{printf "%4s
  \n",$0}' | tr ' ' 0 | sed -r 's/(..)(..)/\2\1/'
2 E7A7
3 92E9
4 809F
5 (..略..)
6 0A00
```

あとは**xxd -p -r**で（⇒問題80）16進数を文字列に戻す処理を加えると、冒頭の解答例になります。

別解

perlを使った別解を示します。

```
1 別解（山田） $ cut -c8- oct.txt | fmt -1 | perl -nle 'printf pack("s",oct($_));'
```

この別解では**cut**でオフセットを除去し、**fmt**（⇒問題39別解2）で8進数を縦に並べて、**perl**の**pack**関数（⇒問題80別解2）でバイナリに直接変換して文字を復元しています。**cut -c**（⇒問題65）で指定した**8-**は、「8文字目以降」という意味です。Perlの**pack**関数は（おそらくIntelのCPUを使っている場合）リトルエンディアンで処理をするので、**od**の出力のバイトオーダを変えずにそのまま使えます。

問題88 電子透かしの解読

画像や動画に何か情報を仕込む、**ステガノグラフィー**という技術があります。また、ステガノグラフィーを（悪用ではなく平和に）利用して、画像や動画に著作権情報や、その他有用な情報を埋め込む**電子透かし**という技術があります。電子透かしの情報を取り出す問題に挑戦してみましょう。画像については練習問題で扱っていませんので、問題の後半に書いてあるヒントと、Webなどでの調査を手がかりに攻略してみましょう。

問題（上級★★★　出題、解答、解説：山田）

図5.20に示すような、`image_masked.bmp`というBMP形式（Windows bitmap形式）の画像ファイルがあります。これには、電子透かしでUTF-8のテキストが隠されています。R（赤）G（緑）B（青）のうち、B（青）の下位1ビット目をつなげると情報が得られます。

次のように画像ファイルをcatしたあとにワンライナーをつなげて、隠されたメッセージを読み取ってください。

```
1  $ cat image_masked.bmp | 解答のワンライナー
2  Hello, 私だ。
3  以下は私の個人情報だ!!
4  絶対に漏らすなよ!!!
5
6  銀行口座の暗証番号: (..略..)
7
```

図5.20 image_masked.bmp（画像として表示）

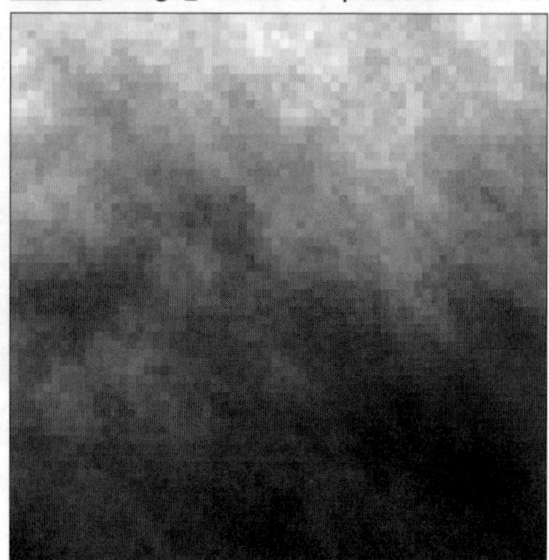

手も足もでない方のためのヒントです。

- BMP形式のファイルは、先頭からメタ情報のある「ヘッダ」と、画素の情報である「画素データ」の順番で構成される
- 画素データを先頭から読むと、「RGB」ではなく「BGR」の順でデータが格納されている
- B（青）の画素を2進数にして、下1桁目をファイル内の並び順でつなげていくと、そのままメッセージになっている

解答

電子透かしにはさまざまなものがあるのですが、`image_masked.bmp`に施された手法は、画素ひとつひとつの色を人間が気づけないように若干変化させる、というものです。たとえば図5.21のように、B（青）の値が120（2進数で`01111000`）の場合、末尾の1ビットを変えて`01111001`にする、というような方法で、人間の目ではほとんどその違いに気づけません。変化させたビットをつなぎ合わせれば、自分の好きな2進数の数列、すなわちバイナリ情報を作成できます。たとえば、この処理を64×64（＝4,096画素）の画像に施せば、4,096ビット（＝512バイト）までの任意の情報を仕込めるというわけです。

図5.21 電子透かしによる1つの画素情報の書き換え

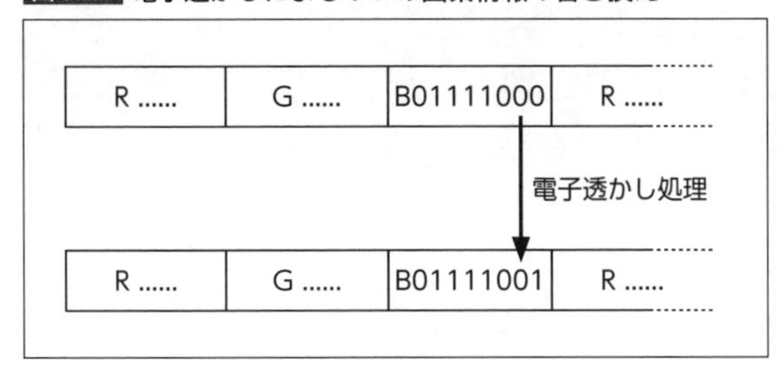

では、これをふまえて問題を解いていきましょう。BMP形式では、画素の情報が圧縮されずにそのまま格納されています。仕様を調べると、11〜14バイト目に「ファイルの先頭アドレスから画素データの先頭まで何バイト存在するか（オフセット）」という情報があるようです[注29]。というわけで、**xxd**と**grep**、さらに**sed**を使って、ファイルの11〜14バイト目を16進数で見てみます。

```
1  $ cat image_masked.bmp | xxd -p -u | grep -o .. | sed -n '11,14p'
2  8A
3  00
4  00
5  00
```

このように「**8A 00 00 00**」という値が出てきました。この値はリトルエンディアン（⇒練習5.2.a）で格納されているため「**00 00 00 8A**」に順番を並び替えて読みます。これをたとえば次のように10進数にすると、138になります。これがオフセットの値です。

```
1  $ echo 'obase=10;ibase=16;0000008A' | bc
2  138
```

これにより、画像の139バイト目以降が各画素の情報であるとわかります。

この情報を使い、画素のデータを取り出してみましょう（このオフセットの値の取得を含めて一気に解く方法は、別解で提示）。**xxd**と**sed**で、2進数で取り出してみます。

```
1  $ cat image_masked.bmp | xxd -b -c1 | sed -n '139,$p'
2  0000008a: 00000110 .
3  0000008b: 00000000 .
4  0000008c: 00000101 .
5  0000008d: 00010111 .
6  (..略..)
```

xxdの**-b**は2進数でのデータ表示、**-c1**は1行1オクテットで表示するという意味です。

この状態では、画素の情報がB、G、R、B、G、R、……という順番で並んでいます。B（青）の情報のみを取り出し、さらに2進数の部分だけ出力しましょう。

注29　https://ja.wikipedia.org/wiki/Windows_bitmap#ファイルヘッダ

```
1  $ cat image_masked.bmp | xxd -b -c1 | sed -n '139,$p' | sed -n '1~3p' | awk '{print $2}'
2  00000110
3  00010111
4  00001100
5  00001110
```

sedの**1~3p**は、1行目から3行ごとに出力するという意味です。

この出力から、**cut**で末尾の8文字目を取り出し、**tr**で改行を除くと、1つの2進数の値が得られます。あとは**perl**の**pack**関数（⇒問題80別解2）を使って、隠されたメッセージを復号してみます。

```
1  $ cat image_masked.bmp | xxd -b -c1 | sed -n '139,$p' | sed -n '1~3p' | awk '{print $2}' | cut -c 8 |
    tr -d '\n' | perl -nle 'print pack("B*",$_)'
2  Hello, 私だ。
3  以下は私の個人情報だ!!
4  (..略..)
```

これを解答とします。

■別解

実は、ヘッダ情報を解析せずに解くことも可能です。次の別解はImageMagick（⇒問題2）にある**identify**コマンドを使って画素数を調査し、**tail**でファイルの末尾から必要な分だけデータを抽出して、そこからメッセージを復号するというアプローチを取っています。

```
1  ──── 別解1(上田) ────
2  $ identify image_masked.bmp  ← 画像は64×64ピクセルであることを確認
3  image_masked.bmp BMP 64x64 64x64+0+0 8-bit sRGB 12.4KB 0.000u 0:00.000
4  ──── 64×64×3(RGBなので3)バイトをtailで抽出して処理 ────
5  $ tail -c $((64*64*3)) image_masked.bmp | xxd -c1 -b | awk 'NR%3==1{a+=a+$2%2}!(NR%24){printf("%02x",
   a);a=0}' | xxd -r -p
```

awkのパターン**NR%3==1**は、3行ごと（Bの画素ごと）にマッチし、アクションで文字列**a**の末尾に2進数の下1桁（**$2%2**）がくっついていきます。パターン**!(NR%24)**は、読み込んだBの画素が8の倍数になったことを意味し、アクションで2進数を2桁の16進数に変換して出力しています。

また、ヘッダ長の取得からメッセージの復号までをワンライナーにまとめた別解を示します。

```
1  ──── 別解2(田代、山田) ────
2  $ xxd -c 1 -b -s $(xxd -p -u -c 1 -s 10 -l 4 image_masked.bmp | tac | tr -d '\n' | dc -e'16i?p') image
   _masked.bmp | awk 'NR%3==1{printf substr($2,8,1)}' | dc -e'2i?P'
```

xxdコマンドには開始位置のオフセット（**-s**）やダンプするバイト長を指定（**-l**）するオプションが用意されており、それをうまく使っています。**dc**（⇒問題58別解2）の**-e**（式を書くオプション）で指定した**16i?p**は、16進数（**16i**）でデータを読み込んで（**?**）10進数のテキストで出力（**p**）するという意味です。**2i?P**は2進数で読み込んでバイナリで出力するという意味になります（⇒問題80別解3）。

■補足1（ビットマップをシェルで作る）

この問題の画像は、シェル上で一から作りました。作り方をGist（「https://gist.github.com/greymd」の`sukashi.sh`）注30に控えておいたので、興味のある方はお試しください。

■補足2（電子透かし画像用の解析ソフトで解けるのか？）

`image_masked.bmp`を、StegSolveというステガノグラフィー解析ソフトで読み込んでみました。**図5.22**はB（青）の1ビット目を指定して解析したもので、「Hello, ……」という文字が見え、何かの情報が入っていることがわかりそうです。ただ、メッセージの文頭にもかかわらず、プレビュー画面では後ろのほうにきています。今回の画像にはファイルの先頭から順番に画素にメッセージを仕込みました。実は、それではビットの並びが画像における画素の並び（左上が開始位置）に対応しなくなり、このような現象が起こります。

図5.22 StagSolveを用いた解析

```
                                    Extract Preview
89e381aee69a97e8 e382abe383bce383  ........ ........
82b8e38383e38388 0ae382afe383ace3  ........ ........
8fb73a2036353533 97e8a8bce795aae5  ..: 6553 ........
e5baa7e381aee69a 8a80e8a18ce58fa3  ........ ........
82882121210a0ae9 89e38199e381aae3  ..!!!... ........
e381abe6bc8fe382 210ae7b5b6e5afbe  ........ !.......
85e5a0b1e381a021 e5808be4babae683  .......! ........
81afe7a781e381ae 0ae4bba5e4b88be3  ........ ........
a781e381a0e38082 48656c6c6f2c20e7  ........ Hello, .
```

このように、想定される電子透かしの方式は、ソフトウェアごとに異なります。今回の問題で紹介した手法や解答は、何か規格として採用されている方式ではない点にはご注意ください。

問題89 CTF

本章最後の問題です。セキュリティ分野で盛んに競技会が開催されている、**CTF**（Capture The Flag）の基本的な問題に挑戦してみましょう。

問題（上級★★★　出題、解説、解答：中村）

リスト5.14のファイル`ctf-data`を解読し、フラグを取得してください。フラグは`FLAG is xxxx`という形式になっています。

リスト5.14 ctf-data

```
1 H4sIALYHDF4AA+1 (..略..) NoU6k7V3vV66
2 D2t3FuyIR4TbiKW (..略..) l3Nnzpmde3c2
3 (..略..)
4 YFXC5e+2/wGwdqD9aCAAAA==
```

■解答

ファイルの形式を調べ、少しずつデコードしていくことでフラグを取り出せる、というタイプの問題を用意しました。随所に練習5.2.bの知識を使います。まず、**リスト5.14**を見ると、テキストファイルであり、最後が`==`になっていることから、Base64にエンコードされたデータかもしれない（⇒練習5.2.b）、という

注30 https://gist.github.com/greymd/6bdbffcfb0200a29345053553ad15960

ことが読み取れます。そうではない可能性もありますが、ひとまずBase64としてデコードしてみます。

```
1  $ base64 -d ctf-data > a
2  $ file a
3  a: gzip compressed data, last modified: Wed Jan  1 02:45:10 2020, from Unix, original size modulo 2^
   32 8296
```

base64 -dでデコードしましたが、何が出てくるかわからないため、いったんファイルに出力しました。続く**file**コマンド（⇒練習5.2.b）で確かめたところ、**gzip**で圧縮されたデータだとわかりました。

そこで、**base64 -d**のあとに**zcat**をつなげて、圧縮されたデータを展開してファイルに保存しましょう。その後、先ほどと同様、**file**コマンドでどんなデータなのか確認します。

```
1  $ base64 -d ctf-data | zcat > a
2  $ file a
3  a: ELF 64-bit LSB shared object, x86-64, (..略..)
```

ELF 64-bit LSB shared objectであると判断されました。

ELFファイル（⇒練習5.2.b）は邪悪なプログラムの可能性があるので、出所がはっきりしたもの以外はうかつに実行してはいけません。ただ、ここは出題者を信用して実行してみましょう。

```
1  $ chmod +x a
2  $ ./a
3  HNCI ku ujgnn/igk
```

思わせぶりな文字列が出力されました。あと一歩、という感じです。

問題文には「フラグは**FLAG is xxxx**という形式になっています」というヒントがありました。出力された文字列のうち、**HNCI ku**の部分はそのまま**FLAG is**と対応しそうに見えます。この対応を、単純な**シーザー暗号**だと疑ってみましょう。シーザー暗号とは、暗号の文字列の各文字を、アルファベット順でいくつか前、あるいは後の文字に置換すると、元の文字列が現れるという、単純な暗号形式です。**H**が**F**になればいいということで、アルファベットを2文字前にずらせば良さそうです。**tr**を使ってすべての文字を2バイトずつずらします。

```
1  $ ./a | tr '#-z' '!-z'
2  FLAG is shell-gei
```

ASCIIコードで、**!**は**#**の2文字前なので、これで**#**から**z**までの文字が2つずつ前の文字に置換されます。この範囲の文字には半角スペースが含まれないので、半角スペースはそのままになります。**#-z**と**!-z**の範囲の文字数がそろっていませんが、とくにエラーは起こりません。

これで無事に**FLAG is shell-gei**というフラグを取得できました。ここまでの一連のコマンドを1行にすると、次の解答例が得られます。

```
1  $ base64 -d ctf-data | gzip -dc > a;chmod +x a;./a | tr '#-z' '!-z'
2  FLAG is shell-gei
```

別解

考え方は同じですが、別のコマンドを使った別解を紹介します。

```
1  別解1(田代) $ cat ctf-data | base64 --decode | gzip -d > temp ; chmod +x temp ; ./temp | tr -d '\n' | xxd -u -p | fold -2 | awk '!/^20$/{print $0"-2"}/^20$/{print}' | cat <(echo 'obase=16;ibase=16') - | bc | xxd -p -r
2  別解2(上田) $ base64 -d ctf-data | zcat > a ; chmod +x a ; ./a | opy -o '' '[chr(ord(a)-2) if a!=" " else " " for a in F0]'
```

別解1は**gzip -d**で解凍し、**xxd**や**awk**などを駆使して文字をシフトしています。別解2は、Pythonの**ord**で、半角スペース以外の文字をASCIIコードの番号に変換し、2を引いて**chr**で文字に直しています。

第6章

パズル

本章では、ややこしい問題や、ワンライナーでやる意味があるのかよくわからない問題を、「パズル」として扱います。6.1節では数学を題材とした問題、6.2節ではノーヒントで、ややこしい検索や置換、その他雑多な問題に取り組みます。

人間、歳をとると自分にとって意味のないことをやらなくなりますが、おそらく本書を手にとってここまで来た人はそうでもなさそうですので、そのままの勢いで問題を解いてみましょう。それが役に立つかどうかについて、筆者は主張する根拠を持っていませんが、頭を普段とは違う方法でフル回転させることは、たぶん悪いことではないはずです。そして、仕事中に本章の問題で使ったテクニックを活用できる場面が現れるかもしれません。

6.1 数学で遊ぶ

本節では数学の問題を解いてみましょう。数学といっても、せっかくコンピュータを使っているので力づくで解いてかまいません。おもしろい解き方をいろいろ考えてみましょう。

練習6.1.a 正確な計算

練習4.1.a補足2では、浮動小数点に関する誤差について話題にしました。それならば厳密な計算をしたいときどうするか、という問題をここでは扱います。

練習問題 (出題、解答、解説：上田)

次の式を正確に計算してみましょう。桁を表すカンマは入力する必要はありません。

- 小問1：0.1＋0.1＋0.1－0.3
- 小問2：10,000,000,000＋0.0000000001 (100億＋100億分の1)
- 小問3：1/3＋1/5

解答

小問1、2は、bcを使えば正確に計算できます。

```
1  $ echo '0.1+0.1+0.1-0.3' | bc
2  0
3  $ echo '10000000000+0.0000000001' | bc
4  10000000000.0000000001
```

awkなどを使うと誤差が出ます。

```
1  $ awk 'BEGIN{print 0.1+0.1+0.1-0.3}'
2  5.55112e-17
3  $ awk 'BEGIN{print 10000000000+0.0000000001}'
4  10000000000
```

これは練習4.1.aで言及したとおりです。

分数の計算は、問題86ですでに扱いました。rubyのRational（有理数クラス）で計算できます。小問3の解答例を示します。

```
1  ―― Rubyのコードを作る（⇒問題86別解2）――
2  $ echo '1/3+1/5' | sed -E 's;/.;&r;g;s/^/puts /'
3  puts 1/3r+1/5r
4  ―― コードをrubyに入力 ――
5  $ echo '1/3+1/5' | sed -E 's;/.;&r;g;s/^/puts /' | ruby
6  8/15
```

別解

小問1、小問2もRubyで解いてみましょう。小数を分数の形に変換してくれるので便利です。Rubyの分数の出力を小数に変換したいときは、bc -lに入力する方法が考えられます。

```
1  小問1別解1 $ echo '0.1+0.1+0.1-0.3' | sed -E 's/([^-+]+)/&r/g' | sed 's/^/puts /' | ruby
2  0/1
3  小問1別解2 $ (上のワンライナー) | bc -l
4  0
5  小問2別解1 $ echo '10000000000+0.0000000001' | sed -E 's/([^-+]+)/&r/g' | sed 's/^/puts /' | ruby
6  100000000000000000001/10000000000
7  小問2別解2 $ (上のワンライナー) | bc -l
8  10000000000.00000000010000000000
```

小問1別解2、小問2別解2のように、bcで分数（割り算）を計算するときは-lが必要です。

練習6.1.b 素数

暗号の生成やベンチマークテストなど、コンピュータでは素数がよく利用されます。また、その性質のおもしろさから、素数好きを公言するプログラマーも少なくありません。ここでは、素数を扱う練習をしてみましょう。

練習問題 (出題、解答、解説：上田)

factorを使うと、図6.1のように自然数を素因数分解できます。factorを利用して、2以上100未満の素数を列挙してみてください。

図6.1 factorコマンドで素因数分解

```
1  $ echo 123456789 | factor
2  123456789: 3 3 3607 3803
```

解答

素数は2つ以上の因数に分解できないので、次のようにfactorの出力のうち、2列のものをawkでフィルタリングすると列挙できます。

```
1  $ seq 2 99 | factor | awk 'NF==2{print $2}' | xargs
2  2 3 5 7 11 13 17 19 23 29 31 37 41 43 47 53 59 61 67 71 73 79 83 89 97
```

別解

factorを使わずに出力を得てみましょう。一番簡単なのは、primesという、素数を出力できるコマンドを使う方法です。primesは、sudo apt install bsdgamesでインストールできます。

```
1  別解1(りゅうち) $ primes 2 100 | xargs
```

次に、「試し割り法」を使って地味に計算する別解を示します。

```
1  別解2(上田) $ seq 2 99 | awk '{for(i=2;i<$1;i++){if($1%i==0)next};print $1}' | xargs
```

awkで各整数に約数がないか調べています。awkのnextは、その行の処理を打ち切って次の行に行くときに使います。

最後に、2から100までの自然数それぞれについて、100以下の倍数をすべて列挙し、1つしかない整数（つまりほかの数の倍数にならない素数）だけを残すという方法をとった別解を示します。

```
1  別解3(eban) $ seq 2 100 | xargs -I@ seq @ @ 100 | sort -n | uniq -u | xargs
```

この方法は、自然数のリストから倍数を除去していって素数を残す、エラトステネスの篩(ふるい)[注1]というアルゴリズムと似ています。xargs中にあるseq @ @ 100は、@（数字）から@刻みで100まで整数を出力するという意味で、これで100以内の@の倍数が出力されます。

注1　https://ja.wikipedia.org/wiki/エラトステネスの篩

練習6.1.c 組み合わせの生成

最後に、ブレース展開以外の組み合わせの作り方をおさえておきましょう。

練習問題 (出題、解答、解説:上田)

図6.2の出力を得てください。数学でいうところのa、b、cから2個を選んで得られる順列(permutation)に相当します。

問題22で使ったブレース展開は、ここでは使わないで解いてみましょう。使うと楽なコマンドが思い浮かばない場合は、最初awkで解いてみましょう。

図6.2 出力例

```
1  a-b a-c b-a b-c c-a c-b
```

解答

awkで出力を得ると、for文の練習のような解答になります。

```
1  $ echo {a..c} | awk '{for(i=1;i<=3;i++)for(j=1;j<=3;j++)print $i,$j}' | awk '$1!=$2' | tr " " - | xargs
2  a-b a-c b-a b-c c-a c-b
```

最初のawkでa、b、cの重複を許す全組み合わせを作り、次のawkで同じ文字が並んだ組を除去しています。

別解

joinを使うと、2つの入力の全組み合わせを生成することができます[注2]。

```
1  ―― 縦に並んだa, b, cを2つ入力 ――
2  $ join -j9 <(echo -e 'a\nb\nc') <(echo -e 'a\nb\nc')
3   a a
4   a b
5   a c
6  (..略..)
7   c b
8   c c
```

-j9は「9列目をキーにする」という意味ですが、どちらの入力にも9列目はありません。こういうとき、joinは上の例のように行の組み合わせを出力します[注3]。

これを利用すると、次のような解答例が得られます。

```
1  別解1 $ join -j9 <(echo -e 'a\nb\nc') <(echo -e 'a\nb\nc') | awk '$1!=$2{printf $1"-"$2" "}'
2  a-b a-c b-a b-c c-a c-b
```

また、順列や組み合わせを作る数学的な操作は、PythonやRubyなどの言語では、あらかじめ準備されていることが期待できます。

注2 この解答法の初出は『Software Design』の連載(第29回)のebanさんの解答です。

注3 コードを読んだわけではありませんが、出力の左側に空白ができていることから、2つのファイルの全行が空文字のキーを持つという解釈になって、同じキーを持つ全行がすべて組み合わされるようです。

```
1  別解2 $ ruby -e 'x=["a","b","c"];x.permutation(2).to_a.each do |y|; p y[0]+"-"+y[1] ; end' | xargs
2  a-b a-c b-a b-c c-a c-b
3  別解3 $ python3 -c 'import itertools;x=["a","b","c"];[print("-".join(e)) for e in itertools.
   permutations(x,2)]' | xargs
4  a-b a-c b-a b-c c-a c-b
5  別解4 $ echo a b c | opy '["-".join(e) for e in itertools.permutations(F[1:],2)]'
6  a-b a-c b-a b-c c-a c-b
```

ただ、ワンライナーで使おうとすると、メソッドの名前が説明的過ぎ、長く感じるかもしれません。

最後に、Tukubaiにある専用コマンドloopxの使用例を示します。

```
1  別解5 $ loopx <(echo -e 'a\nb\nc') <(echo -e 'a\nb\nc') | awk '$1!=$2{printf $1"-"$2" "}'
2  a-b a-c b-a b-c c-a c-b
```

問題90 n進数の計算

ここから本節の本番です。最初に計算問題を解きましょう。ややこしいですが、Bashの機能を使うと簡単に解けます。

問題 (初級★　出題、解答：上田　解説：田代)

12 (4進数) と34 (8進数) と56 (16進数) を足して16進数で表示してください。

解答

基数の異なる数の足し算は、Bashの算術式評価による基数変換 (⇒練習5.1.a) を使うと簡単にできます。

```
1  $ echo $(( 4#12 + 8#34 + 16#56 ))
2  120
```

これを16進数に変換するには、printfが利用できます。これも練習5.1.aで扱いました。上の足し算をprintfの引数に使った解答例を示します。

```
1  $ printf "0x%x\n" $(( 4#12 + 8#34 + 16#56 ))
2  0x78
```

別解

数値の先頭が0の場合、算術式内ではその数が8進数と解釈されます。また、先頭が0x、あるいは0Xの場合は16進数と解釈されます。これを利用すると、次のような別解が考えられます。

```
1  別解（上田） $ printf "0x%x\n" $(( 4#12 + 034 + 0x56 ))
2  0x78
```

問題91 組み合わせの抽出

次に、組み合わせの問題を解いてみましょう。

問題 (中級★★　出題：山田　解答：田代　解説：中村)

2cm、3cm、5cm、7cmの棒が3本ずつ、合計12本あります。この棒を3本選んで三角形を作るとしたら、何通り組み合わせが考えられますか。

解答

4つの数字から3つの数字の組み合わせを作り、三角形にできるものだけを残します。三角形になるには、3つの数字を小さいほうからそれぞれa、b、cとするとa＋b＞cであることが必要十分条件になります。まずはBashとAWKを活用した解答を示します。

```
$ echo {2,3,5,7}{2,3,5,7}{2,3,5,7} | xargs -n 1 | awk '$1<=$2&&$2<=$3' FS= | awk '($1+$2)>$3' FS= | wc -l
14
```

分解して見ていきましょう。まず、Bashのブレース展開とAWKで3つの数字のすべての組み合わせを作ります。

```
$ echo {2,3,5,7}{2,3,5,7}{2,3,5,7} | xargs -n 1
222
223
225
(..略..)
777
```

そして、AWKで三角形になるものだけを抽出します。

```
$ echo {2,3,5,7}{2,3,5,7}{2,3,5,7} | xargs -n 1 | awk '$1<=$2&&$2<=$3' FS= | awk '($1+$2)>$3' FS=
222
223
233
(..略..)
777
```

最初のawkでは、重複を除去するために、数字が昇順（辺の長さが短い順）に並んでいるレコードだけを残しています。FS=は-F ''と同じく、「フィールドの区切り文字を空文字にする」という意味になり、1文字ずつが変数$1、$2、$3に格納されます。2つめのawkでは、3つの数字の関係が$1＋$2＞$3となっているものだけを抽出しています。

これで最後にwc -l（⇒問題3）で行数を数えると、考えられる辺の組み合わせの個数が得られます。冒頭の解答のように、14の組み合わせが存在します。

別解

3つの数字の組み合わせを作成するために、Bashのブレース展開ではなくRubyを使用した別解を示します。

```
1  別解1(上田) $ ruby -e '[2,3,5,7].repeated_combination(3).to_a.each{|i| puts i.join(" ") if i[0]+i[1]>
   i[2]}' | wc -l
2  14
```

Rubyの**repeated_combination**は配列の要素からn個を選んだときの重複組み合わせ（同じ要素の複数回の選択を許し、順番違いは同じものとみなす組み合わせ）を生成するメソッドです。あとは得られた組み合わせを**each**（⇒練習4.2.b）で1つずつ調査し、三角形になる条件を満たしたものを、**join**メソッドを使ってスペース区切りで出力しています。

次に紹介するのは、パターンマッチ指向のプログラミング言語Egison[注4]を使用した別解です。

```
1  別解2(山田) $ egison -T -e 'matchAll [2, 3, 5, 7] as set integer with | $x :: (?1#(%1 >= x) & $y) ::
   (?1#(%1 >= y) & ?1#(x + y > %1) & $z) :: _ -> (x, y, z)' | wc -l
```

考え方はほかの解答と同様ですので、ぜひ読み解いてみてください。

問題92 指数の計算

次は、倍々に増える数を、ある数と比較する不等式の問題です。手計算でも解けますが、コンピュータに任せて楽に解きましょう。

問題（中級★★　出題、解答、解説：田代）

一般的に、事務処理で使う紙の厚さは約0.01mmです。東京と福岡間の概算距離は約1,000kmです。紙の2つ折りを繰り返していったとき、紙の厚さが東京―福岡間を超えるのは何回折ったときでしょうか。紙は無限に折り曲げられると仮定します。

解答

紙の厚さを2の累乗で掛け算していき、厚さが1,000kmを超えたときの指数が、紙を折った回数になります。**yes**と**awk**の組み合わせを使った解答を示します。

```
1  $ yes | awk '0.01*(2^NR)>1000^3{print NR;exit}'
2  37
```

この解答の解説をします。**yes**（⇒問題38別解1）は、引数に何も指定しないと延々と**y**（＋改行）を出力します。

```
1  $ yes
2  y
3  y
```

注4　EgisonはHaskellのパッケージ管理システムCabalを使ってインストールできます。詳しくは公式サイト「https://www.egison.org/ja/」を参照してください。

```
4  y
5  (..略..)
```

解答ではこのyをawkに渡していますが、awkではyは使われず、単にawkのコードを動かすために使われています。

解答では、紙を折った厚さがawkのパターンで**0.01*(2^NR)**と計算されています。これをprintしてみましょう。

```
1  $ yes | awk '{print 0.01*(2^NR)}' | head
2  0.02
3  0.04
4  0.08
5  (..略..)
6  10.24
```

解答のawkのパターンでは、この計算結果と1000km＝1000^3mmが比較されています。パターンで紙の厚さが1000kmを超えると、アクションが発動します。アクションは、行数NRを出力し、exit文（⇒練習2.1.h別解2）でawkを終了させます。

別解

解答例とは逆に、1,000kmを2で割っていき、0.01よりも小さくなるときの割った回数を求める別解を示します。

```
1  別解1(田代) $ yes | awk '(1000^3/2^NR)<0.01{print NR;exit}'
2  37
```

yesとawkのNRを使った考え方は、解答と同じです。

次に、Bashの複合コマンド**(())**（⇒問題82補足1）を使った別解を示します。

```
1  別解2(田代) $ seq inf | while read n; do ((2**n > 1000**3*100)) && echo $n && exit; done
```

seqコマンドの引数にinfを指定すると、可能な限り数値を順番に出力します。これをyesの代わりに使っています。複合コマンド**(())**は、中の式の真偽を終了ステータスで返します。

次の別解も、Bashの整数演算機能を使ったものです。

```
1  別解3(eban) $ bash -c 'i=1; while (($i < 1000**3*100));do ((i+=i));echo $i;done' | wc -l
```

一見累乗の計算に見えませんが、**i+=i**で紙の厚さを倍々にしています。

またこの問題は、対数を使うと繰り返し処理が不要です。$0.01 \times 2^n \geqq 1000^3$を変形すると、$n \geqq \log_2(1000^3/0.01)$、あるいは任意の底で$n \geqq \log(1000^3/0.01)/\log 2$となるので、これを満たす最小のnを求めることになります。この方針をさまざまなコマンドや言語で実装した別解を示します。説明は割愛します。

```
1  別解4(eban) $ echo 'a=l(1000^3/0.01)/l(2);scale=0;a/1+1' | bc -l
2  別解5(田代) $ awk 'BEGIN{a=log(1000^3/0.01)/log(2);print int(a)+1}'
3  別解6(田代) $ echo 'print (Math.log(1000**3/0.01)/Math.log(2)).ceil' | ruby
4  別解7(田代) $ php -r 'echo (int)log(1000**3/0.01,2)+1;'
```

問題93 最初に素数になる年月日時分秒

この問題は当初、日付の問題を扱った4.3節にあったのですが、どう考えても違うし何の実用性もないし、ということでここに流れ着きました。

問題 （中級★★ 出題：上田 解答、解説：田代）

たとえば、2019年1月1日1時2分3秒を20190101010203などと14桁で表すとき、この数字が2019年1月1日0時0分0秒以後、はじめて素数になる時刻を求めてください。

解答

まず、14桁の時刻を出力する方法を考えます。2019年1月1日0時0分0秒を起点として何秒後か、という文字列を作ります。

```
1  $ seq 0 inf | sed 's/.*/2019-01-01 00:00:00 & sec/'
2  2019-01-01 00:00:00 0 sec
3  2019-01-01 00:00:00 1 sec
4  2019-01-01 00:00:00 2 sec
5  (..略..)
```

seqのinfは前問別解2でも使いました。seq 0 infとすると、0から順に無限に整数を出力していきます。

これをdateに通しましょう。dateの使い方について、もし疑問な点があれば、4.3節を再度ご確認ください。

```
1  $ seq 0 inf | sed 's/.*/20190101 00:00:00 & sec/' | date -f - '+%Y%m%d%H%M%S'
2  20190101000000
3  20190101000001
4  20190101000002
5  (..略..)
```

そして、factor（⇒練習6.1.b）で素因数分解をします。

```
1  $ seq 0 inf | sed 's/.*/20190101 00:00:00 & sec/' | date -f - '+%Y%m%d%H%M%S' | factor
2  20190101000000: 2 2 2 2 2 2 5 5 5 5 5 5 17 137 8669
3  20190101000001: 3 113 59557820059
4  20190101000002: 2 247879 40725719
5  (..略..)
```

これでawkを使い、列数が2列になったときに、日付を出力して即座にexit（⇒練習2.1.h別解2）すると、答えが得られます。

```
1  $ seq 0 inf | sed 's/.*/20190101 00:00:00 & sec/' | date -f - '+%Y%m%d%H%M%S' | factor | awk 'NF==2{
   print $2;exit}'
2  20190101000023
```

2019年は新年が明けて23秒後、素数の瞬間が訪れたことになります。

別解

連続したUnix時刻（⇒問題68）を**date**に入力して、毎秒の時刻を出力する方法を使った別解を示します。まず、次のように**seq**でUnix時刻を列挙します。

```
1  $ seq -f '@%.f' $(date -d '2019-01-01 00:00:00' +%s) inf
2  @1546268400
3  @1546268401
4  @1546268402
5  (..略..)
```

seq -f（⇒問題14別解6）で指定している文字列**@%.f**の**%.f**は、数字を指数表記にせずに、整数で出力し続けたいときの出力の指定です。コマンド置換内の**date**では、2019年1月1日0時0分0秒のUnix時刻を出力しています。これが**seq**が最初に出力する数になります。Unix時刻を出力するときは、**+%s**を指定します。

これで、あとは**date**で14桁の日付に変換し、**factor**に通し、最初に2列になった行を出力すると別解になります。

```
1  別解1(山田) $ seq -f '@%.f' $(date -d '2019-01-01 00:00:00' +%s) inf | date -f- +'%Y%m%d%H%M%S' |
   factor | grep -m 1 -E '^([0-9]+): \1$'
2  20190101000023: 20190101000023
```

この別解では、**awk**の**exit**ではなく、**grep**で1行だけ出力する処理をしています。**-m**は指定した行数で出力を打ち切るオプションで、**grep -m 1**で、1行だけ出力するという意味になります。

次の別解2は**dateutils.dseq**（⇒練習4.3.a補足2）を用いて14桁の日時を出力したものです。

```
1  別解2(中村) $ dateutils.dseq 2019-01-01T00:00:00 1s 2020-12-01T00:00:00 -f '%Y%m%d%H%M%S' | factor |
   grep -Em 1 '^[0-9]+: [0-9]+$'
2  20190101000023: 20190101000023
```

dateutils.dseqを使う場合、この別解のように終了時刻を指定する必要があります。

もうひとつ、**jq**（⇒練習4.2.a）を使った別解を示します。

```
1  別解3(eban) $ date -u -d '20190101' +%s | jq -r 'range(.;.+60*60*24*365)|strftime("%Y%m%d%H%M%S")' |
   factor | awk '$0*=!$3{print;exit}'
2  20190101000023
```

最初の**date**では、協定世界時（UTC）（⇒練習4.3.a補足1）の2019年1月1日0時0分0秒のUnix時刻を出力しています。**-u**が、協定世界時を指定するときのオプションです。

この出力は**jq**に通され、ここで14桁の時刻が生成されます。この処理の内容については説明を割愛しますが、**jq**の多機能さが垣間見られる解答です。

問題94 ラグランジュの四平方定理の部分的な検証

次の問題は整数の性質を題材としていますが、組み合わせの作り方が、簡単に解く鍵となります。

問題 （中級★★　出題、解答、解説：上田）

0から100までの整数nを、$n = a^2 + b^2 + c^2 + d^2$の形に分解してください。a、b、c、dは0以上の整数とします。a、b、c、dの組み合わせは1つのnに対して一通り出力してください。

解答

ひとつひとつのnに対してa、b、c、dの組み合わせを探索するよりも、a、b、c、dの組み合わせからnを求めて、nを0から100まで抽出したほうが楽です。この方針で答えを作っていきましょう。

まず、a、b、c、dは、1つが10以上だとnが100以上になってしまいます。そのため、n＝100のとき以外はa、b、c、dは1桁で良いことになります。とりあえずn＝100のときは考えずに、a、b、c、dの組み合わせを作りましょう。次のように**seq -w**（⇒問題3別解2）を使い、ゼロ埋めした数字を9999まで出力します。

```
1  $ seq -w 0 9999
2  0000    ←上の桁からa、b、c、dという想定
3  0001
4  (..略..)
5  9998
6  9999
```

次に、a、b、c、dを2乗して足しましょう。**awk**で**-F""**（⇒問題8）を指定することで区切り文字を空文字にして、1文字ずつ切り出して計算できます。

```
1  $ seq -w 0 9999 | awk -F "" '{print $0,$1*$1+$2*$2+$3*$3+$4*$4}'
2  0000 0
3  0001 1
4  (..略..)
5  9998 307
6  9999 324
```

これで、2列目をキーにして数字順にソート（⇒練習1.3.e補足2）し、2列目の重複を**uniq -f 1**（⇒問題41）で除去すると、nに対してa、b、c、dが一通り求まります。

```
1  $ (前述のワンライナー) | sort -k2,2n | uniq -f 1
2  0000 0
3  0001 1
4  (..略..)
5  8999 307
6  9999 324
```

これで上位101行を取り出すと、0〜100のnについて、abcd nというデータが得られます。

```
1  $ seq -w 0 9999 | awk -F "" '{print $0,$1*$1+$2*$2+$3*$3+$4*$4}' | sort -k2,2n | uniq -f 1 | head -n
   101
2  0000 0
3  0001 1
4  (..略..)
5  0177 99
6  0068 100
```

n = 100の場合に答えが得られるかどうかは未確定でしたが、最終行に$100 = 0^2 + 0^2 + 6^2 + 8^2$が得られているので、結果オーライとしましょう。

別解

次の例は、組み合わせを**join -j9**で作るテクニック（⇒練習6.1.c別解1）を利用して、a、b、c、dの組み合わせを作っています。後半の**awk**は計算と重複行の排除を同時にしています。**a[n]**で、これまで**n**がいくつ出現したかを管理して、**a[n]==0**のときにレコードを**print**しています。

```
1  別解1(田代) $ seq 0 9 | join -j9 - <(seq 0 9) | join -j9 - <(seq 0 9) | join -j9 - <(seq 0 9) | awk
   '{n=$1*$1+$2*$2+$3*$3+$4*$4}n<=100&&!a[n]++{print n,$0}' | sort -n
```

次の別解は、**bc**を利用したものです。

```
1  別解2(山田) $ echo '{0..10}' | xargs -I@ bash -c 'echo @"^2+"@"^2+"@"^2+"@"^2"' | fmt -1 | sed 's/.*/
   print "& = ";&/' | bc | sort -u -k3,3n | head -n 101
```

echoと**xargs**で**echo {0..10}"^2"+{0..10}"^2"+{0..10}"^2"+{0..10}"^2"**というコマンドを作り、ブレース展開でa、b、c、dの組み合わせを作っています。これで得られる多くの数式を、**fmt -1**で1行1列にしています。次の**sed**では、次のような**bc**の命令を作っています。

```
1  $ echo '{0..10}' | xargs -I@ bash -c 'echo @"^2+"@"^2+"@"^2+"@"^2"' | fmt -1 | sed 's/.*/print "\0 = ";\0/'
2  print "0^2+0^2+0^2+0^2 = ";0^2+0^2+0^2+0^2
3  print "0^2+0^2+0^2+1^2 = ";0^2+0^2+0^2+1^2
4  (..略..)
```

これを**bc**に入力して計算すると、各行の**;**のあとの式が計算され、**;**手前の計算式とともに出力されます。その後、3列目で計算されたnを数字順にソート（⇒練習1.3.e補足2）して、**-u**で重複を除去しています（⇒練習2.2.a）。

問題95 交番二進符号

本節最後に、変わり種の2進法を扱った問題に挑戦しましょう。アルゴリズムを自分で考案しても良いのですが、結構大変ですので、調査したほうがいいかもしれません。

問題（上級★★★　出題：上田　解答：山田、田代　解説：上田）

センサの一部には、10進数の0、1、2、3、4を、2進数で0、1、11、10、110というように1ビットずつ変化させて表現する符号化を用いて値を出力してくるものがあります。この変則的な2進数は交番二進符号、あるいはグレイコードと呼ばれます。交番二進符号が使われる理由は、2進数の数値を±1する際、数値を表しているスイッチなどの機械的な要素を、1つしか操作しなくて良いからです[注5]。通常の2進数を使うと、2つ以上の要素を同時に操作する必要が生じ、タイミングがズレて変な値にならないように、同期処理が必要になります。

一方、このような変則的な信号を受け取るソフトウェア側では、処理が面倒になります。この処理をやってみましょう。まず、seq 0 8の出力を交番二進符号に変換してください（小問1）。次に、変換した交番二進符号をもとの10進数にデコードしてください（小問2）。

解答

交番二進符号は、次のような手続きで作れます。XORは、1桁の2進数2つを比較して、値が異なる（排他的な）場合に1、同じ場合に0となる演算です。

- （交番二進符号でない普通の）2進数を1ビット右にシフトする
- シフトした値と元の2進数の排他的論理和（XOR）をとる

Perl、Ruby（⇒練習3.1.a）で上記の計算をした解答例をそれぞれ示します。

```
1  小問1解答1(山田) $ seq 0 8 | perl -nle 'printf("%08b\n", $_ ^ $_>>1)'
2  00000000
3  00000001
4  00000011
5  00000010
6  00000110
7  00000111
8  00000101
9  00000100
10 00001100
11 小問1解答2(田代) $ seq 0 8 | ruby -lne 'puts "%08b" % ( $_.to_i ^ $_.to_i >> 1)'
```

計算の中身は、どちらも次の処理の組み合わせです。

- 読み込んだ文字列の入った変数$_と、それを1ビット右にシフト（>>1）したものののXOR（^）をとる（Ruby

注5　デジタル回路の都合で起こる変則的なバイナリの扱いには、ほかに0（LOW）が真、1（HIGH）が偽で信号が入ってくる「負論理」というものもあります。

の場合はto_iで整数に変換)
- XORの値を、8桁でゼロ埋めした2進数("%08b")で出力

逆に、交番二進符号を通常の2進数にするときは、上の桁から下の桁に向かって次のような処理をします。

- 最上位の数字はそのまま残す
- 2番めの桁の数字と最上位の桁の数字で排他的論理和(XOR)をとり、2番めの桁の数字とする
- それ以後の桁は、前の桁で計算したXORの値と、その桁の数字のXORをとった値とする[注6]

このようにしてできた2進数を10進数に戻すと、デコードができます。Rubyの例を示します。ファイル「graycode」には、先ほど出力した交番二進符号が記録されているものとします。

```
1  小問2解答1(田代) $ cat graycode | ruby -lne '(1..7).each{|i| $_[i] = ($_[i-1].to_i ^ $_[i].to_i).to_s
   ; }; print $_.to_i(2)' | xargs
2  0 1 2 3 4 5 6 7 8
```

(1..7).each{|i| ……}のeachメソッド(⇒練習4.2.b)の部分について説明します。まず、iには1〜7の数値が順に入るのですが、これは桁を表しており、上位1桁目(0から数えているので実際は上位2桁目)から、$_[i-1]と$_[i]とのXORを計算して、その結果をto_sで文字列にして$_[i]に返すという処理を繰り返しています。その後、$_.to_i(2)で2進数を10進数に変換して、printで出力しています。graycodeの中の2進数の最上位桁が全部0なのでこの解答では、最上位桁を捨てています。ですが、もし1が存在しているようなら、前処理で頭に0を付け、さらにeachで処理する桁数を1つ増やしてやれば良いでしょう。

次に示すのは、Perlを使った解答です。

```
1  小問2解答2(山田) $ cat graycode | perl -nle '$n=unpack("C", pack("B*", $_));$m=$n;while($n>>=1){$m ^=
   $n} print $m'
```

$m、$nに交番二進符号を文字列で入れて、$nが0になるまで$nを1つずつ右にシフトしながら$mとXORをとって$mに戻すことを繰り返しています。XORの際、すべての桁をXORしていますが、注6にあるように、これでも求まります。

別解

別解として、PerlやRubyに頼らずに解いた例を示します。

```
1  小問1別解1(上田) $ seq 0 8 | awk '{printf "%c",$1}' | xxd -b -c 1 | awk '{print $2,0 substr($2,1,7)}'
   | awk '{for(i=1;i<=8;i++)printf substr($1,i,1)!=substr($2,i,1);print ""}'
2  小問1別解2(田代) $ seq 0 8 | while read a; do echo $(($a ^ $(($a>>1)))); done | sed '1iobase=2;ibase=
   10' | bc | awk '{printf "%8s\n",$1}' | tr ' ' 0
```

別解1では、2番めのawkまでで、通常の2進数が1列目、1ビット右にシフトして頭に0を付けた2進数が2列目に出力されます。この2列を最後のawkで1桁ずつXORしています。awkの場合、!=でXORを演

注6　これは結局、これまでの桁とその桁をすべてXORしていることになります。

算できます。

別解2は、whileの中で、元の数とシフトした数のXORを、10進数のまま計算しています。^はBashのXORの演算子です。その後、2進数に変換して8桁に整形しています。

デコードの別解も示します。

```
1 小問2別解1(上田) $ cat graycode | awk -F '' '{for(i=2;i<=8;i++){$i=($(i-1)!=$i);printf $i};print ""}'
  | awk -F '' '{for(i=1;i<=7;i++)a=a*2+$i;print a;a=0}'
2 小問2別解2(田代) $ cat graycode | sed 's/./& /g' | while read list; do set $list; printf $1; a=$1;
  while [ "$2" != "" ]; do printf $(($a ^ $2)); a=$(($a ^ $2)); shift; done; echo; done | sed 's/.*/
  echo $((2#&))/' | bash
```

別解1は、最初のawkで通常の2進数にする計算をしています。次のawkは10進数に直す処理です。

別解2は、まず各桁の間にスペースを入れ、while文で1行ずつ読み込み、set $listで各桁を位置パラメータ$1、$2、……、$8にセットしています（⇒練習2.1.g）。その後、内側のwhile文で1桁ずつ通常の2進数に変換しています。shiftは、位置パラメータの値をシフトするコマンドで、$2の値を$1、$3の値を$2に……というようにずらします。おもに、シェルスクリプトで引数を1つずつ処理する用途で利用されます。その後、echo $((2#2進数))というコマンドを作り（⇒練習5.1.a）、bashに通して2進数を10進数に変換しています。

6.2 雑多な問題を片付ける

本パート、本章の最後であるこの節には、本書のほかのどの節に置いても浮いてしまうような問題が、まとめて置いてあります。これまでの知識の応用や新たな調査によって、1つずつ突破していきましょう。各問題は、ノーヒントで出題されます。

問題96 日程調整

問 題 （初級★　出題、解答、解説：田代）

飲み会を開催するため、日程調整を行うことになりました。そこで、リスト6.1〜6.4のように、参加者の名前（ここではuser1〜user4とする）をファイル名にしたテキストファイルに、参加可能な日付を上から順に第3候補まで記載してもらいました。

このファイルから3人以上が出席可能な日程を見つけ、出席可能な人の名前（ファイル名）も併せて列挙しましょう。

リスト6.1 user1

```
1 2019/07/10
2 2019/07/15
3 2019/07/08
```

リスト6.2 user2

```
1 2019/07/12
2 2019/07/10
3 2019/07/07
```

リスト6.3 user3

```
1 2019/07/10
2 2019/07/08
3 2019/07/15
```

リスト6.4 user4

```
1 2019/07/12
2 2019/07/13
3 2019/07/15
```

解答

この問題では、ファイルの中身（日付）だけではなく、ファイル名も利用します。ファイル名と中身から日付と参加者の名前をリストを作り、日付ごとに名前をリスト化します。

まずawkの特殊変数FILENAME（⇒練習4.1.b小問1、2別解）を使い、各データの行末にファイル名を追加し列挙します。さらにsortコマンドで、日付順に並び替えましょう。

```
1  $ awk '{print $0,FILENAME}' user* | sort
2  2019/07/07 user2
3  2019/07/08 user1
4  (..略..)
```

さらに、1列目の日付をキーにして、2列目の人名を横に並べます。

```
1  $ awk '{print $0,FILENAME}' user* | sort | awk 'pre!=$1{print "";printf $0}pre==$1{printf " "$2}{pre=$1}'
2
3  2019/07/07 user2
4  2019/07/08 user1 user3
5  2019/07/10 user1 user2 user3
6  2019/07/12 user2 user4
7  2019/07/13 user4
8  2019/07/15 user1 user3 user4
```

新たに付け足したawkでは、変数preに前の行1列目を代入し、1列目とpreが同じ場合は2列目を横に並べています。出力の1行目が空行になりますが、気にしないことにします注7。

ここまで来ると、あとは3人以上の名前が並んでいる行を選択すれば良いでしょう。awkのNFを使い、列数が3より大きい行のみ表示する処理を加えて、これを解答とします。

```
1  $ awk '{print $0,FILENAME}' user* | sort | awk 'pre!=$1{print "";printf $0}pre==$1{printf " "$2}{pre=$1}'
    | awk 'NF>3'
2  2019/07/10 user1 user2 user3
3  2019/07/15 user1 user3 user4
```

別解

別解を3通り示します。別解1ではgrepを使ってデータにファイル名を付加しています。別解2では、先に3人以上が出席可能な日程を出力して、日程をgrep -fで渡して検索のキーとし、ファイルuser*内を検索することでファイル名を付加しています。別解3は、awkの連想配列を使った解答です。

```
1  別解1(中村) $ grep . user* | awk -F':' '{print $2,$1}' | sort | awk 'pre!=$1{print "";printf $0}pre==
   $1{printf " "$2}{pre=$1}' | awk 'NF>3'
2  別解2(中村) $ sort user* | uniq -c | awk '$1>=3{print $2}' | grep -f - user* | awk -F":" '{a[$2]=a[$2
   ]" "$1}END{for(k in a){print k""a[k]}}' | sort
3  別解3(今泉) $ awk '{num[$1]++;name[$1]=name[$1]" "FILENAME}END{for(i in num)if(num[i]>=3)print i,name
   [i]}' user*
```

注7　キーに対してデータを横に並べる処理は問題56でも出てきましたが、この例では違う方法をとっています。どちらもデータが小さいので大差はありませんが、こちらのほうが、awk内でメモリを使う量は少なくなります。

補足（datamash）

datamashというデータ解析用コマンドを使うと、user{1..4}に書かれた第1〜3候補日を、次のように一覧表にできます。

```
1  $ sudo apt install datamash  ←インストール
2  $ awk '{print $0,"第"FNR"候補",FILENAME}' user* | sort -k1,2 | datamash -s crosstab 1,2 unique 3 -t
   ' ' | sed '1s/^/*/' | column -t
3  *           第1候補      第2候補  第3候補
4  2019/07/07  N/A          N/A      user2
5  2019/07/08  N/A          user3    user1
6  2019/07/10  user1,user3  user2    N/A
7  2019/07/12  user2,user4  N/A      N/A
8  2019/07/13  N/A          user4    N/A
9  2019/07/15  N/A          user1    user3,user4
```

問題文で要求した出力ではわかりませんが、この出力からは、7/15よりは7/10のほうが良いということがわかります。出力にあるN/Aの表記は、該当なし（Not Applicable）の意味です。

問題97 縦読みの文字列の検出

問題（中級★★　出題、解答：上田　解説：田代）

リスト6.5のtate.txtには、縦方向に「たてよみ」という言葉が仕込まれています。このように特定の縦読みの言葉を検索し、はじめの文字が何行何列目にあるかを出力するワンライナーを考えてください。

リスト6.5 tate.txt

```
1 このたびの私の寝坊及び早弁について
2 とっても反省しておりますので、
3 給与よんばいで許してください。
4 許せみんな。
```

解答

grepなどのテキスト処理コマンドは、行ごとの処理を前提とした使い方になっています。そこで、データの行と列を入れ替えることを考えます。行列入れ替えの方法は、いろいろありますが、ここではrsコマンドを使ってみます。rsがインストールされていない場合はsudo apt install rsでインストールします。

rsは、スペースや改行で区切られたデータを、指定した列数や行数で横に並べるコマンドです。また、-Tオプションを使うと、行列を入れ替えられます。各行の列数は、そろっている必要があります。例を1つ示します。

```
1  ↓2行に収まるように並べ替える
2  $ seq 6 | rs 2
3  1 2 3
4  4 5 6
5  ↓さらに行と列を入れ替え
6  $ seq 6 | rs 2 | rs -T
7  1 4
8  2 5
9  3 6
```

では、解答を考えます。まず、行列を入れ替える準備として、各行の文字数を20文字にそろえます。

```
1 $ cat tate.txt | awk '{printf("%-20s\n",$0)}' | tr ' ' @ | sed 's/./& /g' | sed 's/ $//'
2 こ の た び の 私 の 寝 坊 及 び 早 弁 に つ い て @ @ @
3 と っ て も 反 省 し て お り ま す の で 、 @ @ @ @ @
4 給 与 よ ん ば い で 許 し て く だ さ い 。 @ @ @ @ @
5 許 せ み ん な 。 @ @ @ @ @ @ @ @ @ @ @ @ @ @
```

awkのprintf関数で"%-20s\n"と書式を与えると、文字列が20文字幅で左寄せ表示され、20文字に満たない行については行末に空白がパディングされます。さらにパディングされた空白をtrコマンドで@に置き換え、次のsedで各文字の後ろに空白を入れ、最後のsedで行末の空白を削っています。

これで、rsで行列を入れ替え、trで文字間の空白を削除します。

```
1 $ (前述のワンライナー) | rs -T | tr -d ' '
2 こと給許
3 のっ与せ
4 たてよみ
5 (..略..)
```

この出力に対し、行ごとに「たてよみ」の文字列が現れる位置を探します。awkのindex関数を使います。

```
1 $ (前述のワンライナー) | awk '{print index($0,"たてよみ"),NR}'
2 0 1
3 0 2
4 1 3
5 (..略..)
6 0 19
7 0 20
```

上記の出力のうち、index関数の出力は1列目です。indexは「たてよみ」が見つからない場合は0を出力しますが、見つかると何文字目に「た」があるかを出力します。

そこで、1列目が0でない行を抽出します。

```
1 $ cat tate.txt | awk '{printf("%-20s\n",$0)}' | tr ' ' @ | sed 's/./& /g' | sed 's/ $//' | rs -T | tr
  -d ' ' | awk '{print index($0,"たてよみ"),NR}' | awk '$1!=0'
2 1 3
```

これで、1行目の3文字目から下に向かって「たてよみ」という単語があったとわかりました。

別解

AWKやRubyの配列を使った別解を示します。

```
1 別解1(中村) $ cat tate.txt | awk -F "" '{for(i=1;i<=NF;i++){a[i]=a[i]$i}}END{for(t in a){i=match(a[t]
  ,"たてよみ");if(i){print i,t}}}'
2 別解2(田代) $ cat tate.txt | ruby -lne 'BEGIN{a=[]};a<<$_.split("").concat([""]*20)[0..20];END{x=0;y=
  0;a =a.transpose.map{|l|l.join};puts a}' | ruby -lne 'i=$_.index(/たてよみ/);puts "#{i+1} #{$.}" if i'
3 別解3(田代) $ cat tate.txt | rb 'a=map{|l|l.chomp.split("").concat([""]*20)[0..20]}.transpose.map{|l|
  l.join}' | rb -l 'i=index(/たてよみ/);"#{i+1} #{$.}" if i' | awk NF
```

別解1は、awkで列ごとに文字列を連結した配列を作成し、ENDルールの中でmatchという関数注8を使って検索をかけています。matchは、検索された文字列の最初の位置を返します。

別解2は、Rubyで各文字を2次元配列に格納し、配列のtransposeメソッドを使い、行と列を入れ替えています。1つめのrubyで使われている<<は、配列の末尾に要素を加えるための演算子です。$_.split("").concat([""]*20)[0..20]は、読み込んだ行(文字列がばらばらに1文字ずつ格納された配列)の後ろにconcatで要素(空文字列)を20個追加し、[0..20]で先頭の20要素だけを取り出すという処理です。これで、aが2次元の配列になるので、それをtransposeで転置して、配列の各要素をjoinで文字列に戻して出力しています。RubyにもAWKのようにBEGIN、ENDが存在します。後ろのrubyでは、indexメソッドを使って「たてよみ」を検索しています。$.は行番号です。#{}はRubyの**式展開**で、文字列中で、Bashの算術式展開と同様な働きをします。

別解3は、別解2とほぼ同様な処理をrbで記述したものです。mapは、配列の各要素に対して処理を繰り返して、新たな配列を作るときに使います。mapで処理されているのは、各行の文字列を要素に持つ配列で、map中のlが各行の文字列に対応します。

問題98 レコードの振り分け

問題 (初級★　出題、解答、解説：田代)

list1(リスト6.6)、list2(リスト6.7)という2つのファイルについて、どちらのファイルにも存在する行(たとえば「シェル芸」の行)と、片方のファイルにだけ存在する行(たとえば「シァル芸」の行)に分けて、それぞれcommon、onesideという名前のファイルに保存してください。

リスト6.6 list1

```
1 シェル芸
2 シァル芸
3 シェレ芸
4 ンェル芸
5 シェノ芸
```

リスト6.7 list2

```
1 シェレ芸
2 シェル芸
3 シェノ芸
4 シュル芸
5 ンェル芸
```

解答

2つのファイルに共通して存在する行と片方にしかない行を確認するには、commというコマンドを使うと便利です。プロセス置換(⇒練習2.2.e)を使い、list{1,2}両方のファイルを並び替えてcommに入力すると、次のような出力が得られます。

```
1 $ comm <(sort list1) <(sort list2)
2 シァル芸
3                 シェノ芸
4                 シェル芸
5                 シェレ芸
6         シュル芸
7                 ンェル芸
```

1〜3列目にはそれぞれ、1つめのファイルにだけ存在する行、2つめのファイルにだけ存在する行、両方のファイルに存在する行が振り分けられます。列の間はタブ文字で区切られます。

注8　matchはindexとほぼ同じ働きをする関数ですが、正規表現を引数にとることができます。別解1は、matchをindexに変更しても機能します。

次にawkを使って、この出力を2つのファイルに分離します。-F'\t'（⇒問題8）で、列の区切り文字をタブ文字にして、次のように実行します。

```
1  $ comm <(sort list1) <(sort list2) | awk -F'\t' '{print $NF,NF,NF==3?"common":"oneside"}'
2  シアル芸 1 oneside
3  シェノ芸 3 common
4  シェル芸 3 common
5  シェレ芸 3 common
6  シュル芸 2 oneside
7  ンェル芸 3 common
```

列数が3の場合は両方に存在する行で、それ以外は片方にしかないということになります。3列目の文字列は、振り分け先のファイル名になる予定です。

上のawkのコードを、次のように書き換えると解答になります。

```
1  $ comm <(sort list1) <(sort list2) | awk -F'\t' '{print $NF > (NF==3?"common":"oneside")}'
2  ―――― 振り分け先のファイルの中身の確認 ――――
3  $ head common oneside
4  ==> common <==
5  シェノ芸
6  シェル芸
7  シェレ芸
8  ンェル芸
9
10 ==> oneside <==
11 シアル芸
12 シュル芸
```

上の解答例では、>の右側の三項演算子でファイル名を作って、そのファイルにAWKのリダイレクト（⇒問題54別解1）で、commの出力の一番後ろの列（○○芸という文字列が入っている）を流し込んでいます。

別解

別解を3種類示します。

```
1  別解1(eban)  $ awk '{a[$0]++}END{for (i in a) print i > (a[i]==2 ? "common" : "oneside")}' list1 list2
2  別解2(田代)  $ cat list1 list2 | sort | pee 'uniq -d > common' 'uniq -u > oneside'
3  別解3(田代)  $ cat list1 list2 | sort | tee >(uniq -d > common) >(uniq -u > oneside)
```

別解1はawkのみを使った解答です。awkの連想配列を使い、2つのファイルに「シェル芸」「シアル芸」などの各単語の出現頻度を数えています。この頻度を使い、三項演算子を使ってファイル名を切り替えています。

別解2は、peeとuniqを組み合わせて使った例です。peeは、moreutilsというツール群に含まれるコマンドで、出力を2つ以上のコマンドに渡すという働きをします。別解2では、sortの出力をuniq -d > commonとuniq -u > onesideの両方に渡しています。uniq -d、uniq -uはそれぞれ、2行以上存在する行、2行以上存在しない行を出力するので、common、onesideにしかるべき文字列が保存されます。

peeの代わりに、別解3のようにプロセス置換>()とteeと組み合わせても、同様な機能が得られます。

この組み合わせは、問題33別解2でも使いました。

問題99 ポーカーの役

問題 （中級★★　出題、解答、解説：山田）

リスト6.8のcards.txtには、トランプのマーク[注9]と番号が書いてあり、各行に5枚のカードが記載されています。各行は空白区切りの10列で構成されており、左からの1枚目のマークと数字、2枚目のマークと数字、3枚目の……という順番で記述されています。また、左から右にかけて、数字で昇順にソートされています。各行に同じカードは含まれません。

cards.txtについて、次の2つの小問を正規表現で解いてみてください。

- 小問1：フラッシュ（同じマークがそろっている）となっている行を出力してください
- 小問2：フルハウス（同じ数字のカードが2枚と、別の同じ数字のカード3枚の組み合わせ）となっている行を出力してください

リスト6.8 cards.txt

```
1 ◆ 1 ♠ 2 ◆ 5 ♠ 9 ♣ 9
2 ♠ 2 ♠ 6 ◆ 6 ♣ 9 ♣ 13
3 ♠ 2 ◆ 3 ◆ 8 ♠ 10 ♥ 10
4 (..略..)
```

解答

まずは小問1です。後方参照（⇒練習1.3.a）を使うと、たとえば次のように1枚目と2枚目が同じマークの組を抽出できます。

```
1 $ cat cards.txt | grep -P '^(.) \d+ \1 \d+'
2 ♠ 2 ♠ 6 ◆ 6 ♣ 9 ♣ 13
3 ♠ 1 ♠ 2 ◆ 10 ♣ 12 ♠ 13
4 (..略..)
```

`^(.)`が各行の最初の1文字（マーク）を指し、後ろの`\1`で同じマークを検索しています。`\d`は数字を表すPCREの正規表現で、`grep`に`-P`を与えると使えます（⇒練習3.1.c）。

さらに、2枚目のカードに相当する部分である`\1 \d+`を括弧で囲み、4回の繰り返しを表す`{4}`を追記することで、同じマークを持った連続した4枚のカードのパターンを表せます。小問1の解答を示します。

```
1 小問1解答 $ cat cards.txt | grep -P '^(.) (\d+)( \1 \d+){4}'
2 ♣ 7 ♣ 8 ♣ 9 ♣ 11 ♣ 13
3 ♥ 8 ♥ 9 ♥ 10 ♥ 11 ♥ 12
4 ♠ 9 ♠ 10 ♠ 11 ♠ 12 ♠ 13
```

小問2は、cards.txtの各行が、数字が小さい順にソートされていることを利用して解きましょう。フルハウスの場合、各行の数字の並びは次の2パターンのどちらかです。

注9　正確には「スート」と呼ばれるようですが、ここでは「マーク」で統一します。

```
1  A A A B B
2  A A B B B
```

この表現にマッチする方法を考えれば、小問2を解けそうです。

まず、同じ数字のカードが左から2回、あるいは3回繰り返す組み合わせを抽出します。拡張正規表現の**{1,2}**という表現を使うことで、「1回あるいは2回の繰り返し」を表せます(⇒練習3.1.c)。つまり、次の表現で、同じ数字のカードが左から2、あるいは3枚連続したパターンを表せます。

```
1  $ cat cards.txt | grep -P '^. (\d+)( . \1){1,2}'
2  ♣ 5 ◆ 5 ♣ 11 ♠ 11 ♥ 11
3  ♠ 2 ♥ 2 ◆ 5 ♣ 7 ◆ 7
4  (..略..)
5  ♠ 3 ♣ 3 ♥ 3 ♣ 11 ◆ 11
```

各行には5枚までしかカードがないので、同様の表現を2回繰り返せばフルハウスを抜き出せそうですね。次のように2回同じ正規表現を書き、**^**と**$**で囲んで、繰り返される番号以外の番号が入らないようにすると、フルハウスになっている行が抜き出せます。

```
1  $ cat cards.txt | grep -P '^. (\d+)( . \1){1,2} . (\d+)( . \3){1,2}$'
2  ♣ 5 ◆ 5 ♣ 11 ♠ 11 ♥ 11
3  ♠ 3 ♣ 3 ♥ 3 ♣ 11 ◆ 11
4  ♥ 2 ◆ 2 ♠ 13 ♣ 13 ♥ 13
```

これが解答でも良いのですが、部分式呼び出し (⇒練習3.1.c) を使ってもっと短く書いた次のワンライナーを解答とします。

```
1  小問2解答  $ cat cards.txt | grep -P '^(. (\d+)( . \2){1,2}) \g<1>$'
2  ♣ 5 ◆ 5 ♣ 11 ♠ 11 ♥ 11
3  ♠ 3 ♣ 3 ♥ 3 ♣ 11 ◆ 11
4  ♥ 2 ◆ 2 ♠ 13 ♣ 13 ♥ 13
```

別解

問題文の前提とは異なりますが、参考までに正規表現を使わない別解を示します。いずれも、**awk**や**opy**のパターンを使った素直なものです。

```
1  小問1別解1(山田)  $ cat cards.txt | awk '$1==$3 && $3==$5 && $5==$7 && $7==$9'
2  小問1別解2(上田)  $ cat cards.txt | opy 'len(set(F[1::2]))==1'
3  小問2別解1(山田、上田)  $ cat cards.txt | awk '$2==$4 && $8==$10 && ($4==$6 || $6==$8)'
4  小問2別解2(上田)  $ cat cards.txt | opy 'F2==F4 and F8==F10 and (F4==F6 or F6==F8)'
```

小問1別解2の**len(set(F[1::2]))**は、マークを集めたリスト**F[1::2]**注10から、**set**で重複のない集合を作り、その要素数を求めるという処理です。要素数が1ならば、**F[1::2]**内のマークがすべて同じということになります。

注10 [1::2]は、1列目から2つごとに要素を選ぶという意味です。

問題100 しりとり順に並べる

問題 (中級★★ 出題:田代 解答:eban 解説:上田)

shiritori.txt (リスト6.9) のテキストデータの単語を、しりとり順で並べ替えてください。並べ方は複数あるかもしれませんが、一通りでかまいません。

リスト6.9 shiritori.txt

```
1 あけがた
2 けんこう
3 うがい
4 うしみつどき
5 いんどあ
6 いちょう
7 きゅうけい
```

解答

まず、join -j9を使って、2つの単語の組み合わせを全通り作ります (⇒練習6.1.c別解1)。

```
1 $ join -j9 shiritori.txt{,}
2 あけがた あけがた
3 あけがた けんこう
4 (..略..)
5 きゅうけい きゅうけい
```

この例では、ブレース展開を使って、同じshiritori.txtを2つjoinに指定しています。これで、shiritori.txt内の単語のペアを作ることができます。

次に、この中から、しりとりになっている行を抽出します。

```
1 $ join -j9 shiritori.txt{,} | grep '\(.\) \1'
2 けんこう うがい
3 けんこう うしみつどき
4 (..略..)
5 きゅうけい いちょう
```

grep '\(.\) \1'で[注11]、「何か1字 (1番と名前を付けます) +半角空白+1番の文字」という意味になります。もしshiritori.txtに、「大阪工大」のように最初と最後の文字が同じ単語があれば「大阪工大 大阪工大」のような、同じ単語が2個に水増しされた行が残るので除去する必要がありますが、shiritori.txtにはそのような単語はないので、このまま先に進みます。

次に、上の出力をtsortというコマンドに通します。tsortについては補足で説明します。

```
1 $ join -j9 shiritori.txt{,} | grep '\(.\) \1' | tsort
2 けんこう
3 tsort: -: 入力にループが含まれています:
4 (..略..)
5 うしみつどき
6 きゅうけい
```

注11 grep '\(.\) \1'はgrep -E '(.) \1'と同じ意味です。これまで断片的にしか触れていませんでしたが、基本正規表現でも、記号をエスケープすることで、拡張正規表現で使われる記号が使えます。

```
7  (..略..)
```

この出力からエラーメッセージを除去すると、しりとりが残ります。これを解答とします。

```
1  $ join -j9 shiritori.txt{,} | grep '\(.\) \1' | tsort 2>/dev/null
2  けんこう
3  うしみつどき
4  きゅうけい
5  いちょう
6  うがい
7  いんどあ
8  あけがた
```

補足 (tsort)

tsortはトポロジカルソートをするためのコマンドで、2つのデータの順序関係を羅列したファイルを読み込んで、順序関係をつなげて出力します。例を示します。

```
1  $ cat hoge
2  a b
3  c d
4  b c
5  ↑ a→b、c→d、b→cという順序関係を書いたファイル
6  $ cat hoge | tsort
7  a
8  b
9  c
10 d
```

先の例で、**tsort**がエラーを出力したのは、**shiritori.txt**をしりとりにする方法が2通り以上あったからです。**tsort**はGNU Coreutilsに収録されています。

別解

7個の単語の並び方を全通り列挙して、その中から、空白の左右に同じ文字がある箇所が6個あるものを**grep**で抽出する、という方法をとった別解を2つ示します。

```
1  別解1(上田) $ cat shiritori.txt | python3 -c 'import sys,itertools; a=itertools.permutations([x.strip
   () for x in sys.stdin]);[print(" ".join(x)) for x in a]' | grep -P '(.+(.) \2){6}'
2  けんこう うがい いちょう うしみつどき きゅうけい いんどあ あけがた
3  けんこう うしみつどき きゅうけい いちょう うがい いんどあ あけがた
4  別解2(上田) $ seq -w 6666666 | grep -v '[789]' | grep -vP '(.).*\1' | sed 's/./& /g' | awk 'FILENAME=
   ="-"{for(i=1;i<=7;i++){printf a[$i]" "}; print ""}FILENAME=="shiritori.txt"{a[NR-1]=$1}' shiritori.txt
    - | grep -P '(.*(.) \2){6}'
5  (出力は省略)
```

別解1はPythonの**permutations**（⇒練習6.1.c別解3）を利用して、組み合わせを作っています。別解2は、別解1と同じく単語の並びを全通り列挙していますが、最初に**sed**で1〜6の数字の並びを作って、そのあとに数字に単語を対応させています。

問題101 連続するアルファベットの検出と略記

問題 （上級★★★　出題、解答：上田　解説：田代）

リスト6.10のalphabet_connectionを加工して、図6.3のような出力を得てください[注12]。つまり、アルファベット順にファイルの中の文字を並び替え、連続しているアルファベットの両端だけ残して間をハイフンでつなぎます。

リスト6.10 alphabet_connection

```
1 b c f i j k l p e q r u w a y z
```

図6.3 出力例

```
1 a-c e-f i-l p-r u w y-z
```

解答

解答例を示します。

```
1 $ cat alphabet_connection | tr ' ' '\n' | sort | comm - <(echo {a..z} | tr ' ' '\n') | sed 's/^..//' |
  sed -Ez 's/([a-z])(\n[a-z])*\n([a-z])/\1-\3/g' | xargs
2 a-c e-f i-l p-r u w y-z
```

手順を説明していきます。

まず、sortまでで、ファイルの中のアルファベットを1行1文字にしてソートします。

```
1 $ cat alphabet_connection | tr ' ' '\n' | sort
2 a
3 b
4 (..略..)
5 z
```

この出力を、aからzを縦に並べたデータと比較します。comm（⇒問題98）を使います。

```
1  $ cat alphabet_connection | tr ' ' '\n' | sort | comm - <(echo {a..z} | tr ' ' '\n')
2              a
3              b
4              c
5        d
6              e
7              f
8  (..略..)
9        x
10             y
11             z
```

これで3列目に、両方の入力に存在するアルファベット（つまりalphabet_connectionに存在したアルファベット）が並びます。

commの出力の空白はタブ文字なので、sedを使って行頭から2文字を削除すると、3列目が切り出せます。

注12　この問題は、参考文献［12］から着想を得ました。

```
1  $ cat alphabet_connection | tr ' ' '\n' | sort | comm - <(echo {a..z} | tr ' ' '\n') | sed 's/^..//'
2  a
3  b
4  c
5
6  e
7  f
8  (..略..)
```

その後、sed -zによる行またぎの置換(⇒練習3.2.a)を使い、空行なくアルファベットの続いている部分をハイフンで置き換えます。

```
1  $ cat alphabet_connection | tr ' ' '\n' | sort | comm - <(echo {a..z} | tr ' ' '\n') | sed 's/^..//' |
    sed -Ez 's/([a-z])(\n[a-z])*\n([a-z])/\1-\3/g'
2  a-c
3
4  e-f
5
6  (..略..)
7  w
8
9  y-z
```

このワンライナーにxargsを付けて出力を横に並べると、冒頭の解答例が得られます。使った正規表現([a-z])(\n[a-z])*\n([a-z])は、「アルファベット改行アルファベット」、あるいは「アルファベット改行アルファベット改行……アルファベット」となっている文字列を表したものです。

別解

次の別解1は、alphabet_connectionのアルファベットにa〜zを混ぜ、uniqで重複数を数えることで、alphabet_connectionにあった文字となかった文字を仕分ける方法をとっています。

```
1  別解1(田代) $ cat alphabet_connection | tr ' ' '\n' | ( cat; echo {a..z} | tr ' ' '\n' )| sort | uniq
    -c | awk '$1==1{print ""}$1==2{printf $2" "}END{print ""}' | awk 'NF==1{print}NF>1{print $1"-"$NF}' |
    xargs
```

uniq -cまでで、aからzまでの文字をalphabet_connectionにあった文字に混ぜ、各文字の個数を数えています。

```
1  $ cat alphabet_connection | tr ' ' '\n' | ( cat; echo {a..z} | tr ' ' '\n' )| sort | uniq -c
2        2 a
3        2 b
4        2 c
5        1 d
6        2 e
```

その次のawkは、2つ存在するアルファベットを横に並べる処理です。

```
1  $ (前述のワンライナー) | awk '$1==1{print ""}$1==2{printf $2" "}'
2  a b c
3  e f
4  
5  i j k l
6  (..略..)
```

この出力に対し、1文字の列はそのまま、2列以上ある行はハイフンを使った表記になおして出力し、最後にxargsで横に並べるという処理を加えると、別解1になります。

次の別解2は、短かさを追求したものです。

```
1  別解2(eban) $ printf "%s\n" {a..z} $(<alphabet_connection) | sort | uniq -c | sed 's/.*2 //;/1/c\\n'
   | awk '{sub(/\n(.\n)*/,"-")}1' RS= | xargs
```

$(<)**は問題17別解で使った表記です。sedの**/1/c\\n**は1を含む行（**/1/**）を改行で置き換える（**c**というコマンドで**\n**に置き換え）という意味になります。awkの**RS=**（⇒問題84解答4）は、行の区切り文字を空行にします。つまり、**$0には空行が来るまで、改行を含んだ文字列（例：**a\nb\nc**、**e\nf**、……）が入ります。awkのsub内の正規表現は、**$0**の中の最初の改行から最後の改行までマッチします。awkのコードの最後に1とあるのは、置換後の**$0**を出力するために置いたパターンです。全行がこのパターンにマッチするため、printを書かなくても**$0**が出力されます。

最後に、アルファベットを数値に変換し、連続しているかどうかを調べるアプローチの別解を示します。

```
1  別解3(山田) $ cat alphabet_connection | perl -anle 'print unpack("C ", $_) for sort @F' | awk 'BEGIN{
   n=$0}{if($0 - n <= 1){printf $0" " }else{printf "\n"$0" "} n=$0}END{print}' | perl -anle 'printf pack
   ("C", $_)."\t" for @F;print ""' | awk 'NF>=2{print $1"-"$NF}NF==1{print}' | xargs
2  別解4(上田) $ cat alphabet_connection | xargs -n 1 | sort | opy -v a=@ '[ "-"+F1 if ord(a)+1 == ord(
   F1) else F1 ];{a=F1}' | xargs | sed -E 's/([^-])( -.)* -(.)/\1-\3/g'
```

Perlのpack、unpackについては問題80別解2、問題85が参考になります。

問題102 クワイン

問題（上級★★★　出題：石井　解答：eban　解説：田代）

図6.4の例のように、自身とまったく同じ文字列を出力するコマンド入力を考えてください[注13]。このようなプログラムをクワインと言います。

考えつかなければ、クワインを入力する前に少し準備をしてもかまいません。

図6.4 クワイン

```
1  $ hoge fuga
2  hoge fuga
```

解答

まず、次のようなものが1つ考えられます。

注13　実際にはhogeというコマンドはないので上記はエラーになります。

```
1  $ echo $BASH_COMMAND
2  echo $BASH_COMMAND
```

シェル変数には、実行しようとするコマンド文字列がそのまま入るBASH_COMMANDという変数があります。上の解答例は、これを利用したものです。

シェル変数BASH_COMMANDは、本来、デバッグで用いる変数で、たとえば次のように利用できます[注14]。

```
1  $ trap 'echo "$BASH_COMMAND"' ERR
2  $ missing_command 1 2 3
3  missing_command: コマンドが見つかりません
4  missing_command 1 2 3  ←trapで出力された行
5  $ ls aaa
6  ls: 'aaa' にアクセスできません (..略..)
7  ls --color=auto aaa  ←trapで出力された行（実際には、エイリアスという機能でls --color=auto aaaが実行されたとわかる）
```

trapについては、練習2.4.bで使用しました。ERRは、trapで使えるEXIT（⇒問題24）と同類のパラメータで、コマンドのエラーにtrapを反応させたいときに用いられます。

別解

まず、しっかりBashでプログラミングされたクワインを示します。

```
1  別解1(山田)  $ Q () { type Q | sed '1d;4s/$/;/;$s/$/; Q/' | tr -d '\n' | tr -s ' ' | awk 4;}; Q
```

関数Qをシェルに登録してQを実行するというコードです。Qが実行されると、まずtype Q（⇒練習2.2.c補足2）でQ自身が調査されます。

```
1  $ type Q
2  Q は関数です
3  Q ()
4  {
5      type Q | sed '1d;4s/$/;/;$s/$/; Q/' | tr -d '\n' | tr -s ' ' | awk 4
6  }
```

次のsedと2つのtrは、type Qの出力から再度、Q () {……}; Qという文字列を作る処理です。sedで1行目の削除、4行目の末尾に;を付加、最終行の末尾に; Qを付加しています。その後tr -d '\n'で改行をとり、tr -s ' 'で、2個以上連続する空白を1つに詰めています。最後のawk 4は、最後の行に改行を入れる処理になります[注15]。これで、入力した文字列と同じ文字列が出力されます。

さらに、事前の準備が必要な別解を2つ示しておきます。まず、エラーメッセージを利用するものを示します。

```
1  ―― 準備 ――
2  $ unset command_not_found_handle
3  ―― つぎのいずれかが別解2(山田) ――
4  $ bash: bash:: コマンドが見つかりません  ←別解2-1
```

注14 http://jarp.does.notwork.org/diary/201210b.html#20121014

注15 awk 1のように、真となる非ゼロの値であれば何でも良いです。ただし1は英語のl（エル）やI（アイ）と紛らわしいため、海外のAWK界隈では、数字の4が好まれる傾向があるようです（参考文献[4]より）。

```
5  bash: bash:: コマンドが見つかりません
6  $ -bash: -bash:: コマンドが見つかりません  ←別解2-2
7  -bash: -bash:: コマンドが見つかりません
```

UbuntuのBashでは、**command_not_found_handle**というコールバック関数（何か起こると発動する関数）がしかけられており、コマンドが見つからないと、インストールすべきパッケージを薦めてくれます。準備では、この機能が邪魔になるので**unset**（⇒問題18）で関数を未定義にしています。

別解2-1では、**bash:**という存在しないコマンドに、引数として、コマンドが見つからないときのエラーの文言「**bash:: コマンドが見つかりません**」を与えて実行しています。**bash:**は（インストールされていなければ）見つからないので、Bashは自身を表す**bash**に、「**:（見つからなかったコマンド名）:コマンドが見つかりません**」とエラーメッセージを付けて出力します。これで入力と同じ出力が出てきます。

別解2-2は、手元の端末から別のマシン（「リモートのマシン」などと表現されます）にログインしてBashを起動したときに、クワインになります。この場合、別解2-1はクワインにはなりません。リモートのマシンにログインして、そのログインシェル（⇒問題18）がBashの場合、プロセスの名前が**-bash**になります。

もうひとつ、準備の必要な別解を示します。

```
1  ―― 準備 ――
2  $ set -v
3  ―― 別解3（上田）――
4  $ set -v
5  set -v
```

-vは、実行するコマンドを表示するというBashのオプションです。これを**set**で設定し、再度**set -v**を実行すると、**set -v**が出てきます。ただしこの場合、クワインは**set -v**である必要はなく、何も出力しないコマンドなら、すべてクワインになってしまいます。

また、コードゴルフのサイトAnarchy Golf（http://golf.shinh.org）にも、**ps**を使った別解「http://golf.shinh.org/reveal.rb?Quine/notogawa_1182395277&sh」があります。こちらは事前準備が不要かつ短いものです。

第3部

応用する

第7章

Linux環境の調査、設定と活用

本章では、Linuxのしくみに踏み込んだ内容の問題を解いていきます。第2章ではシェルの動作に関係する範囲でLinuxの機能を説明しましたが、本章はそれ以上の内容を扱います。7.1節ではシステム内のファイルやディレクトリについて理解を深めます。7.2節では、疑似ファイルシステムを利用、操作する問題を解きます。7.3節ではシステムコールを解析します。7.4節では、システムに対するさまざまな調査をこなします。7.5節では、ワンライナーでLinuxのサーバ機能や自動処理機能を利用します。

内容が内容だけに、Linuxやその他OSを、Webサイトの閲覧や書類作成の用途でちょっと使うくらいの人には、本章の話は馴染みの薄いものかもしれません。ただ、OSの仕事のほとんどは、ファイル（パイプやソケットなどの通信手段も含む）とプロセスの管理で、本章の内容は、その延長線上にあるものです。我々はすでに、ワンライナーでファイルやプロセスをつなぐ練習をしてきましたので、本章の内容もすんなり身につくかもしれません。

7.1 ファイル、ディレクトリを調査・操作する

本節では、ファイルやファイルシステムに関する問題を解き、Linuxのファイルシステムへの理解を深めていきます。

練習7.1.a 各種ファイルの置き場所

Linuxには、これまで我々が操作してきたようなユーザーのためのデータだけではなく、システムの一部となっている多くのファイルがあります。このようなファイルについて、ごく一部ですが調査してみましょう。

練習問題 （出題、解答、解説：上田）

次のファイルはそれぞれどのディレクトリにあるでしょうか。

- ログファイルboot.log（存在しない場合もあるのでauth.logやsyslogでも可）
- 設定ファイルhostname
- コマンドping

同名のファイルがある場合もあり、どれを探せとは厳密には定義できませんが、一般的なLinuxであればここであろうというディレクトリを正解とします。

解答

Ubuntuのディレクトリの使い方については、参考文献[13]に公式の記述があります。ただ、どこかわからなければ**find**などで検索することもできます。よほどファイルが多い環境でなければ数分で終わります。

まず**boot.log**は（ほかに同名のファイルがなければ）、**/var/log**に存在します。

```
1  $ ls -l /var/log/boot.log
2  -rw------- 1 root root 12183  8月 17 10:38 /var/log/boot.log
```

findと**grep**を使って検索した例も示します。

```
1  $ sudo find / | grep '/boot.log$'
2  find: '/run/user/1000/doc': 許可がありません
3  find: '/run/user/1000/gvfs': 許可がありません
4  （ほかにも出力があるかもしれない）
5  /var/log/boot.log  ←これが調査対象のboot.log
```

[13]によると、**/var**は「変化するデータのファイル」を置くところです。この種のファイルで代表的なものを挙げると、ログファイルやデータベースのデータファイルなどです。**boot.log**は、Linuxが立ち上がるときのログ[注1]を保存したものです。**tail**したものを次に示します。

```
1  $ sudo cat /var/log/boot.log | tail
2  [  OK  ] Finished Permit User Sessions.
3           Starting GNOME Display Manager...
4           Starting Hold until boot process finishes up...
5  [  OK  ] Started containerd container runtime.
6  [  OK  ] Finished Save/Restore Sound Card State.
7  [  OK  ] Reached target Sound Card.
8  [  OK  ] Started Manage, Install and Generate Color Profiles.
9  [  OK  ] Started OpenBSD Secure Shell server.
10 [  OK  ] Started GNOME Display Manager.
11 [  OK  ] Started Accounts Service.
```

注1　Linuxが立ち上がるときに、画面をザーッと流れる文字列のことです。ただし、デスクトップ版のUbuntuの場合、残念ながら起動時には隠されて見えません。

/var/logの下には、ほかにも何かトラブルがあったときに見るべきファイルがあります。あとの問題でも、いくつか出てきます。

2つめのファイルhostnameは、/etcの下にあります。

```
1  $ ls -l /etc/hostname
2  -rw-r--r-- 1 root root 7  1月  9  2020 /etc/hostname
3  ―― 検索 ――
4  $ sudo find /etc | grep '/hostname$'
5  /etc/hostname
6  $ cat /etc/hostname
7  uedaX1
```

上の6、7行目のように、hostnameの中を見ると、何か名前のようなものが入っています。これは、このPCの**ホスト名**です。**ホスト**というのはサーバやネットワーク上のPCを指す言葉で、UbuntuのBashでは**図1.2**のように、プロンプトの@の右側にホスト名が表示されます。もしホスト名を変えたければ、このファイルを書き換えて再起動すると変わります。

hostnameのほか、/etcにはシステム全体に関わる設定ファイルが置かれます。システムの設定を変えたいときは、たいていの場合、/etcの下のファイルを編集することになります。

最後のpingは、/usr/binにあります。

```
1  $ ls -l /usr/bin/ping
2  -rwxr-xr-x 1 root root 72776  1月 31  2020 /usr/bin/ping
```

これもfindなどで検索できます。また、pingはコマンドなので、lsやfindのほかに、whichやtypeでも調査できます（⇒練習2.2.c補足2）。

```
1  $ sudo find / | grep '/ping$'
2  [sudo] ueda のパスワード:
3  find: '/run/user/1000/doc': 許可がありません
4  find: '/run/user/1000/gvfs': 許可がありません
5  /usr/share/bash-completion/completions/ping
6  /usr/bin/ping  ←これが調査対象のping
7  (..略..)
8  $ which ping
9  /usr/bin/ping
10 $ type ping
11 ping は /usr/bin/ping です
```

/usrには、ユーザーが使うコマンドやアプリケーションが置かれています。また、/binはコマンドを置くディレクトリで、/usrの下のほかにルート（⇒練習1.2.e補足1）下にもあります。Ubuntuの場合は、/binが/usr/binの**シンボリックリンク**（⇒問題3補足）になっています。

```
1  $ ls -ld /bin /usr/bin
2  lrwxrwxrwx 1 root root      7  1月  9  2020 /bin -> usr/bin
3  drwxr-xr-x 2 root root 102400  8月 16 20:10 /usr/bin
```

ls /すると、ほかにも重要そうなディレクトリがあるのを確認することができます。ここで説明しなかったディレクトリについては出題の際に説明しますが、[13]を一通り見ておくと、問題が解きやすいかもしれません。

補足1（設定ファイルはテキストファイル）

/etc下の設定ファイルは、一部のもの以外はテキストファイルになっています。このおかげで、設定ファイルに対し、通常のテキストファイルと同様、grepなどのコマンド実行やVimなどのエディタで調査、編集ができます。Windowsの場合、設定は伝統的に、レジストリと呼ばれる領域にバイナリで記録されてきたのですが、この方法とは違います。

補足2（FHS）

どのディレクトリにどのファイルが置かれるかは、Unix系OSで統一されているわけではなく、同じLinuxでもディストリビューションによって微妙に違いがあります。一方、標準化の動きもあり、Filesystem Hierarchy Standard（FHS）という基準が存在しています。[13]によると、Ubuntuもほぼ[注2]FHSに従っているそうです。

練習7.1.b ファイルシステム

練習5.1.b補足で言及したように、ファイルやディレクトリはHDDやSSDの中で、0と1の並びとして記録されています。また、前問で扱ったディレクトリの構造なども、ファイルの中のデータと同様、0と1の並びとして記録されます。用語の確認ですが、HDDやSSD、USBメモリ、SDカード、CD-ROMなどの永続的にデータを記録する装置や媒体は、**補助記憶装置**あるいは**ストレージ**と呼ばれます。

ストレージは、いくつかの**パーティション**という単位に分割されます。各パーティションには、決められたルールでデータが格納されます。この、データの並びのルールや、そのルールでOSから読み書きできるようにするしくみは、**ローカルファイルシステム**と呼ばれ、いくつか種類があります。Ubuntu 20.04の場合、インストール時に別のものを選択しなければ、ファイルを置くパーティションには、**ext4**（fourth extended file system）という形式が使われます。

練習問題 （出題、解答、解説：上田）

dfは、システムが利用しているローカルファイルシステムの一覧を表示するコマンドです。自身の環境で、df -Thの後ろにパイプをつなげ、ヘッダの行とディレクトリのルート（/）に関する情報の行を抽出し、情報を読み取ってください。図7.1にdf -Thの出力の例を示します。ちなみにdfの-Tはファイルシステムのタイプの表示、-hは記憶容量の単位をギガやテラ単位にして、人間が読みやすいようにするオプションです。

図7.1 出力例

```
1 $ df -Th
2 Filesystem     Type      Size  Used Avail Use% Mounted on
3 udev           devtmpfs  7.7G     0  7.7G   0% /dev
4 tmpfs          tmpfs     1.6G  2.4M  1.6G   1% /run
5  (..略..)
```

注2 「mostly follows」と表現されています。

解答

awkを使った解答例を示します。Mounted onの列がルートディレクトリ（/）になっている行を抽出します。

```
1  $ df -Th | awk 'NR==1 || $NF=="/"'
2  Filesystem     Type      Size  Used Avail Use% Mounted on
3  /dev/nvme0n1p6 ext4      1.6T  906G  560G  62% /
```

ここで重要なのは、解答ではなく出力のほうです。出力を見ていきましょう。

まず、Filesystemの列の/dev/nvme0n1p6は、/が属しているパーティションを表します。nvme0n1としてOSに認識されているSSDの、6番めのパーティションを表します。/devが何であるかは、あとで詳しく説明します。

次のTypeの列にはext4とあります。これは、このパーティションのローカルファイルシステムが、ext4であることを表します。また、その右側のSize、Used、Avail、Use%は、それぞれパーティションのサイズ、使っている容量、空いている容量、使用率を表します。

最後のMounted onは、このパーティションが、どのディレクトリの下にぶら下がっているかを示します。というのは、LinuxやUnix系OSは、ストレージをディレクトリツリー（ディレクトリの木構造）内のどこにでもぶら下げることができます。つまり複数のパーティションがディレクトリツリーを通じて親子関係になることができます。この方式は「Cドライブ」「Dドライブ」などとストレージが並列に扱われるWindowsとは異なります。dfの出力からは、このパーティションが/にぶら下がっている、つまり一番根本のパーティションになっていることがわかります。

補足（パーティションのマウント）

「パーティションをディレクトリにぶら下げる」という操作の例を示します。次のdfの出力は、筆者のノートPCに、パーティションを1つだけ持つUSBメモリを挿した直後のものです。デスクトップ環境なので、OSが自動でUSBメモリを使える状態にしています。

```
1  $ df -Th | grep sda1
2  /dev/sda1      vfat       15G  5.1M   15G   1% /media/ueda/file
```

パーティションの名前はsda1で、このUSBメモリの中のデータを読みたければ/media/ueda/fileの下のファイルにアクセスすれば良いことが、出力からわかります。/media/uedaまではUSBメモリではない別のストレージのパーティションに属しており、USBメモリのsda1は、この下にぶら下がったことになります。

これを、次のように操作してみます。

```
1  ——— sda1を/media/uedaから除去（アンマウント）———
2  $ sudo umount /media/ueda/file
3  $ df -Th | grep media  ←何も表示されない
4  ——— sda1を~/tmpにぶら下げる（マウント）———
5  $ sudo mount /dev/sda1 ~/tmp/
6  ——— 状態の確認 ———
7  $ df -Th | grep sda1
8  /dev/sda1      vfat       15G  5.1M   15G   1% /home/ueda/tmp
```

これで、USBメモリのアクセス場所は、/home/ueda/tmpに変更できました。

先ほどは「ぶら下げる」と表現しましたが、このようにパーティションとディレクトリを結び付ける作業のことを、**マウント**すると言います。逆の作業は、**アンマウント**と呼ばれます。

練習7.1.c iノード

ローカルファイルシステム内のファイルやディレクトリには、**iノード番号**（アイノード番号）という、ローカルファイルシステム内での固有の番号が付けられています。iノード番号について、練習問題を解いてみましょう。

練習問題（出題、解答、解説：上田）

ファイルやディレクトリのiノード番号は、次のようにls -iで調査できます。

```
1  $ ls -i /
2         13 bin    81264641 images      34603009 media        18 sbin       92274689 tmp
3   76546049 boot         14 lib         20185089 mnt    36700161 snap       43253761 usr
4   97779713 cdrom        15 lib32       48234497 opt    51511297 srv         5505025 var
5          2 dev          16 lib64              1 proc         12 swapfile
6   65273857 etc          17 libx32      37224449 root         19 swapfile2
7  100401153 home         11 lost+found         2 run           1 sys
```

iノード番号から類推できる範囲で、同じローカルファイルシステム内に同居していないファイルやディレクトリの組を抽出してください。

解答

次のワンライナーで、同じiノード番号を持つディレクトリやファイルが抽出できます。最後のuniqでは、-f 1で1列目を無視して比較し、-Dで重複した行をすべて出力しています（⇒問題45）。

```
1  $ ls -i / | sort -k1,1n | awk '{print $2,$1}' | uniq -f 1 -D
2  proc 1
3  sys 1
4  dev 2
5  run 2
```

この例では、procとsys、devとrunのiノード番号がそれぞれ同じなので、それぞれ互いに異なるローカルファイルシステム内に存在することがわかります。

補足（iノード）

iノードとは、Unix系のファイルシステムが、ファイルをメモリやストレージ上で管理するときのデータ構造のことです。ファイルがファイル名ではなく、iノード番号で識別されていることを知っておくと、以降のいくつかの問題を理解できます。また、込み入ったファイル操作の際に「あれ？」と思うことが少なくなります。

問題103 ls -l の出力の2列目

ここから本節の本番です。最初に、ファイルシステムがファイルをどのように扱っているかを垣間見る問題を用意しました。知識があれば簡単なので初級としましたが、知識がない場合は調査のうえ、解答をお願いします。

問題（初級★　出題、解答：上田　解説：田代）

図7.2のように、hogeというファイルを作ってls -lしてみましょう。ls -lの出力の2列目の1という数字が、次にls -lしたときに100になるようにしてみましょう。作業用の一時ディレクトリを作成し、その中にhogeを作って解くことをお勧めします。

図7.2 hogeを作り、ファイル情報を表示

```
1 $ echo a > hoge
2 $ ls -l hoge
3 -rw-r--r-- 1 ueda ueda 2 10月 13 22:03 hoge
```

解答

たとえば次のような解答例が考えられます。

```
1  $ seq 1 99 | while read i ; do ln hoge $i ; done
2  $ ls    ←lsするとhogeのほかに1～99というファイルの生成が確認できる
3  1  14  19  23  28  32  37  41  46  50  55  6   64  69  73  78  82  87  91  96
4  (..略..)
5  13  18  22  27  31  36  40  45  5   54  59  63  68  72  77  81  86  90  95  hoge
```

このあとにls -l hogeを実行すると、次のように2列目が100になります。

```
1  $ ls -l hoge
2  -rw-r--r-- 100 ueda ueda 2 10月 13 22:03 hoge
```

この問題の出題意図は、ファイルシステムに関する理解の確認です。Unix系のOSで利用されるファイルシステムでは、ファイル（iノード）に対してファイル名を複数付ける機能があります。この、ファイル名からiノードへの対応を**リンク**と言います。リンクには、ハードリンクとシンボリックリンクの2種類があります。

ファイルには、作成された時点でハードリンクが1つ割り当てられます。ls -lで2列目に出力される数は、ハードリンクの数（**リンク数**）を示します。ハードリンクを増やすと2列目のリンク数が増えます。ls -lで2列目を100にするということは、hogeにハードリンクを99個追加するということを意味します。解答のようにlnを使うと、hogeが指しているファイルに対して99個、別の名前（ここでは1から99までの数字）でハードリンクを作れます。上の例ではlsを実行するとファイルが100個あるように見えましたが、これらはすべて同じファイルを指しています。

別解

別解1に、while文ではなくxargsを使った例を示します。

```
1 別解1(上田) $ seq 1 99 | xargs -n 1 ln hoge
```

seqで作成した1から99までの数を、xargsの-n 1オプションで1つずつlnの2番めの引数に渡してlnを実行しています。

もうひとつ、シェルスクリプトを作ってbashに流し込む例を示します。

```
1 別解2(田代) $ seq 1 99 | sed 's/^/ln hoge /' | bash
```

seqとsedを使ってln実行の行を99行作り、パイプでbashに渡しています。

補足1(iノードとファイル名)

練習7.1.cで説明したとおり、システム内では、ファイルはファイル名ではなく、iノード番号で識別されます。ファイル名は識別には用いられないので、同じファイルに複数のファイル名(ハードリンク)を付けても混乱することはありません。ただし、同じiノードにいくつのファイル名が結び付いているかを数えていないと、ファイルを消していいかどうかわからなくなるので、ls -lの出力の2列目にあるように、リンク数がカウントされています。リンク数がゼロになったとき、そのファイルは消して良いことになります。いつ消しても良いので、必ず即座に消されるわけではありません。

ところでこう考えると、我々は最初、rmを「ファイルの消去コマンド」と教わるわけですが、実際は「iノードからのファイル名の切り離し」と言ったほうが正確だとわかります[注3]。これで、問題29補足2で話題にした、rmとshredの違いが理解できると思います。

補足2(ハードリンク)

ハードリンクが実際に使用されている例を示します。たとえば次のように、/bin内のコマンドには、実体が同じで異なる名前のコマンドが、いくつか存在します。

```
1 $ ls -il /bin/gunzip /bin/uncompress
2 43254065 -rwxr-xr-x 2 root root 2346 12月 14  2019 /bin/gunzip
3 43254065 -rwxr-xr-x 2 root root 2346 12月 14  2019 /bin/uncompress
4 $ ls -il /bin/bunzip2 /bin/bzcat /bin/bzip2
5 43257160 -rwxr-xr-x 3 root root 39144  9月  6  2019 /bin/bunzip2
6 43257160 -rwxr-xr-x 3 root root 39144  9月  6  2019 /bin/bzcat
7 43257160 -rwxr-xr-x 3 root root 39144  9月  6  2019 /bin/bzip2
```

このようにするメリットとしては、たとえば環境によって呼び名が違うコマンドがある場合に、ほかの環境から持ってきたシェルスクリプトが動作する可能性が高くなる、ということが考えられます。

ちなみに、iノード番号が同じコマンドは、次のワンライナーで見つけました。

```
1 $ ls -i /bin | awk '{a[$1]=a[$1]" "$2}END{for(v in a){print a[v]}}' | awk 'NF>1'
2  gunzip uncompress
3  bunzip2 bzcat bzip2
4  perlbug perlthanks
5  perl perl5.30.0
```

注3 もちろん、初心者に対する説明としては「ファイルの消去」が正しく、manにもそう書いてあります。想定する相手の理解度に合わせることは厳密性よりも重要だと主張する意図で、この注釈を入れました。

```
6  pkg-config x86_64-pc-linux-gnu-pkg-config
7  pigz unpigz
```

問題104 ファイル名の長さの限界は?

次に、ファイルシステムの限界に挑戦してみましょう。

問題 (初級★ 出題、解答、解説：田代)

いま使っているローカルファイルファイルシステムに対して、ファイル名の長さの限界をワンライナーで求めてください。ここでのファイル名とは、パスは含めないファイル単体の名前のこととします。方法によっては多くのファイルを作ることになるので、作業用の一時ディレクトリを作成し、その中で作業しましょう。

解答

長さ1バイトのファイル名から愚直に試し、ファイル作成に失敗するまで繰り返し試みる解答を示します。

```
1  $ yes | perl -nle 'print $_ x$.' | while read f && touch $f; do echo ${#f} && rm $f; done | tail -n 1
2  touch: 'yy (..略..) y' にtouchできません: ファイル名が長過ぎます
3  255
```

一番下に出た**255**が、作成可能な最長のファイル名の長さです。

最初の**perl**の**$_**(⇒練習3.1.a補足1)には**yes**から読み込んだy、**$.**には行番号が入っています(⇒問題59別解3)。また、**x**は演算子で、**$_ x$.**で文字列**$_**を**$.**個連結するという意味になります。これで、次のような出力が得られます。

```
1  $ yes | perl -nle 'print $_ x$.' | head -n 5
2  y
3  yy
4  yyy
5  yyyy
6  yyyyy
```

解答のwhile文では、この出力を毎行、変数**f**に取り込み、**touch $f**でファイルを作っています。**do**……**done**の中では、**f**の長さ**${#f}**(⇒練習2.1.f補足1)を出力したあと、作ったファイルを消しています。このwhile文は、**f**の文字列が長過ぎると、**touch**が失敗して終わります。したがって、最後に出力された**${#f}**が、ファイル名の限界の長さになります。これを最後の**tail**で出力すると、この例の環境(ext4)では、**255**と出てきます。

別解

別解を2つ掲載します。

```
1  別解1(eban)  $ for i in {300..1}; do f=$(printf "%0*d" $i); (: > $f) 2> /dev/null && { rm $f; echo $i; break; } done
2  別解2(田代)  $ yes | awk '{for(i=1;i<=NR;i++) printf "@";print ""}' | sed 's/.*/touch &; echo -n @*@|wc -c; rm &;/' | bash -e 2> /dev/null | tail -n 1
```

別解1は、300から1つずつ短いファイル名を試していき、ファイル作成に成功したところでファイルの長さを出力するというものです[注4]。doの右側のprintfでは、$i個0を連結した文字列を生成しています。printf "%0*d" 桁数 整数で、指定した桁数だけゼロ埋めして、整数を出力するという意味になりますが、ここでは桁数だけ指定して使っています。「:」は何もしないコマンドで、: > $fでファイル名$fの空ファイルを作ることができます。

別解2では、awkで1文字ずつ長くしたファイル名を作っていき、sedでファイルを作れるか試すワンライナーを作り、bashに順次実行させています。bashに-eオプションが付いているため、ファイル作成が失敗したところでbashが終了するしかけになっています。

問題105 ディスク使用量の集計

次は、ディレクトリのストレージ使用量を調べるという基本的な問題ですが、ひとひねりしてあります。

問題 (初級★　出題、解答、解説：中村)

duというコマンドで-sオプションを使うと、ディレクトリの容量を得ることができます[注5](図7.3)。

この出力結果を図7.4の出力例のように、サイズの大きい順に並べ替えてください。また、ファイルサイズの表示は人間に読みやすく、キロ(K)やメガ(M)などのSI接頭辞を使ってください。必要ならduのオプションを変えてもかまいません。

図7.3 du -sを実行

```
1 $ du -s /usr/*
2 65524   /usr/bin
3 48      /usr/games
4 23660   /usr/include
5 577816  /usr/lib
6 120     /usr/local
7 2948    /usr/sbin
8 337372  /usr/share
9 4       /usr/src
```

図7.4 出力例

```
1 565M   /usr/lib
2 330M   /usr/share
3 64M    /usr/bin
4 24M    /usr/include
5 2.9M   /usr/sbin
6 120K   /usr/local
7 48K    /usr/games
8 4.0K   /usr/src
```

解答

次のような解答例が考えられます。

```
1 $ du -s /usr/* | sort -nr | awk '{print $2}' | xargs du -sh
```

この解答例では、まずduの後ろのsortで、1列目の数字が大きい順に並べています。この段階での出力を示します。

```
1 $ du -s /usr/* | sort -nr
2 577816  /usr/lib
```

注4　300でファイル作成に成功したら、300をもっと大きな数にして試すことになります。
注5　環境によっては数秒〜数分かかることがあるため、ご注意ください。

```
3  337372  /usr/share
4  65524   /usr/bin
5  23660   /usr/include
6  2948    /usr/sbin
7  120     /usr/local
8  48      /usr/games
9  4       /usr/src
```

-nが数字の小さい順に並べるオプション、-rがそれを逆順にするオプションです（⇒問題48）。

その次のawkでは、ディレクトリ名が抽出されます。

```
1  $ du -s /usr/* | sort -nr | awk '{print $2}'
2  /usr/lib
3  /usr/share
4  /usr/bin
5  /usr/include
6  /usr/sbin
7  /usr/local
8  /usr/games
9  /usr/src
```

最後に、取り出したディレクトリ名1つずつに対し、xargsを使って再度duを適用すると、冒頭の解答例になります。2回目のduでは-sのほかに-hオプションを使用します。-hは、人間に読みやすい形式でサイズを出力するオプションです。

別解

コマンドのオプションをフル活用することで、次のようにさらに短く書くこともできます。

```
1  別解1(石井)  $ du -hd1 /usr | sort -rhk1,1
```

この別解のduでは、-sの代わりに-d1オプションが付いています。-d1オプションは--max-depth=1の省略形で、1階層下のディレクトリを集計する、という意味です。また、最初から-hオプションが付いており、次のようにMやKの付いた状態のサイズが出力されます。

```
1   $ du -hd1 /usr
2   120K    /usr/local
3   24M     /usr/include
4   565M    /usr/lib
5   330M    /usr/share
6   3.8M    /usr/sbin
7   65M     /usr/bin
8   48K     /usr/games
9   4.0K    /usr/src
10  986M    /usr
```

後ろのsortでは、-nがなくなり、代わりに-rhk1,1というオプションが付いています。-hは--human-numeric-sortの省略形で、人間の読みやすい形式（KやMの付いた数字）でソートするときのオプションです。

次に、Coreutilsのnumfmtを使った別解を示します。

```
1  別解2(山田) $ du -s -B1 /usr/* | sort -k1,1nr | numfmt --field 1 --to=iec
```

duの**-B1**は、1バイト単位で容量を出力するという指示です。これで1列目にバイト単位で数字が出てくるので、numfmtで1列目の数字をキロやメガに変換します。**--field 1**、**--to=iec**が、それぞれ1列目の変換、キロやメガへの変換を指定するオプションです。

問題106 特殊なパーミッション

今度の問題はパーミッションに関するものですが、普段は目にすることが少ない設定項目を扱います。問題自体はとても簡単です。

問題 (初級★　出題、解答、解説：上田)

/bin/の中のコマンドから、ls -lでパーミッション(-rwxr-xr-xなどの文字列)を調べたときに「r、w、x、l、-」以外の文字が含まれているものを探してください。

解答

ls -l /bin/とすると、出力の1列目にパーミッションの設定が表示されますので、「1列目にr、w、x、l、-以外の文字が含まれる行」を検索すれば良いことになります。ということで、素直な解答例は次のようになります。

```
1  $ ls -l /bin/ | awk '$1~/[^lrwx-]/'
2  合計 813824
3  -rwsr-sr-x 1 daemon daemon      55560 11月 13  2018 at
4  (..略..)
5  -rwsr-xr-x 1 root   root        68208  5月 28 15:37 passwd
6  -rwsr-xr-x 1 root   root        31032  8月 16  2019 pkexec
7  -rwxr-sr-x 1 root   ssh        350504  5月 29 16:37 ssh-agent
8  -rwsr-xr-x 1 root   root        67816  7月 21 16:49 su
9  -rwsr-xr-x 1 root   root       166056  7月 15 09:17 sudo
10 -rwsr-xr-x 1 root   root        39144  7月 21 16:49 umount
11 -rwxr-sr-x 1 root   tty         35048  7月 21 16:49 wall
```

awkの引数**$1~/[^lrwx-]/**は、「1列目にl、r、w、x、-以外の文字を含む」という条件で行を抽出する意味になります(-の位置を間違えると範囲指定になるので注意)。特定の列を指定して検索するときは、grepよりもawkのほうが素直な選択になります。

パーミッションは通常、rwx(読み取り可能、書き込み可能、実行可能)のフラグを、ファイルのオーナー、グループに所属するユーザー、その他のユーザーの順に書くものですので、「s」というのは何か特殊なものを表すことになります。この「s」がユーザーに対して付与されている場合、**SUID**(Set User ID)という属性が、実行ファイル(この場合は上で出力されたコマンド)に付加されていることを意味します。また、グループに対して付与されている場合は、**SGID**(Set Group ID)という属性が付いているという意味になります。

SUIDが付加されたコマンドは、実行したユーザーではなく、所有者（上で出力されたコマンドはいずれもroot）の権限で実行されます。ですから、上の出力にあるコマンドは、root以外のユーザーでもroot権限で実行できます。試しに、パスワードを設定、変更するコマンドの**passwd**を使い注6、SUIDの有無で何が起こるか実験した様子を示しておきます。システムの根幹に関わる操作なので、試す場合には壊しても良い環境で試してみてください注7。

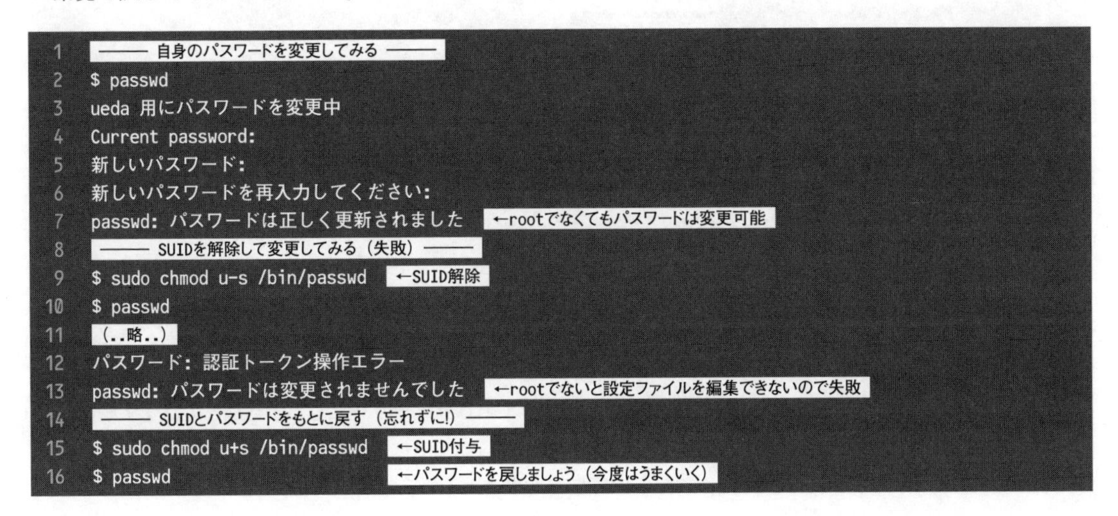

```
1  ――― 自身のパスワードを変更してみる ―――
2  $ passwd
3  ueda 用にパスワードを変更中
4  Current password:
5  新しいパスワード:
6  新しいパスワードを再入力してください:
7  passwd: パスワードは正しく更新されました ←rootでなくてもパスワードは変更可能
8  ――― SUIDを解除して変更してみる（失敗）―――
9  $ sudo chmod u-s /bin/passwd ←SUID解除
10 $ passwd
11 （..略..）
12 パスワード: 認証トークン操作エラー
13 passwd: パスワードは変更されませんでした ←rootでないと設定ファイルを編集できないので失敗
14 ――― SUIDとパスワードをもとに戻す（忘れずに!）―――
15 $ sudo chmod u+s /bin/passwd ←SUID付与
16 $ passwd ←パスワードを戻しましょう（今度はうまくいく）
```

passwdは、root所有の設定ファイル**/etc/shadow**を書き換えますが、SUIDが**passwd**に設定されているので、**sudo**なしでユーザーが**passwd**を実行しても、書き換えが可能となります。

別解

次のような別解も出ました。

```
1  別解（石井） $ find /bin -L -maxdepth 1 -perm /u+s,g+s
```

findの条件式を利用して、「最大深さ1で、所有者あるいはグループのパーミッションに、SUIDあるいはSGIDがセットされている」という条件でファイルを検索しています。Ubuntuでは**/bin**は**/usr/bin**へのシンボリックリンクになっていますが、**find**はデフォルトでシンボリックリンクの先をたどらないため、**-L**オプションを指定しています。

補足（スティッキービット）

普通のディレクトリやファイルに対する特殊なパーミッションには、**スティッキービット**というものもあります。これは、ファイルやディレクトリの所有者、ルートだけがファイルを削除できるようにするというパーミッションです。次の例のように、**/tmp**ディレクトリにはスティッキービットが設定されています。**/tmp**にはさまざまなユーザーが中間ファイルを置くので、いずれかのユーザーが**rm /tmp/***などとしてもほかのユー

注6　『Software Design』での連載当時はUbuntu 16.04上の**ping**で試していたのですが、Ubuntu 20.04ではSUIDが付与されていませんでした。

注7　システム関係のコマンドではなく、自作の適当なシェルスクリプトで試したいところですが、セキュリティ上の問題から有効にはならないようです。参考：http://www.faqs.org/faqs/unix-faq/faq/part4/section-7.html

ザーが影響を受けないようにする措置です。

```
1  ――― /tmpにはスティッキービット (t) が付いている ―――
2  $ ls -ld /tmp/
3  drwxrwxrwt 25 root root 53248 10月 26 18:27 /tmp/
4  $ sudo touch /tmp/hoge          ←root所有のファイルを作る
5  $ sudo chmod 777 /tmp/hoge      ←誰でも消せるようにする
6  $ rm /tmp/hoge                  ←でも消せない
7  rm: '/tmp/hoge' を削除できません: 許可されていない操作です
8  $ sudo rm /tmp/hoge             ←sudoで消える
```

問題107 何回rootになった?

今度は、ログファイルの基本的な解析をしてみましょう。ログファイルは問題8でも扱いましたが、このときはダミーのデータでした。この問題では、自身のシステムにあるログファイルを扱います。

問 題 (初級★　出題、解答、解説：中村)

/var/log/auth.logや/var/log/auth.log.*には、認証 (rootユーザーになるときなどの確認手続き) に関するログが記録されています。これらのログを検索し、rootになる目的でsudoが使われた回数を、月ごとに数えてください。ログの得られた年は気にしないこととします。

解答

/var/log/auth.log[注8]には、sudoを実行したときの記録や、cron (7.5節で登場) がroot権限 (rootユーザーとしての権利) を取得したときの記録が残っています[注9]。sudoの例を示します。

```
1  $ cat /var/log/auth.log | grep sudo:session | tail -n 3
2  Sep 7 15:42:48 hoge-server sudo: ubuntu : TTY=pts/1 ; PWD=/home/ubuntu ; USER=root ; COMMAND=/bin/ls
3  Sep 7 15:42:48 hoge-server sudo: pam_unix(sudo:session): session opened for user root by (uid=0)
4  Sep 7 15:42:48 hoge-server sudo: pam_unix(sudo:session): session closed for user root
```

これは1回のsudoに対するログで、複数行のレコードが残っていますが[注10]、上記出力の3行めのsession openedと記録されているレコードの数を数えると、誰かがrootユーザーになった回数を数えられそうです。

次に、auth.log以外のファイルの調査をしましょう。しばらく使っている環境では、/var/log/auth.logのほかに、過去のバックアップとして/var/log/auth.log.1と、GZIP形式 (⇒練習5.2.b) の/var/log/auth.log.{2,3,4}.gzが生成されています[注11]。

```
1  $ ls /var/log/auth.log*
2  /var/log/auth.log     /var/log/auth.log.2.gz  /var/log/auth.log.4.gz
3  /var/log/auth.log.1   /var/log/auth.log.3.gz
```

注8　通常、Ubuntuが属するDebian系のディストリビューションの場合、ログの出力先はこの問題のように/var/log/auth.logですが、Red Hat系のディストリビューションの場合は/var/log/secureに出力されます。

注9　環境によってはsu (⇒練習1.2.f 補足3) の記録も残っています。

注10　TTY=pts/1 ……の行がない場合もあります。

注11　設定を変えるとファイル名やバックアップ方法を変えられます。これは設定がデフォルトのまま運用したときの場合です。

この問題では、これらのファイルすべてから、rootになった回数を集計しないといけません。

このような場合にgrepを使うと、圧縮ファイルと非圧縮のファイルを区別しなければならず面倒ですが、zgrepというコマンドを使うと楽ができます。使ってみましょう。

```
1  $ zgrep -a '(sudo:session): session opened for user root' /var/log/auth.log*
2  /var/log/auth.log:Sep 7 15:02:59 hoge-server sudo: pam_unix(sudo:session): session opened for user
3  root by (uid=0)
4  /var/log/auth.log:Sep 7 15:02:59 hoge-server su[5751]: pam_unix(su:session): session opened for
5  user root by (uid=0)
6  /var/log/auth.log:Sep 7 15:03:20 hoge-server su[5781]: pam_unix(su:session): session opened for
7  user root by (uid=1000)
8  (..略..)
```

このように、zgrepは圧縮、非圧縮ファイルを関係なく検索できます。zgrepに付けた-aはgrepの-a（⇒問題73）と同じで、バイナリファイル内を検索するときに使います。ログファイルには、たまにUTF-8以外の文字が混ざることがあるので、念のために付けています注12。

抽出結果を整形していきましょう。ファイル名は不要なので、先頭から1つめの「:」までを削除します。

```
1  $ zgrep -a '(sudo:session): session opened for user root' /var/log/auth.log* | sed -r 's/^[^:]+://'
2  Sep 7 15:02:59 hoge-server sudo: pam_unix (..略..)
3  Sep 7 15:02:59 hoge-server su[5751]: pam_unix (..略..)
4  Sep 7 15:03:20 hoge-server su[5781]: pam_unix (..略..)
5  (..略..)
```

これで1列目が月になるので、awkで1列目だけを抽出します。

```
1  $ (前述のワンライナー) | awk '{print $1}'
2  Sep
3  Sep
4  Sep
5  (..略..)
```

あとはsortして、uniqコマンドで件数を集計すれば完成です。

```
1  $ zgrep -a '(sudo:session): session opened for user root' /var/log/auth.log* | sed -r 's/^[^:]+://' |
    awk '{print $1}' | sort | uniq -c
2  37 Aug
3  3 Jul
4  25 Jun
5  (..略..)
```

別解

英語の月名がわかりにくい、あるいは順番に並べたいという場合には、dateコマンドで月の名前を数字に変換できます。

注12　最近は行儀の悪いログが多いですし、書き込み途中のログファイルを調べてしまうことも可能性はゼロではないので、ログファイルをgrepで検索するときは、-aを付けることをお勧めします。

```
1 別解（中村） $ zgrep -a '(sudo:session): session opened for user root' /var/log/auth.log* | sed -r 's/
  ^[^:]+://g' | awk '{print $1, $2, $3}' | date -f- "+%Y/%m" | sort | uniq -c | sort -k2,2
2 25 2019/05
3 25 2019/06
4 3 2019/07
5 (..略..)
```

問題108 トラブルを起こしたプロセスの解析

次の問題もログファイルの解析です。何年かに1回遭遇するような現象が題材なので、事前に準備されたログファイルを使います。

問題（初級★　出題、解説：山田　解答：田代、山田）

ある日、あなたのWebサーバの応答が非常に悪くなりました。syslog.gzは応答が悪くなった時刻の/var/log/syslogファイルをgzipで圧縮したものです。次の2点を求めてください。

- 小問1：「Killed process プロセスID（プロセス名）」という形式で記録されているプロセス名とその回数
- 小問2：「プロセス名 invoked oom-killer: ……」という形式で記録されているプロセス名とその回数

解答

この問題は、メモリ不足に陥ったプロセスと、その影響を受けたプロセスの状況を調査する問題です。Linuxはメモリ不足に陥ると、OOM Killerというしくみを使い、メモリ領域を確保するために、kill -KILL相当の操作で動いているプロセスのいくつかを強制終了します。問題のファイルの中には、OOM Killerの動作に伴ってプロセスがkillされた[注13]記録が残っています。

これをふまえ、まず小問1を解答しましょう。前問はzgrepでいきなり検索しましたが、今度はzcat（⇒練習5.2.b）で展開して、syslog.gzの中身を見てから考えましょう[注14]。

```
1 $ zcat syslog.gz
2 Aug 28 20:05:01 myhost CRON[10342]: (root) CMD (command -v debian-sa1 > /dev/null && debian-sa1 1 1)
3 Aug 28 20:05:01 myhost (..略..)
```

問題文にあるように、「Killed process ……」の記述が含まれるレコードが、OOM Killerにkillされたプロセス名です。まずはこの記述を、grepで抽出してみましょう。

```
1 $ zcat syslog.gz | grep Killed
2 Aug 28 21:20:12 myhost kernel: [525941.514377] Killed process 10898 (superapp) (..略..)
```

注13　kill -KILL相当の操作でプロセスを強制終了することを、一般的に「殺す」「killする」と表現します。本書では以後、（「殺す」が物騒なので）「killする」と表現します。

注14　最初からgrepするほうが良いかどうかわからない場合は、zcatから使い始めることになります。文章で解説する場合には、見かけ上、簡潔になるのでzgrepを使いがちですが、成り行きで変わります。どちらでもかまいません。

```
3  Aug 28 21:20:39 myhost kernel: [525969.400764] Killed process 11037 (superapp) (..略..)
4  Aug 28 21:21:10 myhost kernel: [526000.402488] Killed process 11175 (superapp) (..略..)
5  (..略..)
```

空白区切りになっているので、プロセス名が含まれる10番めのフィールドを取り出し、余計な括弧を除去します。

```
1  $ zcat syslog.gz | grep Killed | awk '{print $10}' | tr -d '()'
2  superapp
3  superapp
4  (..略..)
```

あとは**sort**と**uniq**で集計をすれば良さそうですが、ログの分量が多い場合（環境にもよりますが百万行以上ある場合は）、**awk**の連想配列を使うと良いでしょう。この方法の利点は、要素をソートする必要がないため、早く処理が終わる場合があることです。**syslog.gz**にはそこまで行数がありませんが、**awk**を使ったものを解答例として示します。

```
1  $ zcat syslog.gz | grep Killed | awk '{print $10}' | tr -d '()' | awk '{a[$1]+=1}END{for(v in a)print
   v,a[v]}'
2  superapp 9
```

superappというプロセスが9回killされたことがわかりました。

次に小問2を解いてみましょう。この小問は、OOM Killer発動の引き金になったプロセス名と、その回数を求める問題です。OS上の各プロセスは、メモリ割り当てのリクエストをOSに出しますが、その際にメモリが不足するとOOM Killerが発動します。そのリクエストを失敗したプロセス名が、「**プロセス名 invoked oom-killer: ......**」という記載とともに記録されます[注15]。そのため、ここに記載されるプロセス名は、実際にメモリを多く占めていたプロセスとは必ずしも一致しません。メモリの空きが少ないときに、たまたまメモリ割り当てをしようとした可能性もあるためです。

前置きが長くなりましたが、問題を解いていきます。まず、**grep**により、該当しそうなレコード（**invoked**を含む行）を抜き出しましょう。

```
1  $ zcat syslog.gz | grep invoked
2  Aug 28 21:20:12 myhost kernel: [525941.508709] apache2 invoked oom-killer: (..略..)
3  Aug 28 21:20:39 myhost kernel: [525969.391870] apache2 invoked oom-killer: (..略..)
4  (..略..)
5  Aug 28 21:34:19 myhost kernel: [526788.914421] tmux: server invoked oom-killer: (..略..)
6  (..略..)
```

ここで少し厄介なのは、「**tmux: server**」という、コロン（**:**）や空白を含んだプロセス名があることです。そのため、**cut**や**awk**でそのままフィールドを取り出すというアプローチは難しそうです。そこで、「 **invoked**」（invokedの前に空白1文字あり）から文末までの内容を、**sed**で削除してしまいましょう。

注15 https://github.com/torvalds/linux/commit/ef8444e

```
1  $ zcat syslog.gz | grep invoked | sed 's/ invoked.*$//'
2  Aug 28 21:20:12 myhost kernel: [525941.508709] apache2
3  (..略..)
4  Aug 28 21:34:19 myhost kernel: [526788.914421] tmux: server
5  (..略..)
```

その後、文末にあるプロセス名のみを抜き出します。これも同様にsedで処理するのが素直です。文頭から「数字]」と隣接する半角スペース1つまでを、正規表現で削除します。

```
1  $ zcat syslog.gz | grep invoked | sed 's/ invoked.*$//' | sed 's/^.*[0-9]] //'
2  apache2
3  apache2
4  lsb_release
5  apache2
6  apport
7  gmain
8  gmain
9  tmux: server
10 systemd-network
```

あとはsortとuniqを使い、プロセス名と個数をカウントすれば解答となります。

```
1  $ zcat syslog.gz | grep invoked | sed 's/ invoked.*$//' | sed 's/^.*[0-9]] //' | sort | uniq -c
2        3 apache2
3        1 apport
4        2 gmain
5        1 lsb_release
6        1 systemd-network
7        1 tmux: server
```

別解

grep(使うのはzgrep)のオプションや、PCREの正規表現を駆使した短い解答を示します。Ubuntuでは、zgrepはgrepをラップしたシェルスクリプトなので、grepのオプションを使えます。

```
1  小問1 別解(山田) $ zgrep -oP 'Killed process \d+ \(\K.*(?=\))' syslog.gz | sort | uniq -c
2        9 superapp
3  小問2 別解(山田) $ zgrep -oP '\d] \K.+(?= invoked oom-killer)' syslog.gz | sort | uniq -c
4  (出力は省略)
```

\Kと(?=正規表現)の使用例は、練習4.2.a補足3にあります。

問題109 中身が同じファイルの検索

次に、ディレクトリの中から同じ内容のファイルを探す、という問題に取り組みます。この問題、とくに/etcで行う必然性はありませんが、どんなファイルがあるか観察しながら解いてみてください。

問題 （初級★　出題、解答：上田　解説：中村）

/etcとそれより下のディレクトリで、中身が同じファイルを探してください。シンボリックリンクやハードリンクに関しては、抽出してもしなくても良いことにします。

解答

ハッシュ値（⇒練習5.2.b）を使った解答を考えましょう。まず、**/etc**下のファイルに対して**md5sum**のハッシュ値（MD5値）を求めてみましょう。次の例のように、**find**に、ファイルを列挙するための**-type f**（⇒問題21）オプションを付けてファイルを列挙し、**xargs**コマンドでパイプから渡ってくるファイル名に対して**md5sum**を適用します。

```
1  $ sudo find /etc -type f | sudo xargs md5sum
2  a749ca975db772edde8499272dc78d12 /etc/init.d/postfix
3  9b73de9dd725586325690dd705d0a801 /etc/init.d/.depend.boot
4  c599894b3222405f5c419c7804db3102 /etc/init.d/.depend.start
5  (..略..)
```

次に、MD5値が同じファイルパスの組み合わせを抽出します。次のように、**awk**の連想配列を活用すると、同じMD5値を持つファイルを1行に並べられます。

```
1  $ (前述のワンライナー) | awk '{a[$1]=a[$1]" "$2}END{for(k in a){print k, a[k]}}'
2  (出力結果を一部抜粋)
3   a326c972f4f3d20e5f9e1b06eef4d620  /etc/pam.d/common-auth
4   ac1446cd28de7387e63388ad0ce833f2  /etc/rc5.d/README /etc/rc4.d/README /etc/rc3.d/README
    /etc/rc2.d/README
5   2a3bc26e39035de74291c3a900a9797f  /etc/postfix/postfix-files
6   d6b276695157bde06a56ba1b2bc53670  /etc/python2.7/sitecustomize.py /etc/python3.5/sitecustomize.py
```

awkの最初のアクションでは、**a**という連想配列に、MD5値をキーにしてファイル名を記録しています。ファイル名は空白区切りで連結しており、これがENDルールで出力されます。

あとは3列以上ある行だけを選べば、MD5値が重複しているファイルのリストができます。解答例を示します

```
1  $ sudo find /etc -type f | sudo xargs md5sum | awk '{a[$1]=a[$1]" "$2}END{for(k in a){print k, a[k]}}
   ' | awk 'NF>2'
2  ac1446cd28de7387e63388ad0ce833f2 /etc/rc5.d/README /etc/rc4.d/README /etc/rc3.d/README
   /etc/rc2.d/README
3  272913026300e7ae9b5e2d51f138e674 /etc/magic /etc/magic.mime
4  d7b46d3ee8cfc9bddb71d411a240e351 /etc/subgid- /etc/subuid-
5  (..略..)
```

このワンライナーは、たとえば写真のファイルがたくさん入ったディレクトリで、重複を探す場合などに応用が利きます。ただし、重複だと思っていたら片方がシンボリックリンクであったり、ごくまれに違うデータから同じMD5値が得られたりする可能性があるので、片方を消去して整理したい場合には、さらに精査

が必要です注16。

別解

別解を1つ挙げておきます。

```
1  $ shopt -s globstar ←globstarを有効に
2  別解（上田） $ md5sum /etc/** 2> /dev/null | sort | awk '{ print $2, $1 }' | uniq -f 1 --all-repeated=separate
3  /etc/init.d/procps 021482ebab1024f5ed76e650e5191e8f
4  /etc/rcS.d/S02procps 021482ebab1024f5ed76e650e5191e8f
5  
6  /etc/init.d/hwclock.sh 1ca5c0743fa797ffa364db95bb8d8d8e
7  /etc/rc0.d/K01hwclock.sh 1ca5c0743fa797ffa364db95bb8d8d8e
8  （..略..）
```

Bashのglobstar（⇒問題21別解）を使い、uniqで重複を調べるというものです。globstarを使う場合、ディレクトリ下のファイル数が多くなると、実行時間が長くなるため注意が必要です。uniqに付けた--all-repeatedは、重複した行を（あとの行を削除せず）すべて出力するオプションで、さらに、重複した行と別の重複した行の間を区切る方法を指定できます。この別解はseparateを指定して、空行で区切っています。

問題110 複数のディレクトリ内のファイル数をカウント

本節最後の問題です。この問題も/var/logで試す必然性はありませんが、前問同様、どのようなファイルがあるか興味を持ちながら解いてみてください。

問題（中級★★　出題、解答：田代　解説：中村）

/var/logを再帰的に走査し、各ディレクトリ内のファイル数を数えましょう。隠しファイル（.で始まるファイル）もカウントします。

解答

前問に続いてfind -typeを使いましょう。まず、findを使い、カレントディレクトリ以下の内容を再帰的に列挙します。現段階ではディレクトリ名だけを出力したいため、ファイルタイプにdを指定します。以下は、ある環境において、/var/log以下でfind .したものです。root権限がないと表示できないものがあるので、sudoを付けて実行しています。

```
1  $ cd /var/log
2  $ sudo find . -type d
3  .
4  ./apt
5  ./speech-dispatcher
6  （..略..）
7  ./private
```

注16　cmpという、バイナリファイルを比較するコマンドを使うことになります。cmpの基本的な使い方はdiffと同じで、2つのファイルを引数にします。

次にwhile文で、findで出力したディレクトリひとつひとつに対して、直下のファイルの件数を再度findで取得します。2つめのfindにもsudoを付けましょう。

```
1  $ sudo find . -type d | while read d; do echo -n $d" "; sudo find "$d" -type f -maxdepth 1 | wc -l; done
2  . 74
3  ./apt 17
4  ./speech-dispatcher 0
5  ./sysstat 0
6  ./dist-upgrade 4
7  ./journal 0
8  ./journal/dccf7221529d4c399006b0be200f4815 83
9  (..略..)
```

while文の中で、1つめのfindの検索結果（ディレクトリ名の一覧）を1行ずつ受け取ります。受け取ったディレクトリ名を変数dにセットし、echoでディレクトリ名＋半角スペースを出力します。この際、echo -nを使い、最後に改行しないようにします。その後ろにfind | wcというパイプラインがありますが、これでdにセットされたディレクトリ下のファイル数を求めています。このパイプライン中のfindでは、$dをダブルクォート「"」で囲んでいます。これは、ディレクトリ名に空白が含まれる場合に対応するためです。findで用いられている-maxdepth 1は、1階層分だけ検索するという意味を持ちます。

別解

while文の代わりにxargsを使ったものを示します。

```
1  別解（田代） $ sudo find . -type d | sudo xargs -I@ bash -c 'echo -n @" "; find @ -type f -maxdepth 1
   | wc -l'
```

7.2 疑似ファイルシステムを利用する

本節で扱う**疑似ファイルシステム**は、Unix系OSの最も「Unixっぽい」機能です。使うと便利なことはもちろんですが、疑似ファイルシステム中のファイルのひとつひとつは、OSの機能の索引のようなもので、調べれば調べるほど、OSに詳しくなることができます。

説明に先立って、df -Taの出力から、本章で扱う疑似ファイルシステムと関係するディレクトリの情報を抽出して示します。dfの-Tは、ファイルシステムのタイプを表示するオプションで、練習7.1.bで既出です。-aは、すべての情報を出力するオプションです。

```
1  $ df -Ta | awk '$2~/sys|proc|devtmp/||NR==1'
2  Filesystem     Type        1K-blocks     Used Available Use% Mounted on
3  sysfs          sysfs               0        0         0    - /sys
4  proc           proc                0        0         0    - /proc
5  udev           devtmpfs      7997696        0   7997696   0% /dev
```

練習7.2.a 疑似ファイルシステム

練習2.2.cで使用したファイル/dev/nullがデータを無限に吸い込めるのは、このファイルがストレージ上になく、/dev/nullから字を読んで捨てるプログラムが背後にあるからです。同様に、背後にプログラムの存在するファイルは、これまで問題19補足で/dev/tcp、練習4.2.b補足2で/dev/stdinなどが出てきました。

Linuxのファイルには、これらのようにプログラム（多くの場合[注17]はOS本体のプログラムである**カーネル**）とのインターフェースになっているものがあります。これは、データを記録するための普通のファイルと明らかに異なる、特殊なものです。練習7.1.bで扱ったように、ファイルのフォーマットはローカルファイルシステムによって決められていますが、このような特殊なファイルは、**疑似ファイルシステム**によって提供されています。疑似ファイルシステムについて、操作、調査をしてみましょう。

練習問題（出題、解答、解説：上田）

図7.5のようにシェルでttyと実行すると、/dev/pts/数字という出力が得られます。これは、端末とのインターフェースになっているファイルです。これをふまえ、この端末に別の端末から字を送ってみてください。

図7.5 ttyの実行結果

```
1 $ tty
2 /dev/pts/3
```

解答

ttyで出力されたパスに、別の端末からリダイレクトで字を送ると、元の端末に表示されます。

```
1 別の端末 $ echo hell > /dev/pts/3
2 元の端末 $ hell
```

また、別の端末で次のように実行すると、元の端末に打ち込んだ字の一部が、漏れて出てくるようになります。

```
1 別の端末 $ cat /dev/pts/3
2 (元の端末で打ち込んだ字の一部が漏れて出力される)
```

ttyコマンドの名前は、練習1.2.aで出てきたテレタイプ端末（teletype）を表しています。ttyを実行すると、シェルがどの端末とつながっているかを確認できます。上の問題の場合、シェルは/dev/pts/3とつながっており、このファイルを通して端末とやりとりしていることがわかります。

/devは、ハードウェアとのインターフェースとなる**デバイスファイル**が置かれるディレクトリです。このディレクトリは、devtmpfsという疑似ファイルシステムが見せているもので、ストレージ上にはありません。

補足1（ファイル記述子とデバイスファイル）

この練習問題は、練習2.1.aで扱った標準入出力とも関係があります。問題で使った元の端末で、次のように/proc/$$/fd（$$はシェルのPID⇒練習2.4.b）の中を見ると、複数のシンボリックリンクが/dev/pts/3を指していることがわかります。/procについてはあとで説明します。

注17 /dev/tcpは実際にはファイルシステムに存在せず、Bashが提供している偽のディレクトリです。この練習問題で扱っている疑似ファイルシステム上のファイルとは異なります。

```
1  $ ls -l /proc/$$/fd
2  合計 0
3  lrwx------ 1 ueda ueda 64  9月 10 10:21 0 -> /dev/pts/3
4  lrwx------ 1 ueda ueda 64  9月 10 10:21 1 -> /dev/pts/3
5  lrwx------ 1 ueda ueda 64  9月 10 10:21 2 -> /dev/pts/3
6  lrwx------ 1 ueda ueda 64  9月 10 10:49 255 -> /dev/pts/3
```

0から**2**までのシンボリックリンクは、それぞれ標準入力、標準出力、標準エラー出力のファイル記述子と対応しています。したがってこれを見ると、これらの入出力が、すべて端末のインターフェース**/dev/pts/3**と接続されているということがわかります。

また次のように実行すると、ファイル記述子に、実体のあるファイルが関連付けられる様子を観察できます。

```
1  $ ls -l /proc/self/fd > a
2  $ cat a
3  合計 0
4  lrwx------ 1 ueda ueda 64  9月 10 11:21 0 -> /dev/pts/3
5  l-wx------ 1 ueda ueda 64  9月 10 11:21 1 -> /home/ueda/a
6  lrwx------ 1 ueda ueda 64  9月 10 11:21 2 -> /dev/pts/3
7  lr-x------ 1 ueda ueda 64  9月 10 11:21 3 -> /proc/16964/fd
```

この場合、**/proc/self/fd**は**ls**のファイル記述子に関する情報を提示します。出力を見ると、1番（標準出力）が**/home/ueda/a**というファイルを指したことがわかります。このように、コマンドの入出力先は、ファイル記述子の操作で切り替わっていることがわかります。

各コマンドにとって、入出力先は端末であったり、ファイルであったり、パイプであったりとさまざまで、これをコマンド自身が区別して入出力するとプログラムが肥大化します。そこで、コマンドが入出力先の種類を気にしなくて良いように、ファイル記述子や標準入出力のしくみがあると言えます。シェルが柔軟に、コマンドの出力を画面に出したりファイルに出したりと切り替えられるのも、端末がファイルで表現されているおかげです。

ただ、パイプについては少し特殊です。次のように実行すると**ls**から**cat**に向いているパイプを観察できます。

```
1  $ ls -l /proc/self/fd | cat
2  合計 0
3  lrwx------ 1 ueda ueda 64  9月 10 11:08 0 -> /dev/pts/3
4  l-wx------ 1 ueda ueda 64  9月 10 11:08 1 -> pipe:[208806]
5  lrwx------ 1 ueda ueda 64  9月 10 11:08 2 -> /dev/pts/3
6  lr-x------ 1 ueda ueda 64  9月 10 11:08 3 -> /proc/16408/fd
```

パイプはファイルパスで表現されず、**pipe:[番号]**という名前で扱われていることがわかります。同様なものにソケット（**socket:[番号]**）があります。

説明があとになりましたが、**/proc**も**procファイルシステム**という名前の疑似ファイルシステムが管理するディレクトリで、カーネルがプロセスに関する情報をユーザーに見せたり、ユーザーから操作を受け付けたりするためのファイルが置かれます。あるプロセスに関する情報は、**/proc/プロセス番号**の下に置かれます。

補足2（入力デバイスのデバイスファイル）

キーボードやマウスに対するファイルは、/dev/inputの下にあります。筆者の環境でのマウス、キーボードのモニタリング（悪く言うと盗聴）の例を示します。ファイルパスは環境によって異なります。

```
1  ―― マウス ――
2  $ sudo cat /dev/input/mice
3  (???????????(((?(?(?(?(?(((???(? (..略..)
4  ↑バイナリデータが出力される
5  ―― キーボード ――
6  $ sudo cat /dev/input/event3
7  "?Y_P)"?Y_P)"?Y_P)#?Y_XL$#?Y_XL$# (..略..)
8  ↑バイナリデータが出力される
```

補足3（デバイスドライバと疑似デバイス）

デバイスファイルとハードウェアの間には、**デバイスドライバ**というソフトウェアが存在します。デバイスドライバは、デバイスファイルで行われるデータのやりとりを翻訳して、機器との入出力（実際には機器と対応づいたメモリアドレスへの入出力）をします。

ただ、既出の/dev/nullなど、一部のデバイスファイルは、機器との入出力をしないプログラムのインターフェースになっています。このようなプログラムは、機器との入出力をしない以外はデバイスドライバと同じ構造を持っています。また、/dev/nullの裏にあるプログラムは「永遠にデータを吸い続ける機械」、乱数を発生する/dev/urandomの裏にあるプログラムは「乱数を生成する機械」などとハードウェアとみなせるので、これらのプログラムは**疑似デバイス**と呼ばれます。

練習7.2.b プロセス置換とファイル

もうひとつ、Bashの文法とファイルの関係について調査しておきましょう。

練習問題（出題、解答、解説：上田）

図7.6の手続きは、練習2.2.eの小問2でプロセス置換を扱ったときのものです。これらのプロセス置換は、catから見るとファイルに見えます。このファイルの名前を特定してください。

図7.6 プロセス置換

```
1  $ a=きたうらわ
2  $ cat <(echo $a) <(echo を逆さにすると) <(echo $a | rev)
3  きたうらわ
4  を逆さにすると
5  わらうたき
```

解答

catする前にset -xと実行すると、Bashが変数やプロセス置換を解釈する様子が出力されます。

```
1  $ set -x
2  $ cat <(echo $a) <(echo を逆さにすると ) <(echo $a | rev)
3  ++ echo きたうらわ
4  ++ echo を逆さにすると
```

```
5  + cat /dev/fd/63 /dev/fd/62 /dev/fd/61   ←catが実行されるときには<()が/dev/fd/……と変換されている
6  （略。ほかのコマンドの実行のログと、catの出力）
7  $ set +x                                  ←後始末
```

このように、catの視点からは、/dev/fd/……というファイル名が引数に指定されたように見えます。プロセス置換があると、Bashはこのように、fd内（⇒前問補足1）のファイル記述子に結び付けて処理します。

補足（プロセスによって指しているものが変わる特殊なファイル）

/dev/fdや、標準入力を表す/dev/stdinなどのファイルはシンボリックリンクですが、各プロセスによって指しているディレクトリが違います。これは、次のように調査できます。

```
1  ―― /proc/selfというシンボリックリンクが存在。PIDを指す ――
2  $ ls -ld /proc/self
3  lrwxrwxrwx 1 root root 0  6月 24 16:58 /proc/self -> 26986
4  ―― /dev/fdや/dev/stdinは/proc/self下へのリンク ――
5  $ ls -l /dev/fd /dev/stdin
6  lrwxrwxrwx 1 root root 13  9月 10 08:25 /dev/fd -> /proc/self/fd
7  lrwxrwxrwx 1 root root 15  9月 10 08:25 /dev/stdin -> /proc/self/fd/0
```

問題111 ロードアベレージの調査

ここから本節の本番です。まずはprocファイルシステムを使ってみましょう。

問題（初級★　出題、解答、解説：山田）

/proc/以下を調査して、ロードアベレージを表す3つの数値だけを端末に表示してください。ロードアベレージが何なのかわからない場合、スペルが「load average」ですので、それに似た（短縮した）名前のファイルを探してみてください。

解答

ロードアベレージとは、サーバの負荷の大きさを表す数値の一種です。CPU使用率やストレージへのI/O（入出力）が増加すると数字が増加するため、よく負荷の指標として使われます。この数値を参照するためにはtop（⇒問題49）やuptimeがよく用いられます。これらは別解で扱います。

topではなく/procで調べる場合、/proc/loadavgというファイルで、ロードアベレージを取得することができます。ファイルの中身をcatで出力してみましょう。

```
1  $ cat /proc/loadavg
2  0.07 0.27 0.14 1/168 28154
```

行頭から3つの数値はそれぞれ直近の1分、5分、15分の間の、実行待ちのプロセス数の平均値となります。4つめの数値は、実行中のプロセス数と、ホスト内のプロセスの総数です。5つめの数値は、システムで直近に作成されたプロセスのID（⇒練習2.2.a）です[注18]。

注18　数値の意味は、man procを実行し、loadavgという文字列を検索しても確認できます。興味のある方は見てみると良いでしょう。

今回は「3つの数値だけを端末に表示してください」という問題なので、次のようにawkを使って行頭から3つの数値だけを抽出すると正解となります。

```
1  $ cat /proc/loadavg | awk '{print $1,$2,$3}'
2  0.05 0.25 0.14
```

/proc/loadavgは常に更新され続けるため、数字は毎回異なったものが出力されます。

別解

まず、コードゴルフを生業にするebanさん注19の別解を示します。

```
1  別解1(eban)  $ awk NF=3 /proc/loadavg
2  1.24 1.07 1.04
```

やっていることは解答例と同じです。ただし、とても表現が短くなっていますね。awkにNF=数値という表現を与えると、出力するフィールド数の上限がその数値になります。NF=3で、3フィールド目までが出力の対象となり、以降のフィールドは対象外となります。

次の別解2、3は、/proc/loadavgを使わないものです。ほかのコマンドを使っても、ロードアベレージの数値は参照できます注20。top（⇒問題49）、uptimeを使った例をそれぞれ示します。

```
1  別解2(山田)  $ top -b -n 1 | head -n 1 | awk '{print $(NF-2),$(NF-1),$NF}'
2  1.18, 0.87, 0.93
3  別解3(山田)  $ uptime | awk '{print $(NF-2),$(NF-1),$NF}'
4  1.48, 0.96, 0.96
```

また、wコマンドを使う方法もあります。

```
1  別解4(田代)  $ w | grep -oP 'load average: \K.*$'
2  1.44, 0.94, 0.92
```

\Kは、左側の文字列を消す役割をします（⇒練習4.2.a補足3）。

補足（本節では探索が重要）

本節には、特定のファイルの存在を知らないと解けない問題が多いのですが、ディレクトリ内を検索することで、利用するファイルの候補を絞り込むことは可能です。たとえば次の例は、解答に使いそうなファイルを、ロードアベレージの「load」をキーワードにして探す例です。

```
1  $ sudo find /proc/ | grep load
2  [sudo] ueda のパスワード:
3  /proc/sys/dev/tty/ldisc_autoload
4  /proc/sys/kernel/bootloader_type
5  /proc/sys/kernel/bootloader_version
6  /proc/sys/kernel/kexec_load_disabled
```

注19　もちろん冗談です（上田）。

注20　man procにも、/proc/loadavgの値はほかのコマンドで参照される数値と同じとなる旨の記載があります。

```
7  /proc/sys/net/ipv4/route/redirect_load
8  /proc/loadavg  ←これが怪しい
```

このような検索のテクニックは本書では扱いきれませんが、ファイルの多い複雑なソフトウェアライブラリを使っていて、中身を解析したいときなどに力を発揮します。また、退屈したときに知らないディレクトリを「探検」する癖があると、自然とOSに詳しくなることもできます。

問題112 日付の取得

次の問題も、疑似ファイルシステムが提供している機能で解けます。ちょっとわかりにくいところにファイルがあるので、Webなどで調査するか、前問の補足のように、探索であたりをつける必要があります。

問題 （初級★　出題：上田　解答：田代　解説：中村）

dateコマンドを使わずに、YYYY-MM-DD hh:mm:ssの形式で日付と時刻を取得してください。図7.7に例を示します。腕に自信のある方は、Bashのビルトインコマンドとシステム中のファイルのみで解いてみてください。表示する日付のタイムゾーンは問いません。

図7.7 実行例

```
1  $ 解答のワンライナー
2  2019-07-24 20:36:01
3   ↑YYYY-MM-DD hh:mm:ss形式の日付と時刻
```

解答

dateコマンドを使わずに日付を取得する方法はいろいろありますが、本節の趣旨に沿って、/sysから日付と時刻の情報を取得することにします。/sysは、sysfsという疑似ファイルシステムで提供されているディレクトリです。

Linuxには、マザーボード上の時計に対応するデバイスファイル/dev/rtcN（Nは0から始まる数字）が存在します。rtcは**リアルタイムクロック**の略です[注21]。また、/sysには、/dev/rtcNに対応する/sys/class/rtc/rtcN/というディレクトリがあり、リアルタイムクロックからの情報が得られます[注22]。

```
1  $ ls /sys/class/rtc/rtc0/
2  alarmtimer.0.auto dev     hctosys        name   since_epoch time    wakealarm
3  date              device  max_user_freq  power  subsystem   uevent  wakeup31
```

これらのファイルうち、date、timeからそれぞれ現在の日付、時刻を取得できます。

```
1  $ cat /sys/class/rtc/rtc0/date
2  2019-07-24
3  $ cat /sys/class/rtc/rtc0/time
4  20:36:01
```

これら2つの出力を組み合わせると、問題で要求された出力が得られます。解答例を4通り示します。い

注21　コンピュータではCPUのクロックでも時間を計測できるのですが、これは**システムクロック**と呼ばれます。

注22　/sys/class/rtc/rtc0はシンボリックリンクになっています。実体である/sys/devices/pnp0/00:02/rtc/rtc0/などを使って解答しても、もちろんOKです。

ずれも本書で既出のテクニックを使って2つのファイルの内容を横に並べていますので、説明は割愛します。

```
1  解答1 $ echo "$(cat /sys/class/rtc/rtc0/date)" "$(cat /sys/class/rtc/rtc0/time)"
2  解答2 $ paste -d" " /sys/class/rtc/rtc0/date /sys/class/rtc/rtc0/time
3  解答3 $ cat /sys/class/rtc/rtc0/date /sys/class/rtc/rtc0/time | xargs
4  ↓ビルトインコマンドのみの解答
5  解答4 $ echo "$(</sys/class/rtc/rtc0/date) $(</sys/class/rtc/rtc0/time)"
6  2020-10-29 08:17:49  ←いずれの解答でもこのような出力になる
```

補足（grepによるディレクトリの探索）

この問題でも、関係しそうなファイルを検索で探してみましょう。少し時間がかかりますが、次のように西暦年（検索時は2020年）で検索すると、dateファイルが見つかります。

```
1  $ sudo grep -r 2020- /sys/ 2> /dev/null
2  ↑2020でもいいが、それだと多くヒットし過ぎるので2020-にしている
3  /sys/devices/platform/rtc_cmos/rtc/rtc0/date:2020-11-14  ←日付を持っている
4  ── /sys/devices/……/rtc0には、/sys/class/rtc/rtc0からリンクが張られている ──
5  $ ls -dl /sys/class/rtc/rtc0
6  lrwxrwxrwx 1 root root 0 11月 14 10:20 /sys/class/rtc/rtc0 -> ../../devices/platform/rtc_cmos/rtc/rtc0
```

grepの-rは、ディレクトリ内のファイルを再帰的に検索するときに用いるオプションです。再帰的に検索するときにはgrep -Rも使えますが、こちらはシンボリックリンクの先をたどってしまうので、シンボリックリンクが多用されている/procでは、検索が終わらなくなります。

問題113 カレントディレクトリの調査

次の問題はプロセスに関する調査です。どこを調べると良いでしょうか。

問題（中級★★　出題：山田、上田　解答：上田　解説：中村）

リスト7.1のrandom_cwd.bashを実行して、sleepがどのディレクトリで実行されたかを調べてください。

リスト7.1 random_cwd.bash

```
1 #!/bin/bash
2 
3 cd "$(dirname $(find /etc 2>/dev/null | head -n 1000 | shuf | head -n 1))"
4 sleep 1000 &
5 echo "pid:$!"
```

解答

解答の前に、random_cwd.bashの挙動を解説します。このスクリプトを実行すると、次のようにpid:番号という出力が得られます。

```
1  $ ./random_cwd.bash
2  pid:1567
```

この出力はリスト7.1の5行目のecho "pid:$!"のものです。$!はBashの特殊な変数で、「直前にバックグラウンド（⇒練習2.2.a補足）で実行されたコマンドのプロセスID」に展開されます。したがって、4行目のsleepコマンドのプロセスIDが表示されることになります。

「sleepがどのディレクトリで実行されたか」は3行目で決まりますが、これは補足で説明します。とりあえず問題を解くにあたっては、3行目のcdでカレントディレクトリがどこかに移動し、そこでsleepが実行されたということを理解していれば十分です。

あるコマンドがどこで実行されているかは、/proc以下を調べることができます。練習7.2.a補足1でも触れましたが、次のように、/proc以下にはプロセスIDに対応したディレクトリが作成されています。

```
1  $ ls -l /proc
2  合計 0
3  dr-xr-xr-x 7 root    root    0  10月  22  15:31  1
4  dr-xr-xr-x 7 kunst   kunst   0  10月  28  12:06  1567
5  dr-xr-xr-x 7 kunst   kunst   0  10月  28  12:06  1569
6  dr-xr-xr-x 7 root    root    0  10月  28  11:37  359
7  (..略..)
```

これらの各ディレクトリの中にはcwdというファイルがあり、それがカレントディレクトリへのシンボリックリンクになっています。先ほどpid:1567と表示されたPID1567について調べてみましょう。

```
1  $ ls -l /proc/1567/cwd
2  lrwxrwxrwx 1 kunst kunst 0 10月 28 12:06 /proc/1567/cwd -> /etc/initramfs-tools/scripts
```

リンク先のディレクトリは毎回変わりますが、上のような出力が得られた場合、解答は/etc/initramfs-tools/scriptsということになります。

ちなみに、プロセスのディレクトリには、cwdのほかにexeというファイルもあり、これは実行ファイル自体へのシンボリックリンクとなっています。/bin/sleepになっているかどうか、ご自身で確認してみてください。

補足（ディレクトリのランダム選択に使った方法）

random_cwd.bashの3行目について補足します。まず、内側のコマンド置換$(find ……)内のワンライナーの挙動を示します。

```
1   ↓ファイル名を1,000個出力する
2   $ find /etc 2>/dev/null | head -n 1000
3   /etc
4   /etc/.pwd.lock
5   /etc/NetworkManager
6   /etc/NetworkManager/dispatcher.d
7   (..略..)
8   ↓ランダムに1つ選択する
9   $ find /etc 2>/dev/null | head -n 1000 | shuf | head -n 1
10  /etc/initramfs-tools/initramfs.conf
```

findで/etc下のファイルを列挙し、headで1,000個に打ち切っています。その後、shuf（⇒問題22別解1）

で1,000個のファイルパスをランダムに並び替え、最後の**head**で1行を選んでいるので、全体で**/etc**以下のパスを1つランダムに選ぶという動作になります。

外側のコマンド置換**$(dirname ……)**では、内側のコマンド置換で選ばれたパスからファイル名を削除して、ディレクトリのパスにしています。パスからファイル名を除去するためのコマンド**dirname**を使用しています。**dirname**の使用例を示します。

```
1  ↓選択したファイルのディレクトリパスを取得する
2  $ dirname /etc/initramfs-tools/initramfs.conf
3  /etc/initramfs-tools
```

これでファイルのパスが選ばれても、ディレクトリのパスを選んだことになります。さらに外側の**cd**で、そのディレクトリにワーキングディレクトリが移ることになります。

```
1  ↓取得したファイルパスからファイル名を取って移動
2  $ cd $(dirname /etc/initramfs-tools/initramfs.conf)
3  $ pwd
4  /etc/initramfs-tools
```

問題114 共有ライブラリの検索

次に、コマンドが使っている**共有ライブラリ**を調査する問題を解いてみましょう。共有ライブラリは、コマンド実行時に必要な各種共通関数が定義されたファイルです。コマンドを実行する際、メモリに読み込まれます。共有ライブラリのファイル名は、Linuxでは`lib`<u>ライブラリ名</u>`.so`です。

問題 （中級★★　出題、解答：山田　解説：田代）

図7.8のコマンドを実行してください。`tail -f /dev/null`は「/dev/nullファイルを監視して変更があったら差分を端末に出す」という意味を持ちますが、単に`tail`を立ち上げっぱなしにしておくためだけに実行しています。

図7.8 tailを実行

```
1  $ tail -f /dev/null &
2  [1] 1234
```

このコマンドを実行すると、図7.8の2行目のようにプロセスID（この例の場合は1234）が表示されます。このプロセスIDをたよりに、このプロセスが参照している共有ライブラリ（拡張子`.so`で終わるもの）の一覧を出力してください。

解答

`/proc/`<u>プロセスID</u>`/maps`というファイルを使った解答例を示します。

```
1  $ cat /proc/1234/maps | awk '{print $NF}' | grep '\.so$' | sort | uniq
2  /usr/lib/x86_64-linux-gnu/ld-2.31.so
3  /usr/lib/x86_64-linux-gnu/libc-2.31.so
```

mapsファイルには、プロセス内でのメモリアドレスの使われ方注23が記録されています。catで次のように確認できます。

```
1  $ cat /proc/1234/maps
2  55addf4c5000-55addf4c7000 r--p 00000000 103:06 41157798    /usr/bin/tail
3  (..略..)
4  55ade055b000-55ade057c000 rw-p 00000000 00:00 0           [heap]
5  7fc35a39f000-7fc35aa12000 r--p 00000000 103:06 41163046    /usr/lib/locale/locale-archive
6  7fc35aa12000-7fc35aa37000 r--p 00000000 103:06 41158786    /usr/lib/x86_64-linux-gnu/libc-2.31.so
7  (..略..)
8  7fc35ac1c000-7fc35ac1d000 r--p 00000000 103:06 41158782    /usr/lib/x86_64-linux-gnu/ld-2.31.so
9  (..略..)
```

この出力を見ると、一番右側に読み込まれた共有ライブラリが記録されているので、それらのパスを抽出する処理を書くと、冒頭のような解答になります。

補足1 (ldd)

あるコマンドが必要とする共有ライブラリを確認するときは、lddを使って確認することが一般的です。例を示します。

```
1  $ ldd /usr/bin/tail
2          linux-vdso.so.1 (0x00007fff79591000)
3          libc.so.6 => /lib/x86_64-linux-gnu/libc.so.6 (0x00007f670bd54000)
4          /lib64/ld-linux-x86-64.so.2 (0x00007f670bf71000)
```

上記実行例の2行目にある**linux-vdso.so.1**は、vDSO (virtual Dynamic Shared Objects) と呼ばれるもので、カーネルが自動的に置く共有ライブラリです。説明はman 7 vdsoに譲ります。

3、4行目のファイルはvDSOではない通常の共有ライブラリの情報で、次のように調べると、解答例で得られたファイルと対応がとれていることがわかります。

```
1  $ ls -l /lib/x86_64-linux-gnu/libc.so.6
2  lrwxrwxrwx 1 root root 12  8月 18 05:02 /lib/x86_64-linux-gnu/libc.so.6 -> libc-2.31.so
3  $ ls -l /lib64/ld-linux-x86-64.so.2
4  lrwxrwxrwx 1 root root 32  8月 18 05:02 /lib64/ld-linux-x86-64.so.2 -> /lib/x86_64-linux-gnu/ld-2.31.so
```

補足2 (ldconfig)

Linuxには、共有ライブラリを検索する際、各ライブラリのパスをキャッシュすることで高速に検索するしくみが備わっています。キャッシュの確認注24には、ldconfigというコマンドを使います。

```
1  $ ldconfig -p | grep -e libc.so.6 -e ld-linux | grep 64
2  libc.so.6 (libc6,x86-64, OS ABI: Linux 3.2.0) => /lib/x86_64-linux-gnu/libc.so.6
3  ld-linux-x86-64.so.2 (libc6,x86-64) => /lib/x86_64-linux-gnu/ld-linux-x86-64.so.2
4  ld-linux-x86-64.so.2 (libc6,x86-64) => /lib64/ld-linux-x86-64.so.2
```

注23　このアドレスは、システムのDRAMなどに固有に振られたアドレス（物理アドレス）とは異なる、**仮想アドレス**というものです。
注24　設定もできますが、熟練者用です。

共有ライブラリのパスは、/etc/ld.so.confあるいは/etc/ld.so.conf.d/下のファイルに記述されます。また、キャッシュを記録するためのファイルは/etc/ld.so.cacheです。/etc/ld.so.cacheの中身は一部バイナリです。設定とキャッシュの一部を見てみましょう。

```
1  $ cat /etc/ld.so.conf.d/*.conf | head -n 4
2  /usr/lib/x86_64-linux-gnu/libfakeroot
3  # Multiarch support
4  /usr/local/lib/i386-linux-gnu
5  /lib/i386-linux-gnu
6  $ cat /etc/ld.so.cache | tail -c 100
7  .2ld-linux.so.2/lib/ld-linux.so.2ld-linux-x86-64.so.2/lib/x86_64-linux-gnu/ld-linux-x86-64.so.2
```

別解

次の別解は、awkだけで最終列の切り出しとsort＋uniqをするものです。

```
1  別解1(eban)  $ awk '/\.so$/&&!a[$0=$NF]++' /proc/1234/maps
```

*.soという名前のファイルを見つけると、$0=$NFで行全体を共有ファイル名に置き換えます。その後、連想配列a[共有ファイル名]を参照しますが、キーの共有ファイル名がないと値が0になるので、このパターンが真になって、$0（共有ファイル名）が出力されます。

次の別解は、mapsの代わりにsmapsを使ったものです。

```
1  別解2(田代)  $ cat /proc/1234/smaps | awk '$NF~/\.so$/{print $NF}' | sort | uniq
2  /usr/lib/x86_64-linux-gnu/ld-2.31.so
3  /usr/lib/x86_64-linux-gnu/libc-2.31.so
```

このファイルは、mapsの情報に加え、メモリ消費量の情報も持っています。ただし、設定によっては存在しない場合があります。

コマンドを使った別解も示します。

```
1  別解3(田代)  $ pmap -p 1234 | awk '{print $NF}' | grep '\.so$' | sort | uniq
2  別解4(山田)  $ lsof -p 1234 | awk '{print $NF}' | grep '\.so$'
```

別解3は、プロセスが利用しているメモリ領域を表示するpmapというコマンドを使っています。別解4は、各プロセスで開かれているファイルの一覧を表示するlsofというコマンドを使った解答例です。いずれも-pオプションを使って、プロセスIDを指定しています。

後始末

問題を解いたあとは、kill プロセスIDでプロセスを終了させましょう。問題文の例の場合は、kill 1234です。

問題115 USBメモリのアンマウント

GUIのデスクトップ環境が動作するLinuxマシンに、フォーマット済みのUSBメモリを挿すと、自動的にマウントされて、中身のファイルが閲覧できることがあります。これは自動マウント機能が有効になっているためで、たとえばUbuntuでは特別な操作をしなくても、Nautilus（⇒練習1.2.e）でUSBメモリ内のファイルを閲覧できます。

一方、デスクトップ環境のないLinuxでは、基本的に、USBメモリを挿しても中身のファイルに自動的にアクセスできる状況にはなりません。そのため、次の問題のようにCLI端末でいくつか操作をする必要があります。

問題（中級★★　出題、解答、解説：山田）

フォーマットされたUSBメモリをPCにいくつか挿して、自動でマウント（⇒練習7.1.b補足）されなければ全部をマウントするワンライナーを考えてください。また、それらを全部アンマウントするワンライナーを考えてください。なお、USBメモリはすべてWindowsで使われているローカルファイルシステムFAT32でフォーマットされているとします。

Ubuntuのデスクトップ版でこの問題に挑戦する場合、事前に自動マウント機能を無効にしてください。次のコマンドで自動マウントを無効にできます。設定を戻す場合、`false`を`true`にして再度実行してください。

```
1  $ gsettings set org.gnome.desktop.media-handling automount false
```

解答

USBメモリを挿すと、**/dev/sd［アルファベット1文字］［数字］**という名前でデバイスファイル（⇒練習7.2.a補足3）が作成されます[注25]。練習7.1.b補足でも、**/dev/sda1**というデバイスファイルが出現していました。**［数字］**の部分がパーティションを表し、単一のデバイスに複数のパーティションが存在すると、番号違いのデバイスファイルがいくつもできます。

いくつものFAT32のUSBメモリを挿してすべてマウントするには、まずFAT32でフォーマットされたパーティションを探す必要があります。`lsblk`コマンドというデバイスの情報を表示するコマンドで、OSに認識されているデバイスの状態を確認してみましょう。

```
1  $ lsblk -o KNAME,FSTYPE,MOUNTPOINT
2  KNAME FSTYPE MOUNTPOINT
3  sda
4  sda1  ext4   /
5  sda2  vfat   /share
6  sda5  swap   [SWAP]
7  sdb
8  sdb1  vfat
9  sdc
10 sdc1  vfat
```

注25　本来「/dev/sd……」はSCSIで接続されたディスクのためのデバイスファイルだったようですが、最近のLinuxディストリビューションではHDDに加え、USBメモリをはじめとしたデバイスも、この名前のデバイスファイルに割り当てられることがよくあります。

この例では**-o**オプションを付け、出力する項目を選択しています。**KNAME**、**FSTYPE**、**MOUNTPOINT**は、それぞれデバイスファイルの名前、ファイルシステム名、マウント先（**マウントポイント**と呼ばれます）です。**FSTYPE**に**vfat**という表記がありますが、これはFAT32などFATに属するファイルシステムで、長いファイル名を使えるように拡張したものを指します。

この出力から、**vfat**の中でマウントされていないものは、**MOUNTPOINT**の項目が空になっている**sdb1**、**sdc1**ということになります。これらがUSBメモリのパーティションということになります。これをふまえて、次のようにマウントしたいパーティションを抽出します。

```
1  $ lsblk -o KNAME,FSTYPE,MOUNTPOINT | awk 'NF==2' | grep fat
2  sdb1  vfat
3  sdc1  vfat
```

この出力から、**awk**で**mount**を使ったコマンドを組み立て、**sh**で実行しましょう。これが正解となります。

```
1  $ lsblk -o KNAME,FSTYPE,MOUNTPOINT | awk 'NF==2' | grep fat | awk '{P="/mnt/disk"NR; print "mkdir -p
     "P" ;mount -t vfat /dev/"$1,P}' | sudo sh -v
2  mkdir -p /mnt/disk1 ;mount -t vfat /dev/sdb1 /mnt/disk1  ←sh -vで実行したコマンドを出力
3  mkdir -p /mnt/disk2 ;mount -t vfat /dev/sdc1 /mnt/disk2
```

解説の都合上、この解答では**sh**に**-v**というオプションを付けました。実行結果は変わりませんが、上の出力のように、**sh**で実行したコマンドが出力されます注26。**sh -v**の出力には、**mkdir ……;mount ……**というワンライナーが2つあります。このワンライナーは、ディレクトリを**/mnt/disk数字**以下に作成し、**mount**の**-t**でファイルシステム（**vfat**）とパーティション、マウント先を指定するというものです。

マウントされているか、確認しましょう。

```
1  $ df
2  Filesystem     1K-blocks    Used Available Use% Mounted on
3  (..略..)
4  /dev/sdb1       15727616 3619856  12107760  24% /mnt/disk1
5  /dev/sdc1       31247904 1455616  29792288   5% /mnt/disk2
```

Mounted onの項目を見ると、**mount**で指定したディレクトリにマウントされていることがわかります。

今度はアンマウントしましょう。rootで**umount /dev/disk1**、**umount /dev/disk2**を実行すれば、アンマウントできます。解答例を先に示します。

```
1  $ df | grep '/mnt/disk' | awk '{print "umount "$NF}' | sudo sh -v
2  umount /dev/disk1
3  umount /dev/disk2
```

この解答例では、まず**df**でマウント済みのデバイスファイルとディレクトリを列挙し、**grep**で**/mnt/disk**……というディレクトリと関係している行を抽出しています。その後、**awk**で最終列のディレクトリを**umount**するコマンドを作り、**sh**で実行しています。

注26　問題102別解3の**set -v**の**-v**（bashの**-v**オプション）と同じものです。

問題116 デバイスの番号調査

Linuxでは、デバイスファイルに番号を付けることで機器を管理しています。次の問題では、この番号の調査を扱います。練習問題では扱っていませんので、各自調査のうえ、取り組みましょう。

問題（中級★★　出題：上田　解答、解説：田代）

マシンから認識されているストレージのメジャー番号、マイナー番号を調べて、デバイスファイルと番号の対応表を作ってください。最初は/dev下の情報、次に/sys下の情報を使ってください。

解答

問題82補足2で、ストレージではブロックという単位でデータが扱われると説明しました。このような機器のデバイスドライバは、**ブロックデバイス**という種類のデバイスドライバとして実装されます。

利用可能なブロックデバイスは、前問で使ったlsblkで確認できますが、この問題では/dev以下のブロックデバイスファイルと、/sys以下の情報を直接利用します。実行結果は環境依存により変わるため、出力結果は各自読み替えてください。

まず、/dev以下に存在する、ブロックデバイスのデバイスファイルを確認します。ls -lを実行したとき、1文字目がbとなるファイルが、ブロックデバイスのデバイスファイルです。

```
1  $ ls -l /dev | grep '^b'
2  brw-rw---- 1 root disk      7,   0  6月 28 08:27 loop0
3  brw-rw---- 1 root disk      7,   1  6月 16 22:31 loop1
4  (..略..)
5  brw-rw---- 1 root disk    252,   2  6月 16 22:31 vda2
6  brw-rw---- 1 root disk    252,   3  6月 16 22:31 vda3
```

通常のファイルの場合、5列目にファイルの大きさが表示されますが、デバイスファイルの場合は5、6列目に、それぞれメジャー番号、マイナー番号が表示されます。上の出力例では、たとえばvda3のメジャー番号は252、マイナー番号は3となっています。

問題の指示はデバイスファイルの名前とメジャー番号、マイナー番号の一覧を作れということなので、次のように最終列と5、6列目を取り出して整理すると解答となります。

```
1  $ ls -l /dev | grep '^b' | awk '{print $NF,$5$6}'
2  loop0 7,0
3  loop1 7,1
4  (..略..)
5  vda2 252,2
6  vda3 252,3
```

ちなみに、loop{0,1,2,……}というのは**ループバックデバイス**というもので、ファイルをブロックデバイスのように使いたいときに利用するデバイスファイルです。たとえばCD-ROMのデータを先頭から丸々コピーしたデータを実際にCD-ROMから読んだように扱いたいときに使われます。ループバックデバイスはストレージではないので、上の解答からは、当該の行を除去したほうが良いのですが、それは各自にお任せいたします。

今度は、/sys以下の情報を使って一覧表を作ってみましょう。利用可能なブロックデバイスの一覧は、/sys/dev/blockディレクトリ内に存在します。lsしてみましょう。

```
1  $ ls -l /sys/dev/block/*
2  lrwxrwxrwx 1 root root 0 7月 15 20:10 /sys/dev/block/11:0 -> ../../devices/pci0000:00/0000:00:01.1/
3  ata2/host1/target1:0:0/1:0:0:0/block/sr0
4  lrwxrwxrwx 1 root root 0 7月 15 20:10 /sys/dev/block/252:0 -> ../../devices/pci0000:00/0000:00:06.0/
5  virtio3/block/vda
6  (..略..)
7  lrwxrwxrwx 1 root root 0  7月 15 20:10 /sys/dev/block/7:7 -> ../../devices/virtual/block/loop7
```

メジャー番号:マイナー番号という形式の名前でシンボリックリンクが存在し、/sys/devices以下のディレクトリへリンクされています。リンク先のディレクトリ名がブロックデバイス名になっています。

この出力から、awkで対応表を作る解答例を示します。awkのコードについては、本書でこれまで扱ってきた方法の応用なので、説明を省きます。

```
1  $ ls -l /sys/dev/block/* | awk '{print $9,$11}' | awk -F'[/ ]' '{print $NF,$5}'
2  loop0 7:0
3  loop1 7:1
4  (..略..)
5  vda2 252:2
6  vda3 252:3
```

補足(イメージ)

説明の中に出てきた「CD-ROMの内容を先頭から丸々コピーしたデータ」のように、パーティションやストレージのデータを記録したデータのことは、**イメージ**と呼ばれます。Unix系OSではddというコマンドで作成できます。次の例は、ブロックデバイス/dev/mmcblk0(SDカードのもの)の中のデータを、丸々イメージとして書き出す方法と、イメージをSDカードに戻す方法を示したものです[注27]。

```
1  $ dd bs=1MB if=/dev/mmcblk0 > hoge.img              ←イメージの作成
2  $ cat hoge.img | sudo dd bs=1MB of=/dev/mmcblk0    ←イメージの書き込み
```

問題117 USBの抜き差しの監視

これまでにも使ってきたsysfs(ディレクトリは/sys)は、LinuxのOS本体であるカーネルが、自身の持っているハードウェアに関する情報や資源を、カーネルの外側[注28]に提供するためにあります。外部機器の取り付け、取り外しの情報は、コマンド経由で確認することもできますが、その情報源は/sysのことが多いので、/sysのファイルを確認するほうがより直接的です。

注27　この例は素朴なもので、イメージの作成途中にデータが変わったり、キャッシュ(⇒問題2補足)の内容が書き込まれなかったりとトラブルが起こりやすく、失敗を避けるためにはいくつか注意が必要です。

注28　ユーザーがファイルを読み書き実行している領域のことで、カーネルに対して**ユーザーランド**と呼ばれます。

問 題 （中級★★　出題、解答、解説：上田）

/sys/を使い、USB機器の抜き差しを監視するワンライナーを書いてください。周期は1秒おきで、1秒以内に2つ以上の機器の抜き差しがあることは考慮しなくても良いこととします。抜かれたら「抜かれました」、挿されたら「挿されました」と表示してください。

解答

USB機器の抜き差しは`udevadm monitor`や`lsusb`コマンドなどでも監視できます（後述）が、ここでは「/sys/ を使い」という縛りがあるので、`/sys/bus/usb/drivers/usb`というディレクトリを使います。このディレクトリには、USBの情報がリアルタイムに反映されています。試しにUSBのEthernetアダプタを接続し、このディレクトリを`ls`したときの例を示します。

```
1  $ ls /sys/bus/usb/drivers/usb  ←挿す前
2  4-1 bind uevent unbind usb1 usb2 usb3 usb4
3  $ ls /sys/bus/usb/drivers/usb  ←挿した後
4  4-1 4-2 bind uevent unbind usb1 usb2 usb3 usb4
5  $ ls /sys/bus/usb/drivers/usb  ←抜いた後
6  4-1 bind uevent unbind usb1 usb2 usb3 usb4
```

Ethernetアダプタを接続したあと、4行目のように「4-2」というディレクトリ（シンボリックリンク）が増えています。

ということは、機器を識別せずに「抜かれました」「挿されました」と表示するだけなら、このディレクトリのファイル数を監視していれば良いことになります。たとえば、次のように関数を作ると、`f`と呼び出すだけでこの数をカウントできます。

```
1  $ f(){ ls /sys/bus/usb/drivers/usb | wc -l ;}
2  $ f
3  9
```

あとは、これを使って1秒ごとに監視するループを作れば機能します。解答は上の関数とあわせて、次のようになります。

```
1  $ n=$(f) ; while sleep 1 ; do m=$(f) ; [ $n -gt $m ] && echo 抜かれました ; [ $n -lt $m ] && echo 挿さ
   れました ; n=$m ; done
2  抜かれました
3  挿されました
4  抜かれました
5  (..略..)
```

この解答は、1秒ごとに前回の`f`の出力（変数`n`）と、最新の`f`の出力（変数`m`）をテストコマンド（`[`）で比較して、条件が合えば`echo`でメッセージを出します。

補足（USBの観察に使えるコマンド）

補足として、USBの観察に使えるコマンドを紹介しておきます。何がUSBでつながっているかを確認したいときは、lsusbコマンドが使えます。

```
1  $ lsusb
2  Bus 001 Device 001: ID 1d6b:0002 Linux Foundation 2.0 root hub
3  Bus 004 Device 004: ID 0bda:8153 Realtek Semiconductor Corp.
4  Bus 004 Device 002: ID 203a:fff9
5  (..略..)
```

また、デバイスの抜き差しをモニタリングするときは、udevadm monitorが利用できます。次の例は、udevadm monitorを立ち上げてから、USBのEthernetアダプタを接続したときの出力です。

```
1  $ udevadm monitor
2  monitor will print the received events for:
3  UDEV - the event which udev sends out after rule processing
4  KERNEL - the kernel uevent
5
6  KERNEL[6602.331614] add      /devices/pci0000:00/0000:00:1d.6/usb4/4-2 (usb)
7  KERNEL[6602.424185] add      /devices/pci0000:00/0000:00:1d.6/usb4/4-2/4-2:2.0 (usb)
8  KERNEL[6602.424415] add      /devices/pci0000:00/0000:00:1d.6/
9  (..略..)
```

udevadmという名前は「udev＋adm (inistration)」に由来しています。udevは、デバイスを管理するためのしくみです。たとえばデバイスが接続された際、/sysの情報を見てデバイスファイルを用意するなどの仕事をしています。udevに関しては、man udevに概要が書いてあります。

問題118 プロセスが開いているファイルの調査

Linux（とくにCLI）を使って仕事をしていると、プログラムがファイルをロックして消せなくなったというトラブルに見舞われることはあまりありませんが、それでも、どのプロセスがどのファイルを使っているのかを調べたいことがあります。次の問題の解き方を調査し、方法を覚えましょう。

問題（中級★★　出題、解答、解説：上田）

リスト7.2のようなシェルスクリプトhidoi.bashを作ります。異なる3つのプロセスでsleep && echoを実行し、その結果を3つのファイルに出力するというものです。ファイル名はそれぞれ特定できないように、$$、mktempという中間ファイルの名前を作るためのコマンドの出力、dateの出力で作っています。

リスト7.2 hidoi.bash

```
1 #!/bin/bash
2
3 ( sleep 100 && echo a ) > $$                    &
4 ( sleep 100 && echo b ) > $(mktemp)             &
5 ( sleep 100 && echo c ) > $(date +%s.%N)        &
6 echo $$
7 wait
```

これを実行して、別の端末を開き、このシェルスクリプトが開いているファイルの一覧を作ってみてください。ファイルがありそうなところをlsする解答は禁止とします。

解答

hidoi.bashのコードを読むと、サブシェルのプロセスを3つ立ち上げています。このサブシェルのプロセス番号をまず調べます。あるプロセスの/proc/プロセスID/statというファイルを見ると、1列目にそのプロセスのID、4列目に親のIDが書いてあるので、それをawkで抽出します。

```
1  ―― hidoi.bashを実行 ――
2  $ ./hidoi.bash
3  15437  ←hidoi.bashのPIDは15437
4  ―― 別の端末でstatを調査 ――
5  $ awk '$4==15437{print $1}' /proc/[0-9]*/stat
6  15438
7  15439
8  15440
```

出力されたプロセス番号に対し、今度は/proc/プロセスID/fd（⇒練習7.2.a補足1）ディレクトリを調査します。試しにPID15439のプロセスに対して、lsしてみましょう。

```
1  $ ls -l /proc/15439/fd
2  合計 0
3  lr-x------ 1 ueda ueda 64 11月   3 13:50 0 -> /dev/null
4  l-wx------ 1 ueda ueda 64 11月   3 13:50 1 -> /tmp/tmp.AOVZZmZV91
5  lrwx------ 1 ueda ueda 64 11月   3 13:44 2 -> /dev/pts/23
```

練習7.2.aで扱ったように、ファイル記述子（以下FD）と、どのファイルが結び付いているのかを調べられます。

この問題では、出力先のファイル名を特定すれば良いので、番号1のFDのリンク先を列挙すれば問題で要求された出力になります。ls -lの出力を加工しても良いのですが、ここではシンボリックリンクのリンク先を表示するための、readlinkというコマンドを使った解答例を示します。

```
1  $ awk '$4==15437{print $1}' /proc/[0-9]*/stat | xargs -I@ readlink /proc/@/fd/1
2  /home/ueda/15437
3  /tmp/tmp.AOVZZmZV91
4  /home/ueda/1509684081.931517116
```

別解

lsofを使った例を示します。

```
1  別解1(田代)  $ lsof -c hidoi | awk '$4~/^[0-9]w$/{print $NF}'
2  /home/ueda/tmp/7393
3  /tmp/tmp.NPSCLGPspE
4  /home/ueda/tmp/1586222019.021612199
```

lsof -c 文字列は、名前にその文字列を含むプロセスの情報を抽出する働きをします。lsofの出力のうち、4列目が数字wとなっている行に、書き込みで使っているファイルの情報が記載されています。数字wの数字は、FDの番号です。

問題119 メモリマップの表示

次は、**メモリマップ**と呼ばれる、メモリアドレスの範囲と範囲別の大まかな用途（ここでは「タイプ」と呼びます）を表示する問題です。Linuxは起動時、ハードウェア側から指定されたメモリマップを参照し、それに基づいてメモリのどこに何のデータを置くかを決めます。このメモリマップは、ハードウェア側のインターフェースになるソフトウェアである、**ファームウェア**から提供されます。

問題 （上級★★★　出題、解説：山田　解答：田代）

お使いの環境の/sys/firmware/memmap以下のファイルから、図7.9のような結果を得てください。1列目のハイフンでつないだ16桁の16進数はメモリのアドレスの範囲、その後ろの文字列は、その範囲でのメモリの用途（タイプ）です。1列目の範囲は「○○以上○○未満」となるようにしてください。

このディレクトリが、お使いの環境に存在しない場合[注29]は、リポジトリにsysディレクトリを用意したので、そちらを使ってください。

図7.9 出力例

```
1  0000000000000000-000000000009fc00 System RAM
2  000000000009fc00-00000000000a0000 Reserved
3  00000000000f0000-0000000000100000 Reserved
4  0000000000100000-00000000bfffa000 System RAM
5  00000000bfffa000-00000000c0000000 Reserved
6  00000000e0000000-00000000e0400000 Reserved
7  00000000fffc0000-0000000100000000 Reserved
8  0000000100000000-000000022d400000 System RAM
9  000000022d400000-0000000240000000 Reserved
```

解答

まず、/sys/firmware/memmapを調査しましょう。このディレクトリ直下には、数字を名前に持つディレクトリが格納されています。さらにその下にはstart、end、typeというファイルがあります。

```
1  $ ls /sys/firmware/memmap/
2  0  1  2  3  4  5  6  7  8
3  $ ls /sys/firmware/memmap/0
4  end  start  type  ←1以降のディレクトリも同じ構成
```

start、end、typeには、それぞれ開始アドレス、終了アドレス、そのメモリのタイプ情報が入っています。

```
1  $ head /sys/firmware/memmap/0/*
2  ==> /sys/firmware/memmap/0/end <==
3  0x9fbff
4  
5  ==> /sys/firmware/memmap/0/start <==
6  0x0
7  
8  ==> /sys/firmware/memmap/0/type <==
9  System RAM
```

以上をふまえ、問題で指定された出力を作っていきましょう。まず、それぞれのディレクトリに対して、start、end、typeの順番で中身を出力します。ブレース展開を使います。

注29　Linuxカーネルの設定によっては存在しない場合があります。

```
1  $ cat /sys/firmware/memmap/{0..8}/{start,end,type}
2  0x0          ←memmap/0/startの内容
3  0x9fbff      ←memmap/0/endの内容
4  System RAM   ←memmap/0/typeの内容
5  0x9fc00      ←memmap/1/startの内容
6  (..略..)
```

ちなみに{0..8}の代わりに*を使ってしまうと、出力の順番が変わってしまいます[注30]。

```
1  $ cat /sys/firmware/memmap/*/{start,end,type}
2  0x0       ←memmap/0/startの内容
3  0x9fc00   ←memmap/1/startの内容
4  0xf0000   ←memmap/2/startの内容
5  (..略..)
```

Bashではグロブよりも、ブレース展開のほうが先に評価されるからです。

話を戻します。先ほどの1列の出力を、3列にします。pasteコマンドに、3つのハイフン(-)を引数として与えることで、もともと1列だった行をタブ文字区切りで3列にできます。

```
1  $ cat /sys/firmware/memmap/{0..8}/{start,end,type} | paste - - -
2  0x0     0x9fbff System RAM
3  0x9fc00 0x9ffff Reserved
4  0xf0000 0xfffff Reserved
5  (..略..)
```

あとは2列目の数字に1を足し、範囲を「〜未満」にして、アドレスの桁数を16桁にします。出力がタブ区切りなので、awk -F'\t'で各列を整形します。解答例を示します。

```
1  $ cat /sys/firmware/memmap/{0..8}/{start,end,type} | paste - - - | awk -F'\t' '{printf "%016x-%016x
   %s\n",strtonum($1),strtonum($2)+1,$3}'
2  0000000000000000-000000000009fc00 System RAM
3  000000000009fc00-00000000000a0000 Reserved
4  (..略..)
```

awkでは、strtonumで16進数を数字として読み込み、endのアドレスに1を足しています。アドレスの出力は、%016xで16桁の16進数にしています。

別解

Bashのビルトインコマンドのみを使った別解を示します。

```
1  別解(田代) $ for d in /sys/firmware/memmap/*; do printf '%016x-%016x %s\n' "$(< $d/start)" "$(( $(<
   $d/end)+1 ))" "$(< $d/type)"; done
```

補足(/procや/sysで提供されるメモリの情報)

Linuxカーネルが使うメモリの内訳については、/proc/iomemに記載されます。一方、その前段階のファームウェアから与えられるメモリマップの情報は、問題にある/sys/firmware/memmap配下のファイルに記

注30　catをechoに置き換えると確認できます。

載されます。

ユーザーランドのプログラムは、通常、このようなハードウェアの情報を必要としません。ただ、たとえばkexecと呼ばれる、動作中のカーネル上で別のカーネルを起動するためのしくみなどは必要とします（参考文献[14]）。また、デバッグの際の情報としても有用です。

問題120 謎のデータの調査

本節最後に、CTFみたいな問題を解いてみましょう。本節で登場した、あるものを使います。

問題（上級★★★　出題、解答、解説：上田）

リスト7.3のファイルenigmaからメッセージを読み取ってください[注31]。ワンライナーで解答する必要はありません。

リスト7.3 enigma


```
1 H4sICDM8MlkAA2EA7dQxaxNxFADwf0KlkNLiJDj1T+lQlwMzOxjQDgWTUNM6FIQrveiRmAu5WwId
2 /Ah+DnERuhWK0DnfolsWx062hyDiLJjB348H7/He8uDBWz779GE0LJNhWoXmWiM0Q/NFuG2EGJ6H
3 Xz6GJ4cP+l+7vdjtvHoZa/udwdN2nbe2r07Ov+x8qzaOL7Yu18Pi4dvl9/bN4tHi8fLH4H1exjom
4 RRXTeFoUVXo6zuJZXo6SGPvjLC2zmE/KbPbHfDguptN5TCdnm63pLCvLupzHUTaPVRGrWT15l+aT
5 mCRJ3GwF/sbR59u7u1UvwQq5///tdW9/8KZz+POr/+7u7V4frGwlAAAAAAAAAAAAAAAAAAAAAAAA
6 AAAAAAAAAAAAAAAAAIB/6h5OzIvAAIgAAA==
```


解答

まず、データをデコードしましょう。（論理的ではありませんが）見た感じBase64なので、**base64**でデコードします。そして、**file**で何のデータか調べます。

```
1 $ cat enigma | base64 -d > hoge  ←何が出てくるかわからないのでファイルにリダイレクト
2 $ file hoge
3 hoge: gzip compressed data, was "a", last
4 modified: Sat Jun 3 04:33:55 2017, from Unix
```

出力の3行目を見ると、**a**というファイルが**gzip**で圧縮されたデータだとわかるので展開します。

```
1 $ mv hoge a.gz && gunzip a.gz
2 $ ls a
3 a
```

展開したら、再び**file**で確認します。

```
1 $ file a
2 a: DOS/MBR boot sector, code offset 0x3c+2, OEM-ID "mkfs.fat", sectors/cluster 4, root entries 16,
  sectors 68 (volumes <=32 MB), Media descriptor 0xf8, sectors/FAT 1, sectors/track 32, heads 64, serial
   number 0xb1500552, unlabeled, FAT (12 bit)
```

注31 【注意】素性の不明なデータをむやみに解析しようとすると、PC内のデータが壊れたり何かに感染したりするので注意しましょう。このデータについては、信頼してください。

この出力を読むためには、本書のこれまでの内容を超える知識が必要になりますが、出力の最後に**FAT (12 bit)**とあるので、問題115で出てきたFAT32の親戚であろうことは類推できます。もう少し説明すると、このデータは、FAT12のパーティションが記録されているイメージ（⇒問題116補足）です。

これをどうやって読むかというところですが、問題116で少し説明した**ループバックデバイス**を使います。ループバックデバイスは、**loop数字**という名前で**/dev**下にあります。

```
1  $ ls -l /dev/loop?
2  brw-rw---- 1 root disk 7, 0 11月  1  2020 /dev/loop0
3  brw-rw---- 1 root disk 7, 1 11月  1  2020 /dev/loop1
4  (..略..)
5  brw-rw---- 1 root disk 7, 9 11月  1 16:35 /dev/loop9
```

これの1つにファイルを結び付けてマウントすると、そのファイルをストレージのように扱えます。手順は次のようになります。**-o**でループバックデバイスの使用、**-t**（フォーマットのタイプ）で**msdos**を指定します。

```
1  $ mkdir tmp  ←マウント先のディレクトリを作る
2  $ sudo mount -o loop -t msdos a ./tmp/  ←ファイル「a」をmsdos（FAT）で./tmp/にマウント
3  $ df ./tmp/  ←確認
4  Filesystem     1K-blocks  Used Available Use% Mounted on
5  (..略..)
6  /dev/loop9            16     0        16   0% /home/ueda/tmp
7  (..略..)
```

6行目の出力で**./tmp**が**/dev/loop9**というデバイスファイルと結び付けられているのがわかります。これで**./tmp**を通じて、イメージにアクセスできるようになります。

最後に、**./tmp**を**ls**すると、**software**という空ファイルがあります。このファイル名が出題者からのメッセージとなります[注32]。

```
1  $ ls ./tmp/
2  software
3  ──── 確認が終わったら後始末 ────
4  $ sudo umount ./tmp
5  $ rmdir tmp
6  $ rm a
```

まったく必要ありませんが、ここまでの手続きをワンライナーにすると、次のような解答例が得られます。

```
1  $ base64 -d enigma | gunzip > a && mkdir tmp && sudo mount -o loop -t msdos a ./tmp/ && ls ./tmp/ &&
   sudo umount ./tmp/ && rmdir ./tmp/ && rm a
2  software
```

補足1（イメージファイルの作り方）

手順だけですが、このenigmaというファイルの作り方を示します。

注32　本当はSoftwareDesignという空ファイルを作ったのですが、FATのファイル名の8文字制限に引っかかってしまい、softwareになってしまいました。

```
1  $ dd if=/dev/zero of=a bs=512 count=68
2  $ mkfs.fat -r16 a
3  $ mkdir hoge
4  $ sudo mount -o loop -t msdos a ./hoge/
5  $ sudo touch ./hoge/SoftwareDesign
6  $ sudo umount ./hoge
7  $ gzip a
8  $ base64 a.gz > enigma
```

補足2（ループバックデバイス）

ループバックデバイスを使うと、OSのイメージファイルもマウントできるので、イメージファイルの中から何かを取り出したり、書き換えたりする場合に便利です。ただし、OSのイメージの場合、データが始まる位置を指定するなど、mountに追加のオプションが必要となります（参考文献［15］）。

7.3 システムコールを追いかける

システムコールは、ユーザーランドのプログラムがカーネルの機能を呼び出すこと（発行）や、そのしくみ、あるいは呼び出された機能のことを指す言葉です。システムコールについては、問題16補足3でも説明しました。

システムコールが発行されている様子は、いくつかの方法で追いかけることができます。これらの方法を使うと、fork-execなどのカーネルの仕事も観察できます。本節ではstraceというコマンドを使って、システムコールの発行を観察、解析する問題を解きます。それによって、より深くLinuxの挙動を理解していきます。

練習7.3.a straceを使う

今話に出たstraceを使ってみましょう。次の例は、echo aaa > tmp1をbash -cで実行したときのシステムコールの発行を、straceで観測した例です。

```
1  $ strace bash -c 'echo aaa > tmp1' |& head -n 3
2  execve("/usr/bin/bash", ["bash", "-c", "echo aaa > tmp1"], 0x7ffd785e3ae0 /* 67 vars */) = 0
3  brk(NULL)                               = 0x560112009000
4  arch_prctl(0x3001 /* ARCH_??? */, 0x7fff4337a680) = -1 EINVAL (無効な引数です)
```

straceの出力は、調査対象のコマンドの邪魔をしないように、標準エラー出力から出てきます。この例では、出力を先頭の3行で打ち切っていますが、各行で、それぞれexecve、brk、arch_prctlというシステムコールの発行が観察できます。

練習問題（出題、解答：上田　解説：上田、山田、中村）

上の例をふまえ、straceやdiffなどを使い、問題19で用いた1<>について、>との挙動の違いを観察しましょう。これらの違いは、openatというシステムコールを調べるとわかります。

解答

わざわざワンライナーで比較することはないかもしれませんが、次のようにすると比較できます。

```
1  $ diff <(strace bash -c 'echo aaa > tmp1' 2>&1) <(strace bash -c 'echo aaa 1<> tmp2' 2>&1) | grep openat
2  < openat(AT_FDCWD, "tmp1", O_WRONLY|O_CREAT|O_TRUNC, 0666) = 3
3  > openat(AT_FDCWD, "tmp2", O_RDWR|O_CREAT, 0666) = 3
```

このワンライナーは、`diff`にプロセス置換で2つの`strace`の結果を入力して比較し、`openat`で検索をかけています。`strace`の標準エラー出力を`diff`に入力するために、`2>&1`（⇒練習2.1.a補足）と、ファイル記述子の操作をしています。

上のワンライナーの出力を見ると、`>`を使った場合は、`1<>`を使った場合と異なり、`O_TRUNC`というフラグを立てて`openat`を発行していることがわかります。`O_TRUNC`は、ファイルの中身をいったん`0`バイトにする（消去してしまう）ときのフラグです[注33]。シェルで既存のファイルに入力リダイレクトすると、それまでのデータが消えますが、その挙動を決めているのが`O_TRUNC`です。

補足1（execve）

本節の冒頭の出力例にある`execve`（⇒問題16補足3）は、fork-execと関係あるので取り上げておきましょう。`execve`に関する`strace`の出力を再掲します。

```
1  execve("/usr/bin/bash", ["bash", "-c", "echo aaa > tmp1"], 0x7ffd785e3ae0 /* 67 vars */) = 0
```

この行で、forkしてできたプロセスの中身が、`bash -c 'echo aaa > tmp1'`を走らせるプログラムに置き換わり、プログラムが実行されます。`["bash", "-c", "echo aaa > tmp1"]`が、`/usr/bin/bash`に与えられる引数で、それぞれシェルの`$0, $1, $2`に対応します。右辺の` = 0`は、このシステムコールの戻り値[注34]が`0`だったことを示しています。

補足2（straceのオプション）

`strace`には、さまざまな分析をするためのオプションが用意されています。表7.1に、いくつか紹介します。

表7.1 straceの便利なオプション

オプション	説明
-f	サブプロセスのstraceも表示
-c	システムコール呼び出しの集計を表示
-o	トレースを指定したファイルに出力
-T	システムコールの実行にかかった時間を表示
-t	トレースの表示された時刻を表示
-e	特定のトレースのみ表示

試しに`-e`を使ってみましょう。次のようにすると、システムコール`access`を実行しているトレースだけ

注33 `man 2 openat`で調査できます。
注34 終了ステータスではなく、カーネル内でのシステムコールの戻り値です。

を抽出できます。

```
1  $ strace -e trace=access seq 1
2  access("/etc/ld.so.preload", R_OK)    = -1 ENOENT (そのようなファイルやディレクトリはありません)
3  1
4  +++ exited with 0 +++
```

ほかのいくつかのオプションも、あとの問題で出てきます。

補足3(straceを使ったシグナルの観察)

本節ではシステムコールしか扱いませんが、straceを使うとシグナルも観察できます。問題25に出てきたseq 100000 | sort | headについて、sortだけstraceしてみましょう。

```
1  $ seq 100000 | strace sort | head
2  (..略..)
3  --- SIGPIPE {si_signo=SIGPIPE, si_code=SI_TKILL, si_pid=125027, si_uid=1000} ---
4  +++ killed by SIGPIPE +++
```

4行目のように、SIGPIPEでkillされたことが、最後に出力されます。

問題121 ファイルパスの抽出

ここでは、システムコールがアクセスしたファイルを、straceの出力から抽出する問題を解きます。

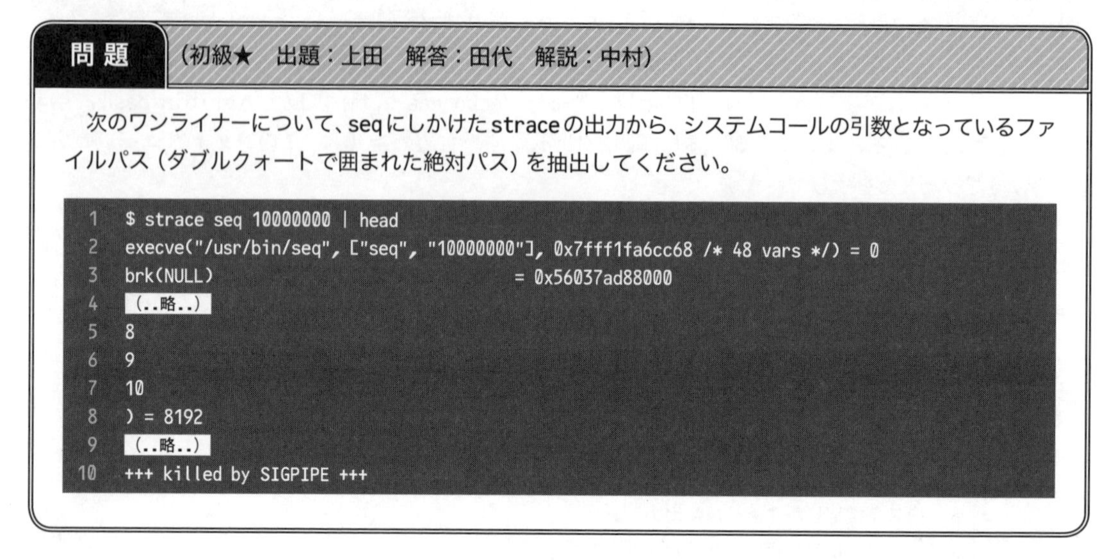

問題 (初級★　出題:上田　解答:田代　解説:中村)

次のワンライナーについて、seqにしかけたstraceの出力から、システムコールの引数となっているファイルパス(ダブルクォートで囲まれた絶対パス)を抽出してください。

```
1  $ strace seq 10000000 | head
2  execve("/usr/bin/seq", ["seq", "10000000"], 0x7fff1fa6cc68 /* 48 vars */) = 0
3  brk(NULL)                               = 0x56037ad88000
4  (..略..)
5  8
6  9
7  10
8  ) = 8192
9  (..略..)
10 +++ killed by SIGPIPE +++
```

解答

調査対象のseqの後ろにパイプがあるので、straceの出力をどうやって得るか、少し頭をひねる必要があります。一番わかりやすい解答として、straceの結果を、一時ファイルに出力する方法を示します。

```
1  $ strace seq 10000000 2> temp | head
2  $ cat temp | grep -oE '"(/[^/"]*)*"'
3  "/usr/bin/seq"
```

```
4 "/etc/ld.so.preload"
5 "/etc/ld.so.cache"
6 "/lib/x86_64-linux-gnu/libc.so.6"
7 "/usr/lib/locale/locale-archive"
```

この方法では、straceの標準エラー出力をtempファイルに出力しています。そこからgrepコマンドを使い、正規表現で「『/文字列』の繰り返しがダブルクォートで囲まれている文字列」を指定して、絶対パスと解釈できる文字列を抽出しています。

別解

一時ファイルを残すと面倒なので、一時ファイルを使わない別解を示しておきます。

```
1 別解1(eban) $ sh -c 'strace seq 10000000 | head > /dev/null' |& grep -Po '"\K/[^"]+(?=")'
2 /usr/bin/seq
3 /etc/ld.so.preload
4 /etc/ld.so.cache
5 (..略..)
```

straceを含むワンライナーを、sh -cに引数として渡すことで、その部分だけを別プロセスで実行しています。そして、その標準出力と標準エラー出力を|&でまとめて、grep（正規表現については⇒練習4.2.a別解3）に渡しています。このように、ワンライナーの出力全体をパイプで続けて処理したい場合、別プロセス内で実行すると、うまく処理することができます。

この別解では、|&で標準出力と標準エラー出力が混ざって出力が乱れる可能性があるため、> /dev/nullで標準出力を捨てています（あとで補足あり）。> /dev/nullはシングルクォートの右側に出しても良さそうですが、そうしてしまうと、|&が何も出力しなくなってしまいます。

別解1と同様の発想で、次のようにしても同じ結果を得られます。

```
1 ――― evalを使ってサブシェルで実行 ―――
2 別解2(eban、山田) $ eval 'strace seq 10000000 | head > /dev/null' |& grep -Po '"\K/[^"]+(?=")'
3 ――― bashのサブシェルで実行 ―――
4 別解3(eban、山田) $ (strace seq 10000000 | head > /dev/null) |& grep -Po '"\K/[^"]+(?=")'
```

補足（標準エラー出力はバッファされない）

straceを使う場合、標準出力と標準エラー出力を|&などで混ぜると、両者が1行中で混ざることを頭に入れておく必要があります。標準出力は、バッファ（⇒問題4補足）に一度溜まって出力されますが、標準エラー出力は、エラーをすぐに出す必要があるため、通常はバッファされません。また、標準出力と同期がとられることもありません。そのため、1行の中に両出力のデータが混ざることがあります。

別解1～3では、その懸念から > /dev/nullが入っています。ただし、この問題の場合、システムコールがファイルを扱うのはseqが数字を出力する前なので、混在の可能性は小さいです。 > /dev/nullは念のために入っています。

問題122 使ったプロセス数のカウント

練習2.2.cでは、Bashのfor文を使い、ビルトインコマンドと外部コマンドで負荷に差が出ることを検証しました。これを、straceで、もっと直接的に観察してみましょう。

問題 (中級★★ 出題：山田 解答：田代、上田 解説：上田)

リスト7.4のwordsには、英単語が空白区切りで1行に収まっています。これを1単語1行にするために、図7.10の2つのワンライナーを考えました。

実はwordsの単語数が多いとき、(1) は多くの子プロセスを作るので (2) と比べると遅くなります。この現象を確認するために、(1) のコマンド実行時に作成された子プロセス数を出力してください。

図7.10 wordsを1単語1行にするワンライナー

```
1 (1) $ xargs -n 1 < words
2 (2) $ fmt -1 < words
```

リスト7.4 words

```
1 Chita milsie iodation rebellike vocicultural valoniaceous needle scramblement subcoriaceous
  solipsis (..略..)
```

解答

(1) をstraceにかけてlessで出力を観察すると、

```
1 $ strace xargs -n 1 < words |& less
2 (..略..)
3 fcntl(4, F_SETFD, FD_CLOEXEC)           = 0
4 clone(child_stack=NULL, flags=CLONE_CHILD_CLEARTID|CLONE_CHILD_SETTID|SIGCHLD, child_tidptr=0x7f62d62
5 25850) = 10514
6 close(4)
7 (..略..)
```

というように、cloneというシステムコールが呼ばれていることが読み取れます。これまで説明してきたとおり、Unix系のOSでは、プロセスはforkで生成されます。Linuxにもforkというシステムコールがありますが、もっと細かい設定のできる注35cloneというシステムコールがあり、この例ではこちらが使われています。

これをふまえて、次のように|&で標準出力、標準エラー出力もろともgrepに渡して「^clone(」で検索をかけると、(これだけではcloneがプロセスを生成していると言い切れませんが、) 3,000回プロセスが生成されたことがわかります。

```
1 $ strace xargs -n 1 < words |& grep '^clone(' | wc -l
2 3000
```

実はwordsファイルにはcloneという単語が書いてあり、grep cloneとすると結果が変わるので注意です。

また、このワンライナーの場合、前問と異なり、標準出力と標準エラー出力が混ざります。

注35 単にプロセスをforkさせるだけでなく、1つのプロセス内で別の処理を走らせるスレッドも作れます。

```
1  ── wait4に関する出力に、標準出力から出てくる単語が混ざる ──
2  $ strace xargs -n 1 < words |& grep wait | head -n 3
3  wait4(-1, clone
4  wait4(-1, Chita
5  wait4(-1, milsie
```

より確実に調査するなら、次のようにすると良いでしょう（⇒前問別解3）。これを正解とします。

```
1  $ ( strace xargs -n 1 < words >/dev/null ) |& grep '^clone(' | wc -l
2  3000
```

ちなみに、(2) でcloneの数を調査すると、次のように0になります。

```
1  $ strace fmt -1 < words |& grep '^clone(' | wc -l
2  0
3  ─── 念のためforkも調査 ───
4  $ strace fmt -1 < words |& grep '^fork(' | wc -l
5  0
```

別解

straceに-cを付けると、次のようなサマリを見られます。

```
1  $ strace -c xargs -n 1 < words >/dev/null
2  % time     seconds  usecs/call     calls    errors syscall
3  ------ ----------- ----------- --------- --------- --------
4   34.28    0.132052          44      3000           wait4
5   29.04    0.111874          37      3000           clone
6  (..略..)
```

これを利用した別解を示します。

```
1  別解1(山田) $ strace -c xargs -n 1 < words |& grep clone | awk '{print $(NF-1)}'
2  clone
3  3000
```

2行目のcloneは、wordsファイル内に書いてあるものです。これを出力したくなければ、ファイル記述子を操作しましょう。

補足1（システムによるパスの検索）

下のワンライナーと出力は、strace -fとstrace -f -c（⇒練習7.3.a補足2の表7.1）を使い、(1) に対してexecveを調査したものです。2〜7行目の出力を見ると、xargsが、外部コマンドのechoを何度も探し、見つけて実行していることがわかります[注36]。

```
1  $ strace -f xargs -n 1 < words |& grep execve
2  execve("/usr/bin/xargs", ["xargs", "-n", "1"], 0x7ffd97d0da28 /* 23 vars */) = 0
```

注36　11行目を見ると、execveが18,001回実行されていることがわかりますが、このうちの1回はxargsの呼び出しで、あとはechoの呼び出しです。

```
3  [pid 10267] execve("/usr/local/sbin/echo", ["echo", "clone"], 0x7ffe5655d728 /* 23 vars */) = -1 ENOENT
   (No such file or directory)
4  [pid 10267] execve("/usr/local/bin/echo", ["echo", "clone"], 0x7ffe5655d728 /* 23 vars */) = -1 ENOENT
   (No such file or directory)
5  (略。いくつかのパスでechoを探して見つからなくての連続)
6  [pid 10267] execve("/bin/echo", ["echo", "clone"], 0x7ffe5655d728 /* 23 vars */ <unfinished ...>
7  [pid 10267] <... execve resumed> )      = 0  ←やっと見つかる
8  (..略..)
9  $ strace -f -c xargs -n 1 < words |& grep -e execve -e '^%'
10 % time     seconds  usecs/call     calls    errors syscall
11   1.12    0.005284           0     18001     15000 execve  ←18000回呼び出して15000回エラー
```

ちなみに、コマンドを探すパスと順番は、次のようにPATHという変数に設定されています。

```
1  $ echo $PATH
2  /usr/local/sbin:/usr/local/bin:/usr/sbin:/usr/bin:/sbin:/bin:/usr/games:/snap/bin:/home/ueda/.go/bin:
   /snap/bin
```

コマンドが置いてあるディレクトリをPATHの文字列に加えることを、「パスを通す」と言います。逆に、PATHに設定がなく、コマンドが使えないことは、「パスが通っていない」と表現されます。

補足2（straceを使った練習2.2.cの調査）

練習2.2.cについても、straceで調査してみましょう。次の2つのワンライナーのどちらが早く終わるかを考える内容で、プロセスを1,000回立ち上げるので、前者のほうが遅いという解答でした。

```
1  $ for i in {1..1000}; do /bin/echo "$i" >/dev/null;done
2  $ for i in {1..1000}; do builtin echo "$i" >/dev/null;done
```

本問題の解答と、ほぼ同じ方法で調べてみましょう。次のように違いが出ます。

```
1  ―― 前者 ――
2  $ strace bash -c 'for i in {1..1000}; do /bin/echo "$i" >/dev/null;done' |& grep ^clone | wc -l
3  1000
4  ―― 後者 ――
5  $ strace bash -c 'for i in {1..1000}; do builtin echo "$i" >/dev/null;done' |& grep clone | wc -l
6  0
```

問題123 計算時間の解析

今度は、システムコールにかかる時間の解析をしてみましょう。

問題（上級★★★　出題：田代、山田　解答：山田　解説：田代）

dir1_strace、dir2_straceには、あるコマンドに対するstrace -Tの結果が記録されています（図7.11）。-Tは、システムコールの所要時間を出力するオプションです。所要時間は、各システムコールに対する出力の行末の< >内に記録されます。単位は秒です。

dir{1,2}_straceについて、システムコール別に所要時間の差を合計してください。そして、dir1_straceに比べてdir2_straceで処理時間が増えたシステムコールの、上位3つを求めてください。システムコール名がわかれば、出力の形式は問いません。

図7.11 dir1_straceとdir2_straceの内容を出力

```
1 $ head -n 3 dir*_strace
2 ==> dir1_strace <==
3 execve("/bin/cp", ["cp", "-r", "./dir1", "/home/ubuntu/work"], 0x7ffeb159f090 /* 21 vars */) =
   0 <0.001679>
4 brk(NULL)                               = 0x558430ce0000 <0.000010>
5 access("/etc/ld.so.nohwcap", F_OK)      = -1 ENOENT (No such file or directory) <0.000013>
6
7 ==> dir2_strace <==
8 execve("/bin/cp", ["cp", "-r", "./dir2", "/home/ubuntu/work"], 0x7ffd85d2e710 /* 21 vars */) =
   0 <0.000155>
9 brk(NULL)                               = 0x556136599000 <0.000010>
10 access("/etc/ld.so.nohwcap", F_OK)     = -1 ENOENT (No such file or directory) <0.000013>
```

解答

dir1_strace、dir2_straceを別々に解析し、あとから比較すれば良いのですが、ここではワンライナーで一気にやってしまいます。まず、grepを使い、時間の情報のある行を抽出し、データの各行にファイル名を付けます。

```
1 $ grep ">$" dir[12]_strace
2 dir1_strace:execve("/bin/cp", ["cp", "-r", "./dir1", "/home/ubuntu/work"], (..略..) = 0 <0.001679>
3 dir1_strace:brk(NULL)                               = 0x558430ce0000 <0.000010>
4 dir1_strace:access("/etc/ld.so.nohwcap", F_OK)      = -1 ENOENT (No such file or directory) <0.000013>
5 (..略..)
6 dir2_strace:execve("/bin/cp", ["cp", "-r", "./dir2", "/home/ubuntu/work"], (..略..) = 0 <0.000155>
7 dir2_strace:brk(NULL)                               = 0x556136599000 <0.000010>
8 dir2_strace:access("/etc/ld.so.nohwcap", F_OK)      = -1 ENOENT (No such file or directory) <0.000013>
9 (..略..)
```

次に、各システムコールの所要時間を集計します。ファイル名にある1か2の数字、システムコール名、所要時間を、sedを使って抜き出します。

```
1 $ grep ">$" dir[12]_strace | sed -E 's/dir(.)_strace:([^(]+).*<([.0-9]+)>.*$/\1 \2 \3/'
2 1 execve 0.001679
3 1 brk 0.000010
4 1 access 0.000013
5 (..略..)
```

これで、awkの連想配列を使い、システムコールごとの所要時間の差を計算していきます。

```
1 $ grep ">$" dir[12]_strace | sed -E 's/dir(.)_strace:([^(]+).*<([.0-9]+)>.*$/\1 \2 \3/' | awk '{a[$2]
  +=($1==1)?-$3:$3}END{for(k in a){print k, a[k]*1000}}'
2 fadvise64 239.825
```

```
3  stat -0.001
4  arch_prctl 0
5  mremap 0.075
```

awkのa[$2]が、各システムコールの所要時間の差になります。三項演算子を使い、dir1_straceの秒数なら引き算、dir2_straceの秒数なら足し算するようにしています。ENDルールの出力では、あとでソートするときのために、所要時間をミリ秒に変換しています。

最後に、sortを使って所要時間（2列目）の長さ順に並べ替え、tailで下3行を選べば解答となります。

```
1  $ grep ">$" dir[12]_strace | sed -E 's/dir(.)_strace:([^(]+).*<([.0-9]+)>.*$/\1 \2 \3/' | awk '{a[$2]
   +=($1==1)?-$3:$3}END{for(k in a){print k, a[k]*1000}}' | sort -k2,2n | tail -n 3
2  close 487.181
3  openat 860.119
4  read 11879.7
```

解析結果からは、readの所要時間で大きな差が生じたことがわかります。

補足1（多数のファイルをコピーする処理は重い）

dir{1,2}_straceは、それぞれ次のように得られたものです。

```
1  $ sudo sh -c 'echo 3 > /proc/sys/vm/drop_caches'  ←この行についてはあとで説明
2  $ strace -T -o dir1_strace cp -r ./dir1 ~/work
3  $ strace -T -o dir2_strace cp -r ./dir2 ~/work
```

strace -oは、出力を指定のファイルに保存するためのオプションです。

cpでコピーされているdir{1,2}はディレクトリです。上のコマンドを実行したとき、dir1には1GiB[注37]のファイルが1つ、dir2には64KiBのファイルが16,384個入っていました。下の例は、straceで解析した2つの操作をtimeで計時したものです。dir1、dir2のどちらも合計1GiBで同じにもかかわらず、dir2のコピーには、倍の時間がかかります。

```
1  $ sudo sh -c 'echo 3 > /proc/sys/vm/drop_caches'
2  $ time cp -r ./dir1 ~/work  ←1GiBのファイル1つをコピー
3  real    0m8.833s
4  (..略..)
5  $ time cp -r ./dir2 ~/work  ←64KiBのファイル16,384個をコピー
6  real    0m18.060s           ←時間が余計にかかる
7  (..略..)
```

解答例の出力で見たように、時間の差のおもな原因は、readです。次のようにワンライナーを書くと、dir2のコピーでreadが4倍多く呼ばれており、合計した時間も3倍以上かかっていることがわかります。

```
1  ――― readが呼ばれた回数 ―――
2  $ grep ^read dir[12]_strace | sed 's/(.*//' | uniq -c
3     8204 dir1_strace:read
```

注37 1GBと書くとキロを1,024倍したものなのか1,000倍したものなのかわからないので、1,024倍のときに1GiB（ギビバイト）と表記することがあります。このときは、キロに相当する単位も1KiB（キビバイト）と表記します。

```
4    32779 dir2_strace:read
5  ――― readにかかった時間（単位は秒）―――
6  $ grep ">$" dir[12]_strace | sed -E 's/dir(.)_strace:([^(]+).*<([.0-9]+)>.*$/\1 \2 \3/' | awk '$2=="
7  read"{a[$1]+=$3}END{for(k in a)print k, a[k]}'
8  1 5.57041
9  2 17.4501
```

中にファイルが多いとディレクトリのコピーが遅くなることは、多くの人が経験的に知っていることですが、**strace**を使うことで、原因を特定できました。

補足2（キャッシュの解放）

補足1で出てきた**/proc/sys/vm/drop_caches**は、ページキャッシュ（⇒問題2補足）をメモリから追い出す（解放する）ときに使われます。補足1のように**3**を書き込むと、キャッシュは解放されます。数字の意味の説明は割愛します。9.3GBのファイルを**cat**して実験してみましょう[注38]。

```
1  ――― 10億まで数字を書いたファイルを作る（9.3GBになる）―――
2  $ seq 1000000000 > a
3  $ ls -lh a
4  -rw-rw-r-- 1 ueda ueda 9.3G 12月 19 09:53 a  ←作りたてなのでキャッシュ上に存在
5  ――― キャッシュの効いた状態での読み出し ―――
6  $ time cat a > /dev/null
7
8  real  0m1.007s  ←キャッシュあり：1秒
9  user  0m0.012s
10 sys   0m0.995s
11 ――― キャッシュの効いていない状態での読み出し ―――
12 $ echo 3 | sudo tee /proc/sys/vm/drop_caches
13 3
14 $ time cat a > /dev/null
15
16 real  0m4.898s  ←キャッシュなし：5秒
17 user  0m0.013s
18 sys   0m2.357s
```

試したPCは高速なSSDを搭載したものですが、読み出しに5倍の差がつきました。

7.4 雑多な調査と設定を片付ける

本節では、システムを調査する問題を解いていきます。プログラミングやその他システムの仕事をしていると、そんなもの普通は調べないだろうということを調べる羽目になることがよくあります。本節の問題のテーマはバラバラで、問題前のヒントもありませんが、調査力と想像力を駆使して実践的に解いていきましょう。

注38　メモリの少ないPCで試す場合は、数百MB～1GBほどのファイルで試しましょう。

問題124 ネットワークデバイス一覧

問題 (初級★　出題、解答、解説：上田)

図7.12のように、OSから認識されているネットワークデバイスの一覧を作ってみましょう[注39]。ネットワークデバイスとは、普段、有線LANや無線LAN (Wi-Fi) などと呼ばれる、通信のためのインターフェースや機器を指します。

図7.12 実行例

```
1 $ 解答のワンライナー
2 lo eth0 wlan0
```

解答

ipを使った解答を考えてみましょう[注40]。ip linkあるいはip lと実行すると、次のように認識されているデバイス一覧が表示されます[注41]。

```
1 $ ip l
2 1: lo: <LOOPBACK,UP,LOWER_UP> mtu 65536 qdisc noqueue state UNKNOWN (..略..)
3     link/loopback 00:00:00:00:00:00 brd 00:00:00:00:00:00
4 2: wlp0s20f3: <BROADCAST,MULTICAST,UP,LOWER_UP> mtu 1500 qdisc noqueue state UP (..略..)
5     link/ether 68:54:5a:70:e6:35 brd ff:ff:ff:ff:ff:ff
6 3: enx3c18a0563c8a: <BROADCAST,MULTICAST,UP,LOWER_UP> mtu 1500 qdisc fq_codel state UP (..略..)
7     link/ether 3c:18:a0:56:3c:8a brd ff:ff:ff:ff:ff:ff
```

あとは次のように、行頭が数字の行を抽出し、awkで2列目を抜き出して、trでコロン (:) を消せば答えになります。

```
1 $ ip l | grep ^[0-9] | awk '{print $2}' | tr -d : | xargs
2 lo wlp0s20f3 enx3c18a0563c8a
```

別解

procの下にあるファイルや、tcpdumpというコマンドを使う方法もあります。

```
1 別解1(田代) $ cat /proc/net/dev | awk 'NR>=3{print $1}' | sed 's/:$//' | xargs
2 lo enx3c18a0563c8a wlp0s20f3
3 別解2(田代) $ tcpdump -D | awk '{print $1}' | sed 's/^[0-9][0-9]*\.//' | xargs
4 wlp0s20f3 enx3c18a0563c8a lo any bluetooth-monitor nflog nfqueue bluetooth0
5 ↑ip lだと出てこないデバイスも出てくるので、余力があれば何なのか調べてみてください
```

注39　ネットワークデバイスの名前は、Linuxの場合、つい最近までeth0などのシンプルなものでしたが、最近はもっと複雑な名前が付くことがあります。

注40　年季の入ったLinux使いの場合、まずifconfigコマンドを思いついてしまうのですが、現在は非推奨です。

注41　IPアドレスも見たい場合にはip addrあるいはip aです。

問題125 IPアドレスの追加

問 題 （初級★　出題、解答、解説：上田）

ipを使うと、図7.13のようにネットワークデバイスにIPアドレスを追加したり、削除したりすることができます。IPアドレスは、ネットワークデバイスに割り当てられる、住所代わりの番号のことです。図7.13では192.168.2.150や192.168.2.151、あるいは「/24」まで入れた192.168.2.150/24などがそれにあたります。/24はサブネットマスクというものですが、説明は割愛します。また、追加の際のeno1:150というのは、それぞれの設定に対する名前（ラベル）です。

家庭のネットワーク内で[注42]、手元のLinuxマシンのネットワークデバイス（前問参照）に、今使っているIPアドレスとは別に、192.168.2.100/24から192.168.2.200/24までのIPアドレスを追加してみてください。そのあと、削除してみてください（壊しても良いLinux環境で試しましょう）。ラベルは、ネットワークデバイス名:IPアドレスの末尾としてください。今、192.168.2.100/24から192.168.2.200/24までのIPアドレスのどれかを使っている場合は、192.168.3.100/24から192.168.3.200/24を追加してみましょう。

図7.13 IPアドレスの追加／削除

```
1  ――（すでにIPアドレスを持っている）eno1というデバイスにIPアドレスを追加）――
2  $ sudo ip addr add local 192.168.2.150/24 dev eno1 label eno1:150
3  ―― さらに追加 ――
4  $ sudo ip addr add local 192.168.2.151/24 dev eno1 label eno1:151
5  ―― 削除 ――
6  $ sudo ip addr del local 192.168.2.150/24
7  $ sudo ip addr del local 192.168.2.151/24
```

解答

IPアドレスの設定方法は問題で説明されているので、あとは100〜200の数字を、どのようにipに与えていくかを考えるだけです。このような用途には、xargsが便利です。解答例を示します。

```
1  $ seq 100 200 | sudo xargs -I@ ip addr add local 192.168.2.@/24 dev eno1 label eno1:@
2  ↓確認
3  $ ip addr | grep 192.168.2
4  inet 192.168.2.7/24 brd 192.168.2.255 scope global dynamic eno1
5  inet 192.168.2.100/24 scope global secondary eno1:100
6  inet 192.168.2.101/24 scope global secondary eno1:101
7  (..略..)
8  inet 192.168.2.200/24 scope global secondary eno1:200
```

この解答例では、割り当てたいIPアドレスの下位数字（100から200）をパイプでxargsに渡し、-I@で1つずつipに数字を渡してIPアドレスとラベルを作り、IPアドレスの割り当てを実行しています。

解除するときはaddをdelに変えます。

```
1  $ seq 100 200 | sudo xargs -I@ ip addr del local 192.168.2.@/24 dev eno1 label eno1:@
```

注42　LinuxマシンがグローバルIPアドレスを使っておらず、かつローカルネットワークを共有している人たちに迷惑がかからない環境のことを指していますが、詳細な説明が本書ではできないので、意図がよくわからなければこの問題は飛ばしてください。

補足（複数のIPアドレスの割り当て）

この問題のように、1つのネットワークデバイスは、複数のIPアドレスを持つことができます。用途としては、インターネット上で何かサービスをしているマシン（サーバ）が、接続を受け付けたIPアドレスごとに別のサービスを提供する、などのものが考えられます。また、この問題のように、大量にIPアドレスを使うことで、ネットワークや、IPアドレスを自動で付与する**DHCPサーバ**の挙動がどうなるかテストする用途も考えられます。

問題126 Bashのバージョンと変数

問題（初級★　出題：上田、田代　解答：石井　解説：田代）

今端末で使っているBashのバージョンを表示してみてください。

解答

最初に思いつくのは**bash --version**による出力です。

```
1  ――― 注意：解答ではありません ―――
2  $ bash --version
3  GNU bash, バージョン 5.0.17(1)-release (x86_64-pc-linux-gnu)
4  (..略..)
```

しかし、実はこのコマンドを実行した場合、パスの通っているBash（通常は**/bin/bash**）のバージョンが表示されます。実は上の例は、筆者が**/bin/bash**とは別に用意したBash 4.4の上で実行したものです。出力されたのは**/bin/bash**のバージョン（5.0.17）なので、これは不正解ということになります。したがって、Bashが2つ以上インストールされている環境では、上の方法は使えないということになります。とくに、今やっている調査が、「Bashの挙動がおかしいのでバージョンを調べたい」というものだと、混乱がより深刻化します。

現在実行しているBashに、バージョンを問い合わせるには、次のように変数を使う方法があります。引き続き、Bash 4.4の上で実行してみます。

```
1  ――― こちらが正解 ―――
2  $ echo $BASH_VERSION
3  4.4.0(1)-release
```

この実行例では、シェル変数（⇒問題16補足2）**BASH_VERSION**に格納されている値を出力しています。

別解

BASH_VERSIONという名前がわからなくなったら、**set**を実行すると現在のシェル変数が表示されるので（⇒問題30別解1、2）、その中から**grep**で、それっぽいキーワードを使って検索すると良いでしょう。例を示します。

```
1  別解1(上田) $ set | grep VERSION | grep ^BASH
2  BASH_VERSION='4.4.0(1)-release'
```

■補足（環境変数の設定）

変数一覧を出力するコマンドには、set以外にenvがあります。envコマンドは環境変数（⇒問題16補足2）のみを表示するコマンドです。

また、exportというコマンドを使うと、シェル変数を環境変数にすることができます。exportの例として、Pythonが認識するPYTHONPATHという環境変数を使う例を示します。まず、何かディレクトリ（下の例ではhogedir）を作り、その下に関数を書いたPythonのスクリプトを置きます[注43]。

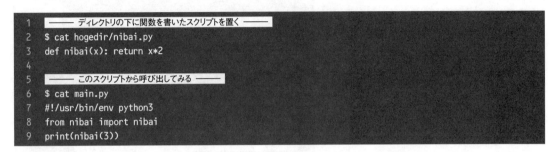

```
1  ―― ディレクトリの下に関数を書いたスクリプトを置く ――
2  $ cat hogedir/nibai.py
3  def nibai(x): return x*2
4
5  ―― このスクリプトから呼び出してみる ――
6  $ cat main.py
7  #!/usr/bin/env python3
8  from nibai import nibai
9  print(nibai(3))
```

Pythonは、あるスクリプトが別のスクリプトを読み込もうとしたとき、特定のディレクトリにスクリプトを探しにいきます。このとき、PYTHONPATHをexportすると、そこも探索先にできます。

```
1  $ PYTHONPATH=hogedir                       ←シェル変数にPYTHONPATHを設定
2  $ ./main.py
3  Traceback (most recent call last):         ←これはエラーになる
4  （略。エラー）
5  $ export PYTHONPATH                        ←exportして環境変数にする
6  $ ./main.py
7  6                                          ←今度は読み込んでくれる
```

exportするときは、export PYTHONPATH=hogedirと、変数の定義を同時にしてもかまいません。

また、「環境変数」と言っても、fork-execで引き継がれるものなので、システム全体に有効になるわけではありません。exportしたシェルでのみ有効です。どのシェルでも特定の環境変数を設定したければ、~/.bashrcや~/.bash_profileなどの設定ファイルに、exportの命令を記述しておきます。これらの設定ファイルは、シェルの起動時にシェルスクリプトとして読み込まれて実行されます。また、source ~/.bashrcと実行すると、いつでもそのシェルに、設定を読み込むことができます[注44]。

注43　環境変数の例ですので、Pythonの作法はいろいろ無視しています。

注44　使っているシェルで~/.bashrcをコマンドのように実行してしまうと、子のプロセスで実行されるので、使っているシェルの設定は何も変わりません。sourceで読み込むと、使っているシェルが~/.bashrcの内容を自身で実行します。そのため、設定が反映されます。

問題127 端末エミュレータのウィンドウサイズ

問題 (初級★ 出題、解答、解説:山田)

図7.14のように、お使いの端末エミュレータのウィンドウに、その端末の縦幅(表示できる行数)と横幅(1行あたりに表示できる文字数)のサイズのみを表示してください。さらに、端末エミュレータのウィンドウサイズを変更しても、それが即時に反映されるようにしてください。

図7.14 実行例

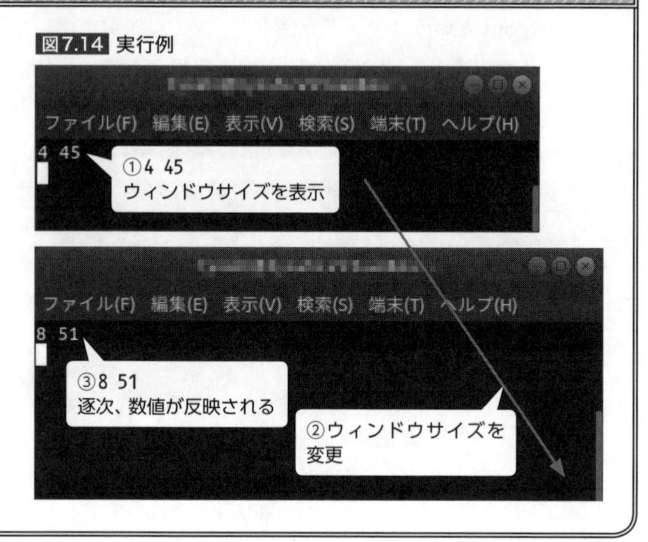

解答

ウィンドウサイズを取得する方法は変数COLUMNSやsttyを使った方法などがあります。ここでは、sttyを使ってみます。次のようにsizeを引数として渡すと、端末の縦と横の幅が出力されます。

```
1  $ stty size
2  28 117
```

これを、ウィンドウのサイズが変わったときに呼び出せば解答になります。この手の非同期的な情報がどのようにほかのプロセスに伝わるかを考えると、シグナルが怪しいです。何か使えそうなシグナルがあるかをmanで探してみると、次のようにそれっぽいものが見つかります。

```
1  $ man 7 signal
2  (..略..)
3        SIGWINCH    28,28,20   Ign    ウィンドウ リサイズ シグナル (4.3BSD, Sun)
4  (..略..)
```

練習2.4.bのように、trapでsttyを実行するようにしましょう。

```
1  $ trap 'stty size' SIGWINCH
```

実行すると、次のように、ウィンドウサイズを変更するたびに、新しい行の数字が出現します。

```
1  $ 27 114
2  $ 28 114
3  $ 29 114
4  (..略..)
```

表示をきれいにするために、clearコマンドも併記してみましょう。すると、縦幅と横幅を表す2つの数字のみが表示されるようになります。次が解答例となります。

```
1  $ trap 'clear;stty size' SIGWINCH
```

別解

trapには、SIGWINCHの番号を指定しても大丈夫です。

```
1  別解1(山田) $ trap 'clear;stty size' 28
```

強引ではありますが次の別解2のように、stty sizeとclearコマンドを無限ループで回す、という方法でも数字は逐次更新されるため、次のワンライナーも解答としてはOKです。ただ、この別解はマシンに負荷をかけます。また、筆者（山田）の環境では、文字が点滅して見にくくなってしまいました。

```
1  別解2(山田) $ while true; do stty size;clear ;done
```

後始末

trapに空文字（''）とシグナル名を設定して実行することで、解答や別解1のしかけを無効にできます。

```
1  $ trap '' SIGWINCH
```

問題128 grepの挙動の違いの正体を突き止めろ

問題（上級★★★　出題、解答、解説：山田）

grepの-Pを使ったとき、図7.15のように環境により微妙に挙動が違う場合があります。この違いはPCRE（⇒練習3.1.c）のバージョン違いが原因で起こります。そこで、みなさんのPC環境で、grepが使っているPCREのバージョン番号を、標準出力に表示してください。

図7.15 環境によるgrepの挙動の違い

```
1  ―― 環境A ――
2  $ echo "You are welcome" | grep -P '[[:<:]]...[[:>:]]'
3  You are welcome
4  ―― 環境B ――
5  $ echo "You are welcome" | grep -P '[[:<:]]...[[:>:]]'
6  grep: unknown POSIX class name
```

解答

PCREが共有ライブラリ（⇒問題114）として提供されている、という知識が必要となります。ldd（⇒問題114補足1）で、grepの共有ライブラリを表示してみましょう。

```
1  $ ldd /bin/grep
2  linux-vdso.so.1 (0x00007ffc1e3aa000)
3  libpcre.so.3 => /lib/x86_64-linux-gnu/libpcre.so.3 (0x00007fa942e04000)
4  (..略..)
```

名前からわかるように(⇒問題114)、**libpcre.so.3**がPCREのものです。**awk**でパスを抽出しておきましょう。

```
1  $ ldd /bin/grep | awk '/pcre/{print $3}'
2  /lib/x86_64-linux-gnu/libpcre.so.3
```

このファイルを直接分析してバージョンを抜き出す方法も不可能ではないのですが、ここでは、OSのパッケージ管理システムを利用したアプローチをとってみます。Ubuntuなどでは、OS上のファイル、とくに共有ライブラリのようなファイルは、debパッケージとして配布されています。**dpkg -S ファイル名**というコマンドで、配布元パッケージ名を特定できます。

```
1  $ dpkg -S /lib/x86_64-linux-gnu/libpcre.so.3
2  libpcre3:amd64: /lib/x86_64-linux-gnu/libpcre.so.3
3  ↓ワンライナーの場合は標準入力からdpkgに入力可能
4  $ ldd /bin/grep | awk '/pcre/{print $3}' | xargs dpkg -S
```

この結果のうち、コロン(**:**)で区切られた最初の列がパッケージ名です。取り出してみましょう。

```
1  $ ldd /bin/grep | awk '/pcre/{print $3}' | xargs dpkg -S | awk -F: '{print $1}'
2  libpcre3
```

この結果にあるように、PCREの共有ライブラリは「libpcre3」というパッケージにより提供されていました。さらに、**dpkg -s パッケージ名**で、OS上のパッケージの詳細情報を表示できます。

```
1  $ dpkg -s libpcre3
2  Package: libpcre3
3  (..略..)
4  Version: 2:8.39-9
5  (..略..)
```

出力結果の「**Version:2:8.39-9**」の箇所に、PCREのバージョンが含まれています。deb形式のパッケージのバージョン命名規則は、

```
1  [epoch:]upstream_version[-debian_revision]
```

です[注45]。ここから、オリジナルのソフトウェアバージョンを表す**upstream_version**を取り出すと、解析完了となります。これまでの操作に、この取り出し操作を加えてワンライナーにしたものを、解答として示します。

```
1  $ ldd /bin/grep | awk '/pcre/{print $3}' | xargs dpkg -S | awk -F: '{print $1}' | xargs dpkg -s | awk
   -F'[:-]' '/Version/{print $3}'
2  8.39
```

上記のように、筆者のUbuntu 20.04ではバージョン8.39が使われていました。この環境は、問題文にあった**図7.15**の環境Aです。一方、環境Bの出力は、バージョンが8.31のPCREを使う**grep**(Ubuntu 14.04上で動作)で得られたものです。**[:<:]**という表現が使えるようになったのは、バージョン8.34からなの

注45　https://www.debian.org/doc/debian-policy/ch-controlfields.html#version

で[注46]、環境Bではエラーが出力されたというわけです。このようにlddやdpkgを使いこなし、OS上のファイルのパッケージ情報を参照できれば、OS上の微妙なソフトウェアの挙動の違いが説明できる場合があり、たいへん便利です。

問題129 実行ファイルから文字列を抜き取る

問 題 (上級★★★ 出題、解答:上田 解説:田代)

リスト7.5のcryptは、問題89とほぼ同じ方法で作られたファイルですが、今度は途中で出てくるELFファイル[注47]を実行せず、中間ファイルも作らずにメッセージを読み取ってください。

リスト7.5 crypt


```
1 H4sICG78/lcAA2EAq3f1cWNkZGSAASYGZgYQLzHARMiEAQFMGBQYYKrgqoFqQFQzFLOCOAIMDMYGTubGBo5A7OrEsIMFKL
  gbpGVnCFD9Ll4g62zDDpDAbgYwGwDt3fIegwAAAA==
```


解答

まず、cryptの文字の並びを眺めると、問題89と同様、「Base64エンコードされた文字列っぽい」と思いつきます。ここからしばらく問題89と同じ手続きになるので、手順だけ示します。

```
1  ――― Base64とあたりをつけてデコード ―――
2  $ cat crypt | base64 -d
3  n??Wa?w?qcddd?&f/1?D?L`??j@T3??8 (..略..)
4  ――― デコードしたデータの種類をチェック ―――
5  $ cat crypt | base64 -d | file -
6  /dev/stdin: gzip compressed data, was "a", last modified: Thu Oct 13 03:15:58 2016, from Unix
7  ――― gzipなので展開してみる ―――
8  $ cat crypt | base64 -d | gzip -d
9  ??? (出力が崩れる)
10 ――― 再度データの種類を確認 ―――
11 $ cat crypt | base64 -d | gzip -d | file -
12 /dev/stdin: ELF 32-bit LSB executable, Intel 80386, version 1 (SYSV), statically linked, corrupted
13 section header size
```

12行目から、gzip -dの出力が、32ビットのELF形式のデータだとわかります。

ここからがこの問題の本番です。問題には、このELF形式のデータを実行するな、とあるので、実行せずにデータを解析する必要があります。必ずうまくいくわけではありませんが、stringsというコマンドを使うと、実行ファイル中に埋め込まれたテキストを抽出することができます。criptからのデータの場合、次のような抽出結果になります。

```
1 $ cat crypt | base64 -d | gzip -d | strings
2 30B730A730EB
```

注46 https://www.pcre.org/original/changelog.txt

注47 このELF形式のデータは、非常に短いものになっています。参考文献[16]を参考に作成しました。

この出力を見ると、30で始まる4文字の組み合わせが3つ並んでいます。UnicodeのU+3000台には日本語の文字が多く含まれているので、この出力は、日本語の文字列に変換できる可能性があります注48。

echoで文字に戻してみましょう。まず、sedで次のような文字列を作ります。

```
1  $ cat crypt | base64 -d | gzip -d | strings | sed 's;....;\\U&;g' | sed "s/.*/echo -e '&'/"
2  echo -e '\U30B7\U30A7\U30EB'
```

これをbashに渡します。

```
1  $ cat crypt | base64 -d | gzip -d | strings | sed 's;....;\\U&;g' | sed "s/.*/echo -e '&'/" | bash
2  シェル
```

以上で、怪しい実行ファイルを実行することなく、メッセージを読み取ることができました。

補足（objdump）

実行ファイルを観察したいときは、objdumpが便利です。この問題のELF形式のデータをファイルaに保存して、objdumpで観察した例を示します。

```
1  $ cat crypt | base64 -d | gzip -d > a
2  $ objdump -s -b binary a
3
4  a:     ファイル形式 binary
5
6  セクション .data の内容:
7   0000 7f454c46 01010100 00000000 00000000  .ELF............
8  (..略..)
9   0050 00100000 33304237 33304137 33304542  ....30B730A730EB
10  0060 00b80400 0000bb01 000000b9 54503412  ............TP4.
11  0070 ba0d0000 00cd80b8 01000000 bb000000  ................
12  0080 00cd80                               ...
```

7.5 ワンライナーでサービスをしかける

Linuxはシェルスクリプト1つで、人間の介在しない作業はほとんど自動化できます。また、aptや言語付属のパッケージ管理システムを利用して、さまざまなサーバ機能をインストールすることができます。本節では、長いシェルスクリプトを書くこともなく、ワンライナーから自動化、サーバ機能を利用する方法を考えてみましょう。

注48　もちろん、そうではない可能性もあります。

問題130 即席のWebサーバ

最初の問題は、知っている人には簡単なのですが、知っているか知らないかで大きく仕事の効率が変わります。第9章の先取りも少ししておきます。

問題 (初級★ 出題、解答、解説：中村)

あなたは、社内ネットワークで友人に大きなファイルを受け取ってもらうため、即席のWebサーバをたてることにしました。ワンライナーでWebサーバをたててみてください。

解答

Pythonの組み込みモジュールを使えば、簡単にWebサーバを立ち上げられます。

```
1 ―― 送るファイルを準備（問題文には「大きな」とあるが小さくても大丈夫）――
2 $ echo 山田課長の秘密 > maruhi
3 ―― Webサーバを立てる（解答例）――
4 $ python3 -m http.server 8080
```

受け取る側は、ブラウザのURL欄に**http://サーバを立てたマシンのIPアドレス:8080/maruhi**と指定すると、**maruhi**ファイルをダウンロードできます（例：**http://192.168.1.21:8080/maruhi**など）。

URLに付けた**8080**は、**ポート番号**というものです。ポート番号は、ユーザー側（今の例なら、ファイルをダウンロードするときに使うブラウザ）から見たとき、接続先コンピュータの、どこでサービスを受けられるかを識別するための番号です。一般的なWebサイトの公開に使われるポート番号は、通信内容が暗号化される場合（後述のHTTPSの場合）は443、そうでない場合（後述のHTTPの場合）は80と決められているので、通常のURLでは省略されます。

別解

即席のWebサーバをたてる方法は、いくつもあります。まず、**nc**を利用した別解を紹介します。

```
1 別解1(上田) $ while : ; do sed '1iHTTP/1.1 200 OK\nContent-Type: text/plain\n' maruhi | nc -N -l 8080
  ; done
2 ―― 確認（ブラウザだと文字化けするので、別の端末でコマンドを使って確認）――
3 方法1 $ curl http://localhost:8080  ←localhostは、自分自身を指すための特別なホスト名
4 山田課長の秘密
5 方法2 $ wget http://localhost:8080
6 (..略..)
7 2021-08-07 13:49:59 (5.08 MB/s) - `index.html' へ保存終了 [16]  ←index.htmlに「山田課長の秘密」とデータが入る
```

nc -l ポート番号で、指定したポート番号で接続を待ち受ける（listenする）ことができます。このように標準入力から文字列を入力しておくと、アクセスが外からあったときに文字列を送信できます。**-N**は、データ送信後、**nc**を終えるためのオプションです。

maruhiの内容に**sed**の**i**コマンド（⇒問題39別解5、6）で付け加えている文字列は、Webサーバとクライアント（Webブラウザなど）間の通信で用いられる、**HTTP**（Hypertext Transfer Protocol）という**プロ**

トコル注49のヘッダです。

確認に使ったcurlとwgetは、URLを指定するとデータを取得できるコマンドです。引数がURLのみの場合、curlは読み込んだ内容を標準出力に出力し、wgetはファイルに保存します。

次に、Rubyの**unライブラリ**と**WEBrick**を使ったebanさん注50の別解を紹介します。Pythonと同様、起動したディレクトリにあるファイルを公開できます。

```
1 別解2(eban) $ ruby -run -e httpd . -p 8080
```

オプションの**-run**は、**-r**でライブラリ**un**を使うという意味です。

最後に、山田課長の盗聴を防止するために注51、**OpenSSL**を使い、maruhiの情報を暗号化して送受信する方法を示します。**HTTPS** (Hypertext Transfer Protocol Secure) というプロトコルを用います。

Webサーバが HTTPS で通信するには、暗号化／復号を行うための鍵 (**公開鍵**と**秘密鍵**) と、それらの鍵を持つWebサーバが実在する (偽物ではない) ことを、しかるべき機関で証明してもらった**SSLサーバ証明書** (以後「サーバ証明書」) が必要ですが、まずそれを勝手に作ります注52。この作業もワンライナーでできますが、説明は参考文献 [17] に譲ります。

```
1  ↓証明書を置く適当なディレクトリを作る (maruhiファイルとは別のディレクトリにする)
2  $ mkdir tmp2
3  $ cd tmp2
4  $ openssl genrsa 2048 > server.key ←鍵を作成
5  $ openssl req -new -key server.key > server.csr ←証明書署名要求を作成
6  (プロンプトが出るまで全部Enter)
7  $ openssl x509 -days 12345 -req -sha256 -signkey server.key < server.csr > server.crt ←署名
8  Signature ok
9  subject=C = AU, ST = Some-State, O = Internet Widgits Pty Ltd
10 Getting Private key ←準備完了
11 $ ls
12 server.crt  server.csr  server.key ←3つファイルができる
```

作業の説明を簡単にすると、4行目で、サーバ側で秘密に持っておく秘密鍵server.keyを作り、5行目でserver.keyに対して、「この秘密鍵を使うサーバの存在を証明してくれ」という要求を書いたデータである**証明書署名要求**server.csrを作ります。本当は第三者機関にserver.csrを送って、その機関の持っている別の秘密鍵で、サーバ証明書を作ってもらいます。しかしここでは7行目で、自分で**自己署名証明書**server.crtを作っています。

次に、今作った自己署名証明書と秘密鍵を使い、openssl s_server -WWWをmaruhiファイルのあるディレクトリで実行します。これで、ディレクトリのファイルが公開されます。公開鍵は自己署名証明書に含まれます。

```
1 別解3(田代) $ openssl s_server -WWW -cert ../tmp2/server.crt -key ../tmp2/server.key
2 ↑鍵は相対パスで指定
```

注49 ここでは、通信の際、端末が互いにやりとりするデータを解釈できるように、データの形式を決めたルールのことを意味します。

注50 unライブラリの作者はebanさんです。

注51 山田課長がURLを知っているならブラウザで簡単にアクセスできるので、この表現は冗談です。URLを知らない場合、ネットワークの途中で盗聴しても復号できないので盗聴を防止できます。

注52 いわゆる**オレオレ証明書**というもので、当然、インターネット上で使用すると「怪しい証明書」として扱われるので使ってはいけません。

```
3  ―― curlで確認 ――
4  $ curl -k https://localhost:4433/maruhi
```

確認の**curl**では、指定したURLに**https**とあるように、HTTPSでデータを受信します。**curl**の**-k**は、接続先のサーバの身元を確かめないというオプションです。オレオレ証明書を使っているので必要となります。**-k**がないと「怪しい」と叱られます。

補足（TCP/IPとポート）

ただデータを送受信したいだけなら、次のように**nc**と、問題19補足でも触れた、Bashが提供する擬似的なファイル**/dev/tcp**を使えば十分です[注53]。この例は、おそらくコンピュータ同士の通信を説明する際の、最も簡素なものと言えます。

```
1  受信側の端末 $ nc -l 8080 | rev  ←revは、パイプライン処理できることを示すためにつなげてみた
2  送信側の端末 $ cat maruhi > /dev/tcp/192.168.1.21/8080
3  ―― 受信側の端末に出力がある ――
4  密秘の長課田山  ←revで逆にされたものが出力される
```

まず受信側の**nc -l 8080**は、自分のポート番号8080でデータを待ち受けるという宣言です。データの受信には、相手からのデータを、パイプのようにストリーム（データの流れ）として受け取るための、**TCP**（Transmission Control Protocol）という方式が使われます。TCPの対になる方式に、**UDP**（User Datagram Protocol）という方式もありますが、**nc**はデフォルトでTCPを使うので、受信側のコマンドはTCPを使い8080番で受け付けるという意味になります。またこの場合、ポート番号にTCP/8080という表記を使うこともあります。

送信側の**/dev/tcp/192.168.1.21/8080**という書き方は、送信のための最低限の情報をファイルパスに似せて表現しています。TCPでデータを送ることと、送信先が8080であることのほかに、**192.168.1.21**とIPアドレスを指定しています。

受信側でしかけたように、**nc**の結果をパイプでつなぐと、2台以上のPCをまたいだパイプラインが作れます。普通のパイプのように手軽にとはいきませんが、複数のPCを使い、大きなデータを流れ作業で処理することも可能です。

問題131 メールの通知を投げる

次は、時間のかかる処理の通知を受け取るためのしかけを、コマンドラインに打ち込むという問題です。

問題　（中級★★　出題、解答、解説：山田）

あなたは、図7.16のように、**wget**でサーバにファイルをダウンロードしようと思っています。しかし、そのファイルは数百GBと大きく、ダウンロードが終わるまでずっと端末の前で待つのも退屈です。

そのサーバでは、**mail**コマンドでメールが送れるようなので[注54]、コマンドが何事もなく完了したら、メー

注53　ただし、送信側は暗号化していないデータを送ることになりますし、受信側は第三者から何か変なものを送られるかもしれませんので、インターネット上で行うのは危険です。必ずルータの中の守られた環境で実験しましょう。

注54　Ubuntu 20.04の場合、**sudo apt install mailutils**で**mail**コマンドが使えるようになります。ただし、お使いのネットワーク環境や、迷惑メールフィルタなどの状況によっては、外部にメールが届かない可能性があります。あらかじめご了承ください。

ルを送れるようにしたいと考えました。また、ダウンロードに失敗するかもしれないので、そのときもメールがほしいです。wgetの動作が終了したら、そのコマンドの成否をメールで送るコマンドを考えてください。mailコマンドは、図7.17のような使い方でメールを送信できるので、事前に動作するか試してください。

なお、図7.16のwgetで指定したexample.com/big_file.tar.gzというURLはダミーで、実際には存在しません。ファイルとしてダウンロードが可能なURLで試してみてください[注55]。

図7.16 ファイルをダウンロード

```
1 $ wget example.com/big_file.tar.gz
```

図7.17 mailコマンドの書式

```
1 $ echo "メール本文" | mail -s "メール件名" 送信先メールアドレス
```

解答

ダウンロードの成否で挙動を変えなければならないので、メールを送る前に構文を考えてみましょう。if文を使ってもいいのですが、次のようにAND演算子、OR演算子 (⇒練習2.1.h別解3) を使うと、if文よりも簡潔にワンライナーを書けます。

```
1 $ wget example.com/big_file.tar.gz && echo "Success!" || echo "Failed!"
```

wgetが成功すれば&&の右のecho "Success!"が実行され、echoはおそらく成功するので、ここで処理が終わります。wgetが失敗すれば、&&の右側のechoはスキップされ、||の右側のecho "Failed!"が実行されます。

この構文と、mailを組み合わせると、次のような解答例が考えられます。

```
1 $ wget example.com/big_file.tar.gz && mail -s "Success!" your.mail@example.com <<< "" || mail -s
  "Failed!" your.mail@example.com <<< ""
```

この例だと、メール件名に成否が書かれ、本文が空のメールが送信されます。mailには、ヒアストリングで空文字を渡しています。標準入力から何か渡さないと、mailがCC (カーボンコピー) のメールアドレスを対話式に求めてくるので、それを防いでいます。ヒアストリングではなくパイプを使っても良いのですが、すでに&&と||で複雑なワンライナーなのに、さらにパイプで空文字を渡すとゴチャゴチャするので、解答例ではヒアストリングを使いました。

補足 (Twitterを使った通知方法)

筆者(山田)が使っているメールアドレスの場合、mailコマンドでメールを送ると、迷惑メールフィルタに引っかかってしまうので、著者は代わりにTwitterに通知を飛ばす方法をよくとります。「t」というTwitterクライアントがあり[注56]、これを使うと端末上からTwitterを操作することができます。tを使い、ダウンロード終了時にTwitterに通知する例を示します。

```
1 $ wget example.com/big_file.tar.gz && t update 'd @TwitterのID 成功だよ。' || t update 'd @TwitterのID
  失敗だよ。'
```

注55 大きくはありませんが、「https://raw.githubusercontent.com/shellgei/shellgei160/master/README.md」などをお試しください。
注56 https://github.com/sferik/t

問題132 ログの監視&アラート

もうひとつ、電子メールで異変を報告する問題を解いてみましょう。今度は、逐次的に行数が増えるログファイルを監視してみます。

問題 （上級★★★　出題：山田　解答：田代　解説：中村）

あなたはWebサーバの一種であるApacheを使い、自身のLinuxマシンでWebサイトを公開しています。Apacheは、サイトにアクセスがあると、図7.18のようなログをリアルタイムでファイルに記録していきます注57。

このログで、後ろから2列目のHTTPステータス注58に500とあるレコードが記録されたときに、mailコマンドでメールを送るワンライナーを考えてみてください。自身で管理しているWebサーバがない場合は、本書のリポジトリにhttpd-access.logというファイルがあるので、この内容をログファイルに見立てたファイルに1行ずつ数秒ごとに書き出して代用してください。

図7.18 Apacheのログを表示

```
1 ↓送信元IPアドレス [リクエスト日時] "リクエスト内容" HTTPステータス レスポンスのデータ長
2 $ tail -f /var/log/apache/access.log
3 192.168.100.100 [15/Oct/2016:21:41:01 +0900] "GET /image/picture.jpeg HTTP/1.0" 200 123345
4 192.168.100.101 [15/Oct/2016:21:42:10 +0900] "GET /image/picture.jpeg HTTP/1.0" 500 123345
5 (これ以降、アクセスが来るたびにどんどんレコードが増えていく)
```

解答

tail -F、grep --line-buffered、whileを活用した解答例を示します注59。

```
1 $ tail -F /var/log/apache/access.log | grep --line-buffered ' 500 [0-9][0-9]*$' | while read line; do
  echo $line | mail -s "500 Error!" your.mail@example.com; done &
```

tailの-Fオプションは、引数のファイルを監視し、ファイルサイズが増えるたびに増分を出力するというオプションです。出題のときに使われていたtail -fでも増分が出力できます。ただし、-fの場合はファイルがないとエラーで終わってしまいます。

次のgrep --line-bufferedは、grepの結果を行ごとに出力するオプションです。この指定がないとgrepの結果がバッファされ、複数件のエラーログが溜まってからメールが飛んでくることになり、エラーにすぐ気づけません。今回はエラーが発生するとすぐに知りたいので、このオプションを使用します。ほかのコマンドでも、while文と併用する場合、バッファが原因で期待どおりの動作がしないことがあるので、注意が必要です。

こうして、tailとgrepで抽出したHTTPステータスが500の行をwhile文で読み込み、前問でも使用し

注57 デフォルトでは、各レコードにさらに情報が記録されますが、この例では短いフォーマットのログになっています。

注58 練習9.2.bで解説します。

注59 このようにログの内容を分析し、問題のあるアクセスが生じた際にメールで通知する取り組みは商用環境で広く実施されています。ただし、通常は、解答のようなワンライナーではなく、専用の監視用のソフトウェアが利用されます。一方で、このようなワンライナーによる即席の監視ができると、開発環境でのApacheの動作確認に使えたり、商用環境での監視のしくみがうまく動いているかどうかの簡単な確認に使えたりします。

たmail -sコマンドで、自分へメールを送信します。また、監視をバックグラウンドで実行したいこともあるので、解答例では最後に&を付けてみました。バックグラウンドで処理する場合、監視処理を終了するときは、1つめのtailコマンドのプロセスをkillすると、ほかのコマンドも止まります。

問題133 システムを自動でシャットダウンする

本節最後は、サービスをしかけるというより、いたずらをしかける問題です。自動化によく使われる、あるツールを利用します。

問題 (上級★★★　出題、解答、解説：上田)

本問題は誤った解答で実行すると、システムが使えなくなる恐れがあります。試す場合は、仮想マシンなど壊れても問題ない環境で行ってください。

誰かがOSを起動したら、3分後にシャットダウンされるように、ワンライナーをしかけてみてください（くれぐれも他人のPCにしかけないようにしてください）[注60]。

解答

次のように、cronを使う解答例が考えられます。poweroffは、PCをシャットダウンするコマンドです。あくまでインストールしたてのシステムでの解答例で、普段使っている環境ではcronの設定が消えるので、注意が必要です。

```
1  $ echo '@reboot /bin/sleep 180 && /sbin/poweroff' | sudo crontab
2  $ sudo reboot
```

cron（クーロン）は、ある決まった時刻や、決まった時間の周期で、定期的にプログラムを起動するしくみです。crontabは、cronの設定を行うためのコマンドで、crontab -eでエディタを立ち上げて設定を変更したり、crontab ファイル名でファイルに書いた設定を読み込ませたりできます。また、cronには時刻・周期の設定以外にも、解答例のように@reboot プログラム名という記述で、「起動時に1度、指定のプログラムを実行」と設定できます。解答例ではそれを用いて、「起動時に180秒間/bin/sleepしたあと、/sbin/poweroffを実行」と指定しています。また、rootで実行するため、sudo crontabでrootのcronの設定を変更しています。

補足（cronではパスをはじめ環境変数の設定に注意）

この問題はまったく無駄なように見えて、「cronを使うときはコマンドにパス（⇒問題122補足1）が通っていないことに気をつけましょう」という有用な情報を含んでいます。解答例のように、絶対パスでコマンドを指定するか、あるいはcrontab -eで設定ファイルを開いて、冒頭でPATH=/bin:/sbinのように、パスを書いてやる必要があります。ほかの環境変数も、適宜設定する必要があります。

注60　3分（180秒）未満にはしないようにしてください。極端に短い時間（10秒など）を設定してしまうと、自動でシャットダウンする前に設定を戻せない状況になってしまうためです。

第8章

ソフトウェア開発中に繰り出すワンライナー

本章では、(ワンライナーではなくファイルに) プログラムを書いているときを想定して、プログラムの修正や検索、テストなどに便利なワンライナーを考えます。8.1節では、書いたプログラムを調査、編集する問題を解きます。8.2節では、プログラムのテストに使うダミーデータを生成する方法を扱います。8.3節では、バージョン管理システムのGitの操作を、単にコマンドを実行するだけでなく、ワンライナーで一気に済ませる問題に挑戦します。

8.1 ソースコードやスクリプトを調査・整形する

まずは、ソースコードやスクリプトの調査や整形に関する問題を解いてみます。プログラムを書く際、便利機能満載のIDE (統合開発環境) を使っていたとしても、たまにIDE上では調べられないことが発生します[注1]。こういうとき、コマンドを組み合わせてその場でやっつけられるか、自分でプログラムを書いて対処するか、ネットでIDEの使い方を調べまくるかで、作業中の時間の使い方のほとんどが決まってしまいます。逆に、玄人っぽくVimやEmacsを使っても、問題に出くわしたときに右往左往していては同じことです。開発環境にかかわらず、その場でやっつける力をつけていきましょう。

ソースコードと言っても、基本的には、第3章で扱った文章編集の問題や、それ以降の問題の応用ですので、ここは練習問題なしで取り組んでみましょう。ソースコード整形用のコマンドがいくつかありますが、それらは問題中で紹介していきます。

問題134 Pythonのインデントの確認

まずは、Pythonのインデントをチェックする問題を解いてみましょう。この問題では1つのファイルだけを調べていますが、複数のファイルに対してこのようなチェックをするときには、ワンライナーが便利です。

注1　筆者 (上田) はこれを統合環境のフレーム問題と呼んでいます。フレーム問題というのは、ロボットや人工知能の研究分野の用語で、どんなに事前にプログラムを作り込んでも、現実に起こる問題すべてには対処できないことを指します。ソフトウェアにも、ユーザーの細かい要望に応え過ぎてプログラムが複雑になる「ソフトウェアの肥大化」という問題があります (参考文献 [18])。フレーム問題は解けませんが、ソフトウェアの肥大化については、機能の足し算ではなく、ワンライナーのように、組み合わせによる掛け算を実現すれば解決できます。ただ、掛け算は人間がやらなければなりません。

問題 （初級★　出題：上田　解答：eban　解説：中村）

リスト8.1のコードhoge.pyについて、インデントのための半角スペースの数が、4の倍数になっていない行の行番号を出力してください。

なお、このファイルの空白は、すべて半角空白で、タブや全角空白は存在しないこととします。

リスト8.1 hoge.py

```
1 #!/usr/bin/env python3
2
3 for i in range(1,10):
4     print(i)
5      print(i+1)
6     print(i+2)
```

解答

行の先頭がスペースで、そのスペースの数が4の倍数でない行を検出します。awkを使ったシンプルな解答を示します。

```
1  $ awk 'match($0, /^ +/){if (RLENGTH%4) print NR}' hoge.py
2  5
```

awkの組み込み関数match（⇒問題97別解1）を使って、先頭がスペースになっているかどうかを正規表現で調べます。matchでマッチした文字の長さは、組み込み変数RLENGTHに格納されます。したがってこの場合、RLENGTHには先頭のスペースの数が格納されます。

if文では、先頭のスペースの数が4の倍数かどうかを調べるため、4で割った余りRLENGTH%4を調べています。awkのif文は0がfalse、それ以外がtrueを表すため、4で割り切れなかったときだけprintで行番号（組み込み変数NR）が出力されます。

別解

2つ別解を示します。

```
1  別解1(青木、上田改) $ cat hoge.py | nl -ba | grep -Pv '^ *[0-9]+\t(    )*([\t ]*$|[^ \t])' | awk '$0=$1'
                                                  ↑(    )の中は半角スペース4個
2  別解2(青木) $ vim hoge.py -es +'norm gg0^VGI1^[gg0j^VGg^A' +'g/[0-9]\+\(    \)*[#a-z\n]/d|norm gg0l^VG
   $x' +'%p|q!'
```

別解1は、nlとgrepでゴリ押しする例です。nlは、テキストファイルに行番号を付けるコマンドで、-baは、空白を含めたすべての行に行番号を付与するオプションです[注2]。次に、grepで「行番号（前に空白、後ろにタブ1個）＋4つのスペースの0回以上の繰り返し＋余計な空白の繰り返しで終了あるいは空白でない文字が入る」という正規表現をPCRE（-Pオプション）で作り、マッチしない行を-vオプションで抽出します。最後にawkで行番号だけを抜き出します。

別解2は、Vimワンライナーを使ったものです。問題31別解2でも説明しましたが、別解中の^Vや^A、^[は、Ctrl＋Vを押したあとに、Ctrlを押しながら、それぞれV、A、[キーを押して入力します。vimに引数で与えたコマンドの解釈は、hoge.pyをVimで開いて、あとはモードに気をつけてコマンドを入力して

注2　より正確には、-bがオプションで、aという方法（全行に番号を振る方法）で行番号を付けろという命令になります。

いくとできますので、各自試すということでお願いします。これも問題31別解2で説明しましたが、normはノーマルモードに戻る命令で、|はコマンドを分けるときのセパレータです。hoge.pyをVimで開いて試す場合は、normは（その時点でノーマルモードなら）無視して、|の位置ではEnterを押します。

問題135 Lispの括弧の整合性の確認

次に、括弧だらけになることがプログラマー界隈で有名な、Lispのプログラムをコマンドでいじってみましょう。

問題 （中級★★　出題、解答、解説：山田）

Common Lispで書かれたプログラムのsample.lisp（リスト8.2）があります。「(defun ……」で始まる行が関数宣言で、3つの関数が宣言されています。しかし、ある関数（1つとは限りません）の、始め括弧と終わり括弧の数が一致しておらず、clispコマンド[注3]を実行しようとすると、図8.1のようにエラーになります。

sample.lispを解析し、括弧の数に問題のある関数の名前を、すべて列挙するワンライナーを考えてください。括弧の開閉の順番を調べず、数だけ数えても解けますので、まずはそれで解答してみましょう。さらに、括弧の順番の確認にも挑戦してみましょう。

リスト8.2 sample.lisp

```
1  ; n!（階乗）を返す
2  (defun fact (n) (if (<= n 1) 1 (* n (fact (- n 1)))))
3
4  ; n番めのフィボナッチ数を返す
5  (defun fib (n) (if (<= n 1) n (+ (fib (- n 1) (fib (- n 2)))))
6
7  ; 1からnまでの総和を返す
8  (defun sum1 (n) (if (<= n 1) n (+ n (sum1 (- n 1))))
9
10 ;; 実行
11 (format t "fact:~D~%fib:~D~%sum1:~D"
12   (fact 5)
13   (fib 5)
14   (sum1 5))
```

図8.1 エラーになって実行できない

```
1 $ clisp sample.lisp
2 *** - READ: input stream #<INPUT BUFFERED FILE-STREAM CHARACTER #P"sample.lisp" @16> ends within
   an object. Last opening parenthesis probably in line 8.
```

解答

まず、defunの存在する行に対して、(と)を数える方法で、整合性を確認しましょう。grepとawkを使った解答を示します。

```
1 解答1 $ grep defun sample.lisp | awk '{if(gsub(/\(/, "&", $0) != gsub(/\)/, "&", $0)){print $2}}'
2 fib  ┐
3 sum1 ┘ fibとsum1という関数の括弧の数がおかしい
```

注3　sudo apt install clispでインストールが可能です。

この解答では、grepでdefunという文字列を含んだ行のみを抽出し、awkで括弧の数をカウントして、左右の括弧の数が合わなければ関数名をprintしています。gsubを使った括弧の個数のカウントは、問題36別解1でも使われています。ただこの例では（そうする必要はありませんが）、カウントしたときに文字列を置換しないように、置換後の文字列として「&」を指定しています。この「&」は、sedの「&」と同じ意味を持ちます。

実際の状況では、(と)の数が等しくても、順序に問題のある場合があるかもしれません。たとえば「(defun ……))(」のような場合です。このような場合に対応した解答例[注4]を示します。

```
1  ↓sample.lispを解析する
2  解答2 $ cat sample.lisp | perl -anle '$b=qr/\((?:(?>[^()]+)|(??{$b}))*\)/; /defun/ && !/^$b$/ && print
    $F[1]'
3  fib
4  sum1
5  ↓括弧の対応関係のみに誤りがある状況にも対応
6  $ echo '(defun AAA (n) (+ n n)) )(' | perl -anle '$b=qr/\((?:(?>[^()]+)|(??{$b}))*\)/; /defun/ && !/^$b
   $/ && print $F[1]'
7  AAA
```

Perlのqrは、正規表現を変数で参照できるようにするときに使う演算子です。$bの正規表現\((?:(?>[^()]+)|(??{$b}))*\)は、問題32別解6で出てきたPerlの**パータンコード式**を含んでおり、ここでは$b自身を再帰的に利用しています。また、正規表現中の?:は、あってもなくても良くて、この括弧で囲った正規表現でマッチさせた文字列を、後方参照で使わないという意味になります。

そして、(?>)という括弧もありますが、これは**非バックトラックサブパターン**というもので、中の正規表現が一度マッチしたら、その部分はもう別の解釈をさせたくないときに使います。たとえば、[^()]+にabcdeがマッチしたら、この前後の正規表現とすり合わせる目的でabcdやabcなどである可能性を調査しないという意味になります。この正規表現の場合、これがないと答えが出るまでPerlが膨大な数のパターンを試すことになり、長時間（もしかしたら無限に）待たされます。

これをふまえて、この正規表現を外側から分解していきましょう。まず\(……\)が、括弧()で囲まれているという意味で、その中身が(?:(?>[^()]+)|(??{$b}))*ということになります。この正規表現は、(?>[^()]+)|(??{$b})の、0回以上の繰り返しという意味です。(?>[^()]+)|(??{$b})は、括弧を含まない文字列か、$bの正規表現にマッチするかいずれかという意味になります。これで、Lispの関数のように再帰的に()でくるまれている文字列がマッチします。

$bを作ったあとの/defun/ && !/^$b$/ && print $F[1]は、defunという文字列を含み、$bに行頭からマッチ**しない**行があれば、その1列目を出力するという意味になります。これで、括弧がおかしい関数名が表示されます。

別解

括弧の数だけを数える方法の別解を示します。次の別解1は、awkのパターンのみで短く解いたものです。

注4　第32回シェル芸勉強会のLT大会で、同会の午前の部の講師である鳥海秀一さんが披露したワンライナーを応用したものです。興味のある方は、勉強会の動画「https://www.youtube.com/watch?v=tNPMju5vlfI」を視聴してみてください。

```
1  別解1(山田) $ awk '/defun/ && gsub("\\(","&") != gsub("\\)","&") {print $2}' sample.lisp
2  fib
3  sum1
```

grepの代わりに/正規表現/を使い、if文の代わりに演算子の&&を使っています。また、gsub関数で括弧を置換して数を数えています（⇒問題36別解1）。

また、括弧の数を素直に数える方法も有効です。

```
1  別解2(上田) $ cat sample.lisp | grep defun | awk -F '' '{n=0;for(i=1;i<=NF;i++){if($i=="(")n++;if($i=
   =")")n--}}n!=0' | awk '{print $2}'
2  fib
3  sum1
```

grepのあとのawkでは、nをカウンタに使い、(でカウントアップ、)でカウントダウンしています。末尾のn!=0がパターンで、nがゼロでない（つまり括弧の数が不整合な）場合、その行が出力されます。最後のawkは関数名を切り出しています。

この方法を使う場合、括弧の順番に不整合があると、カウントに使っている変数nが、途中で0になります。したがって、次の方法で括弧の順番も検査できます。

```
1  別解3(上田) $ echo '(defun AAA (n) (+ n n)) )(' | awk -F '' '{n=0;for(i=1;i<=NF;i++){if($i=="(")n++;if
   ($i==")"){n--;if(i!=NF && n==0){print $0}}}}n!=0'
2  (defun AAA (n) (+ n n)) )(
```

別解2でカウントダウンしている部分に、nが途中でゼロになっていないかを確認する処理が追加されています。

もうひとつ(と)の対応関係に対応した別解を示します。解答のアプローチはPerlを使った解答2と同じですが、grepの-Pで解いています。また、パターンコード式の代わりに、部分式呼び出し（⇒練習3.1.c）を使っています。

```
1  別解4(山田) $ cat sample.lisp | grep -vP '^(\((?:(?:[^()]+|\g<1>))*\))$' | grep -oP '^\(defun \K[^ ]+'
2  fib
3  sum1
```

問題136 関数の位置の入れ替え

今度は、コピー＆ペーストでよくやる作業をワンライナーでやってみます。

問題（中級★★　出題：上田　解答：中村　解説：上田）

リスト8.3のsomecode.cについて、関数aとbの位置を入れ替えて、端末に出力してください。とくに一般解を考える必要はありませんが、行番号は使わないでください。

リスト8.3 somecode.c

```
1  #include <stdio.h>
2  #include <stdlib.h>
3  #include <time.h>
4
5  int b()
6  {
7      return rand()%10;
8  }
9
10 void a()
11 {
12     int i = 0, j = b();
13     for (; i < j; i++){
14         puts("a");
15     }
16 }
17
18 int main(int argc, char const *argv[])
19 {
20     srand(time(NULL));
21     a();
22     return 0;
23 }
```

この2つの関数を入れ替える

解答

次に示す解答例は、sedの-z（⇒練習3.2.a）を使ったものです。

```
1  $ sed -Ez 's/(int b.+)(void a.+)(int main.+)/\2\1\3/g' somecode.c
```

このsedの前半（置換対象）の部分には3つの括弧がありますが、それぞれ、somecode.cの3つの関数に対応します。正規表現int b.+で、int bとある行から任意の文字（.）が続いている部分という意味になります。-zにより、この「任意の文字」には改行文字も含まれるので、この正規表現はint b……からファイルの最後の文字まで一致します。ただ、次の括弧にvoid a.+とあるので、void a.+の手前で、一致する部分が止まります。この方法で、b、a、mainが、それぞれ\1、\2、\3で参照できるようになります。

別解

AWKを使った例と、Vimワンライナーを使った例を示します。

```
1  別解1(上田 ) $ cat somecode.c | awk '/^int b()/,/^}/{b=b "\n"$0;$0=""}/^int main/{print b "\n"}{print}
   ' | sed -zE 's/(\n)+\n/\n\n\n/g'
2  別解2(山田) $ cat somecode.c | vim -es /dev/stdin '+norm gg}d}}kp' '+%p|q!'
```

別解1では、最初のパターンで、/正規表現/,/正規表現/という範囲指定を利用し、関数bを変数bに格納しています。これを、2番めのルールでint mainの前の行に貼り付けています。後ろのsedは、余計な改行を除去するためのものです。

別解2については、somecode.cをVimで開き、gg}d}}kpと順に入力すると、手順がわかります。

問題137 コードの整形

今度は、C言語のコードにインデントを付ける問題です。

問題 （上級★★★　出題、解答：山田　解説：田代）

リスト8.4のfib.cは、改行もインデントもなく、多くの人には読みにくいコードです。そこで、整形（中括弧{、}の前後で改行し、中括弧のネストに応じてタブや空白でインデント）して出力してください。インデント文字は、タブでも半角スペースでも、どちらでもかまいません。また、コードの完璧な整形は、コードをパース（構文解析）しないと難しいので、だいたい整形されていれば良いこととします。出力例をリスト8.5に示します。この例では改行していますが、if文やfor文の後ろの{は改行しなくてもかまいません。

リスト8.5 出力例

```
 1 #include <stdio.h>
 2
 3 int fib(int n)
 4 {
 5     if (n <= 1)
 6     {
 7         return n;
 8     }
 9     return fib(n - 1) + fib(n - 2);
10 }
11
12 int main(void)
13 {
14     int i;
15     for (i = 0; i < 10; i++)
16     {
17         printf("%d\n", fib(i));
18     }
19     return 0;
20 }
```

リスト8.4 fib.c

```
1 #include <stdio.h>
2
3 int fib (int n){if(n <= 1){return n;}return fib(n-1)+fib(n-2);}
4
5 int main (void){int i;for(i=0;i<10;i++){printf("%d\n",fib(i));} return 0;}
```

解答

まず、sedで中括弧の前後に改行を入れます。

```
1 $ cat fib.c | sed 's/[{}]/\n&\n/g' | cat -s
2 #include <stdio.h>
3
4 int fib (int n)
5 {
```

```
6   if(n <= 1)
7   {
8   return n;
9   }
10  return fib(n-1)+fib(n-2);
11  }
12  (..略..)
```

sedの後ろに付けたcat -sは、連続した空行を1行につめます。中括弧の前後に改行を入れる処理で、関数fib()とmain()の間に余計な空行が増えてしまうため、使っています。

次に中括弧のネストに応じて、インデント数を計算する処理を考えます。何か変数を用意し、行頭に開き中括弧があれば1増やし、閉じ中括弧があれば1減らします。そうしてインデント数を計算し、各行の前に表示させてみます。

```
1   $ cat fib.c | sed 's/[{}]/\n&\n/g' | cat -s | perl -nle '/^}/ && $i--;print "INDENT(",$i,") ",$_;/^{/
     && $i++;'
2   INDENT() #include <stdio.h>
3   INDENT()
4   INDENT() int fib (int n)
5   INDENT() {
6   (..略..)
7   INDENT(2) printf("%d\n",fib(i));
8   INDENT(1) }
9   INDENT(1)  return 0;
10  INDENT(0) }
11  INDENT(0)
```

Perlのコードは、変数$iにインデントのレベルを記録し、各行の頭でレベルを出力するというものです。printの前後で行頭の{、}を検知し、$iを増減しています。したがって、print "INDENT(",$i,") ",$_で、インデントのレベルを各行の前に挿入して出力するという意味になります。perlの$_やオプションについては、練習3.1.aに説明があります。

Perlのコードを書き換えて、解答を作りましょう。INDENT……と出力していたprint文を、次のようにprint "\t"x$i,$_と書き換えます。

```
1   $ cat fib.c | sed 's/[{}]/\n&\n/g' | cat -s | perl -nle '/^}/ && $i--;print "\t"x$i,$_; /^{/ && $i++;'
2   #include <stdio.h>
3
4   int fib (int n)
5   {
6       if(n <= 1)
7       {
8           return n;
9       }
10      return fib(n-1)+fib(n-2);
11  }
12
13  int main (void)
14  {
```

```
15      int i;for(i=0;i<10;i++)
16      {
17          printf("%d\n",fib(i));
18      }
19       return 0;
20  }
```

"\t"x$iで、タブを$i個連結した文字列になります。xが演算子です（⇒問題104）。

上の出力は、int i;の後ろの改行がないのが残念ですが、だいたい整形ができましたし、あとは些末なのでこれを解答としておきます。気になる場合は、解答例の後ろにsedを足せば良いでしょう。

別解

整形用の専用コマンドを使った別解を、2つ示します。

```
1  別解1(山田)   $ clang-format fib.c
2  別解2(eban)  $ cat fib.c | indent -kr
```

別解1で使ったclang-formatは、sudo apt install clang-formatでインストールできます。このコマンドはちゃんとパースするので、（好みに合うかどうかはわかりませんが）そつのない出力が得られます。別解2のindentは、C言語のソースファイルを整形するコマンドで、sudo apt install indentでインストールできます。indentの引数にソースファイル名を直接指定してしまうと、ソースファイルを上書きするので注意してください。

8.2 データを生成する

ソフトウェアのテストや試運転には、本番とまったく同じデータが使えるとうれしいのですが、そのような幸運なことは、あまりありません。データがそろわない場合は、ダミーデータを作ることになります。本節では、ダミーデータをワンライナーで、手際よく作成する問題に取り組みます。

練習8.2.a ダミーデータの生成

練習問題では、ダミーデータの作成に便利なfaker-cliとfakerを使ってみます。faker-cli、faker[注5]は、次のようにインストールできます。

```
1  ―― faker-cli ――
2  $ sudo apt install npm
3  $ sudo npm install -g faker-cli
4  ↓使用例（-pは電話関係の出力、phoneNumberは具体的に出力したいデータ）
5  $ faker-cli -p phoneNumber
6  "1-972-560-9598"
7  ―― faker ――
8  $ git clone https://github.com/joke2k/faker.git
```

注5　2020年11月時点では、sudo apt install fakerでインストールしたものは、機能が限定されているようです。使い方については、コマンドを操作しても出てこないので、Webで調査する必要があります。本書で使用しているfakerのバージョンは4.15.0です。まだ開発が活発なようで、今後使い方が変わる可能性も考えられます。

```
9  $ cd faker
10 $ sudo python3 setup.py install
11 ↓使用例
12 $ faker address
13 山口県青ヶ島村花川戸42丁目17番1号 池之端シティ021
```

faker-cliの引数の意味については、faker-cli -n helpとfaker-cliの2つを実行すると、リストが出てくるので調査できます。

練習問題 （出題：上田　解説：上田、山田　解答：山田）

問題22（ダミーのFQDNの生成）について、faker-cli、あるいはfakerを使って解いてみましょう。

解答

faker-cli -i domainNameでドメインが生成されます。

```
1 $ faker-cli -i domainName ←-iは「インターネット」
2 "morgan.name"
```

これをFQDNとみなしても良いのですが、短いので、人の名前を頭に付けて長くしましょう。faker-cliの場合、人の名前は次のように出力できます。

```
1 $ faker-cli -n firstName ←-nは「name（名前）」
2 "Verna"
```

これらを組み合わせた解答例を示します。

```
1 $ zsh -c 'repeat 150 echo $(faker-cli -n firstName).$(faker-cli -i domainName) | tr A-Z a-z | tr -d
  \"' | awk '!a[$0]++'
2 kole.jovani.net
3 giovanni.agustin.org
4 brooks.janick.info
5 (..略..)
```

zshは、bashより多機能なシェルです。この解答では、繰り返しコマンドを実行するためのrepeatを使うためにzshを引っ張り出しています。zshの中で実行したechoからの出力は、先頭が大文字になっており、ダブルクォートで文字列が囲まれています。2つのtrは、これをダブルクォートなしの小文字に変換しています。最後のawkは、重複の除去のためのものです（⇒問題29）。

別解

名前の生成のところだけをfakerに変えた別解を示します。

```
1  別解（上田） $ zsh -c 'repeat 150 echo $(faker -l en_US name).$(faker-cli -i domainName) | tr A-Z a-z |
   tr -d \"' | awk '!a[$NF]++{print $NF}'
2  foster.reuben.org
3  fisher.ian.com
4  martinez.fausto.net
5  (..略..)
```

faker -l en_USで、英語のフルネームが表示されます。データに空白が入るので、最後のawkで最終列だけを出力するようにします。

faker-cliとfakerでは、出力できるものの種別や出力の速度など注6、いくつかの点で違いがあります。ダミーデータのバリエーションを増やすためには、どちらも使えるようにしておくと良いかもしれません。

問題138 テストケースの作成

今度は、複数ファイルに書かれたデータを組み合わせて、テストケースを作る問題を解きます。いくつもファイルが絡んでいる処理をワンライナーでやろうとすると、混乱して後悔することもありますが、落ち着いて解いていきましょう。

問題（中級★★　出題：山田　解答：今泉　解説：中村）

手元に、リスト8.6、8.7、8.8のような3個のファイルがあります。ここからOSとブラウザ、サービスの組み合わせを列挙してください。ただし、IEはWindowsのみ、SafariはmacOSのみでパターンを列挙してください。

リスト8.6 os.csv

```
1  Windows,macOS,Linux
```

リスト8.7 browser.csv

```
1  IE,Chrome,FireFox,Safari
```

リスト8.8 service.csv

```
1  ServiceA,ServiceB,ServiceC
```

解答

awkで解いてみましょう。解き方としては、(1) 3つのファイルの内容をそれぞれ別の変数に読み込み、(2) 変数から全通りの組み合わせを作成、(3) 条件に合った組み合わせだけを出力、という手順を踏みます。

まず、(1) の処理の例を示します。

```
1  $ awk 'BEGIN{getline o<"os.csv";getline b<"browser.csv";getline s<"service.csv";print o;print b;print s}'
2  Windows,macOS,Linux
3  IE,Chrome,FireFox,Safari
4  ServiceA,ServiceB,ServiceC
```

getline関数は、問題51別解3で、awk内でパイプを使うときに出てきました。ここでは、**awkの入力リダイレクト**と組み合わせて使っています。「getline 変数名<"ファイル名"」で、ファイルの内容が変数に読み込まれます。

続いて、ファイルの内容を文字列として読み込んだ変数o、b、sを、カンマ区切りのデータとみなして配列に変換し、全通りの組み合わせを作成します。

注6　筆者（上田）の環境ではfakerのほうが速いのですが、Coreutilsのコマンドなどと比べると、どちらも極端に遅いという印象です。

```
1  $ awk 'BEGIN{getline o<"os.csv";getline b<"browser.csv";getline s<"service.csv";split(o,os,",");split
   (b,br,",");split(s,sv,",");for(i in os)for(j in br)for(k in sv)print os[i],br[j],sv[k];}'
2  (..略..)
3  Windows Safari ServiceB
4  Windows Safari ServiceC
5  macOS IE ServiceA
6  macOS IE ServiceB
7  (..略..)
```

awkの**split**は、第1引数の変数を第3引数の文字で区切り、第2引数の連想配列に格納します。連想配列のキーには、1、2、3、……と番号が入ります。**split**で3つの文字列を区切ったあとは、上のワンライナーのようにfor文で組み合わせを作って出力すれば、組み合わせが作れます。

このawkに、冒頭の(3)の処理を加えます。そのままの条件を使うと長くなるため、「(IEではない or Windowsである)、かつ、(Safariではない or macOSである)」と条件を変換し、3番めのfor文の前にif文を差し込むと、次のような解答例が得られます。

```
1  $ awk 'BEGIN{getline o<"os.csv";getline b<"browser.csv";getline s<"service.csv";split(o,os,",");split
   (b,br,",");split(s,sv,",");for(i in os)for(j in br)if((br[j]!="IE"||os[i]=="Windows")&&(br[j]!="Safari
   "||os[i]=="macOS"))for(k in sv)print os[i],br[j],sv[k];}'
2  Windows IE ServiceA
3  Windows IE ServiceB
4  Windows IE ServiceC
5  Windows Chrome ServiceA
6  Windows Chrome ServiceB
7  (..略..)
```

解答が長くなってしまいましたが、(読むのはともかく)書くときは、挙動を確認しながら少しずつ構文を足していくと、そこまで混乱はしないと思います。

別解

別解を示します。

```
1  別解1(上田) $ eval echo {$(< os.csv )},{$(< browser.csv)},{$(< service.csv)} | xargs -n 1 | tr , ' ' |
   awk '($2!="IE"||$1=="Windows")&&($2!="Safari"||$1=="macOS")'
2  別解2(中村) $ cat os.csv | tr , \\n | xargs -I@ bash -c 'cat browser.csv | tr , \\n | xargs -I% echo @
   %' | xargs -I@ bash -c 'cat service.csv | tr , \\n | xargs -I% echo @ %' | awk '($2!="IE"||$1=="
   Windows")&&($2!="Safari"||$1=="macOS")'
3  別解3(田代) $ cat os.csv browser.csv service.csv | sed 's/[^,]*/@&@/g' | sed 's/^.*$/{&}/' | tr -d '\n'
    | sed 's/^/echo /' | bash | tr ' ' '\n' | sed 's/^.//;s/.$//' | tr @ ' ' | tr -s ' ' | awk '($2!="IE"
   ||$1=="Windows")&&($2!="Safari"||$1=="macOS")'
4  別解4(eban) $ join <(sed 's/^\|,/\no /g' os.csv) <(sed 's/^\|,/\no /g' browser.csv) | join - <(sed 's/^
   \|,/\no /g' service.csv) | grep -v '[^s] IE\|[^S] Safari\|^$'
5  別解5(eban ) $ parallel echo {1} {2} {3} ::: $(tr , '\n' <os.csv) ::: $(tr , '\n' <browser.csv) ::: $(tr
    , '\n' <service.csv) | grep -v '[^s] IE\|[^S] Safari'
6  別解6(山田) $ pict <(grep -H . {os,browser,service}.csv | sed '$aIF[browser.csv] = "IE" THEN[os.csv] =
   "Windows"; IF[browser.csv] = "Safari" THEN[os.csv] = "macOS";') /o:3
```

別解1は、Bashの機能をフル活用して短いコードで組み合わせを作った例です。**$(<)**(⇒問題17別解)でファ

イルを読み込み、それをeval（⇒問題55別解2）で評価することで、ブレース展開を実行しています。別解2、3は、基本的なコマンドでゴリゴリと組み合わせを作る例ですが、解析はお任せします。別解4はjoinを使った例で、-j9（⇒練習6.1.c別解1）の代わりに、各行の頭にoという字を挿入してキーにすることで、組み合わせを作っています。

別解5はGNU parallel（⇒問題2別解3）を使って組み合わせを作ったものです。{1}〜{3}には、:::の右に書いた3つのtrの処理結果がそれぞれ入ります。parallelは、{1}〜{3}の各データの全組み合わせに対して、parallelの右に書いたechoを実行します。

別解6は、テストケース生成ツールのpict[注7]を使ったものです。

問題139 URLの列挙

次は、1つの文字列の部分集合を列挙する問題です。前問と違って力づくのワンライナーはいりませんので、華麗に解いてみましょう。

問題（中級★★　出題、解説：山田　解答：中村）

あなたは「https://cc.bb.aa.example.com/A/B/C」で、あるサービスを公開しています。あるとき、設定のチェックとして、これ以外のURLで、このサービスが公開されていないことを確認したいと考えました。

FQDN（⇒問題5）としてありえる「bb.aa.example.com」「aa.example.com」「example.com」、さらに「/A/B」や「/A」のようなサブディレクトリなどに関してもチェックしたいのですが、この組み合わせをすべて列挙してください。ディレクトリがないURLは、列挙しなくてかまいません。図8.2に解答のイメージを示します。

図8.2 解答例

```
1  $ 解答のワンライナー
2  https://example.com/A
3  https://example.com/A/B
4  https://example.com/A/B/C
5  https://aa.example.com/A
6  https://aa.example.com/A/B
7  https://aa.example.com/A/B/C
8  https://bb.aa.example.com/A/B/C
9  (..略..)
```

解答

まずは素直にawkでfor文を回し、FQDNを列挙しましょう。

```
1  $ echo 'cc.bb.aa.example.com' | awk -F'.' '{s=$NF;for(i=(NF-1);i>0;i--){s=$i"."s;print s}}'
2  example.com
3  aa.example.com
4  bb.aa.example.com
5  cc.bb.aa.example.com
```

このawkでは、ドット（.）をフィールドの区切り文字にして、FQDNを構成する文字列をバラバラにしてから、for文で後ろから1つずつくっつけて出力しています。

次に、ディレクトリ名の部分/A/B/Cを同様に処理しましょう。

注7　https://github.com/Microsoft/pict

```
1  $ echo /A/B/C | awk -F'/' '{s=$1;for(i=2;i<=NF;i++){s=s"/"$i;print s}}'
2  /A
3  /A/B
4  /A/B/C
```

/を区切り文字にして文字列を分解し、今度は前から戻して出力します。

これでFQDNの部分、ディレクトリの部分の処理が決まりました。URLのパターンをすべて（12パターン）列挙するのは、双方の処理で使った**awk**をそのまま組み合わせるだけで、できてしまいます。

```
1  $ echo 'cc.bb.aa.example.com/A/B/C' | awk -F'.' '{s=$NF;for(i=(NF-1);i>0;i--){s=$i"."s;print s}}' |
   awk -F'/' '{s=$1;for(i=2;i<=NF;i++){s=s"/"$i;print s}}'
2  example.com/A
3  example.com/A/B
4  (..略..)
5  cc.bb.aa.example.com/A/B
6  cc.bb.aa.example.com/A/B/C
```

区切り文字がFQDNとディレクトリで違うので、このような単純な連結が可能となります。

最後に、**sed**でプロトコルを表す「**https://**」を行頭に付ければ解答となり、問題文で示した出力が得られます。

```
1  $ echo 'cc.bb.aa.example.com/A/B/C' | awk -F'.' '{s=$NF;for(i=(NF-1);i>0;i--){s=$i"."s;print s}}' |
   awk -F'/' '{s=$1;for(i=2;i<=NF;i++){s=s"/"$i;print s}}' | sed 's%^%https://%g'
```

別解

別解を2つ示します。

```
1  別解1(山田) $ echo 'cc.bb.aa.example.com/A/B/C' | sed -n ':a;p;s/[^\.]*\.//;/^[^\.]*$/!ba' | sed -n '
   :a;p;s/\/[^\/]*//;/^[^\/]*$/!ba' | sed 's%^%https://%g'
2  別解2(山田) $ echo 'cc.bb.aa.example.com/A/B/C' | stairr fs=. | stairl fs=/ | grep '.*\..*/' | addl
   https://
```

別解1は、**awk**の代わりに**sed**のループを使ったものです。別解2は、筆者（山田）が公開しているegzact[注8]というコマンドラインツールを使った、シンプルな解です。このツールには、対話シェル上でさまざまなパターン列挙をすることを目的としたコマンドが含まれています。たとえば、FQDNの列挙は**stairr fs=.**で、サブディレクトリの列挙は**stairl fs=/**という記述のみで実現できます。

問題140 Webサイトの構造からアクセスログを生成

もうひとつ、Web関連のダミーデータを生成してみましょう。

注8 コマンドの詳細やインストール方法については、「https://github.com/greymd/egzact」を参照。

問題 (上級★★★　出題、解答、解説：上杉)

dir.tar.gz[注9]内には、単純な作りのWebアプリケーションの、公開ディレクトリを模したファイルが配置されています(図8.3)。

これら各ファイルへアクセスしたときの、Apacheのアクセスログ(⇒問題132)を模したダミーログを生成してください。全工程をワンライナーにする必要はありません。必要なログの行数は100件とします。

ダミーログの各行は、図8.4のような形式で作ります。aaa.bbb.ccc.dddのaaa〜dddには、0から255までの数字を入れて、IPアドレスにしてください(3桁にする必要はありません)。yyyy/mm/dd hh:mm:ssには日付と時刻を、時間が逆行しないようにランダムに入れていきます。パスには、dir.tar.gzの構造に基づき、ランダムにパスを入れます。たとえば、図8.3の2行目にある./about.htmlファイルに「http://hoge.com/about.html」というURLでアクセスがあったと想定する場合、/about.htmlというパスを入れます。データ容量には、ランダムに自然数を入れてください。

図8.3 dir.tar.gzの内容を確認

```
1  $ tar -tf dir.tar.gz   ←tar -tfでディレクトリ構成を確認可能
2  ./about.html
3  ./cart.php
4  (..略..)
```

図8.4 ダミーログの出力フォーマット

```
1  aaa.bbb.ccc.ddd - - [yyyy/mm/dd hh:mm:ss +0900] "GET パス HTTP/1.1" 200 データ容量
```

解答

まず、IPアドレスを生成します。次のようにfaker(⇒練習8.2.a)を使うと、100個のIPアドレスをファイルipに保存できます。

```
1  $ faker -r=100 -s="" ipv4 > ip
2  ――― 確認 ―――
3  $ head -n 2 ip
4  163.226.113.15
5  168.69.177.96
6  $ wc -l ip   ←行数の確認
7  100 ip
```

-rは件数を指定するためのオプションです。ipv4はIPv4(練習9.2.a補足3で説明)のIPアドレスを生成しろという意味です。

次に、パスのランダムなリストを生成しましょう。

```
1  $ tar -tf dir.tar.gz | sed 's/.//' | grep -v '/$' | shuf -rn 100 > path
2  ――― 確認 ―――
3  $ head -n 2 path
4  /css/main.css
```

注9　これまで本書では出てきませんでしたが、拡張子のうちの.tarは、複数のファイルをディレクトリ構成ごと1つのファイルにまとめたTAR形式のファイルを指します。tar.gzとなっている場合、TAR形式のファイルを、GZIP形式で圧縮したファイルであることを示しています。

```
5  /js/npm.js
```

この例では、問題文にあるtar -tfの出力からカレントディレクトリを表す「.」をsedで削除し、grepでディレクトリのパスを除外したあと、shufを使って100件ランダムに出力し、ファイルpathに保存しています。

今度は日付と時刻を生成します。たとえば次のように実行すると、現在時刻から1,000秒以内のUnix時刻がランダムに100個得られます。

```
1  $ shuf -n100 -e {0..1000} | awk -v s=$(date +%s) '{print "@"$1+s}'
2  @1575783864
3  @1575783697
4  (..略..)
```

shufの使い方は、IPアドレスを作ったときと同じです。

この出力をdate -f -で標準入力からdateに入力し、指定のフォーマットに変換後、ソートして保存しましょう。

```
1  $ shuf -n100 -e {0..1000} | awk -v s=$(date +%s) '{print "@"$1+s}' | date -f - "+[%Y/%m/%d %H:%M:%S
   +0900]" | sort > time
2  ―― 確認 ――
3  $ head -n 2 time
4  [2019/12/08 14:38:16 +0900]
5  [2019/12/08 14:39:07 +0900]
```

これで、指定の形式で、順番に並んだランダムな時刻が100件得られます。

そして、ip、time、pathを指定のフォーマットで連結し、データ容量を乱数で決めると、求められたダミーのログが得られます。先述のip、time、pathの生成ワンライナーと、次の連結のためのワンライナーを解答とします。

```
1  $ paste ip time path | awk '{print $1,"-","-",$2,$3,$4,"\"GET",$5,"HTTP/1.1\"",200,int(rand()*1000)}'
2  86.79.56.39 - - [2019/12/08 14:38:16 +0900] "GET /css/main.css HTTP/1.1" 200 237
3  201.26.49.35 - - [2019/12/08 14:39:07 +0900] "GET /js/npm.js HTTP/1.1" 200 291
4  (..略..)
```

awkのコード中のint(rand()*1000)は、rand()が返す0以上1未満の乱数を1,000倍してint()で整数にまるめるというものです。この場合、0が出力されることがあるので、ダミーログの用途によっては、乱数に一律で1を足しておくなどの調整が必要です。

別解

別解というには部分的ですが、一般的なコマンドを使用してIPアドレスを生成する例を示しておきます。

```
1  別解1(上杉) $ yes paste -d . '<(shuf -n1 -e {1..254})'{,,,} | head -n 100 | bash
2  別解2(上田) $ cat /dev/urandom | tr -dc 'A-F0-9' | fold -b2 | sed '1iobase=10;ibase=16' | bc | awk '$
   1!=0&&$1!=255' | paste -d. - - - -
```

別解1のpaste -d . '<(shuf -n1 -e {1..254})'{,,,}の部分は[注10]、pasteに4個shufの出力を入力するというコマンドになります。これをyesで複製し、100個bashに入力しています。別解2は、ランダムなバイナリを無限に出力する疑似デバイス/dev/urandomを使い、出力から16進数の表記に使う文字だけを残し、2桁ずつ10進数に変換して4つずつつなげるという方法をとったものです。

問題141 テーブル情報からのダミーデータ生成

今度は、リレーショナルデータベースのテストに使う、ダミーデータを作ってみます。

問題 (上級★★★　出題、解答、解説：中村)

リスト8.9 (tableinfo.txt) のテーブル情報 (SQLのCREATE TABLE文を加工したもの) を満たす、カンマ区切りのダミーデータを生成してください。少し汎用性を持たせるために、tableinfo.txtから情報を読み取ってデータ生成してみてください。どこまでtableinfo.txtのデータを利用するかは、お任せします。ダミーデータの例を、図8.5に示します。

ヒント：

tableinfo.txtの読み方がわからない場合、次の指示にしたがって、ダミーデータを作成してください。

- idは数値
- user_id、user_name、mail_addressは文字列
- user_idは5文字以内
- user_nameは10文字以内
- mail_addressは20文字以内で、@を含む文字列

図8.5 出力例

```
1 id,user_id,user_name,mail_address
2 1,bLxTI,IKhKk4DxPy,i2ZohwmuQbV@test.com
3 2,RtImi,ifYev3q4e8,Hdz58ZuIaJR@test.com
4 3,7V0za,azqIpIMCqy,1yrVbyZBtsN@test.com
5 4,fno9W,WQcEstsl8T,mJyWixbJG0S@test.com
6 (..略..)
```

リスト8.9 tableinfo.txt(紙面の都合上、数字は小さめです)

```
1 id INT
2 user_id VARCHAR(5)
3 user_name VARCHAR(10)
4 mail_address VARCHAR(20) CHECK (mail_address LIKE '%@%')
```

解答

どこまで汎用的に書くのかは状況によりますが、ここでは、tableinfo.txtの1列目の項目と、2列目の文字数制限の情報を使ってダミーデータを作っていく解答例を示していきます。

まず、tableinfo.txtを次のように変換します。

```
1 $ cat tableinfo.txt | awk '{print $1,$2}' | rs -T
2 id          user_id       user_name      mail_address
3 INT         VARCHAR(5)    VARCHAR(10)    VARCHAR(20)
```

rs -Tは、表の縦横を入れ替えるコマンドです (⇒問題97)。

次に、文字列を指定している列については、文字数の情報だけ残すことにしましょう。(手抜きですが、) trで余計な文字を削除します。

注10　この別解では、IPアドレスとして不適切なもの (255.255.255.255など) ができないように、0と255は使わないようにしています。別解2も同様です。

```
1  $ cat tableinfo.txt | awk '{print $1,$2}' | rs -T | tr -d 'VARCHAR()'
2  id            user_id       user_name     mail_address
3  INT           5    10   20
```

今度は、3行目以降に、ダミーデータの材料を置きます。今の出力の後ろに、前問別解2の方法で、ランダムな文字列を追加します。追加する行数は、とりあえず10行としましょう。

```
1  $ cat tableinfo.txt | awk '{print $1,$2}' | rs -T | tr -d 'VARCHAR()' | cat - <(cat /dev/urandom | tr
    -dc 'a-zA-Z0-9' | fold -b50 | head )
2  id            user_id       user_name     mail_address
3  INT           5    10   20
4  CcNRMbFWZ7rMHUtdHVBxvxTGIqokAw5Gcgx5IvOeeAVX8o6avY
5  kbORbcrRSaybT5a2JMWoSnCHIxzzPRzuNlxpeCT7eWs8eFfGzz
6  (..略..)
7  I5uxUHEmYovvKdKDjni197d6vuBR3JfRxCYllynUFtMXSNd3oV
```

fold -bで折り返す長さは、各行でほしい文字数を超えていれば、なんでもかまいません。

そして、各行においたダミーデータを、各列必要な個数だけ切り出します。

```
1  $ cat tableinfo.txt | awk '{print $1,$2}' | rs -T | tr -d 'VARCHAR()' | cat - <(cat /dev/urandom | tr
    -dc 'a-zA-Z0-9' | fold -b50 | head ) | awk 'NR==1;NR==2{for(i=1;i<=NF;i++)a[i]=$i;f=NF}NR>2{c=0;for(
   i=1;i<=f;i++){printf (a[i]=="INT" ? NR-2 : substr($1,c,a[i]))" ";c+=a[i]}print ""}'
2  id            user_id       user_name     mail_address
3  1 8yldw wG6chnLBkv H6p8veW2faqGrXubWXav
4  2 0IchF FS0J3h5PPx tDzl9xpBxBHe5PVH2EZU
5  (..略..)
6  10 8s2m1 1pz4WdUudD iyuUBBw0MxnZSZRPCkTz
```

付け足したawkでは、1行目をそのまま出力、2行目では各列のデータを連想配列aに退避し、列数を変数fに記録しています。3行目以降では、aに記録した文字数とsubstrを使って、文字列を切り出しています。cには、各列で文字列を切り出す開始位置が入ります。

最後に、データをカンマ区切りにして、最後の列をメールアドレス状の文字列にすると、ダミーデータが得られます。

```
1  $ cat tableinfo.txt | awk '{print $1,$2}' | rs -T | tr -d 'VARCHAR()' | cat - <(cat /dev/urandom | tr
    -dc 'a-zA-Z0-9' | fold -b50 | head ) | awk 'NR==1;NR==2{for(i=1;i<=NF;i++)a[i]=$i;f=NF}NR>2{c=0;for(
   i=1;i<=f;i++){printf (a[i]=="INT" ? NR-2 : substr($1,c,a[i]))" ";c+=a[i]}print ""}' | sed 's/  */,/g'
    | sed -E '2,$s/.{10}$/@test.com/'
2  id,user_id,user_name,mail_address
3  1,xjqVf,fhc8PsQi67,lk9Heri0sVY@test.com
4  2,CIEXZ,ZODPiHr2yD,LSk04DNuvqR@test.com
5  (..略..)
6  10,vFNuL,LEqlphUiS5,JlV6qFHnCme@test.com
```

これを解答例にします。ダミーデータの行数は、headに引数を与えて調整すると良いでしょう。

別解

解答例は、tableinfo.txtのデータから作っていったので、長くなってしまいました。tableinfo.txtに沿ったデータを出力するだけなら、以下の別解のように、短いワンライナーで可能です。faker（⇒練習8.2.a）を使ったものは、文字数の制限を無視しています。問題になるようなら、grepなどで、制限に合うものだけ残すと良いでしょう。

```
1   ——— 別解1(上杉)seqを用いた簡易的なもの ———
2   $ seq -f 'x=%g;echo $x,hoge$x,hoge hoge$x,hoge$x@hoge.com' 10|bash
3   1,hoge1,hoge hoge1,hoge1@hoge.com
4   (..略..)
5   ——— 別解2(山田)fakerを使ったもの ———
6   $ faker -r 100 -s '' profile name,username,mail | awk -vFPAT="'[^']*'" -vOFS=, '{print $2,$2,$4,$6}'
    | tr -d "'" | grep -oE '[^,]{5},.*' | nl -nln -s, -w 1
7   1,rarei,nakamurarei,後藤 七夏,kobayashiyumiko@hotmail.com
8   (..略..)
9   ——— 別解3(上杉)faker+jq ———
10  $ faker -r 100 -s '' profile name,username,mail | tr \' \" | jq -r '.username+","+.name+","+.mail' |
    nl -nrn -s',' | sed -r 's/^ +//g'
11  1,tomoya51,坂本 あすか,yuta49@yahoo.com
12  (..略..)
13  ——— 別解4(上杉)fakerを使った短いもの ———
14  $ seq -f "eval paste -d , <(echo %g) '<(faker '{user_name,name,email}')'" 10 | bash | sed '/,,,/d'
15  1,shotanishinosono,中島 桃子,shotayamaguchi@aota.org
16  (..略..)
```

各別解の詳しい説明は割愛しますが、代わりに別解2、3で使われているfakerの出力を示しておきます。次のようにJSON形式で出力されるので、別解3のようにjqと組み合わせることができます。

```
1   $ faker -r 100 -s '' profile name,username,mail
2   {'username': 'yukiwakamatsu', 'name': '田中 翔太', 'mail': 'kanakano@hotmail.com'}
3   {'username': 'wakamatsukaori', 'name': '近藤 健一', 'mail': 'yoichiogaki@hotmail.com'}
4   (..略..)
5   {'username': 'sakamotonaoto', 'name': '前田 明美', 'mail': 'minorutakahashi@hotmail.com'}
```

問題142 ビットスクワッティング

本節最後は、偽のサイトのURLを列挙するという問題に取り組みます。

問題（上級★★★ 出題：山田 解答：山田、上田 解説：上田）

発熱してビットエラーが発生しやすくなったPCは、まれに、URLを1ビット間違えることがあるようです[注11]。たとえば、「root-servers.net」にアクセスするつもりが、メモリ上でt（2進数で01110100）という文字の6ビット目の0と1が入れ替わってp（01110000）になってしまい、「roop-servers.net」にアクセスしてしまう、といったようなことが実際にあったようです[注12]。

これを利用してユーザーを偽サイトに誘導する手法を、ビットスクワッティングと呼びます。もし「blog.ueda.tech」のblog.uedaの部分に1ビットのビットスクワッティングが起きたら、どのような文字列になるでしょうか。可能性のある文字列をすべて列挙してください。

解答

先に解答例を示します。36個、文字列が出力されます。

```
1  $ printf 'blog.ueda' | xxd -b -c1 | awk '{printf $2}' | perl -ne 'print "$_\n" x length($_)' | awk -F
   '' -v OFS='' '{$NR=!$NR;print}' | perl -nle 'print pack("B*", $_)' | grep '^[a-z\.]*$' | xargs
2  rlog.ueda jlog.ueda (..略..) blog.uedi blog.uede blog.uedc
```

ワンライナーを見ていきましょう。まず、最初の**printf**と**xxd -b -c1**（⇒問題88）で、2進数への変換結果が1文字1行で出力されます。

```
1  $ printf 'blog.ueda' | xxd -b -c1
2  00000000: 01100010    b
3  (..略..)
4  00000007: 01100100    d
5  00000008: 01100001    a
```

この2列目を横に並べると、**blog.ueda**の2進数表現が得られます。

```
1  $ printf 'blog.ueda' | xxd -b -c1 | awk '{printf $2}'
2  01100010011011000 ……
```

この次のPerlのコードでは、**x**演算子（⇒問題104）で文字列の掛け算をしています。**$_\n**は、2進数の後ろに改行を入れた文字列で、この文字列が**length($_)**回、つまり2進数の長さの分だけ出力されます。

```
1  $ 前述のワンライナー | perl -ne '{print "$_\n" x length($_)}'
2  01100010011011000 ……
3  01100010011011000 ……
4  (..略..)
5  01100010011011000 ……
```

この1行1行に対して、1つずつゼロイチを反転させているのが次の**awk**です。

注11 http://tech.nikkeibp.co.jp/it/article/COLUMN/20120220/382086/
注12 http://dinaburg.org/bitsquatting.html

```
1  $ 前述のワンライナー | awk -F '' -v OFS='' '{$NR=!$NR;print}'
2  11100010011011000 ……
3  00100010011011000 ……
4  01000010011011000 ……
5  (..略..)
```

awkのオプションは、-F ''で入力の区切り文字をなくして1文字1列として扱い、-v OFS=''で区切り文字を入れないで各列を出力する、という意味になります。$NR=!$NR;printは、n行のn列目$NRに!$NR（ゼロイチを反転した$NR）を代入し、printするというものです。

あとはPerlのpackに通します。この出力には、文字にならないバイナリが混ざります。そこで最後に、文字のみで構成される行だけを残すためにgrepをつなげると、冒頭の解答になります。

8.3 Gitのリポジトリを調査・操作する

本節では、**バージョン管理システム**のGitをCLI端末から利用する問題を解いていきます。Gitはファイルの変更履歴を管理できるソフトウェアで、おもにソースコードや文章などの、テキストファイルの管理に利用されます。Gitはオープンソースソフトウェアへ貢献をしている人や、仕事でソフトウェア開発をしている人には、すでに馴染みがあるかもしれません。

本書の原稿もGitで管理されています。執筆者や解答者が多いので、単純にディレクトリを共有して管理すると、何かがあった際、誰が何をどう変更したかを調査することが面倒です。Gitのようなバージョン管理システムは、すべてそれを記録してくれます。

Gitには、GUIから利用できるアプリケーションも数多く存在しますが[注13]、基本となるのはCLIでの操作です[注14]。コマンドを通じて使うことによる効用は、本書のこれまでの内容で理解できると思います。

そこで本節では、Gitをより便利に使うためのワンライナーを扱います。Gitの使い方については練習問題で説明しますので、未経験でも、そのまま読み読み進めてGitに入門してみてください。ただ、Gitは非常に機能が豊富なので、とくにチーム開発で活用できる機能や手法を含めて説明をすると1冊の本になってしまいます。そのため、本節では基本的な利用方法の説明に留めています。各機能のより詳しい説明や、Gitを使った開発手法については、参考文献[19]をお勧めしておきます。

練習8.3.a リポジトリの用意

CLI版のGitは、Ubuntu環境であればsudo apt install gitでインストールできます。インストールを終えたら、下記のコマンドで、ご自身の名前（ハンドルネームなどでもOKです）とメールアドレスをGitに設定しておきましょう[注15]。

```
1  $ git config --global user.name "名前"
2  $ git config --global user.email "メールアドレス"
```

注13　「https://www.git-scm.com/downloads/guis」のサイトで紹介されています。

注14　なお、当初のGitはCLIでの利用のみが想定されるソフトウェアで、最初のリリース時点ではgitコマンドすら存在せず、データベースを操作するためのいくつかのコマンドがあるのみでした。「https://git.kernel.org/pub/scm/git/git.git/tree/?id=e83c5163316f89bfbde7d9ab23ca2e25604af290」で詳細が閲覧可能です。

注15　未設定ではGit操作中に警告のメッセージが出力されてしまい、一部コマンドの結果が見づらくなるためです。また、これを設定しないとファイルの変更履歴に名前が記録されないので、実際に利用するときに問題となります。

なお、設定したからといって、どこかのサービスに会員登録がされるわけではありません。ただし、変更履歴にメールアドレスが記録されるので、コードをGitHubなどで公開する場合には、メールアドレスも公開されることになります。

上記の手順を終えたら、次の練習問題にチャレンジしましょう。

練習問題（出題、解答、解説：山田）

図8.6の操作は、testrepoというディレクトリの変更履歴を、Gitで管理するための操作です。最初の変更として、README.mdというファイルを作って「コミット」しています。gitコマンドや「コミット」などの用語については、あとで説明します。

図8.6の操作を一括で行う、makerepoという名前のコマンドを、シェルの関数（⇒問題66）として実装してみましょう。makerepoは、引数として、作りたいディレクトリの名前（図8.6のtestrepoに相当）を受け付けることとします。図8.7に、makerepoの作り方と使い方を示します。

図8.6 Gitの操作例

```
1 $ mkdir testrepo                        ←ディレクトリを作成
2 $ cd testrepo                           ←作成したディレクトリに移動
3 $ echo "# testrepo" > README.md         ←README.mdファイルを作成
4 $ git init                              ←testrepoディレクトリをGitで管理するために初期化
5 $ git add README.md                     ←README.mdをGitの管理対象に
6 $ git commit -m 'Initial commit'        ←ディレクトリの変更（README.mdの追加）をコミット
```

図8.7 makerepoコマンドの作り方、使い方の例

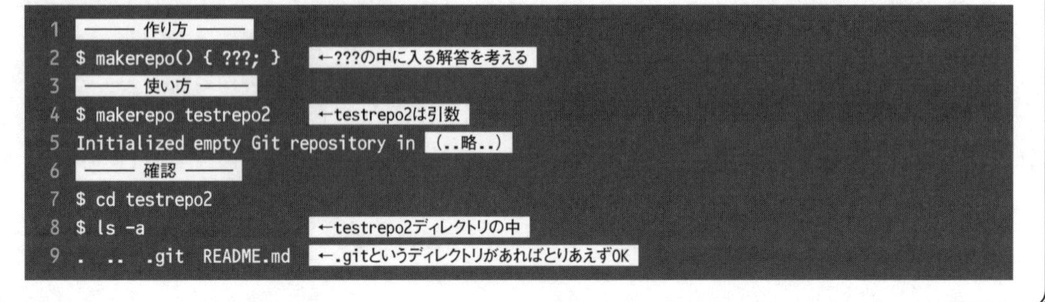

1 ―― 作り方 ――
2 $ makerepo() { ???; } ←???の中に入る解答を考える
3 ―― 使い方 ――
4 $ makerepo testrepo2 ←testrepo2は引数
5 Initialized empty Git repository in （..略..）
6 ―― 確認 ――
7 $ cd testrepo2
8 $ ls -a ←testrepo2ディレクトリの中
9 . .. .git README.md ←.gitというディレクトリがあればとりあえずOK

解答

問題文の操作例を1行にまとめ、testrepoを位置パラメータ$1に置き換えた解答例を示します。

```
1 $ makerepo () { mkdir "$1" && cd "$1" && echo "# $1" > README.md && git init && git add README.md &&
  git commit -m 'Initial commit'; }
```

上記解答では、それぞれのコマンドを&&でつないでいますので、それぞれのコマンドは、その1つ前のコマンドが失敗した場合に処理を止めてくれます。これにより、たとえば、すでに同名のディレクトリがある場合、それをgit initするなどのエラーが防げます。

Git用のコマンドは、解答例の中にあるように、「git 命令」で使用できます。この「命令」は、Gitに限らず一般的に**サブコマンド**と呼ばれます。どのようなサブコマンドがあるかはgit --helpで、個別のサブコ

マンドの使い方は**git サブコマンド名 --help**で確認できます。**man**を使う場合は、たとえば**git add**の使い方であれば、スペースを**-**に変えて**man git-add**を実行します注16。

補足1(Gitでのリポジトリ作成とコミット)

解答中に含まれる**git init**コマンドを任意のディレクトリで実行すると、初期化された(initialized)旨を伝えるメッセージが表示され、カレントディレクトリおよびその配下のディレクトリが、Gitの管理下になります。

```
1  $ git init
2  Initialized empty Git repository in /home/user/testrepo/.git/
```

Gitの管理下のディレクトリは**ワーキングツリー**と呼ばれます注17。ワーキングツリーとなったディレクトリ配下では、Gitがファイルの変更を管理してくれます。とはいうものの、Gitが自動で管理してくれるわけではありません。管理してほしいファイルは、まず、サブコマンドで明示的に**ステージングエリア**と呼ばれる領域に追加する必要があります。ステージングエリアへの追加には、**git add ファイル名**を使います。この作業は、**ステージング**と呼ばれます注18。次のコマンドで**README.md**ファイルをステージングできます。

```
1  $ git add README.md
```

なお、ステージングエリアはGitの管理上の領域で、別にそのような名前のディレクトリが存在するわけではありません。

ステージングエリアにファイルを追加したあとは、**git commit**コマンドで変更を**コミット**できます。「コミット」とは、変更を永続的に保存する操作を指します。この操作により、特定のファイルの「ステージングエリアに存在する状態」を保存できます。例を示します。

```
1  $ git commit -m 'Initial commit'
2  [master (root-commit) 7f6aa55] Initial commit
3   1 file changed, 1 insertion(+)
4   create mode 100644 README.md
```

この例のように、**git commit -m 説明**とコマンドを実行します。この「説明」の部分は**コミットメッセージ**と呼ばれます。「**-m 説明**」を省略すると、エディタが立ち上がり、長くコミットメッセージを書けます。説明の書き方には作法がありますが、本書では説明を割愛します。

Gitで永続的に変更履歴が記録されたディレクトリ(正確にはディレクトリ下のデータ一式)は、**Gitリポジトリ**、Gitの文脈では単に**リポジトリ**と呼ばれます。

補足2(Gitの管理をやめたいときは)

リポジトリには**.git**という名前のディレクトリが必ず存在し、中にはGitの履歴管理のために必要なデータが、すべて格納されています。

注16　環境によっては**-**を使わず**man git add**でも閲覧できます。
注17　「ワーキングディレクトリ」や「ワークツリー」と呼ぶ人もいるようですが、本書では「ワーキングツリー」を採用します。
注18　ステージングエリアの代わりに「インデックス」と呼ぶ場合もありますが、本書では「ステージングエリア」を採用します。

```
1  $ cd testrepo
2  $ ls -a
3  .       ..      .git    README.md
```

つまり、次のように**.git**ディレクトリを削除すれば、Gitでの管理をやめることができます。リポジトリは、ただのディレクトリになります。

```
1  $ rm -rf ./.git
```

補足3（リモートとローカルのリポジトリ）

練習1.4.aでは、問題で使うファイルのリポジトリ（shellgei160）を、GitHubというサイトからダウンロードしました。このときの操作では、実はファイルだけでなく、**.git**の中身も手元のPCにコピーしていました。つまり、手元にはリポジトリのコピーができていたということになります。このように、リポジトリの内容を、変更履歴も含めてそっくりそのまま手元のPCにコピーすることを、**クローン**と呼びます。一方、今解いた練習問題では、リポジトリを手元のPCで作成しました。このリポジトリもshellgei160のように、Web上にリポジトリの情報ごとアップロードすることで、公開することができます注19。リポジトリがWeb上に公開されていれば、多くの人に配布したり、複数人でリポジトリの更新をしたり、逆にほかの人の変更内容を取得したりできます。

Web上に公開されているリポジトリは**リモートリポジトリ**（あるいは単に**リモート**）と呼ばれ、練習1.4.aでも使った**git clone**でクローンできます。クローンしたリポジトリは、上記のように**.git**を持つ独立したリポジトリなので、手元でコミットにより新たな変更を加えられます。この変更は、クローン元のリポジトリには自動では反映されません。説明は割愛しますが、**git push**などの操作が必要となります。

リモートリポジトリとの対義語として、手元のPC（ローカル環境）に存在するリポジトリは**ローカルリポジトリ**（あるいは単に**ローカル**）と呼ばれます。自分で新規作成した場合も、リモートリポジトリをクローンして手元に持ってきた場合も、手元のものはローカルリポジトリと呼びます。ローカルリポジトリがクローンしたものの場合、次のように**git remote**で、リモートとの関係を調べることができます。

```
1  $ cd ~/リポジトリ置き場/shellgei160/
2  $ git remote -v
3  origin  git@github.com:shellgei/shellgei160.git (fetch)
4  origin  git@github.com:shellgei/shellgei160.git (push)
```

この出力からは、クローン元のリポジトリが、GitHubのshellgeiというアカウントが持っているshellgei160であるとわかります。

練習8.3.b 変更されたファイルの確認

次は、**git status**を使う練習です。**status**は、現時点のワーキングツリーとコミット済みの内容の差分を一覧表示するサブコマンドです。新規にファイルを追加したあとや、すでにコミット済みのファイルに修正を加えたあと、このコマンドを実行すると、変更点が表示されます。

注19　Web上での公開には、自前のサーバを使う方法があります。しかし、shellgei160のように、GitHubのようなサービス（Gitホスティングサービス）を使って公開するほうが一般的です。簡単で、多くのアクセスも期待できるからです。

練習問題（出題、解答、解説：山田）

前問で作成したmakerepoを使い、testrepoリポジトリを作成[注20]したあとに、$RANDOM変数を利用して、図8.8の操作をしてみましょう。

この状態で、図8.9のようにgit statusを使い、どんな名前にREADME.mdが変更されたか調べてみましょう。

図8.8 リポジトリにランダムな名前のファイルを作る

```
1 $ makerepo testrepo
2 $ mv README.md $RANDOM.md   ←README.mdをランダムな数字.mdファイルに名前を変更
```

図8.9 実行例(git statusに続くワンライナーを考える)

```
1 $ git status | ワンライナー
2 5678.md   ←新規作成されたファイルを表示
```

解答

リポジトリ内でgit statusを実行すると、次のような出力が得られます。

```
1  $ git status
2  ブランチ master
3  Changes not staged for commit:
4  (..略..)
5          deleted:    README.md
6
7  Untracked files:
8  (..略..)
9          54321.md
10
11 no changes added to commit (use "git add" and/or "git commit -a")
```

5行目に、「deleted:」の表示とともにREADME.mdが出力されていますが、これは文字どおりREADME.mdが削除 (delete) されたことを意味します。また、7、9行目を見ると、「Untraced files:（今までステージングされたことがないファイル）」として、54321.mdというファイルが新たに作成されているのがわかります。Gitには、ファイルの削除と新規作成が1回ずつ起こった状態に見えているわけです[注21]。出力のほかの内容の説明については、割愛します。

Gitからは見えていませんが、我々はmvしたことを知っているので、変更後の名前は9行目のものだとわかります。これを抽出すると、解答となります。

```
1  $ git status | grep '\.md$' | grep -v deleted: | awk '{print $1}'
2  54321.md
```

別解

git ls-filesというコマンドの-oオプションを使えば、短く、なおかつ一般解が得られます。

注20 もとのtestrepoを削除して作りなおしてもかまいませんし、testrepoが置いてあるディレクトリとは別の場所に作ってもかまいません。リポジトリの情報はリポジトリのディレクトリ内で完結するので、1台のマシンにいくつも置けます。

注21 なぜ名前変更したのに削除された扱いになっているのか、と思うかもしれませんが、git statusは最新のコミットとワーキングツリーの状態の差分を見ているだけで、ファイル名が変更されたのか、削除して作り直したのかは直接は判断できないので、このような表示になることがあります。

```
1  別解 $ git ls-files -o
2  54321.md
```

git ls-filesは、リポジトリで管理されているファイルを一覧表示するためのコマンドです。オプションなしで実行すると、カレントディレクトリよりも下の階層のコミット済みファイル一覧を、**find**のように出力します。今扱っているリポジトリ内で実行すると、次のように、名前を変更する前のファイル名が表示されます。

```
1  $ git ls-files
2  README.md
```

別解のように**-o**オプションを使うと、今までステージングされたことがないワーキングツリー上のファイルを列挙してくれます。

練習8.3.c コミット済みの情報を利用する

次は、今までのコミットの履歴（Gitでは**コミット履歴**と呼称）を確認して、ある時点のコミットに戻すという操作をしてみましょう。コミット履歴の確認には**git log**、ある時点のコミットに戻すには**git checkout**を使います。

練習問題（出題、解答、解説：山田）

図8.10のように、testrepo2を作成し、README.mdに変更を加え、コミットします。この状態からgitを使って、次の問題を解いてください。実行例を図8.11に示します。

- 小問1：過去にあったコミットの日時を、一覧表示してください
- 小問2：README.mdの内容を、1回目のコミットの時点の内容に戻してください

図8.10 リポジトリのファイルを更新してコミットする

```
1 $ makerepo testrepo2          ←testrepo2を作成する（ディレクトリ移動もされる）
2 $ echo hello > README.md      ←testrepo2配下のREADME.mdの内容を「hello」にする
3 $ git add README.md           ←README.mdをステージング
4 $ git commit -m 'README.mdを更新'  ←コミットする
```

図8.11 実行例

```
1 ―― 小問1 ――
2 $ git log | ワンライナー
3 Wed Nov 11 20:46:12 2020 +0000  ←2回目のコミット日付（上述のコミット）
4 Wed Nov 11 20:31:25 2020 +0000  ←1回目のコミット日付（makerepoによるコミット）
5 ―― 小問2 ――
6 $ git checkout 引数 README.md    ←「引数」にコミットを表す文字列を指定
7 $ cat README.md
8 # testrepo   ←helloではなく、makerepoによる1回目のコミット時点に戻っている
```

解答

git logを実行してみて、出力を読んでみましょう。

```
1  $ git log
2  commit e25e7ac7e6bab80e82a4ce20744e41431eb5115b (HEAD -> master)  ←コミットのハッシュ値とHEAD
3  Author: User <user@example.com>                                   ←コミットの作者
4  Date:   Wed Nov 11 22:45:30 2020 +0000                            ←コミットの日付
5
6      README.mdを更新                                                ←コミットの説明
7
8  commit 38b675c5ff85fe58364bd4d8c16e990902dd8386
9  Author: User <user@example.com>
10 Date:   Wed Nov 11 22:04:28 2020 +0000
11
12     Initial commit
```

出力には、最初のコミット（8〜12行目）と、次のコミット（2〜6行目）が、新しい順に表示されます。1つのコミットに対して出力される情報の説明は、2〜6行目にコメントしたとおりです。補足すると、2行目の**e25e7ac**……は練習5.2.bで出てきたハッシュ値で、コミットを識別するために用いられます[注22]。本書では、このハッシュ値をコミットハッシュ値と呼びます。また、**Author:**の行には、練習8.3.aの冒頭で設定した名前とメールアドレスが表示されます。ほかの人のコミットの場合は、その人の名前とメールアドレスが出力されます。そのため、**git log**を見れば、リポジトリを複数人で使っても、誰がその変更を加えたのかがわかります。6行目のコミットの説明には、**git commit -m 説明**で書いたものが表示されます[注23]。

小問1は、**git log**の出力から、「**Date:**」を含んだ行の出力を抽出して整形すれば解答となります。

```
1  $ git log | grep '^Date' | sed 's/^Date: *//'
2  Wed Nov 11 22:45:30 2020 +0000
3  Wed Nov 11 22:04:28 2020 +0000
```

小問2の**git checkout**の引数には、コミットハッシュ値を指定します。ただ、ハッシュ値は長いので、先頭の数文字のみの指定で大丈夫です。

```
1  ― README.mdの内容を戻す前に確認 ―
2  $ cat README.md
3  1234
4  ― ファイルを初回のコミット（ハッシュ値:38b675c5ff85fe58364bd4d8c16e990902dd8386）時点に戻す ―
5  $ git checkout 38b675 README.md
6  ― ファイルの内容が戻る ―
7  $ cat README.md
8  # testrepo
```

リポジトリには、過去のコミットの情報がすべて残っているので、このように、ワーキングツリーをあるコミットの段階に戻せます。

注22 事実上ID代わりに使われていますが、衝突する可能性もあるからか、IDと明確に書いてある公式ドキュメントは見当たりません。

注23 エディタを開いて説明を書いた場合は、1行目の内容が出力されます。

別解

小問1を、git logの--prettyを利用して解く例を示します。

```
1  小問1 別解  $ git log --pretty=format:%cd
2  Wed Nov 11 22:45:30 2020 +0000
3  Wed Nov 11 22:04:28 2020 +0000
```

--pretty=format:でフォーマットの指定を宣言し、%に続く記号を記述することで、コミット履歴の出力フォーマットを変えられます。表8.1にいくつか例を示します。

表8.1 「--pretty=format:」で指定できるフォーマット例

フォーマット	意味
%cd	コミット日時
%ct	コミット日時(Unix時刻)
%an	コミットした人の名前
%H	ハッシュ値
%s	メッセージ(git commit -m で指定した引数)
%d	参照の名前(HEAD(後述)がどこを指すかの情報)

--prettyには、ほかにもいろいろな指定ができるので、興味のある方はman git-logを参照してみてください。

小問2では、コミットハッシュの代わりにHEAD^を指定しても解けます。

```
1  小問2 別解1  $ git checkout HEAD^ README.md
```

HEADは、現在作業中のワーキングツリーが、どのコミット後のものかを指すポインタ[注24]です。HEAD^の^は「1つ前」という意味を持ちます。git reflogを使うと、HEADから過去のコミットをさかのぼることができます。

```
1  $ git reflog
2  e25e7ac (HEAD -> master) HEAD@{0}: commit: README.mdを更新
3  38b675c HEAD@{1}: commit (initial): Initial commit
```

上の例や、git logの出力にあった「HEAD -> master」は、「HEADがmasterを指す」という意味です。masterは、「ブランチ」というものの名前です。ブランチについては次の問題で扱います。

また、Gitのバージョンが2.23以降ならば[注25]、git restoreが利用できます。--sourceオプションに続けてコミットを指定できます。

```
1  小問2 別解2  $ git restore --source=HEAD^ README.md
```

git restoreは、多機能なgit checkoutから、ファイルの復元の機能だけを切り出したコマンドです。

ほかにも、コミット履歴ごと消去してしまう破壊的な方法ですが、git reset --hardを利用する方法も

注24 正確にはシンボリック参照というものです。
注25 git --versionで確認できます。

あります。

```
1  小問2 別解3 $ git reset --hard HEAD^
2  $ git log
3  commit 38b675c5ff85fe58364bd4d8c16e990902dd8386  ←2回目のコミット履歴が消滅している
4  Author: User
5  Date:   Wed Nov 11 22:04:28 2020 +0000
6
7      Initial commit
```

この方法を使うと、ワーキングツリーのファイルすべてが引数のコミットハッシュの時点まで戻り、その時点よりあとのコミット履歴が消滅します。コミット履歴を含めて完全に過去の状態に戻してしまうため、重要なリポジトリに対して実行する際は十分注意してください。

補足（HEADの実装）

.gitの下を覗くと、HEADのようなポインタが、ファイルで実装されていることがわかります。

```
1  $ cat .git/HEAD
2  ref: refs/heads/main                          ←HEADはrefs/heads/mainを指す
3  $ cat .git/refs/heads/main
4  e25e7ac7e6bab80e82a4ce20744e41431eb5115b      ←refs/heads/mainはe25e7ac……のコミット
```

練習8.3.d ブランチとマージ

練習問題の最後に、**ブランチ**と呼ばれる機能を扱ってみましょう。ブランチとは、コミット履歴を枝分かれさせる機能のことです。また、枝に付けた名前のことも指します。

練習問題の前に、ブランチを観察しましょう。「https://github.com/shellgei/question_branches」には、コミット履歴が2つに分岐したリポジトリがあります。まず、これについて次のように操作してみましょう。「**origin**」は、ここではリモートリポジトリのことを指します。

```
1  $ git clone https://github.com/shellgei/question_branches  ←クローン
2  $ cd question_branches
3  $ git branch -r                ←リモートのブランチを確認
4    origin/HEAD -> origin/main   ←originにおいては、HEADはmainを指す
5    origin/dev                   ←devというブランチが存在
6    origin/main                  ←mainというブランチが存在
7  $ git fetch origin dev:dev     ←originからdevブランチを、devという名前で取り込み
8  From https://github.com/shellgei/question_branches
9   * [new branch]      dev        -> dev
10 $ git branch                   ←ローカルのブランチを確認
11   dev                          ←devが存在
12 * main                         ←mainが存在して、ワーキングツリーがmainの状態
```

まだ何の操作をしているのかピンとこないと思いますが、使用したサブコマンドを説明しておきます。まず**git branch**は、ここでは存在しているブランチを表示するために使われています。**-r**は、リモートのブランチを表示するためのオプションです。また、**git fetch**は、ここではリモートのブランチを取得するために使われています。

まだブランチの全貌がわからないので、練習問題で視覚的、実践的に理解しましょう。ワンライナーで解く必要はありません。

練習問題 （出題、解答、解説：上田、山田）

小問1：

question_branches内でgit log --graph --allと実行すると、全ブランチのコミット履歴を閲覧できます。ただ、情報量が多いので、ちょっと見づらいかと思います。そこで、前問の小問1別解で登場した--pretty=format:を使って、見やすく表示してみてください。

小問2：

git checkout -b ブランチ名で、新たにブランチを作ることができます。今、ワーキングツリーはmainというブランチの最新のコミットを指していますので、ここから新たなブランチtestを作り、そのままREADME.mdの内容を変更し、その後コミットしてください。

小問3：

あるブランチの内容は、別のブランチへマージ（合併）することができます。マージする際は、まずマージ先のブランチに「git checkout マージ先のブランチ名」で移動し、次に「git merge マージ元のブランチ名」で実行します。testブランチを、mainブランチにマージしてください。

解答

まず小問1については、前問の**表8.1**を参考にすると、次のような解答例が考えられます。

```
1  $ git log --graph --all --pretty=format:'%s %d'
2  * Develop another shit  (origin/dev, dev)
3  * Develop a comment
4  | * Add my shout  (HEAD -> main, origin/main, origin/HEAD)
5  |/
6  * Add another comment
7  * Add a comment
8  * Initial commit
```

この出力の*と印が打たれた項目は、各コミットに対応します。下から上に向かって新しいコミットになっています。

出力で注目すべき点は、5行目から4行目にかけて、「|」や「/」などの棒で表現されているように、コミットが枝分かれしていることです。Gitでは、この棒を木の枝に見立てて「ブランチ」と表現します。

各ブランチの先端のコミットには、括弧書きでブランチの名前などが表示されています。一番上の2行目のコミットが**dev**、4行目の枝分かれしたコミットが**main**という名前を持つブランチであることがわかります。

小問2については、次のように操作します。

```
1  $ git checkout -b test
2  Switched to a new branch 'test'
3  $ echo テスト >> README.md
```

```
4  $ git add -A
5  $ git commit -m "Add a line"
6  [test b551f78] Add a line
7   1 file changed, 1 insertion(+)
```

testブランチにコミットできているか、確認しましょう。まず、**git branch**を使い、現在操作しているブランチを確認します。

```
1  $ git branch
2    dev
3    main
4  * test   ←testになっていることを確認
```

現在操作中のブランチには、「*」と印が打ってあります。

次に、**git log --graph**を使ってみましょう。**main**の最新コミットの上に**test**のコミットが表示されます。

```
1  $ git log --graph --all --pretty=format:'%s %d'
2  * Add a line  (HEAD -> test)
3  * Add my shout  (origin/main, origin/HEAD, main)
4  | * Develop another shit  (origin/dev, dev)
5  | * Develop a comment
6  |/
7  (..略..)
```

変更の具体的な内容は**git diff**で確認できます。

```
1  ── git diffの引数にはさまざまなものが指定できるが、ここでは比較したいブランチを指定 ──
2  $ git diff main test
3  diff --git a/README.md b/README.md
4  index f5d0210..e562e16 100644
5  --- a/README.md
6  +++ b/README.md
7  @@ -5,3 +5,4 @@
8   ふらふら不埒な悪行三昧
9
10  俺がメインだ
11 +テスト          ←「+」が加筆を表す。
```

最後の小問3については、問題文にもあったように、次のように操作します。

```
1  $ git checkout main
2  Switched to branch 'main'                ←mainブランチに切り替わる。
3  Your branch is up to date with 'origin/main'.
4  $ git merge test
5  Updating a073671..b551f78
6  Fast-forward
7   README.md | 1 +                         ←README.mdに1行追加という意味
8   1 file changed, 1 insertion(+)
```

変更を確認してみましょう。

```
1  $ tail -n2 README.md
2  俺がメインだ              ←mainでのコミット内容
3  テスト                    ←testでのコミット内容
```

git logの出力は、次のようになります。

```
1  $ git log --graph --all --pretty=format:'%s %d'
2  * Add a line  (HEAD -> main, test)
3  * Add my shout  (origin/main, origin/HEAD)
4  | * Develop another shit  (origin/dev, dev)
5  (..略..)
```

行番号2の行を見ると、testで作ったコミット（コミットメッセージがAdd a lineのもの）が、mainとtestの共通のコミットとなっていることがわかります。

補足1（コンフリクト）

今度はdevをmainにマージしてみましょう。

```
1  ―― mainにいることを確認 ――
2  $ git branch
3    dev
4  * main
5    test
6  ―― mergeすると「CONFLICT」と出る ――
7  $ git merge dev
8  Auto-merging README.md
9  CONFLICT (content): Merge conflict in README.md
10 Automatic merge failed; fix conflicts and then commit the result.
```

margeの際、「CONFLICT」（競合）と出ました。これは、mainとdevでファイルの同じ箇所に異なる変更が入っていること意味しています。マージ後にREADME.mdを見てみると、次のようになっています。

```
1  $ cat README.md
2  (..略..)
3  <<<<<<< HEAD
4  俺がメインだ      ←mainで加筆
5  テスト            ←testで加筆してmainにマージ
6  =======
7  ゴリゴリ開発      ←devで加筆
8  ゴリゴリゴリラ    ←devで加筆
9  >>>>>>> dev
```

このように、Gitは競合した内容を両方残します。

競合状態の解消作業は、人間が行います。<<<と>>>で囲まれた部分を修正してコミットすることで、競合状態を解消します。

補足2（mainとmaster）

長らくの間、Gitでリポジトリを作ると、最初にできるブランチには、「master」という名前がつきました。ところが、本書の執筆期間中、「master」は奴隷制を連想させるので良くないという議論が起こりました。これにより、今後順次、デフォルトのブランチ名が、「main」に変わっていくようです。本書に登場するリポジトリでは、主たるブランチがmasterのものと、mainのものが入り乱れているのでご注意ください。

補足3（Git、GitHubのほかの操作や機能）

本書では扱えませんが、Gitでの重要な操作には、ローカルのコミットをリモートに反映するgit push、その逆のgit pullがあります。Gitはローカルだけで使うよりも、リモートと併用するほうが便利さが飛躍的に増しますので、GitHubなどにアカウントを作成して、リモートとローカルのやりとりを練習することをお勧めします。練習にはほかのGitの操作とあわせて、参考文献［20］が役に立ちます。

リモートリポジトリを介した共同作業では、本練習問題の冒頭の操作のように、同時進行で作業をして、変更内容をあとからマージすることがあります。また、GitHubでは、公開されているリポジトリのコピーは原則自由で、自分のアカウントに他人のリポジトリをコピーする、**フォーク**という操作が存在します。さらに、フォークしたリポジトリに変更を加え、元のリポジトリにマージしてもらうための、**プルリクエスト**というしくみも備わっています。

問題143 条件にあうファイルだけをコミット

ここからが本番です。まずは、ワーキングツリー内で変更したファイルのうち、いくつかをステージングエリアに登録するという問題です。準備として、次の操作をお願いします。

```
1  $ git clone https://github.com/shellgei/question_split_commit.git ←クローン
2  $ cd question_split_commit ←リポジトリ内に移動
3  $ bash ./setup.bash ←用意されたスクリプトを実行
```

操作が問題なく完了すると、いくつかのファイルがステージングされます。git status（⇒練習8.3.b）で確認しましょう。

```
1  $ git status
2  On branch master
3  Changes not staged for commit:
4  (..略..)
5          modified:   B.conf
6          modified:   about_B.md
7          modified:   fileA
8          modified:   fileB
9          modified:   fileC
10         modified:   fileD
11 (..略..)
```

これをふまえて、次の問題を解きます。

問題（初級★　出題、解答、解説：山田）

あなたは、ステージングされているファイルをコミットしようとしています。ただし、fileB、B.conf、about_B.mdに加えた変更は、「B関連の変更」というひとつのコミットメッセージを付け、ほかのファイルとは別にコミットしたいです。コミットの準備として、これらのファイルを普通にステージングするなら、git add B.conf about_B.md fileBなどとすれば良いのですが、コマンドでいろいろファイルについて調べていると、調査結果をそのまま利用して、ワンライナーでgit addしたいことがあります。

そこで、次の操作を、そのままワンライナーにしてみてください。

- 変更したのにコミットしていないファイルを調査
- 調査結果から、B関連のファイルを抽出
- 抽出したファイルをステージング

解答

git statusから始めても良いのですが、練習8.3.b別解で紹介したgit ls-filesを使うと、次のような単純なワンライナーになります。

```
1  $ git ls-files -m | grep 'B' | xargs git add
```

git ls-filesに付けた-mは、「変更が加えられたままコミットされていないファイル」のリストを出力するためのオプションです。git ls-files -mの出力にはファイル名しか含まれていないので、Bを含むファイル名だけを残すと、次のようにステージングしたいファイルのリストが得られます。

```
1  $ git ls-files -m | grep 'B'
2  B.conf
3  about_B.md
4  fileB
```

このあと、解答例のようにxargs git addとすれば、git add B.conf about_B.md fileBとしたことになります。この問題では、普段からCLIを使っている人が何気なく作る、回りくどい（けど思考の流れに沿った）ワンライナーを体験していただきました。

問題144 条件にあうファイルだけをもとに戻す

今度は、複数のファイルを1つ前のコミットの内容に戻す、という操作をしてみます。次の手順でリポジトリを準備してから問題に取り組んでください。

```
1  $ git clone https://github.com/shellgei/question_restore_contents.git
2  $ cd question_restore_contents
```

問題（初級★　出題、解答、解説：山田）

今準備したquestion_restore_contentsは、簡単なWebサイトのディレクトリ構成がそのまま記録されたリポジトリです。リポジトリ内は、図8.12のようなディレクトリ構成になっています。ディレクトリは4個で、CSS[注26]ファイルと画像ファイルはそれぞれcss、imgディレクトリ、HTMLファイルはpageA、pageBディレクトリに分けて置いています。

あるときあなたは、このサイトのデザインが間違ったものになっていることに気づきました。ただし、間違った変更は、デザインに関連する部分（画像とCSS）に関してのみ生じており、HTMLは修正する必要がありません。

そこで、imgとcssディレクトリ配下にあるファイルのみを、1つ前のコミットの状態まで戻すワンライナーを考えてください。

図8.12 ディレクトリ構成

```
1  $ LANG=C tree
2  .
3  |-- css
4  |   `-- common.css
5  |-- img
6  |   |-- banner.png
7  |   |-- favicon.ico
8  |   `-- picture.jpg
9  |-- index.html
10 |-- pageA
11 |   |-- about.html
12 |   `-- index.html
13 `-- pageB
14     |-- contents.html
15     `-- index.html
16
17 4 directories, 9 files
```

解答

git checkout（⇒練習8.3.c）を使って、ワーキングツリーのファイルを過去の状態に戻しましょう。解答例は次のようになります。

```
1  $ find css img -type f -print0 | xargs -0 git checkout HEAD^
2  Updated 4 paths from c335175  ←4つのファイル（パス）が変更されたと表示される
3  ――― 確認（git diff）を使う ―――
4  $ git diff HEAD  ←前回のコミットとワーキングツリーの内容の比較
5  diff --git a/css/common.css b/css/common.css
6  index ce7da04..8700243 100644
7  --- a/css/common.css
8  +++ b/css/common.css
9  @@ -1,3 +1,3 @@
10  p {
11 -  color: blue;
12 +  color: green;
13  }
14 diff --git a/img/banner.png b/img/banner.png
15 index 7dc3b07..f47f027 100644
16 Binary files a/img/banner.png and b/img/banner.png differ
17 (..略..)
```

この問題の場合、findの-print0とxargsの-0は不要ですが、安全な操作のために付けてあります。あとで補足します。

ワンライナーの内容は、findでcss、img下のファイルを列挙し、その出力をxargsでgit checkout

注26　Cascading Style Sheetsの略です。CSSはWebサイトの見かけのデザインを設定するための言語です。

HEAD^（⇒練習8.3.c小問2別解1）の引数にするというものです。git checkoutの引数には、複数のファイルが指定できます。解答例から-print0、-0を抜いて、gitの前にechoを差し込むと、xargsで実行されるコマンドが理解できます。

```
1  $ find css img -type f | xargs echo git checkout 'HEAD^'
2  git checkout HEAD^ css/common.css img/picture.jpg img/banner.png img/favicon.ico
```

補足（スペースを含んだファイル名対策）

解答例のように、findに-print0を付けると、findの出力がヌル文字（⇒練習3.2.a補足）区切りになります。一方、xargsに-0というオプションを付けると、入力をヌル文字区切りで受け取ります。これで、ディレクトリ名やファイル名にスペースが含まれていてもxargsは1つのパス名として認識します。例を示します。

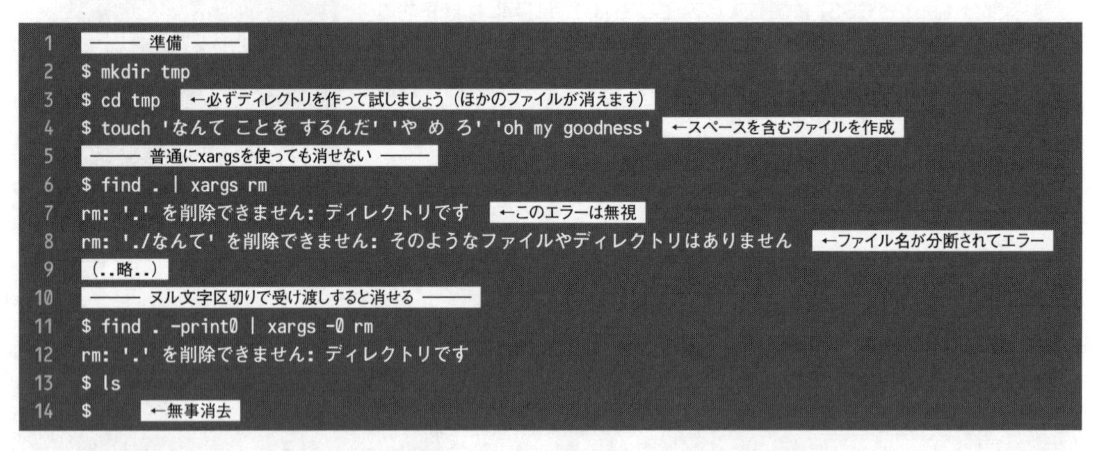

```
1  ——— 準備 ———
2  $ mkdir tmp
3  $ cd tmp   ←必ずディレクトリを作って試しましょう（ほかのファイルが消えます）
4  $ touch 'なんて ことを するんだ' 'や め ろ' 'oh my goodness'   ←スペースを含むファイルを作成
5  ——— 普通にxargsを使っても消せない ———
6  $ find . | xargs rm
7  rm: '.' を削除できません: ディレクトリです   ←このエラーは無視
8  rm: './なんて' を削除できません: そのようなファイルやディレクトリはありません   ←ファイル名が分断されてエラー
9  （..略..）
10 ——— ヌル文字区切りで受け渡しすると消せる ———
11 $ find . -print0 | xargs -0 rm
12 rm: '.' を削除できません: ディレクトリです
13 $ ls
14 $    ←無事消去
```

おそらく、自身でLinuxを使っている限り、スペース区切りのファイル名を使うことはないかもしれません。本書のワンライナーでも、あまり気をつけていません。しかし、共同作業で使っているディレクトリでは、このようにスペースがファイル名に含まれることを、想定しなければならないことがあります。

問題145 コミットの頻度を調べる

次に、コミット履歴に関して、簡単な調査をしてみます。次の準備をお願いします。このリポジトリには、『Software Design』での連載「シェル芸人からの挑戦状」で使っていたファイルや、シェル芸勉強会で使うファイルを置いてあります。

```
1  $ git clone https://github.com/ryuichiueda/ShellGeiData.git
```

問題　(中級★★　出題、解答、解説：山田)

あなたはGitリポジトリでソースコードを管理しています[注27]。作業効率を把握するために、そのリポジトリがどれくらいの頻度でコミットされているのかを知りたいです。各コミットが、前のコミットから何時間後に実行されているのか求めてみましょう。図8.13に出力例を示します[注28]。

図8.13 出力例

```
1  18.3967      ←最新と1つ前のコミット間は18.4時間
2  1231.7       ←その前のコミット間は1232時間
3  1792.22      ←以下同様……
4  (..略..)
5  0.0302778    ←最初と2つめのコミット間の時間
```

解答

解答例を示します。これで、図8.13のような出力が得られます。

```
1  $ git log --pretty=format:%ct | sed p | sed '1d;$d' | paste - - | awk '{print ($1-$2)/3600}'
```

出力結果を`less`で眺めると、長期の放置期間とコミット頻度の高い期間が交互に来るリポジトリであるとわかります。

解答で使ったコマンドを見ていきます。まず、`git log`で`--pretty=format`（⇒練習8.3.c小問1別解）を使い、各コミットの時刻を出力します。表8.1のように、`%ct`を使うとUnix時刻が出力できます。

```
1  $ git log --pretty=format:%ct
2  1476792174
3  1472274737
4  1471998351
5  (..略..)
```

次に、`sed p`で各行を2行ずつ出力し、次の`sed '1d;$d'`で、最初と最後の行だけ1行にします。

```
1  $ git log --pretty=format:%ct | sed p | sed '1d;$d'
2  1608866281      ←1行のみ
3  1608800053      ←ここから2行ずつ出力
4  1608800053
5  1604365916
6  1604365916
7  (..略..)
8  1440406320
9  1440406320
10 1440406211      ←1行のみ
```

このあとの`paste - -`（⇒問題119）で、2列のデータにします。

```
1  $ git log --pretty=format:%ct | sed p | sed '1d;$d' | paste - - | head
2  1608866281  1608800053
3  1608800053  1604365916
```

注27　前のページで準備したリポジトリはソースコードのものではないのですが、ソースコードのものだと想定してください。
注28　このリポジトリは中身が随時更新されているので、出力例は変化します。

```
4  1604365916  1597913927
```

これで、1列目と2列目の差を計算すると、コミットの間隔の秒数が計算できます。この差を1時間の秒数3,600秒で割る処理を加えると、冒頭の解答例となります。

別解

`git log`からの出力をAWKのみで処理する別解、`--pretty`に頼らない別解をそれぞれ示します。を示します。

```
1  別解1(eban) $ git log --pretty=format:%ct | awk 'last{print (last-$0)/3600}{last=$0}'
2  別解2(上田) $ git log | grep ^Date: | awk '{print $3,$4,$5,$6}' | date -f- +%s | awk 'NR>1{print (a-$1
   )/3600}{a=$1}'
```

別解1の`last`というのはただの変数で、1行目では偽(false)として扱われます。2行目以降は最後のルール`{last=$0}`で時刻が入るので、2行目以降は`last`が真として扱われ、時刻の差が出力されます。

問題139別解2でも使ったコマンド集egzactの中にあるconvというコマンドを使うと、この問題はさらに簡単に解けます。convコマンドは、標準入力から与えられた列(フィールド)を、引数として与えられた数字の数で、1つずつずらしながら並べてくれるコマンドです。

```
1  ―― convの使用例 ――
2  $ echo A B C D E F | conv 3
3  A B C
4  B C D
5  C D E
6  D E F
7  ―― 別解3(山田)――
8  $ git log --pretty=format:%ct | conv 2 | awk '{print ($1-$2)/3600}'
```

問題146 ずっとマージされていないブランチを調べる

本節最後に、ブランチに関する調査をしてみましょう。準備の手順は次のとおりです。オプションの調査が必要になります。

```
1  $ git clone https://github.com/rails/rails.git
2  $ cd rails
3  $ git branch -r  ←リモートのブランチを表示
4    origin/1-2-stable
5    origin/2-0-stable
6  (以下、多くのブランチが表示される)
7  $ git branch
8  * master          ←ローカルの現在のブランチはmaster
```

クローンしたリポジトリは、Ruby on RailsというWebアプリケーションのフレームワークのものです。こちらのリポジトリは中身が更新される可能性がありますので、以後、解説の際の出力が変わる場合があります。

問題 （上級★★★　出題、解答、解説：山田）

Gitを用いて大人数で作業をしていると、使われているのかどうかわからないブランチが乱立してしまい、困ることがあります。あなたは、ブランチを放置しているメンバーに、ブランチを消すように促したいと考えています。

そこで、さきほどの準備でクローンしたリポジトリについて、1ヵ月以上masterブランチにマージされず放置されているブランチ名と、そのブランチの最終更新日時と最終更新者（そのブランチで最後にコミットを加えた人の名前と更新日時）を一覧にして列挙するワンライナーを考えてみてください。

解答

解答例を示します。

```
1  $ git branch -r --no-merged | while read branch; do git log -1 --since=$(date -d '1 month ago' +%F)
   $branch | grep -q . || git -P log -1 --pretty=format:"%cd | %an | $branch%n" --date=short $branch ;done
2  2008-02-19 | Jeremy Kemper | origin/1-2-stable
3  2009-09-10 | Beau Harrington | origin/2-0-stable
4  2011-01-17 | Michael Koziarski | origin/2-1-stable
5  (..略..)
```

この解答では、|で項目を区切って結果を表示しています。1列目が最終更新日、2列目が更新者名、最終列がブランチ名となっています。ワンライナーだとわかりにくいので、解答例に改行を入れてスクリプトにした、次のコードに基づいて説明します。

```
1  #!/bin/bash
2  git branch -r --no-merged |
3  while read branch; do
4    git log -1 --since=$(date -d '1 month ago' +%F) $branch |
5    grep -q . ||
6    git -P log -1 --pretty=format:"%cd | %an | $branch%n" --date=short $branch
7  done
```

まず、2行目の**git branch -r**（⇒練習8.3.d）に付けた**--no-merged**は、現在作業中のブランチにマージされて*いない*ブランチのみを表示するオプションです。現在**master**ブランチで作業中であれば、**master**ブランチにマージされていないものだけが表示されます。

3行目からのwhile文では、2行目で取得した各ブランチ名を、**branch**という変数に入れて処理していきます。while文内では、まず4行目で**branch**に対して**git log**（⇒練習8.3.c）が実行されます。**git log**に付けた**-1**は、最新のコミットを1件だけ出力するという意味です[注29]。また、**--since**で**YYYY-MM-DD**という形式（**date**の**%F**⇒問題60）で、1ヵ月前の日付を与えています。**--since**は、与えた日付以降のコミットを出力するためのものです。**-1**と**--since**の組み合わせにより、最新のコミットが1ヵ月以内の場合のみ、ログが出力されます。つまり、ログが出力されない場合、**branch**はこの問題での列挙の対象となります。

注29　git log -n 1でも大丈夫です。

4行目でログが出力されないと、5行目のgrep -q .の正規表現.には何もマッチしないので、grepは終了ステータス1を返します。grepの後ろにはOR演算子があるので、この場合、6行目が実行されます。つまり6行目は、列挙対象のブランチに対して実行されます。grepの-q（quiet）オプションは、問題79で用いました。

6行目は列挙対象のブランチに対し、git -P log -1を実行します。-Pオプションはlessなどのページャに出力を渡さない指定です。--pretty=format:（⇒練習8.3.c小問1別解）では、%cdで時刻、%anでコミットした人、ブランチ名を出力に指定して、これらを縦棒で区切っています。--date=shortは、日付だけ出力する指定です。

第9章

インターネットと通信

最後の章では、通信に関わる問題全般を扱います。9.1節ではHTMLなど、Webページで利用される形式のデータを処理する問題を解きます。9.2節では、より深く通信技術に踏み込んで、HTTPのメタデータや、HTTP以外のプロトコルの通信内容を扱います。通信の知識だけでなく、外部から来た不定形のデータを処理するテクニックも、おさえていきましょう。

9.1 インターネットから情報を取得する

本節では、Web上の情報を取得して加工する問題を扱います。WebページやWeb APIで利用されるデータ形式には複数のものがありますが、HTMLをはじめ基本的には文字情報なので、今までの問題で扱ったテクニックを存分に活かしてチャレンジしてみてください。

なお、ソフトウェアを用いてWebページのデータを加工し、特定の情報のみを抽出する行為は**Webスクレイピング**（単にスクレイピングとも）と呼ばれます。スクレイピングを禁止しているWebページもあるので、以降で紹介するテクニックを試すときはお気をつけください。問題中で利用されているWebページに関しては、攻撃と疑われるほど頻繁にアクセスしない限り、心配ありません。

練習9.1.a HTML文章の処理

本節では、Webページで一般的に利用されるHTML形式（⇒練習3.2.d）のデータを扱いますので、まずはHTMLの構造について確認しておきましょう。

練習問題（出題、解答、解説：上田）

リスト9.1のstructure.htmlから、次の部分を抽出してください。真面目にHTMLを解析する必要はありません。

- 小問1：title要素
- 小問2：ul要素の内容
- 小問3：meta要素すべて
- 小問4：span要素の属性と属性値

要素とは<aaa>から</aaa>までの部分あるいは<aaa/>という部分を指します。また、要素の内容とは<aaa>と</aaa>に囲まれた部分です。要素の属性・属性値とは<aaa hoge="value">とあったときに、それぞれhoge、valueの部分を指します。

リスト9.1 structure.html

```
1  <!DOCTYPE html>
2  <html xmlns="http://www.w3.org/1999/xhtml" lang="" xml:lang="">
3  <head>
4    <meta charset="utf-8" />
5    <meta name="generator" content="pandoc" />
6    <title>HTMLの構造</title>
7  </head>
8  <body>
9  <h1 id="今年見た映画">今年見た映画</h1>
10 <ul>
11 <li>きつめのやばい</li>
12 <li>とととのなろり</li>
13 </ul>
14 おもしろかった<span style="color:red">（小並感）</span>
15 </body>
16 </html>
```

解答

小問1の解答例を示します。

```
1  $ cat stracture.html | grep -o '<title>.*</title>'
2  <title>HTMLの構造</title>
```

HTMLのデータは、**要素**が入れ子になって構成されます。一番外側（上位）の要素はhtml要素です。**structure.html**を読むと、小問1で抽出したtitle要素は、html要素の下にあるhead要素の、さらに下に属していることがわかります。

小問2の解答例は次のようになります。<ul>と</ul>に挟まれた部分が内容です。sedで複数行を抜き出しています。

```
1  $ cat stracture.html | sed -n '/<ul>/,/<\/ul>/p' | sed '1d;$d'
2  <li>きつめのやばい</li>
3  <li>とととのなろり</li>
```

「内容」というのは、英語のcontentの和訳です。内容が存在する要素は<aaa>という**開始タグ**で始まり、</aaa>という**終了タグ**で終わります。

小問3については、このHTMLデータの場合はgrepを使えば十分です。

```
1  $ cat stracture.html | grep meta
2    <meta charset="utf-8" />
3    <meta name="generator" content="pandoc" />
```

これらの要素は**空要素**と呼ばれるタイプのもので、内容がありません。空要素には<…… />というタグが使われます。

小問4については、雑ですが次の解答例を示します。

```
1  $ cat stracture.html | grep span | awk -F '[<> ]' '{print $3}'
2  style="color:red"
```

属性は、要素に付随する情報を与えるために使われます。この例の場合、**style**という種類の属性に**color:red**という値を与えることで、span要素の内容「(小並感)」のテキストの色が赤であるという情報を与えています。

補足1 (終了タグの省略や文法の間違いに注意)

HTMLデータによっては、要素に終了タグがない場合や、空要素に「/」がない場合があります。また、HTMLにはさまざまなバージョンがあり、さらに文法があいまいでも許容するという考え方もあったため、スクレイピングの際は、データのフォーマットの不統一に悩まされることになります。

スクレイピングの用途にもよりますが、筆者(上田)の個人的な経験では、さまざまなタイプのHTMLデータに対応する目的で下手に凝ると、泥沼にはまりやすいです。専用のコマンドやライブラリに解析を任せて、それで解析できないHTMLのスクレイピングはあきらめるか、あるいは解析の間違いが起こることを許容し、この練習の解答例のように**sed**と**grep**で雑に済ませるかのどちらかをお勧めします。

補足2 (DTD)

structure.htmlの1行目にある**<!DOCTYPE html>**は、Document Type Definition (DTD) というもので、HTMLで使われる場合、2行目以降のHTMLのバージョンを示すために使われます。「**<!DOCTYPE html>**」は、HTMLのデータがHTML5以降で記述されていることを示しています。

問題147 単語の出現頻度

ここから本番です。さっそく、実際のWebページに対してのスクレイピングに挑戦してみましょう。

問題 (初級★　出題、解答：上田　解説：田代)

「シェル芸の歴史 (https://b.ueda.tech/?page=08865)」には、シェル芸界隈で起こったことの一覧表があります。この表の内容から、単語の出現頻度の一覧を、図9.1のように作ってください。このページは新しいものが別のサイトにあり、もう更新しない予定ですが、修正があって出力が変化するかもしれません。

図9.1 出力例

```
1  上品 10
2  美しい 8
3  です 5
4  愛でた 3
5  (..略..)
```

解答

何度も当該のページをダウンロードすると、サーバに余計な負荷をかけるので、先にデータをファイルに保存しましょう。

```
1  $ curl https://b.ueda.tech/?page=08865 > page
2    % Total    % Received % Xferd  Average Speed   Time    Time     Time  Current
3                                   Dload  Upload   Total   Spent    Left  Speed
4  100 39104    0 39104    0     0  44537      0 --:--:-- --:--:-- --:--:-- 44486
5  ―― 内容の確認 ――
6  $ cat page | less
7  (..略..)
8  <tr class="odd">
9  <td>8月10日  </td>
10 <td style="text-align: left;"><a href="/?post=20190810_shellgei_43_links">jus共催 第43回大暴れシェル芸
   勉強会</a></td>
11 (..略..)
```

調査対象である一覧表の内容は、上のlessの例のように、tdという要素の中にあります。とりあえずこの部分を取り出しましょう。grepを使います。

```
1  $ cat page | grep -zoE '<td[^<]*>.*?</td>' | tr \\0 \\n
2  <td>8月10日  </td>
3  <td style="text-align: left;"><a href="/?post=20190810_shellgei_43_links">jus共催 第43回大暴れシェル芸
   勉強会</a></td>
4  <td><a href="https://speakerdeck.com/amanoese/vuidesieruyun-woshi-xing-dekiruyounisitemita">呪文詠唱シ
   ェル芸</a>が大阪で誕生</td>
5  <td>8月7日  </td>
6  (..略..)
```

このページのtd要素は改行なしで1列に記述されていますが、この例では念のため**-z**（⇒練習3.2.a）を入れました。この場合、出力がヌル文字区切りになるため、**tr**でヌル文字を改行に変換しています。また、各td要素を個別に抽出するために、正規表現では最短一致（⇒練習3.1.d）の表現「**.*?**」を用いました。

さらに、タグを（開始タグの中にある属性・属性値も）除去してしまいましょう。

```
1  $ cat page | grep -zoE '<td[^<]*>.*?</td>' | tr \\0 \\n | sed -E 's;<[^<]*>;;g'
2  8月10日
3  jus共催 第43回大暴れシェル芸勉強会    ←勉強会ページへのリンクがあったが除去されている
4  呪文詠唱シェル芸が大阪で誕生          ←この行にもリンクがあったが除去済み
```

単語への分解は**mecab**（⇒練習3.2.c）を使うと良さそうです。使ってみましょう。

```
1  $ cat page | grep -zoE '<td[^<]*>.*?</td>' | tr \\0 \\n | sed -E 's;<[^<]*>;;g' | mecab -E ''
2  8       名詞,数詞,*,*,*,*,*
3  月      接尾辞,名詞性名詞助数辞,*,*,月,がつ,代表表記:月/がつ 準内容語 カテゴリ:時間
4  (..略..)
5  原型    名詞,普通名詞,*,*,原型,げんけい,代表表記:原型/げんけい カテゴリ:抽象物
6  。      特殊,句点,*,*,。,。,*
```

あとは1列目の単語をカウントすれば良いことになります。解答例を示します。

```
1  $ cat page | grep -zoE '<td[^<]*>.*?</td>' | tr \\0 \\n | sed -E 's;<[^<]*>;;g' | mecab -E '' | awk
   '{a[$1]++}END{for(i in a)print i,a[i]}' | sort -k2,2nr
2  芸 78
3  シェル 77
4  が 74
```

```
5  月 69
6  。67
7  (..略..)
```

「。」など記号類や、いわゆる「てにをは」などの助詞が不要なら、mecabの出力後にgrep -vやawkで除去すると良いでしょう。また、mecabの出力から、名詞だけを抽出したり、mecabが分割しすぎた単語をsedでつなげて戻したりと、細かい処理をいくつでもパイプラインにつなぐことができます。この作業はお任せします。

問題148 駅名のリストの作成

次は、Web上のデータベースを利用する問題です。問題文中にあるXML(Extensible Markup Language)は、HTMLのようにタグでマークアップしてデータ構造を表現するための形式です。JSONやYAML同様、木構造状のデータを記録できます。

問題 (初級★　出題：上田　解答、解説：山田)

「https://file.ueda.tech/eki/p/14.xml」には、神奈川県に存在する鉄道の路線の一覧がXMLで記録されています[注1][注2]。また「https://file.ueda.tech/eki/l/路線コード.xml」には、ある路線の情報がXMLで記録されています。「路線コード」には、14.xmlのline_cdという項目にある番号が入ります。

以上をふまえ、京急本線の駅の名前のリストを作りましょう。ワンライナー中に14.xmlでの調査を含める必要はありませんが、できる人は挑戦してみましょう。京急本線に馴染みのない人は、別の都道府県、路線で試してみましょう。 また、「https://file.ueda.tech/eki/」には、各XMLファイルと同じ内容のJSONのファイルがあり、拡張子を.xmlから.jsonに変えると利用できます。

解答

路線コードについては、14.xmlに対して次のようにgrepを使うと確認できます。

```
1  $ curl -s https://file.ueda.tech/eki/p/14.xml | grep -B1 京急本線
2  <line_cd>27001</line_cd>
3  <line_name>京急本線</line_name>
```

curl(⇒問題130別解1)に付けた-sは、ダウンロードの状況などを出力しないためのオプションです。grep -B(マッチした行の前の行を表示)は、問題63別解2で使いました。

京急本線の路線コードが27001とわかったので、京急本線の情報は「https://file.ueda.tech/eki/l/27001.xml」で取得できるとわかりました。27001.xmlを保存しましょう。ダウンロードした内容をファイルに保存するときは、curlよりもwget(⇒問題130別解1)を使ったほうが楽です。

注1　以前は駅データ.jp(「http://www.ekidata.jp/」)というサイトのWeb APIで提供されていたデータなのですが、Web APIサービスが執筆時点で停止中なので、上田の個人サーバで提供しています。なお、駅データ.jpのデータは利用規約に従う前提で、誰でも利用することができます。Web APIとは、Web上に公開されているデータベースやサービスをプログラム中から使うときのインターフェースです。多くのものは、「URL」に操作内容を記述して送信するという操作方法で利用できます。

注2　14.xmlの14というのは、神奈川県に割り当てられた都道府県番号です。都道府県番号(都道府県コード)はJISX0401という規格で統一されており、Webで「JISX0401」と検索すると調べることができます。

```
1  $ wget https://file.ueda.tech/eki/l/27001.xml
2  (..略..)
3  2021-01-02 17:03:17 (314 MB/s) - '27001.xml' へ保存完了 [9554/9554]
4  $ cat 27001.xml
5  <?xml version="1.0" encoding="UTF-8"?>
6  <ekidata version="ekidata.jp line api 1.0">
7  (..略..)
8          <station>
9                  <station_cd>2700101</station_cd>
10                 <station_g_cd>2700101</station_g_cd>
11                 <station_name>泉岳寺</station_name>
12                 <lon>139.74002</lon>
13                 <lat>35.638692</lat>
14         </station>
15     (..略..)
16 </ekidata>
```

ここから駅名のリストを作ります。**grep**や**awk**を使っても良いのですが、ここでは**XPath**という構文と、**xmllint**というコマンドを紹介がてら使用します注3。**xmllint**は次の方法でインストールできます。

```
1  $ sudo apt install libxml2-utils
```

XPathはXMLの扱いに特化した構文で、XMLの要素の入れ子構造を、ディレクトリの構造のように見立て、スラッシュで区切った記述で指定することができます。上の**27001.xml**を見ると、駅名はXPathだと、「**/ekidata/station/station_name**」という位置の要素の値として存在することがわかります。

これを**xmllint**に指定して、駅名を取り出してみましょう。**xmllint**を、次のように使います。

```
1  $ cat 27001.xml | xmllint --xpath '/ekidata/station/station_name/text()' -
2  泉岳寺
3  品川
4  (..略..)
5  馬堀海岸
6  浦賀
```

--xpathがXPathを記述するためのオプションです。最後の**-**は標準入力を表します。XPathに付けた**text()**は、要素の中の値を出力する関数です。

別解

もちろん**grep**を使っても解けます。

```
1  別解1(山田) $ grep -oP '<(station_name)>\K.*(?=</\1>)' 27001.xml
```

路線コードの調査も組み込んだ別解も示します。

```
1  別解2(上田) $ curl -s https://file.ueda.tech/eki/p/14.xml | grep -B1 京急本線 | grep -oE '[0-9]+' | xargs
   -I@ curl -s https://file.ueda.tech/eki/l/@.xml | grep station_name | sed 's/<[^<]*>//g' | awk '{print
   $1}'
```

注3 Ubuntu 20.04では問題ありませんでしたが、別の環境の**xmllint**ではバージョンが異なっており、日本語を文字実体参照（⇒問題38）で出力する場合があります。その場合、問題を解くためにはもう一工夫必要になります。

最後のgrep、sed、awkは、別解1のgrepに置き換えると短くなります。

JSONのデータを使う方法も示します。

```
1  別解3(山田、上田) $ curl -s http://file.ueda.tech/eki/l/27001.json | jq | grep station_name | tr -d '[:print:]'
2  別解4(山田) $ curl -s http://file.ueda.tech/eki/l/27001.json | gron | grep -oP '.station_name = "\K.*(?=")'
```

別解3は、jqで各データを1行ずつ整形して出力し、station_nameの項目だけ残してtr -d '[:print:]'（⇒問題72別解2）で全角文字と改行だけ残す、という処理をしています。別解4はgron（⇒練習4.2.a補足3）を使った別解です。

問題149 天気情報の取得

今度はシンプルな問題ですが、どこから情報を持ってくるのが良いか、自身で調査してみてください。

問 題　（中級★★　出題：上田　解答：山田　解説：中村）

静岡県の東部、伊豆、中部、西部から、観測場所をひとつずつ適当に選んで、現在の天気を端末上に出力してください。

解答

連載当時は気象庁のページからスクレイピングした解答を示していたのですが、サイトがリニューアルしてしまい、スクレイピングが困難になってしまいました。ここでは、「wttr.in」[注4]というサービスを利用した解答を示します。

wttr.inは、端末で天気を見るために最適化されたWebサービスで、たとえば、curl wttr.in/Shizuokaと入力すると、端末に図9.2のように表示されます。

図9.2 「curl wttr.in/Shizuoka」の実行結果

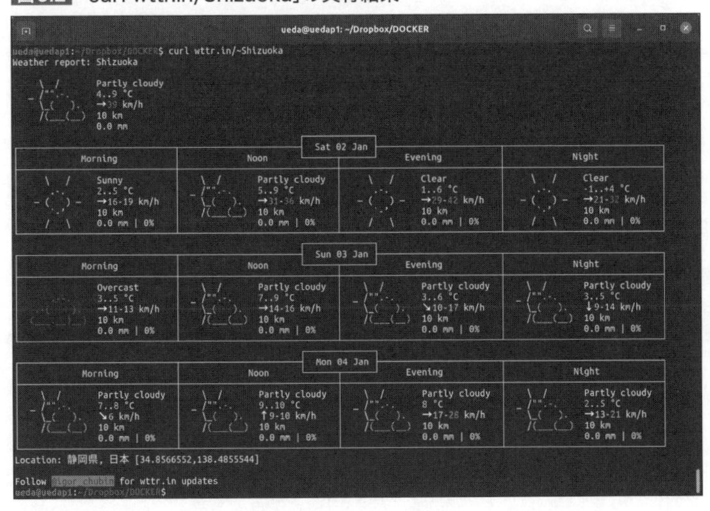

注4　https://github.com/chubin/wttr.in

また、現在の天気は、次のように**?format=3**と文字列を付けると取得できます。そして、**Shizuoka**は漢字で書いても大丈夫です[注5]。

```
1  $ curl wttr.in/静岡?format=3
2  静岡: 🌦 +26° C
```

この、**?**以降の文字列は**クエリストリング**というもので、**属性=値&属性=値&**……というようにURLに与えることで、アクセス先にデータを送ることができます。

以上をふまえ、解答を作りましょう。静岡地方気象台のページ[注6]から、地方ごとに観測施設のある地名を選び、次のように**xargs**を使って4回問い合わせると解答となります。

```
1  $ echo 富士 石廊崎 静岡 浜松 | tr ' ' \\n | xargs -I@ curl wttr.in/@?format=3
2  富士: 🌦 +21° C
3  石廊崎: ⛅ +22° C
4  静岡: 🌦 +26° C
5  浜松: 🌧 +23° C
```

問題150 複数ページのスクレイピング

今度は本書読者なら誰もが気になる(?)『Software Design』に関する調査をしてみましょう。まず1つのページのスクレイピングに挑戦して、次に複数のページのスクレイピングにも挑戦します。

問題 (中級★★　出題：田代　解答：中村、eban、上田　解説：上田)

2020年[注7]の『Software Design』のバックナンバーで、すでに売り切れた号を列挙してみましょう。次の2つのデータから解いてみましょう。

- 小問1：バックナンバー一覧のページ (https://gihyo.jp/magazine/SD/backnumber)
- 小問2：各号の紹介ページ (たとえば、2020年12月なら「https://gihyo.jp/magazine/SD/archive/2020/202012」)

解答

まず、小問1の解答です。このページには、各号のバックナンバーが最新の20号分だけ掲載されています。ここから情報を取ってみましょう(URLの後ろに「**?start=数字**」と入れると、さらにその前の号の情報も取得できます)。このページを、次のようにファイルに保存します。

```
1  $ wget https://gihyo.jp/magazine/SD/backnumber
2  $ less backnumber  ←中身を確認
3  (..略..)
```

注5　?がシェルで「任意の1字」として解釈される恐れがあるのでクォートしたほうが良いのですが、シェルを手打ちで雑に使うことを想定しているので、クォートしていません。

注6　https://www.data.jma.go.jp/shizuoka/shosai/shisetsu_we/shisetsu_we.html

注7　本書を購入された時期に合わせて、前年や、「過去12ヵ月」など適宜読み替えてください。なお、『Software Design』誌のホームページが改装されたら、ここに掲載されている解答は使えなくなりますので、念のためにshellgei160リポジトリに、使用するHTMLデータを保存してあります。

```
4  <article role="main">
5  (..略..)
6  <h3><a href="/magazine/SD/archive/2020/202003">Software Design 2020<wbr/>年<wbr/>3<wbr/>月号</a></h3>
7  <p class="author"></p>
8  <p class="sellingdate">2020年2月18日発売</p>
9  <p class="price">定価 (本体1,220円＋税)[品切]</p>
10 (..略..)
11 </article>
12 (..略..)
```

ページ内を確認すると、上のlessの出力結果のように、売り切れの号には**[品切]**との文字があります。その上に各号の年月が書いてある行があるので抽出しましょう。「**品切**」の前の3行を、grep -B3で取得します。

```
1  $ nkf -wLux backnumber | grep 品切 -B3 | head
2  <h3><a href="/magazine/SD/archive/2020/202004">Software Design 2020<wbr/>年<wbr/>4<wbr/>月号</a></h3>
3  <p class="author"></p>
4  <p class="sellingdate">2020年3月18日発売</p>
5  <p class="price">定価 (本体1,220円＋税)[品切]</p>
6  --
7  (..略..)
```

上のワンライナーでは、backnumberを念のためにnkfに通しています。Webから落としてきたページの改行コードが、LFでない場合があるからです。

この時点で、もうそれほどデータ量がないので、lessでデータに不統一な箇所がないか目視しておきましょう。問題がないことを確認したら、データを整形していきます。

```
1  ―― h3要素だけ抽出 ――
2  $ nkf -wLux backnumber | grep 品切 -B3 | grep '^<h3'
3  <h3><a href="/magazine/SD/archive/2020/202004">Software Design 2020<wbr/>年<wbr/>4<wbr/>月号</a></h3>
4  (..略..)
5  ―― urlでソートし、pandocでマークアップの記号を除去 ――
6  $ nkf -wLux backnumber | grep 品切 -B3 | grep '^<h3' | sort | pandoc -t plain
7  Software Design 2019年6月号
8  Software Design 2019年7月号
9  (..略..)
```

6行目のpandoc -t plainは、HTMLのデータからタグを消去してくれます。

最後に、2020年のデータだけ残して完成です。

```
1  小問1解答(中村) $ nkf -wLux backnumber | grep 品切 -B3 | grep '^<h3' | sort | pandoc -t plain | grep
   2020年
2  Software Design 2020年1月号
3  Software Design 2020年2月号
4  Software Design 2020年3月号
5  Software Design 2020年4月号
```

小問2では、まず次のように必要なデータをすべて1つのファイルに保存します。これができると、あとは小問1とさほど難易度は変わりません。

```
1  $ curl https://gihyo.jp/magazine/SD/archive/2020/2020'[01-12]' > 2020
2  $ less 2020
3  (..略..)
4  <div class="cover"> (..略..) title=" [表紙]Software Design 2020年1月号" /></noscript></a></div>
5  <div class="data">
6  <div class="information">
7  <p>2019年12月18日発売</p>
8  <p>B5判／192ページ</p>
9  <p>定価 (本体1,220円+税)</p>
10
11 <p class="bookStock">ただいま弊社在庫はございません。</p>
12 (..略..)
```

[01-12]という表記で、01～12までの連番をURLにはめ込んでダウンロードすることができます。

あとはどれだけ真面目にパースするかで解答が変わってしまいますが、一番安直な方法を示しておきます。

```
1  小問2解答 (eban、上田) $ grep ございません -B7 2020 | grep -o '2020年[0-9]*月号' | uniq
2  2020年1月号
3  2020年2月号
4  2020年3月号
5  2020年4月号
```

この解答では、「在庫はございません」の7行前にSoftware Design 2020年x月号という文字列があるので、grep -B7で「ございません」の7行前まで取得し、そこからgrep -oで、2020年x月号という部分を切り取っています。このgrepからはデータが重複して出てくるので、最後、uniqで重複を除去しています。ただ、この方法はそこまで信頼性はないので、間違えてはいけない書類などに結果を使う場合、検算が必要です。

問題151 複数サイトの情報の連携

次は、複数の異なるWeb APIから得られた情報を組み合わせる、簡単なマッシュアップ[注8]の問題にチャレンジしてみましょう。

問題 (上級★★★　出題、解答、解説：山田)

山手線の駅名の一覧を、駅の標高が低い順 (昇順) にソートして出力してください。次の2つのサイト、サービスから必要な情報が取得できます。

- 駅データ.jp由来のデータを置いたサーバ (https://file.ueda.tech/eki/)
- 国土地理院の「サーバサイドで経緯度から標高を求めるプログラム」(http://maps.gsi.go.jp/development/elevation_s.html)

連続で同じサーバにアクセスする際は、1秒間、時間をあける処理を入れてください。東京都の番号は13です (問題148では、神奈川県の14を利用していました)。

注8　複数の音楽を組み合わせて新たな曲を作る手法を指す音楽用語ですが、IT業界では、複数のWebサービスを組み合わせて新しいシステムを作成する手法を意味する言葉として使われることがあります。

解答

まずは次のように、山手線の路線コードを調べてみましょう。XMLと`grep`を使っても良いのですが、ここではJSONと`jq`で調べる例を挙げておきます。

```
1  $ curl -s https://file.ueda.tech/eki/p/13.json | jq '.line[] | select(.line_name=="JR山手線").line_cd'
2  11302
```

次に、山手線のXMLファイルをダウンロードします。

```
1  $ wget https://file.ueda.tech/eki/l/11302.xml
2  $ less 11302.xml
3  (..略..)
4  <station>
5  <station_cd>1130201</station_cd>
6  <station_g_cd>1130201</station_g_cd>
7  <station_name>大崎</station_name>
8  <lon>139.728439</lon>
9  <lat>35.619772</lat>
10 </station>
11 (..略..)
```

11302.xmlを確認すると、駅名の情報のほかにlon（緯度）とlat（経度）という要素が確認できます。

今度は国土地理院のページで、「標高を求めるプログラム」の使い方を調べましょう。問題文で挙げたページを読むと、たとえば次のようなURLで緯度と経度を与えると、大崎駅の標高が得られることがわかります。

```
1  ↓lonとlatというパラメータに、先ほど得た座標の値を設定
2  $ curl "http://cyberjapandata2.gsi.go.jp/general/dem/scripts/getelevation.php?lon=139.728439&lat=35.6
   19772"
3  {"elevation":4.3,"hsrc":"5m\uff08\u30ec\u30fc\u30b6\uff09"}
```

結果のJSONのelevationというフィールドが、指定した座標の標高となります。ここからelevationの値を`jq`で取り出しましょう。

```
1  $ curl (前の実行例のURL) | jq .elevation
2  4.3
```

以上をふまえて、解答を作っていきましょう。まず、**11302.xml**から駅名、緯度、経度の3列のデータを作ります。

```
1  $ cat 11302.xml | grep -oP '<(station_name|lon|lat)>\K.*(?=</\1>)' | xargs -n3
2  大崎 139.728439 35.619772
3  五反田 139.723822 35.625974
4  目黒 139.715775 35.633923
5  (..略..)
```

この`xargs`の引数として`sh`を与え、`sh`がデータを1行ずつ読み込めるようにします。

```
1  ――― 試しに3列の情報をshから出力してみる ―――
2  $ cat 11302.xml | grep -oP '<(station_name|lon|lat)>\K.*(?=</\1>)' | xargs -n3 sh -c 'printf $0;echo
   $1, $2'
3  大崎139.728439, 35.619772
4  五反田139.723822, 35.625974
5  (..略..)
```

shに与えたコマンドの**printf $0;echo $1, $2**は、データが読み込めていることを確認するだけのものです。問題55別解2のように、sh内では**$0**、**$1**、**$2**で各列の情報が使えます。さらに、次のようにshに与えるコマンドの中身を書き換えると、標高が得られます。

```
1  ↓ 1秒ごとに駅名とその標高が表示される
2  $ cat 11302.xml | grep -oP '<(station_name|lon|lat)>\K.*(?=</\1>)' | xargs -n3 sh -c 'printf "$0 ";
   curl -s "http://cyberjapandata2.gsi.go.jp/general/dem/scripts/getelevation.php?lon=$1&lat=$2" | jq .
   elevation; sleep 1'
3  大崎 4.3
4  五反田 6.3
5  (..略..)
```

この例では、**echo $1, $2**を、さきほど作った**curl**と**jq**のワンライナーに置き換えています。さらに、最後に1秒ごとにアクセスするための**sleep 1**を置き、**printf**の出力にスペースを加えています。

最後に、結果を**sort**で並べ替えると、解答となります。

```
1  ――― sortは全データの入力後に出力するので、出力まで少し時間がかかる ―――
2  $ cat 11302.xml | grep -oP '<(station_name|lon|lat)>\K.*(?=</\1>)' | xargs -n3 sh -c 'printf "$0 ";
   curl -s "http://cyberjapandata2.gsi.go.jp/general/dem/scripts/getelevation.php?lon=$1&lat=$2" | jq
   .elevation; sleep 1' | sort -k2,2n
3  有楽町 2.8
4  高輪ゲートウェイ 3.1
5  品川 3.1
6  (..略..)
7  新大久保 35
8  新宿 37.5
```

有楽町が最も標高が低く、新宿が最も高いという結果になりました[注9]。

9.2 通信関係の調査や操作を行う

次は、インターネットを支える技術の、より深部に触れる問題に挑戦していきます。HTTPをはじめ、さまざまなプロトコルに関する問題をコマンドで解決していきましょう。

注9　同じ駅でも高い地点と低い地点があるので、違う説もあります（参考：https://mbp-japan.com/tokyo/goto/column/1333238/）。連載時は同じワンライナーで、品川駅が最も低いという結果が出力されていました。

練習9.2.a 名前解決

Webページを閲覧するときや電子メールを送るとき、我々は「https://www.google.com」や「ueda@example.com」のように、アクセス先や送信先のサーバを指定するためにFQDN（⇒問題5）を使っています。一方、インターネット上のサーバはそれぞれ固有のIPアドレスを持っており、これもサーバを識別するIDとして機能します。

実は我々がFQDNを使ったとき、FQDNはあるタイミングでIPアドレスに変換されます。この変換のことは、**名前解決**と呼ばれます。ここでは、ファイル**/etc/hosts**を使った名前解決のしくみを少しいじってみます。

/etc/hostsは、IPアドレス（⇒問題125）とホスト名（⇒練習7.1.a）の対応表です。Ubuntu 20.04のデフォルトの設定では、どのマシンでもだいたい次のようになっています。

```
1  $ cat /etc/hosts
2  127.0.0.1  localhost   ←「localhost」は「自分自身」を意味するホスト名
3  127.0.1.1  uedap1      ←「uedap1」は筆者（上田）のPCのホスト名（環境によって異なる）
4  （以下、IPv6の記述）
```

これをふまえて、次の問題に取り組みましょう。

練習問題（出題、解答、解説：上田、山田）

「google.com」に対してpingコマンドを実行すると、図9.3のように「google.com」が216.58.197.174というIPアドレスを持つことがわかります注10。/etc/hostsを編集して、ping -4 google.comと実行したら、別の（本来とは異なる）IPアドレスが表示されるように細工してみてください。

図9.3 google.comに対してpingを実行

```
1  $ ping -4 google.com
2  PING google.com (216.58.197.174) 56(84) バイトのデータ  ←FQDNからIPアドレスが判明
3  64 バイト応答 送信元 nrt12s02-in-f174.1e100.net (216.58.197.174): icmp_seq=1 ttl=117 時間=3.53ミリ秒
4  （略。Ctrl+Cで停止）
```

解答

/etc/hostsを次のように編集してみましょう。どの行に書いてもかまいません。

```
1  $ sudo vi /etc/hosts
2  127.0.0.1    localhost
3  127.0.1.1    uedap1
4  192.168.1.1  google.com   ←これを追加（IPアドレスは好きなものを）
5  （..略..）
```

編集が終わったら、**ping**を打ってみましょう。次のように、**google.com**のIPアドレスが変わります。

注10　違うIPアドレスが出力されるかもしれません。各自、pingで出てきたIPアドレスに読み替えてください。

```
1  $ ping -4 google.com
2  PING google.com (192.168.1.1) 56(84) バイトのデータ  ←/etc/hostsに書いたIPアドレスに変化
3  (応答がある場合とない場合があります。いずれの場合でもCtrl+Cでpingを終えましょう)
```

この状態では、PC上のほぼすべてのソフトウェアが、**google.com**を**192.168.1.1**だと信じるようになってしまいます。そのため、たとえばブラウザで**google.com**を指定しても、Googleの検索サイトは表示されなくなります。試してみてください[注11]。

確認し終わったら、**/etc/hosts**は元に戻しておきましょう。

補足1 (ping)

pingはインターネット上のサーバ同士の疎通確認によく使われます。**ping**を使うことは、「**ping**を打つ」と表現されます。**ping**はICMP Echo Requestという**パケット**[注12]を、引数として指定されたホストに送り、相手から返ってくるICMP Echo Replyというパケットを受信します。**ICMP** (Internet Control Message Protocol、インターネット制御通知プロトコル) とは、TCP/IP (⇒問題130補足) 上で、データ通信以外 (エラー通知など) の用途の通信に使われるプロトコルです。

補足2 (DNS)

FQDNに対する名前解決には、通常**/etc/hosts**は用いられず、「別のサーバに聞く」という方法がとられます。問題文にある**図9.3**の**ping**も、この方法でFDQNをIPアドレスに変換しました。この名前解決サービスは**DNS** (Domain Name System) というもので、インターネット上にあるDNSサーバ[注13]が、問い合わせを受け付ける役割を担っています。

pingにはIPアドレスを直接指定することもできます。たとえば、あるサーバに対して**ping**を打ったとき、IPアドレスでは返事がある一方、FQDNでは返ってこない場合、DNSまわりの設定が疑わしいということになります。

DNSサーバのIPアドレスは、**/etc/resolv.conf**に設定されています。

```
1  $ cat /etc/resolv.conf | grep nameserver
2  nameserver 8.8.8.8  ←問い合わせ先のDNSサーバのIPアドレス
```

ただし、最近のUbuntuなどでは、**127.0.0.53**という (わかる人には) 変なIPアドレスが設定されています。この話題については、問題154で扱います。

補足3 (IPv6)

IPアドレスには、本書でおもに使われている**IPv4**アドレスと、それとは異なる**IPv6**アドレスがあります。IPv4アドレスは、数字4個をドット (.) でつないで表記されます。一方IPv6アドレスは、もっと桁が多く、

注11　ブラウザが以前アクセスしたときのIPアドレスを覚えていて、表示してしまう可能性があります。普段使っていないブラウザや、ブラウザの匿名機能 (シークレットウィンドウやプライベートウィンドウなどと呼ばれるもの) を用いると検証できます。

注12　「小包」という意味で、送りたいデータを細かく刻んで、それぞれに送信先の情報などのヘッダを付けたものを表します。

注13　「DNSサーバ」は実はあいまいな表現です。多くの場合は「フルリゾルバー」と呼ばれるサーバが問い合わせをいったん受け付け、フルリゾルバーがさらに「ルートサーバ」や「権威サーバ」と呼ばれるIPアドレスの情報を持った別のサーバに問い合わせる動作をします。これらのサーバすべてが文脈によって「DNSサーバ」と呼ばれる場合があります。本書ではDNSのしくみについて細かくは触れないので、そのあたりは厳密に使い分けていません。DNSに興味のある方には、参考文献 [21] をお勧めしておきます。

IPv4のIPアドレスが使い切られることを見越して策定されたものです。

筆者(上田)の環境では、「google.com」に`-4`というオプションなしで`ping`を打つと、次のように`2404:6800:4004:81a::200e`というIPv6アドレスに変換されます。

```
1  $ ping google.com
2  PING google.com(nrt12s13-in-x0e.1e100.net (2404:6800:4004:81a::200e)) 56 データ長(byte)
3   ↑2404:……というIPアドレス
4  64バイト応答 送信元nrt12s13-in-x0e.1e100.net (2404:6800:4004:81a::200e): icmp_seq=1 ttl=116 時間=3.92
   ミリ秒
5   (..略..)
```

補足4(ホスト名・ドメイン名・FQDN)

サーバやPCを指す名前には、これまで「FQDN」と「ホスト名」が出てきました。ホスト名という言葉は一般的に、ネットワーク上のサーバの名前を指します(⇒練習7.1.a)。この意味では、FQDNもホスト名と言えます。

一方、FQDNの構成という文脈では、ドットで区切られた文字列の一番左側の文字列のことを「ホスト名」と呼びます。たとえばFQDNが「www.yahoo.co.jp」の場合、「www」がホスト名です。ほかの文字列である「yahoo.co.jp」は、「www」が属する**ドメイン**(領域)の名前ということで、**ドメイン名**と呼ばれます。

ただし、`ping yahoo.co.jp`と打つとわかるように、インターネット上には「yahoo.co.jp」を名乗るサーバも存在します。したがって、ドメイン名である「yahoo.co.jp」もFQDNとみなせ、この場合は「yahoo」がホスト名、「co.jp」がドメイン名であると解釈できます。

ドメインは、ディレクトリのように木構造になっています。問題22でも説明しましたが、「com」や「jp」など、電子メールアドレスやURLの末尾にあるようなドメインは、木の頂点(ルートドメイン)の直下にあるドメインということで、トップレベルドメイン(TLD)と呼ばれます。

練習9.2.b HTTPステータスコード

次は、ブラウザでよく見る「404」などのエラーコードに関して、事前知識を身につけましょう。このエラーを示す番号は、**HTTPステータスコード**と呼ばれます。問題132でも出てきたように、HTTPステータスコードを発行するのはWebサーバです。Webサーバが、各アクセス元に対してほかの情報とともにHTTPステータスコードを返し、ログに記録します。

練習問題 (出題、解答、解説:上田、田代)

`wget`で次のURLにアクセスし、`wget`が出力するメッセージを読んで、HTTPステータスコードと、その後ろの文字列を抽出するワンライナーを考えてみましょう。

- URL1:https://b.ueda.tech
- URL2:https://b.ueda.tech/nofile
- URL3:https://blog.ueda.tech

解答

たとえば、「https://b.ueda.tech」にwgetすると、次のようなメッセージがエラー出力から出てきます。

```
$ wget https://b.ueda.tech
--2021-01-04 11:09:50--  https://b.ueda.tech/
b.ueda.tech (b.ueda.tech) をDNSに問いあわせています... 160.16.96.252   ←名前解決（前問参照）
b.ueda.tech (b.ueda.tech)|160.16.96.252|:443 に接続しています... 接続しました。
HTTP による接続要求を送信しました、応答を待っています... 200 OK   ←HTTPステータスコードの行
長さ: 特定できません [text/html]
`index.html' に保存中

index.html              [ <=>                       ]  17.63K  --.-KB/s    in 0.007s

2021-01-04 11:09:51 (2.43 MB/s) - `index.html' へ保存終了 [18057]
```

この場合、行番号5の行（出力の4行目）にある、200 OKという文字列が抽出対象です。

したがって、次のようなワンライナーが考えられます。

```
$ wget (URL) |& grep -Po '応答を待っています\.\.\. \K.*'
```

URL1〜3に対して使ってみましょう。

```
URL1 $ wget https://b.ueda.tech |& grep -Po '応答を待っています\.\.\. \K.*'
200 OK
URL2 $ wget https://b.ueda.tech/nofile |& grep -Po '応答を待っています\.\.\. \K.*'
404 Not Found
URL3 $ wget https://blog.ueda.tech |& grep -Po '応答を待っています\.\.\. \K.*'
301 Moved Permanently
200 OK
```

以上が解答となりますが、重要なのは解答よりも出力です。URL1は、存在するサイトを指しており、エラーが発生しなかったので200 OKという返事が返ってきました。URL2については存在しないファイルを要求したことから、404 Not Foundと返ってきました。URL3に対しては、2つコードが返ってきています。1つめの301 Moved Permanentlyは、「別のURLに引っ越ししました」という意味です。これを受け取ったwgetは、引越し先のURLにもう一度アクセスして、今度は200 OKという返事をもらっています。

この問題で得られた202、301、404のほかにも、HTTPステータスコードには多くの種類があります。「https://ja.wikipedia.org/wiki/HTTPステータスコード」に、各コードの意味の一覧が掲載されています。

問題152 ネットワーク監視

ここから本節（そして本書最後）の本番です。まずは、直前の練習問題で扱ったHTTPステータスコードを利用してみましょう。練習問題のようにwgetのメッセージをスクレイピングしても解けますが、curlの使用の検討や、オプションの調査もしてみてください。

問題 (初級★ 出題:山田 解答:上田 解説:田代)

5秒に1回特定のURLにアクセスし、レスポンスのHTTPステータスコードが200ならSuccess、それ以外ならWarningと標準出力に出力するワンライナーを考えてください。

解答

curlのオプションを駆使した解答例を示します。

```
1  $ while sleep 5; do curl -Is -o /dev/null -w '%{http_code}' https://www.google.co.jp/ | awk '{print
   /200/?"Success":"Warning"}' ;done
2  Success
3  Success
4  (Ctrl+Cで止める)
5  $ while sleep 5; do curl -Is -o /dev/null -w '%{http_code}' https://www.google.co.jp/missing | awk '{
   print /200/?"Success":"Warning"}' ;done                    ↑存在しないURLを指定してみる
6  Warning
7  Warning
8  (Ctrl+Cで止める)
```

curlの-I(あるいは--head)は、HEADリクエストを送るオプションです。これは、HTTPでのWebサーバへのアクセス方法(**HTTPリクエストメソッド**)の1つで、データ本体ではなく、データのヘッダ部分(メタデータ)だけ返事がほしいときに使います。また、-Iの後ろのs(独立して記述するときは-sあるいは--silent)は、ダウンロードの進捗状況を非表示にするオプションです。さらに、その後ろの-o /dev/nullで出力も捨てています。-oは、サーバからの返事(**HTTPレスポンス**)を、指定したファイルに保存するためのオプションです。その後ろの-w '%{http_code}'は、HTTPステータスコードを出力するオプションです。これで、次のように、curlからはHTTPステータスコードだけが出力されます。

```
1  $ curl -Is -o /dev/null -w '%{http_code}' https://www.google.co.jp/
2  200
3  $ curl -Is -o /dev/null -w '%{http_code}' https://www.google.co.jp/missing
4  404
```

あとはコードをSuccessとWarningに変換すれば、問題で指定した出力を作れます。冒頭の解答例では、この変換をawkで行っています。また、curl …… | awk ……のワンライナーをwhile文に入れて、5秒ごとに実行しています。

問題153 telnetコマンドでHTTP通信

前問では、HTTPリクエストやHTTPレスポンスという用語が出てきました。今度の問題では、これらをtelnetというコマンドで扱います。コマンドでサーバと会話する場合、通常のパイプラインのようにデータを送ったら終わりではなく、相手の返事を受け取らなければなりません。この返事、いつどれだけ返ってくるかわからないので、受信の成功率を上げるために、少し小細工が必要になることがあります。

問題 （初級★　出題、解答、解説：田代）

telnetでWebサーバに接続すると、HTTPリクエスト（以下、リクエスト）を手入力して直接会話ができます。図9.4の例は「www.google.co.jp」にHEADリクエストを送る操作です。リクエストには最後に空行が必要なことに注意してください。

この例と同様な操作をワンライナーで実現し、HTTPレスポンス（以下、レスポンス）を取得してください。図9.4の8〜11行目にHTTPレスポンスの例があります。また、余力のある人はHTTPSでも手入力でHEADリクエストを送る方法、その操作をワンライナー実行する方法を考えてみてください。HTTPSの場合、telnetは使えないかもしれません。

図9.4 telnetでWebサーバとHTTP通信をする

```
 1 $ telnet www.google.co.jp 80      ←www.google.co.jpの80番ポートに接続
 2 Trying 172.217.26.99...           ←telnetのメッセージ（4行目まで）
 3 Connected to www.google.co.jp.
 4 Escape character is '^]'.
 5 HEAD / HTTP/1.1                   ←入力
 6 Host: www.google.co.jp            ←入力
 7                                   ←入力（空行）
 8 HTTP/1.1 200 OK                   ←レスポンス（11行目まで）
 9 Content-Type: text/html; charset=Shift_JIS
10 （..略..）
11 Set-Cookie: NID=205=……
12 ^]                                ←入力（Ctrl-]のあと、Enterを押下
13 telnet> quit                      ←入力
14 Connection closed.
```

解答

まずは、リクエストの文字列を出力するコマンドを作成します。ここではprintfを使います。

```
1 $ printf 'HEAD / HTTP/1.1\nHost: www.google.co.jp\n\n'
2 HEAD / HTTP/1.1
3 Host: www.google.co.jp
4                          ←空行が必要なことに注意
```

この文字列をtelnetに標準入力から流し込んでやればいいのですが、ただ単にパイプでつなげただけでは、次のようにレスポンスが表示されません。

```
1 $ printf 'HEAD / HTTP/1.1\nHost: www.google.co.jp\n\n' | telnet www.google.co.jp 80
2 Trying 2404:6800:4004:81d::2003...
3 Connected to www.google.co.jp.
4 Escape character is '^]'.
5 Connection closed by foreign host.  ←レスポンスが表示されずに切断される
```

その理由は、telnetがレスポンスを表示する前に終了してしまうためです。そこでリクエスト送信後に、1秒程度待ち時間を入れてみましょう。

```
1  $ ( printf 'HEAD / HTTP/1.1\nHost: www.google.co.jp\n\n'; sleep 1; ) | telnet www.google.co.jp 80
2  Trying 2404:6800:4004:81e::2003...
3  Connected to www.google.co.jp.
4  Escape character is '^]'.
5  HTTP/1.1 200 OK  ←レスポンスが出力される
6  (..略..)
7
8  Connection closed by foreign host.
```

このように、(回線が相当混雑していなければ) レスポンスが表示されます。これを正解とします。

HTTPS接続の場合は、**telnet**の代わりに、**openssl** (⇒問題130別解3) のサブコマンドである**s_client**を使います。

```
1  $ ( printf 'HEAD / HTTP/1.1\nHost: www.google.co.jp\n\n'; sleep 1; ) | openssl s_client -connect www.
   google.co.jp:443 -quiet -no_ign_eof
2  depth=2 OU = GlobalSign Root CA - R2, O = GlobalSign, CN = GlobalSign
3  verify return:1
4  (..略..)
5  HTTP/1.1 200 OK  ←ここからHTTPレスポンス
6  Content-Type: text/html; charset=Shift_JIS
7  (..略..)
8
9  DONE
```

s_clientは、SSL/TLSのクライアントとして**openssl**を動作させるオプションです。SSL/TLSは、HTTPS接続で使われる暗号化方式です。**openssl**コマンドには多くの機能があり、SSL/TLSサーバとしても動作できます。そのため、サブコマンド**s_client**を指定し、クライアントとして動作することを明示します。

s_clientの後ろの**-connect**は、接続先を指定するためのオプションです。HTTPSのデフォルトのポート番号は443番ですので、ここでは**www.google.co.jp:443**と指定しています。

最後の**-quiet -no_ign_eof**はサーバ証明書 (⇒問題130別解3) 関係の出力をしないオプション[注14]です。これは必須ではありません。

補足 (HTTPリクエストとレスポンス)

HTTPリクエストは、**図9.4**で手で入力したように、テキストでWebサーバに送られます。

```
1  HEAD / HTTP/1.1          ←HTTPリクエストライン
2  Host: www.google.co.jp   ←ヘッダ
3                           ←空行でヘッダの終わりを表現
```

1行目の**HTTPリクエストライン**には、**HEAD**などのメソッド (⇒前問) と対象となるディレクトリ、HTTPのバージョンを書きます。また、2行目以降のヘッダには、1行ごとにコロン (**:**) 区切りでヘッダの項目と値を記述します。上の例ではヘッダが1行ですが、通常は複数行にわたってヘッダ情報が記述されます。

注14 **-quiet**が出力抑制のオプションで、**-no_ign_eof**が、EOFが来たら接続を切るオプションです。通常はEOFが来たら通信は切断するのですが、**man**によると、**-quiet**のときは、**-no_ign_eof**が必要とのことです。

ヘッダの終わりには空行を1行入れます。POSTという、データをアップロードするメソッドの場合、空行のあとにWebサーバに送る情報が記述されます。

今度はHTTPレスポンスの例を示します。`www.google.co.jp`に対して、HEADではなくGETというメソッドを使い、`GET / HTTP/1.1`とリクエストをしたときのものです。

```
1  HTTP/1.1 200 OK                                  ←HTTPレスポンスライン
2  Date: Mon, 04 Jan 2021 05:58:58 GMT              ←ここからヘッダ
3  (..略..)
4  Transfer-Encoding: chunked
5                                                   ←ヘッダ終わりの空行
6  4f7a                                             ←ここからデータ（この行の16進数は、分割してデータを送るときのデータ量）
7  <!doctype html><html itemscope="" itemtype       ←HTMLのデータが受信されている
8  (..略..)
```

1行目にHTTPリクエストラインと対になる**HTTPレスポンスライン**があって、2行目から空行までヘッダの項目が並びます。Webページへのリクエストの場合、空行以降はデータの本体部分（HTTPレスポンスボディ）で、この例では、これまで見てきたようなHTMLのデータを見ることができます。

問題154 /etc/hostsの使用調査

次に、名前解決（⇒練習9.2.a）に関する問題を解きましょう。練習9.2.aの`ping`のように、ネットワーク用のコマンドのほとんどはユーザーの代わりに名前解決をしてくれますが、これがどのようなしくみで動いているのか確認してみましょう。なお、コマンドがどのファイルを読み書きしているかを調査する方法は、第7章で出てきました。

問題（中級★★　出題、解答、解説：山田）

curl、wget、dig、nslookup、pingの5つのコマンドは、すべて何らかの形でネットワーク通信を行うものです。FQDNを引数として与えられたとき、コマンドの内部で直接/etc/hostsファイルを参照するコマンドは、これらのうちどれでしょうか。図9.5のように、ワンライナーで列挙してください。

図9.5 実行例

```
1  $ 解答のワンライナー
2  curl
3  wget
4  ping
```

解答

まずは、各コマンドを実行するためのシェルスクリプトをワンライナーで作り、出力しましょう。処理対象のFQDNは何でも良いのですが、ここでは「b.ueda.tech」を使います。`echo`コマンドでそれぞれのコマンド名を出力し、`sed`でFQDNを引数として付けます。その際、`wget`には無駄なファイルを作らないように`-O-`オプションを、`ping`にはパケットを1回送って動作を終了するように`-c 1`オプションを付けておきます。

```
1  $ echo -e 'curl \nwget -O- \ndig \nnslookup \nping -c 1' | sed 's:.*:& b.ueda.tech:'
2  curl  b.ueda.tech
3  wget -O-  b.ueda.tech
```

```
4  dig  b.ueda.tech
5  nslookup  b.ueda.tech
6  ping -c 1 b.ueda.tech
```

次にsedの引数を変更して、strace（⇒練習7.3.a）と、straceの出力を加工するワンライナーを付け加えます。

```
1  $ echo -e 'curl \nwget -O- \ndig \nnslookup \nping -c 1' | sed 's:.*:sudo strace -f & b.ueda.tech |\&
    grep /etc/hosts | sed "s/^/& /":'
2  sudo strace -f curl b.ueda.tech |& grep /etc/hosts |& sed "s/^/curl /"
3  (..略..)
```

行番号2の行のように、各コマンドの前にstraceを置き、後ろにstraceの出力から/etc/hostsを検索するgrepと、コマンドの名前を付加するsedをパイプでつなげます。

この出力をbashに流し込みましょう。

```
1  $ (前述のワンライナー) | bash
2  curl [pid 6705] openat(AT_FDCWD, "/etc/hosts", O_RDONLY|O_CLOEXEC <unfinished ...>
3  wget -O- openat(AT_FDCWD, "/etc/hosts", O_RDONLY|O_CLOEXEC) = 3
4  (..略..)
```

このように、コマンド名が行頭に付いた状態で、/etc/hostsを参照しているシステムコールの行が抽出されます。

この結果から1列目だけを抽出して、重複を除けば解答になります。

```
1  $ echo -e 'curl \nwget -O- \ndig \nnslookup \nping -c 1' | sed 's:.*:sudo strace -f & b.ueda.tech |\&
    grep /etc/hosts | sed "s/^/& /":' | bash | awk '!a[$1]++{print $1}'
2  curl
3  wget
4  ping
```

補足（systemd-resolved）

上の解答より、dig、nslookupは/etc/hosts（以後hosts）を参照しないことがわかりました。これらのコマンドはhostsを使用せず、DNSサーバのみを使って名前解決するように見えます。

では、hostsを編集してもこれらのコマンドには影響がないのでしょうか？　実は、OSやディストリビューションによっては影響が出ることがあります。たとえば筆者（山田）のUbuntu 20.04環境では、hostsを編集すると、その内容にしたがってIPアドレスが名前解決されます。

```
1  $ sudo sh -c "echo '1.2.3.4 b.ueda.tech' >> /etc/hosts"
2  $ dig b.ueda.tech +short
3  1.2.3.4
4  ――― 試したあとはhostsファイルをもとに戻しましょう―――
```

最近のUbuntuではデフォルトでsystemd-resolvedというプロセスが動いており、名前解決のサービスを提供しています。練習9.2.a補足2で触れた127.0.0.53は、このプロセスに問い合わせするための内部的なIPアドレスです。このsystemd-resolvedが/etc/hostsを利用するため、digなどがDNSサーバだけに問い合わせているように見えても、/etc/hostsの内容が反映されます。

問題155 不正なContent-Length

次は、ワンライナーでHTTPリクエストとレスポンスに関する実験をするという問題です。問題130別解のいずれかが参考になります。

問題 (中級★★ 出題、解答、解説:山田)

8080番のポートでHTTPリクエスト(以下、リクエスト)を受け取り、図9.6のようなHTTPレスポンス(以下、レスポンス)を返すワンライナーを考えてください。受け取ったHTTPリクエストの内容を解析する必要はありません。

このワンライナーを実行したら、別の端末でcurl http://localhost:8080を実行して、レスポンスが受け取れることを確認しましょう。

次に、図9.6のレスポンスのContent-Lengthの値を5にしてみてください。そして、このレスポンスをcurlで受け取り、何が起こるか調査してください。基本的にWebサーバは、レスポンスするデータのバイト数をヘッダに含めます。Content-Lengthは、そのためのヘッダ項目です。

図9.6 送信するHTTPレスポンス

```
1 HTTP/1.1 200 OK
2 Content-Length: 4
3
4 test   ←testの後に改行は入れない
```

解答

問題130別解1のように、ncを利用しましょう。

```
1 $ ( echo -e "HTTP/1.1 200 OK\nContent-Length: 4"; echo; printf test ) | nc -N -l 8080
```

これを実行すると、8080ポートでリクエストの待ち受け状態になります。

同じマシンでcurlしてみましょう。

```
1 $ curl http://localhost:8080/
2 test
```

ちゃんと受信ができます[注15]。

今度は、Content-Lengthの値を5に変えてみます。そうすると、curlは「1バイト足りない」とワーニングを出します。

```
1 端末1 $ ( echo -e "HTTP/1.1 200 OK\nContent-Length: 5"; echo; printf test ) | nc -N -l 8080
2 端末2 $ curl http://localhost:8080/
3 curl: (18) transfer closed with 1 bytes remaining to read
4 test
```

また、ncに-Nを付けないと、curlが終わらなくなります。

```
1 端末1 $ ( echo -e "HTTP/1.1 200 OK\nContent-Length: 5"; echo; printf test ) | nc -l 8080
2 端末2 $ curl http://localhost:8080/
3 $ curl http://localhost:8080/
4                               ←終わらない
```

注15 ncをしかけた端末には、curlからのHTTPリクエストが出力されています。各自ご確認お願いします。

このように、HTTPレスポンスのヘッダをいじると受信側の挙動を変えたりだましたりできますが、悪用は禁物です。

別解

socatという、サーバ側としてもクライアント側としても通信ができるコマンドがあり、これを使って解くこともできます。詳細は割愛しますが、次のコマンドで別解になります。

```
1  別解（山田） $ socat -v tcp-listen:8080,crlf,reuseaddr,fork system:'echo HTTP/1.1 200 OK; echo "Content
   -Length: 5"; echo; printf test'
```

補足1（Content-Lengthの無視）

curlには--ignore-content-lengthというオプションがあり、次のようにリクエストを送ると、Content-Lengthが間違っていてもエラーが出なくなります。

```
1  $ curl --ignore-content-length http://localhost:8080/
2  test
```

ただし、nc側には-Nが必要です。送信側が送信をあきらめないと、受信側はタイムアウトを設定しない限り待つことになってしまいます。

補足2（curl以外のクライアントの挙動）

いくつかのブラウザで、「Content-Length: 5」のHTTPレスポンスを受け取ってみました。ncには-Nを付け、いくつかのブラウザのアドレス欄に「http://localhost:8080」と入力して試してみましたが、「接続が切断されました」のようなエラーメッセージが表示されるものもあれば、何事もなかったかのように「test」と表示するものもあるようです。

問題156 複数のIPアドレスが登録されているドメイン

アクセスの多いWebサイトでは、同じFQDNで、複数のサーバが仕事を分担していることがあります。次の問題では、このようなサーバを探します。方法は自身で調査いただきたいのですが、問題154で調査したコマンドのうち、どれかを使うというヒントを出しておきます。

問題（中級★★　出題、解答、解説：山田）

リスト9.2のdomains.txtは、FQDNのリストです。このリストの中から、複数のIPアドレスが登録されているFQDNのみを抽出してください。

リスト9.2 domains.txt

```
1  gihyo.jp
2  github.com
3  gitlab.com
4  wikipedia.org
```

解答

問題154で出てきたdigを使うと、DNSサーバに情報を問い合わせできます。これにFQDNを引数として渡すことで、ひもづけられているIPアドレスを表示できます。

```
1  $ dig gihyo.jp
2  ; <<>> DiG 9.8.3-P1 <<>> gihyo.jp
3
4  ;; QUESTION SECTION:
5  ;gihyo.jp.                IN   A
6
7  ;; ANSWER SECTION:
8  gihyo.jp.         300      IN   A   104.20.33.31
9  gihyo.jp.         300      IN   A   104.20.34.31
10 (..略..)
```

上の出力のANSWER SECTION注16というセクションのすぐ下の行に、IPアドレスを含んだ行がありますね。これはDNSの**Aレコード**注17を表しており、2行続いています。それぞれの行には互いに異なるIPアドレスが記述されており、これは1つのFQDN（gihyo.jp）に対して2個のIPアドレスが登録されていることを意味します注18。

ここからgrepを使ってAレコードの箇所を抽出しても良いのですが、digコマンドに+noallと+answerオプションを付けると、ANSWER SECTIONの内容のみを出力できて、grepが不要になります。xargsを使い、domains.txtにあるFQDNひとつひとつに対してdig +noall +answerを実行することで、以下の結果が得られます。

```
1  $ cat domains.txt | xargs -n1 dig +noall +answer
2  gihyo.jp.         300   IN    A   104.20.33.31
3  gihyo.jp.         300   IN    A   104.20.34.31
4  github.com.       11    IN    A   192.30.255.113
5  github.com.       11    IN    A   192.30.255.112
6  gitlab.com.       300   IN    A   52.167.219.168
7  wikipedia.org.    555   IN    A   198.35.26.96
```

この結果から、gihyo.jpとgithub.comに対して複数のIPアドレスが存在することがわかります。ただし、これは後々変わるかもしれません。

あとは、複数のIPアドレスを持ったFQDNのみを抽出して、後ろのドットを除去すれば注19解答となります。

```
1  $ cat domains.txt | xargs -n1 dig +noall +answer | awk '{print $1}' | uniq -d | sed 's/.$//'
2  gihyo.jp
3  github.com
```

注16　DNSでやりとりされる内容は「DNSメッセージ」と呼ばれた決まった形式があり、複数のセクションで構成されます。解答例にあるQUESTION SECTIONも、DNSメッセージを構成するセクションの1つです。DNSサーバがAレコードの内容を応答する際は、ANSWER SECTIONが利用されます。ほかの種類のSECTIONや用途についての調査には、参考文献［21］をお勧めします。

注17　あるホスト名に対してこのAレコードがDNSサーバに登録されていると、「そのホスト名＋DNSサーバの管理するドメイン名」で構成されるFQDNからIPアドレスへの変換が可能になります。

注18　気になる方は「DNSラウンドロビン」で検索してみましょう。

注19　digの出力を見ると、FQDNの後ろにドット（.）が付いていますが、実はドットのあるこちらのほうが正式な表記です。

問題157 pingのパケット解析

今度は、コマンドでパケット解析に挑戦してみましょう。こちらもあまりヒントがありませんが、練習9.2.a補足1が少し参考になります。また、Web上で「パケット解析」などのキーワードで調査してみましょう。

問題（上級★★★　出題、解答、解説：山田）

図9.7のように、端末1で「gihyo.jp」にpingを打ち、その送信内容を監視しようとしています。

小問1：

もうひとつの端末2を用意し、pingが送信する内容を16進数で出力するためのワンライナーをしかけてください。そのあと図9.7のpingを実行し、機能することを確認してください。出力に余計な文字（ヘッダ情報など）が入っていてもかまいません。

小問2：

pingが送る、ICMP Echo Requestのパケットの構造[注20]を表9.1に示します。この表を参考に、表の最後の項目「データ」の部分を16進数表記で出力するワンライナーを端末2にしかけ、端末1で再度pingして機能することを確認してください。

図9.7 gihyo.jpにpingを打つ

```
1 端末1 $ ping -c 1 -4 gihyo.jp
2          ↑IPv4でgihyo.jpに1回だけICMP Echo Requestを送信
```

表9.1 ICMP Echo Requestのパケット構造

データの内容	データのサイズ	値
タイプ	1オクテット	0x08
コード	1オクテット	0x00
チェックサム	2オクテット	可変
識別子	2オクテット	可変
シーケンス番号	2オクテット	可変
データ	可変長	可変

解答（小問1）

パケットの生データの監視には、**tcpdump**（⇒問題124別解2）がよく使われます。プロトコルやネットワークデバイスの名前など、パケットを監視する条件を細かく指定すると、その条件に合致したパケットを標準出力やファイルに書き出せます。

解答しましょう。まず、問題文の端末2に相当する端末で、次のように**tcpdump**を実行し、パケットの監視を開始します。

```
1 端末2 $ sudo tcpdump -x -c 1 icmp 2>/dev/null
2 （待ちの状態）
```

-xは、受信したデータを16進数表記で表示するオプションです。そして**-c 1**オプションを付けることで、1つパケットを受け取ったら動作が終了します。また、**icmp**という引数が指定されていますが、これを指定することで、ICMPプロトコルのパケットのみを監視できます。

これで問題文のように、端末1で**ping**を打ってみましょう。**tcpdump**からは、次のような出力が得られます。

注20 RFC 792で定められています。https://tools.ietf.org/html/rfc792#page-14

```
1  端末2 $ sudo tcpdump -x -c 1 icmp 2>/dev/null
2  18:53:57.171199 IP ip-172-31-8-200.ap-northeast-1.compute.internal > 104.22.58.251: ICMP echo request
   , id 8, seq 1, length 64
3  0x0000:  4500 0054 4d45 4000 4001 956b ac1f 08c8
4  0x0010:  6816 3afb 0800 a087 0008 0001 c59f 1960
5  0x0020:  0000 0000 b79c 0200 0000 0000 1011 1213
6  0x0030:  1415 1617 1819 1a1b 1c1d 1e1f 2021 2223
7  0x0040:  2425 2627 2829 2a2b 2c2d 2e2f 3031 3233
8  0x0050:  3435 3637
```

この出力の4桁の16進数が、pingの送ったデータです。小問1は、これを解答とします。

解答（小問2）

小問2については、小問1の出力から可変長のデータ部分のみを取り出すことができれば、解答となります。ここであらためて問題文の**表9.1**を見てみましょう。ICMP Echo Requestのパケットは、**0x08**と**0x00**から始まることがわかっています。よって**0800**という表記が最初にパケットの先頭に現れ、そこから6オクテット分を飛ばしてそれ以降のデータが、ICMPパケットの可変長データと判断して良さそうです。

なお、**0800**よりも前にあるデータは**IPヘッダ**で、送信元と送信先のMACアドレス[注21]やIPアドレスなどの情報が含まれています。今回は不要なので削ってしまってかまいません。

これをふまえると、小問2に対しては、次のような解答が考えられます。行番号2の行の出力が、ICMP EchoRequestの内容の16進数表記です。なお出力は、小問1で得られたものから変化しています。

```
1  端末2 $ sudo tcpdump -x -c 1 icmp 2>/dev/null | grep $'\t' | sed 's/.*://' | xargs | sed -r 's/^.*08
   00 (.{4} ){3}//'
2  95a0 1960 0000 0000 b2ea 0400 0000 0000 1011 1213 1415 1617 1819 1a1b 1c1d 1e1f 2021 2223 2425 2627
```

4桁の数字を**tcpdump**の出力から取り出して1行に並べ、**0800**と、あとの3個の4桁の数字を削っています。**grep**の**$'\t'**は、ANSI-C Quoting（⇒問題72別解3）によるタブ文字の表現です。パケットの内容が書かれた行だけを抽出するために、タブ文字を目印にしています。

補足（ICMP Echo Requestの解析）

問題自体はこれで解けましたが、せっかくなので抽出した可変長部分の内容を読み解いてみましょう。最初の16バイトは、パケットを送信した時刻のUnix時刻（単位は秒）と、1秒未満の端数（単位はマイクロ秒）です。

```
1  95a0 1960 0000 0000   ←Unix時刻
2  b2ea 0400 0000 0000   ←マイクロ秒
```

このUnix時刻は、リトルエンディアンで並んでいます。**date**で調べてみましょう。

```
1  ―― 95a0 1960 0000 0000 というリトルエンディアンのバイト列を並び替える ――
2  $ echo 95a0 1960 0000 0000 | tr -d ' ' | fold -b2 | tac | paste -sd ''
3  000000006019a095
```

注21　ネットワーク機器（ハードウェア）に付けられている識別番号です。

```
4  $ echo 000000006019a095 | tr '[:lower:]' '[:upper:]' | sed 's/^/obase=10;ibase=16;/' | bc
5  1612292245  ←パケットの送信日時 (Unix時刻)
6  ―― Unix時刻をdateコマンドで読むと日付が判明 ――
7  $ date -d @1612292245
8  2021年  2月  2日 火曜日 18:57:25 UTC
```

それ以降のバイト列には、データのかさ増しのため、16進数で`0x10`〜`0x37`の範囲の適当な数が入っています。`ping`は決めた量のデータを送信しますが、量が重要であって、中身を使わないからです。

問題158 パケットを使ったOSの推定

次は、パケットのメタ情報を使った「ある調査」を行います。小問2については未出のコマンドを使いますが、ノーヒントとさせてください。

問題 (上級★★★ 出題、解答、解説：山田)

小問1：

好きなインターネット上のホスト(例では「gihyo.jp」にします)に`ping`を送ってみてください。そのホストからレスポンスがあれば、結果が表示されます。その結果には、図9.8の3、4行目のようにTTL(`ttl=数字`)という項目が含まれています。このTTLの値を1つだけ出力して、動作を終了するワンライナーを考えてください。たとえばTTLが48であれば、図9.9のように出力します。

図9.8 pingのレスポンス

```
1  $ ping -4 gihyo.jp
2  PING gihyo.jp (104.20.33.31) 56(84) bytes of data.
3  64 bytes from 104.20.33.31: icmp_seq=1 ttl=48 time=0.381 ms
4  64 bytes from 104.20.33.31: icmp_seq=2 ttl=48 time=0.394 ms
5  (..略..)
```

図9.9 実行例

```
1  $ 解答のワンライナー
2  48
```

小問2：

ICMPパケットが通る通信経路には、宛先のホストだけでなくルータやレイヤ3以上のスイッチ[注22](以下、便宜上ノードと呼びます)が存在します。小問1でICMPパケットを送って返ってくるまでに、いくつのノードを経由するのか数えて数字を出力してください。送信元ホスト自身は数から除き、宛先のホストは数に入れてください。

解答(小問1)

`ping`が出力する最初の`ttl=数字`を含む行から、正規表現で数字の部分を出力すれば解答完了です。本書も終盤ですので、解答例を示すだけにします。

```
1  $ ping -4 gihyo.jp | grep -m 1 -oP 'ttl=\K\d+'
2  48
```

注22 「レイヤ3以上のスイッチ」が何かは細かく説明しませんが、IPアドレスを使って通信を制御するEthernetのハブだと考えれば十分です。

解答（小問2）

ホスト間にあるノードの情報を調べるには、tracerouteがよく使われます。

```
1  $ sudo apt install traceroute  ←インストール
2  $ sudo traceroute -I gihyo.jp
3  traceroute to gihyo.jp (104.20.34.31), 30 hops max, 60 byte packets
4  1 192.168.3.1 (192.168.3.1) 2.362 ms 1.803 ms 2.448 ms
5  2 * * *
6  3 * * *
7  (..略..)
8  15   104.20.34.31 (104.20.34.31)   8.745 ms   8.740 ms   8.748 ms
```

この例では-Iを付けましたが、単にノードの数を数えるなら必ずしも必要ありません。-Iを付けるとpingと同じICMPパケットを送ってくれます。

ここからノードの数を数えます。上記のtracerouteの結果を見ると、数字で始まる行にIPアドレスが記載されており、1行が1つのノードに対応しているようです。そして、1フィールド目の数字は、経由したノードの個数だけ増えています。つまり、最終行の数字を1引いて出力すると解答となります。1を引くのは、tracerouteで最初に表示されるノードが送信元のホストだからです。次に示すのはAWKを使った解答です。

```
1  ↓結果をきれいに表示するために標準エラー出力は捨てる
2  $ sudo traceroute -I gihyo.jp 2>/dev/null | awk 'END{print $1-1}'
3  14  ←パケットは14個のノードを経由する（数はネットワークの場所によって違う）
```

補足（TTLによるOSの推定）

実は小問1と小問2の結果を使うと、宛先のホストのOSを推定できます。パケットを返すときのTTLの値は、OSごとに初期設定値が存在します。初期設定値としては、次の**表9.2**にあるようなものが知られています[注23]。

表9.2 OSごとのTTLの初期設定値

OSの種類	TTL
比較的昔のWindows（95、98）など	32
macOS、Linuxなど	64
比較的最近のWindows（7、10）など	128
Solaris、AIX、Ciscoのルータなど	255

pingで得られるレスポンスのTTLの値は、パケットが経由したノードの数の分だけ減ったものです。したがって、tracerouteでネットワーク経路上のノードを数えて、その分の数字を足せば、ホストが返すTTLの初期値が得られます。ネットワークの状態によりtracerouteの結果は多少変化するので、おおよそにはなりますが、次の式が成り立ちます。

TTLの初期値 ＝ 小問1の結果 ＋ 小問2の結果

注23　あくまでおおよその分類です。たとえばLinuxでも、ディストリビューションやカーネルのバージョンによっては異なる場合があります。また、管理者であればTTLの初期設定値は変更できるので過信は禁物です。

たとえば、「gihyo.jp」の場合、小問1のpingの結果と小問2のtracerouteの結果を上記の式に当てはめると48＋14＝62となります。結果は64付近なので「Linuxを使っているのではないか？」と推定できます。

なお、TCPやUDPのパケットに含まれる特定のメタ情報でも、同様にOSの推定ができます。nmap[注24]というコマンドを使えば、メタ情報からOSの特定を試みることができます[注25]。

問題159 複数のドメインのチェック

今度もインターネット上のサーバを調査する問題です。複数のサーバの調査には、結果を得るのに時間がかかる状況があります。いかに要領よく一気に済ませるかも考えてみましょう。

問題 （上級★★★　出題、解答、解説：山田）

リスト9.3のsites.txtには30種類のドメイン名が記載されていますが、いくつか存在しないものが含まれています。fake_sites.txtというファイルを新規に作成して、そこに存在しないドメインのみを出力するワンライナーを考えてください。できれば、実行から終了までできるだけ早く（5秒以内を目標に）終わらせてください。fake_sites.txtの出力例をリスト9.4に示します。

リスト9.3 sites.txt

```
1 google.com
2 youtube.com
3 facebook.com
4 baidu.com
5 wikipedia.org
6 (..略..)
```

リスト9.4 fake_sites.txt

```
1 taobao.come
2 rarirure.ro
3 yandex.runrun
```

解答

あるFQDNのホストが存在するかどうかはdigなどでも調べられますが、ここではhostというコマンドを使ってみます。次のように、hostにFQDNを引数として与えると、DNSサーバから、そのホストに関する情報を取得してくれます。

```
1 $ host example.com
2 example.com has address 93.184.216.34   ←example.comのIPアドレスが表示される
```

また、存在しない（DNSサーバに登録されていない）ホストを指定すると、終了ステータス1となり、動作が終了します。

```
1 $ host example.hogehoge   ←存在しないFQDNを指定
2 Host example.hogehoge not found: 3(NXDOMAIN)
3 $ echo $?
4 1                         ←終了ステータスは1
```

この終了ステータスを利用して、xargsで各ホストを1つずつ調査しましょう。

```
1   ↓timeコマンドは処理時間の計測のため付加
2 $ time cat sites.txt | xargs -I@ sh -c 'host @ || echo @ >> fake_sites.txt'
```

注24 https://nmap.org

注25 https://nmap.org/man/ja/man-os-detection.html

```
3  google.com has address 216.58.216.142
4  google.com has IPv6 address
5  2607:f8b0:400a:808::200e
6  (..略..)
7  real   0m10.183s
8  user   0m0.096s
9  sys    0m0.052s
10 $ cat fake_sites.txt
11 (出力はリスト9.4と同じ)
```

この例では、**xargs**でFQDNを1つずつ**host**に渡して、終了ステータスが0でなければ**fake_sites.txt**にFQDNを書き込んでいます。これで調査が完了です。

しかし、(ネットワークの状況にもよりますが) この方法は比較的時間がかかります。筆者の手元では10秒以上かかりました。

そこで、**xargs**の**-P**オプション (⇒問題2) を利用してみましょう。30を引数として指定してみます。

```
1  $ time cat sites.txt | xargs -I@ -P30 sh -c 'host @ || echo @ >> fake_sites.txt'
2  real      0m2.167s
3  user      0m0.112s
4  sys       0m0.016s
```

これにより、すべてのホストを一斉に調べられます。実行したところ、2秒ちょっとで処理を終了させることができました。

補足 (CPUの数を超えた並列処理)

xargs -Pで指定できるプロセス数は、大きくすればするほど処理が速くなるという単純なものではありません。同時に処理する数を多くしても、マシンの何らかのリソースがボトルネックとなってしまうからです。

一方、今回のような場合、プロセス数を大きくしても、マシン側にボトルネックは生じないと考えられます[注26]。それは、DNSサーバからのレスポンス待ちの間、マシン側では何もすることがないからです。多少強引であっても、早い段階で同時にリクエストを投げてしまったほうが、リクエストを投げる前の時間が減り、全体として待ち時間は短くなります。

なお、先述の例では、**-P30**の代わりに**-P0**と指定しても同様の動作をします。**-P0**を指定すると、GNUの**xargs**は、可能な限り多くのプロセスを作成します。

別解

GNU parallelを使った別解を示します。

```
1  別解(山田) $ parallel -a sites.txt -P0 --joblog - host {} | awk 'NF>3&&$(NF-3)==1{print $NF}' > fake
   _sites.txt
```

parallelコマンドも**xargs**と同様に**-P**を使えます (**0**が指定できる点も同じです)。**--joblog**は、並列実行したコマンドの実行時間や終了ステータスなどの情報を一覧表示するためのオプションです。この別解

注26 この問題の検証は、デュアルコアのCPUを持ったマシンで何度も行いましたが、コアの数の2を-Pで指定するよりも、もっと大きな数字を指定したほうが早く完了しました。

では、`--joblog`の出力をAWKで処理し、存在しないFQDNのみを`fake_sites.txt`に書き込んでいます。

問題160 SSL証明書の調査

本書最後の問題です。華麗に解けると良いのですが、サーバ証明書について少し調査が必要です。最後までみなさまの脳みそにたいへんな負荷をかけてしまい、申しわけございませんでした！

問題 （上級★★★　出題、解答、解説：山田）

「https://example.com」にWebブラウザでアクセスしてみましょう（実在するサイトです）。このサイトで、ブラウザの機能を使ってサーバ証明書（⇒問題130別解3）の情報を表示してみます。Google ChromeやFirefoxでは、URLの左側の鍵マークをクリックし、指示に従うと閲覧することができます。図9.10は、Firefoxで確認した例です。

2021年1月現在、「example.com」のサーバ証明書の有効期限は2021年12月のようです。「example.com」の管理者は、この期限が切れる前に、サーバ証明書を更新しなければいけません。そうしなければ、Webブラウザや`curl`などのクライアントが警告文を出し、アクセスを拒否しようとします。

この有効期限を端末で表示できたら便利そうですね。そこで、「https://example.com」のサーバ証明書の有効期間（有効になる日時と期限となる日時）をワンライナーで表示してください。

図9.10 サーバ証明書の情報（Firefoxの場合）

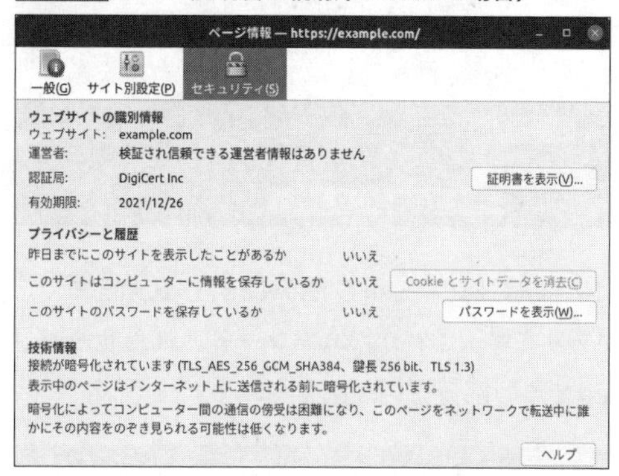

解答

解答例を示します。行番号2、3の行に、それぞれ有効期間の開始、終了の日時が表示できています[注27]。

```
1  $ openssl s_client -connect example.com:443 < /dev/null 2>/dev/null | sed -n '/BEGIN CERTIFICATE/,/END
   CERTIFICATE/p' | openssl x509 -text | grep 'Not Before' -A 1
2              Not Before: Nov 24 00:00:00 2020 GMT
3              Not After : Dec 25 23:59:59 2021 GMT
```

ワンライナーを見ていきましょう。まず、`openssl s_client`（⇒問題153）を使って、「example.com」に接続します。そうすると、証明書情報が取得できます。

```
1  $ openssl s_client -connect example.com:443
2  (..略..)
3  -----BEGIN CERTIFICATE-----
4  MIIG1TCCBb2gAwIBAgIQD74IsIVNBXOKsMzhya/uyTANBgkqhkiG9w0BAQsFADBP
```

注27　世界標準時で表示されているので、図9.10の日付とは異なります。

```
5  (..略..)
6  -----END CERTIFICATE-----
7  (..略..)
8  read R BLOCK
9  (待機状態になる)
```

ただし、上の出力の最後に書いたように、このopensslコマンドは終了せず、HTTPリクエストを受け付ける待機状態になります。

この待機は、標準入力を開いてすぐ閉じると回避できます。次のように、/dev/nullを入力に指定すると、そのような操作ができます。この例では、標準エラー出力も/dev/nullに捨てています。

```
1  $ openssl s_client -connect example.com:443 < /dev/null 2>/dev/null
2  (..略..)
3  Certificate chain
4  (..略..)
5  -----BEGIN CERTIFICATE-----
6  MIIG1TCCBb2gAwIBAgIQD74IsIVNBXOKsMzhya/uyTANBgkqhkiG9w0BAQsFADBP
7  (..略..)
8  vUzLnF7QYsJhvYtaYrZ2MLxGD+NFI8BkXw==
9   -----END CERTIFICATE----
10 (..略..)
11 ---
12 DONE  ←今度は待機にならない
```

BEGIN CERTIFICATEからEND CERTIFICATEまでの間には、Base64エンコード(⇒練習5.2.b)された文字列があります。これが、エンコードされたサーバ証明書です。

sedでこの部分を切り出してみましょう。

```
1  $ openssl s_client -connect example.com:443 < /dev/null 2>/dev/null | sed -n '/BEGIN CERTIFICATE/,/END
    CERTIFICATE/p'
2  -----BEGIN CERTIFICATE-----
3  (..略..)
4  -----END CERTIFICATE-----
```

ここからbase64コマンドで復号して証明書の有効期限を抽出……とやりたいところですが、面倒なのでやりません。opensslコマンドには、サーバ証明書の情報をわかりやすく表示してくれるオプションがあるので、それに頼りましょう。

```
1  $ openssl s_client -connect example.com:443 < /dev/null 2>/dev/null | sed -n '/BEGIN CERTIFICATE/,/END
    CERTIFICATE/p' | openssl x509 -text
2
3  Certificate:
4      Data:
5          Version: 3 (0x2)
6          Serial Number:
7              0f:be:08:b0:85:4d:05:73:8a:b0:cc:e1:c9:af:ee:c9
8          Signature Algorithm: sha256WithRSAEncryption
9          Issuer: C = US, O = DigiCert Inc, CN = DigiCert TLS RSA SHA256 2020 CA1
```

```
10            Validity
11                Not Before: Nov 24 00:00:00 2020 GMT
12                Not After : Dec 25 23:59:59 2021 GMT
13    (..略..)
```

x509オプションは、サーバ証明書に採用されているX.509という仕様に従った**電子証明書**を扱うオプションです。そこに-textというオプションを付けることで、構造化された、人間が読めるテキストで証明書情報を表示してくれます。

出力を見ると、Not BeforeとNot Afterの項目に証明書の有効期間が書いてあるようです。この部分をgrep -Aで切り出すと、冒頭の解答例となります。

別解

opensslコマンドには数多くのオプションがあり、なかなか覚えられないので、筆者(山田)は最低限のオプションだけを覚えています。あとは解答でも使ったように、grepやsedでがんばる場合が多いです。

それに対して次の別解では、opensslコマンドのオプションを駆使して有効期間を出力しています。

```
1  別解(田代) $ openssl s_client -connect example.com:443 < /dev/null 2>/dev/null | sed -n '/BEGIN
   CERTIFICATE/,/END CERTIFICATE/p' | openssl x509 -noout -startdate -enddate
2  notBefore=Nov 24 00:00:00 2020 GMT
3  notAfter=Dec 25 23:59:59 2021 GMT
```

opensslはx509オプションを付けると、証明書をBase64エンコードして出力するのですが、-nooutオプションを付けてそれを抑止しています。加えて-startdateと-enddateというオプションを付けることで、有効期限の開始と終了の日時のみを出力しています。

参考文献

[1] M.D. McIlroy. Summary--what's most important. http://doc.cat-v.org/unix/pipes/. (visited on 2021-08-27).

[2] 志村 拓 (著), 鷲北 賢 (著), 西村 克信 (著). *AWKを256倍使うための本*. ASCII, 1993.

[3] A. V. エイホ (著), P.J. ワインバーガー (著), B.W. カーニハン (著), 足立 高徳 (翻訳). *プログラミング言語AWK*. USP研究所, 2010.

[4] 斉藤 博文. *「シェル芸」に効く！AWK処方箋*. 翔泳社, 2018.

[5] Mike Gancarz (著), 芳尾 桂 (翻訳). *UNIXという考え方――その設計思想と哲学*. オーム社, 2001.

[6] Eric S.Raymond (著), 長尾 高弘 (翻訳). *The Art of UNIX Programming*. アスキー, 2007.

[7] Peteris Krumins. *Perl One-Liners*. No Starch Press, 2013.

[8] 柴田 淳 (著). *みんなのPython 第4版*. SBクリエイティブ, 2016.

[9] 奥村 晴彦. 「ネ申Excel」問題. https://oku.edu.mie-u.ac.jp/~okumura/SSS2013.pdf.

[10] エムスリー株式会社. 18分59秒をめぐって日本標準時の歴史をひもとくことに――M3 Tech Blog. https://www.m3tech.blog/entry/timezone-091859. (visited on 2021-08-27).

[11] 西村 めぐみ. 【info】コマンド――Infoフォーマットの文書を閲覧する (基礎編) ――@IT. https://www.atmarkit.co.jp/ait/articles/1902/07/news033.html. (visited on 2021-08-27).

[12] 三浦 義太郎. Rubyでどう書く？：連続した数列を範囲形式にまとめたい――builder by ZDNet Japan. https://builder.japan.zdnet.com/script/sp_ruby-doukaku-panel/20369264/. (visited on 2021-08-27).

[13] CommunityHelpWiki. LinuxFilesystemTreeOverview. https://help.ubuntu.com/community/LinuxFilesystemTreeOverview. (visited on 2021-08-27).

[14] Bernhard Walle. /sys/firmware/memmap. https://www.kernel.org/doc/Documentation/ABI/testing/sysfs-firmware-memmap. (visited on 2021-08-27).

[15] adsaria. HDDイメージファイルをマウントして使う方法――adsaria mood. https://adsaria.hatenadiary.org/entry/20080724/1216865687. (visited on 2021-08-27).

[16] yupo5656. hello worldなELFバイナリを出力するCのプログラム (の一番単純な奴) ――memologue. https://yupo5656.hatenadiary.org/entry/20061112/p2. (visited on 2021-08-27).

[17] karakaram-blog. オレオレSSL証明書 (自己署名証明書) を作るワンライナー. https://www.karakaram.com/creating-self-signed-certificate/. (visited on 2021-08-27).

[18] Joel Spolsky. Strategy Letter IV: Bloatware and the 80/20 Myth. https://www.joelonsoftware.com/2001/03/23/strategy-letter-iv-bloatware-and-the-8020-myth/. (visited on 2021-08-27).

[19] 株式会社リクルートテクノロジーズ, 株式会社リクルートマーケティングパートナーズ, 河村 聖悟 (著), 太田 智彬 (著), 増田 佳太 (著), 山田 直樹 (著), 葛原 佑伍 (著), 大島 雅人 (著), 相野谷 直樹 (著). *エンジニアのためのGitの教科書 実践で使える！バージョン管理とチーム開発手法*. 翔泳社, 2016.

[20] Nulab Inc. サル先生のGit入門. https://backlog.com/ja/git-tutorial/. (visited on 2021-08-27).

[21] 株式会社日本レジストリサービス (JPRS), 渡邉 結衣 (著), 佐藤 新太 (著), 藤原 和典 (著), 森下 泰宏 (監修). *DNSがよくわかる教科書*. SBクリエイティブ, 2018.

索引

記号・数字

C

D

E

F

G

H

I

T

た行

な行

は行

ま行

や行

ら行

わ行

カバーデザイン　小川 純(オガワデザイン)
本文設計・組版　株式会社マップス
編集担当　吉岡 高弘

Software Design plusシリーズ
1日1問、半年以内に習得
シェル・ワンライナー160本ノック

2021年10月 9日　初 版 第1刷発行
2023年 8月23日　初 版 第5刷発行

著 者　上田 隆一、山田 泰宏、田代 勝也、中村 壮一、今泉 光之、上杉 尚史
発行者　片岡 巌
発行所　株式会社技術評論社
東京都新宿区市谷左内町21-13
電話　03-3513-6150　販売促進部
　　　03-3513-6170　第5編集部
印刷／製本　昭和情報プロセス株式会社

ISBN978-4-297-12267-6
Printed in Japan

■お問い合わせについて

本書の内容に関するご質問につきましては、下記の宛先までFAXまたは書面にてお送りいただくか、弊社ホームページの該当書籍コーナーからお願いいたします。お電話によるご質問、および本書に記載されている内容以外のご質問には、一切お答えできません。あらかじめご了承ください。

また、ご質問の際には「書籍名」と「該当ページ番号」、「お客様のパソコンなどの動作環境」、「お名前とご連絡先」を明記してください。

【宛先】
〒162-0846　東京都新宿区市谷左内町21-13
株式会社技術評論社　第5編集部
「シェル・ワンライナー160本ノック」質問係
FAX:03-3513-6179

■技術評論社Webサイト
https://gihyo.jp/book/2021/978-4-297-12267-6

お送りいただきましたご質問には、できる限り迅速にお答えするよう努力しておりますが、ご質問の内容によってはお答えするまでに、お時間をいただくこともございます。回答の期日をご指定いただいても、ご希望にお応えできかねる場合もありますので、あらかじめご了承ください。

なお、ご質問の際に記載いただいた個人情報は質問の返答以外の目的には使用いたしません。また、質問の返答後は速やかに破棄させていただきます。